普通高等教育"十三五"规划教材

流体力学与流体机械

主 编 赵 琴

副主编 吕文娟 华 红 史广泰

扫一扫，即刻获取名师课件

中国水利水电出版社
www.waterpub.com.cn
·北京·

内 容 提 要

　　本书是普通高等学校能源与动力工程专业基础课教材，四川省精品课程“流体力学”的配套教材，同时也是四川省高等教育“质量工程”建设教材。全书分为两部分。前部分为工程流体力学的内容，主要包括绪论，流体静力学，流体运动学，流体动力学基本方程，管路、孔口、管嘴的水力计算，相似理论与量纲分析，理想流体动力学，黏性流体动力学基础，气体动力学基础等。后半部分为流体机械方面的内容，主要包括机翼理论与叶栅理论基础，流体机械概述，叶片式流体机械的工作原理，容积式流体机械，其他流体机械等。本书难易程度适中，科学理论与概念阐述准确，并具较强的实用性。与本书配套的电子课件，可供读者使用。

　　本书可作为能源与动力工程、流体机械工程、石油化工、建筑暖通等专业本科或研究生教材，也可供相关工程技术人员和教师参考。

图书在版编目（CIP）数据

流体力学与流体机械 / 赵琴主编. -- 北京 ：中国
水利水电出版社，2016.4（2019.12重印）
普通高等教育“十三五”规划教材
ISBN 978-7-5170-4239-6

Ⅰ．①流… Ⅱ．①赵… Ⅲ．①流体力学－高等学校－
教材②流体机械－高等学校－教材 Ⅳ．①O35②TH3

中国版本图书馆CIP数据核字（2016）第121833号

书　　名	普通高等教育“十三五”规划教材 **流体力学与流体机械**
作　　者	主编　赵琴　　副主编　吕文娟　华红　史广泰
出版发行	中国水利水电出版社 （北京市海淀区玉渊潭南路1号D座　100038） 网址：www.waterpub.com.cn E-mail：sales@waterpub.com.cn 电话：（010）68367658（营销中心）
经　　售	北京科水图书销售中心（零售） 电话：（010）88383994、63202643、68545874 全国各地新华书店和相关出版物销售网点
排　　版	中国水利水电出版社微机排版中心
印　　刷	北京瑞斯通印务发展有限公司
规　　格	184mm×260mm　16开本　20.75印张　492千字
版　　次	2016年4月第1版　2019年12月第3次印刷
印　　数	5001—9000册
定　　价	**52.00元**

凡购买我社图书，如有缺页、倒页、脱页的，本社营销中心负责调换

前言

本书是四川省精品课程"流体力学"的配套教材，受四川省高等教育"质量工程"项目"能源与动力工程专业综合改革优秀教材建设"的资助，同时获得"流体及动力机械教育部重点实验室"资助。

"流体力学"是众多工科专业的学科基础课程，相应的教材种类较多，所侧重的专业方向和教材难度差异较大。西华大学的能源与动力工程专业是国家级特色专业、省级卓越工程师培养专业、省级本科人才培养基地，其中的水力机械及工程是西南地区唯一设置的学科专业方向，夯实理论基础是人才培养的关键。然而，学生在后续专业课程的学习及毕业设计时，运用流体力学原理及方程分析、阐述流体机械内流动现象的能力有所欠缺。现有的流体力学教材多为通识性内容，与流体机械相关的内容主要针对的是流体力学在风机、泵中的应用。因此，有必要结合专业特点，编写一部既涵盖流体力学基础理论，又包含流体力学在流体机械主要是叶片式流体机械（水轮机、叶片泵等）领域应用的教材。

本书主要面向能源与动力工程专业，在强化流体力学基础理论的同时，突出流体力学在流体机械领域的应用，具有如下特点：

（1）本书由基础部分和专业部分两大模块组成。前者包含流体力学基本理论、方法，可用于能源与动力工程、流体机械工程、石油化工、建筑暖通等多个本科专业；后者包括叶栅理论、叶片式流体机械基本原理、容积式与其他形式的流体机械简述，针对性更强。

（2）注重流体力学基础在流体机械中的应用，如叶轮机械中流体运动的欧拉方程、伯努利方程、相似理论的应用、空化与空蚀等知识点，内容融会贯通，并具较强的实用性。

（3）流体机械部分主要阐述了叶片式流体机械的工作过程、主要工作参数、基本方程、效率、性能曲线及水流在叶轮中的应用，同时简单介绍了容积式流体机械的工作原理及包括摩擦式、涡流式、射流式、水锤式等其他多种形式的流体机械，这部分既可以作为能源与动力工程类专业学科基础课程与后续专业课程的衔接，也作为工科专业少学时流体机械课程的教学内容。

（4）本书难易程度适中，公式推导简洁、明了，尽量避免使用超越本科要求的数学方法，从而更容易培养学生的学习兴趣。

本书编者有长期从事本科及研究生流体力学课程的教学经验，担任四川省级精品课程"流体力学"的主讲。本书由西华大学赵琴副教授主编，编写了第1～8章，第10章由华红老师编写，第9章由史广泰博士编写，第11～14章由吕文娟老师编写。与本书配套的电子课件，可供读者使用，扫描本书中的二维码即可获得下载网址。

由于时间紧促、本书内容覆盖面广，以及作者水平有限，书中难免存在错误和不妥之处，恳请广大读者批评指正。

编　者

2015 年 12 月

目录

第1章 绪 论

1.1 流体力学的研究任务与研究方法

1.1.1 流体力学的研究任务

流体力学的任务是研究流体在平衡或运动时所遵循的基本规律及其在工程中应用的科学，是力学的一个重要分支学科。

自然界的物质一般以固体、液体和气体3种形式存在。宏观地看，固体有一定的体积和形状，不易变形；液体有一定的体积而无一定的形状，不易压缩，形状随容器形状而变，可有自由表面；气体则既无一定的体积又无一定的形状，容易压缩，气体将充满整个容器，没有自由表面。

液体和气体统称为流体，流体力学的研究对象是流体。流体在其运动的过程中表现出与固体不同的特点，其主要差别在于它们对外力的抵抗能力不同。固体由于其分子间距离很小，内聚力很大，能抵抗一定的拉力、压力和剪切力。而流体由于分子间距离较大，内聚力较小，几乎不能承受拉力，运动的流体具有一定抗剪切的能力，但静止的流体则不能抵抗剪切力，即使在很小的剪切力作用下，静止流体都很容易发生变形或流动，这种特性称为流体的易流动性。流体的易流动性是流体的基本特征。

流体作为物质的一种基本形态，必须遵循自然界一切物质运动的普遍规律，如牛顿的第二定律、质量守恒定律、动量定理和动量矩定理等。所以，流体力学中的基本定理实质上都是这些普遍规律在流体力学中的具体体现和应用。

在许多工农业生产部门，如航空航海、天文气象、地球物理、水利水电、热能制冷、土建环保、石油化工、气液输送、燃烧爆炸、冶金采矿、生物海洋、军工核能等部门，都要碰到大量与流体运动规律有关的生产技术问题，要解决这些问题必须具备流体力学知识。因此，流体力学是高等工科院校不少专业的一门重要技术基础课。

1.1.2 流体力学的研究方法

流体力学的研究方法通常有理论分析、科学实验、数值模拟3种。

（1）理论分析：针对实际流体的力学问题，建立反映问题本质的"力学模型"；再根据物质机械运动的普遍规律，如质量守恒、能量守恒、动量定理等，建立控制流体运动的基本方程组，在相应的边界条件和初始条件下，运用数学分析方法求出理论结果，达到揭示流体运动规律的目的。但由于实际流体运动的多样性，对于某些复杂的流动，完全靠理论分析来解决还存在许多困难。

（2）科学实验：一方面可以检验理论分析结果的正确性，另一方面当有些流体力学问题在理论上暂时还不能完全得到解决时，通过实验可以找到一些经验性的规律，以满足实际应用的需要。流体力学实验包括原型实验和模型实验，两种实验都是通过对具体流动的观测和测量，来认识流体的流动规律，以模型实验为主。

（3）数值模拟：随着计算机技术和数值计算方法的发展，产生了广泛应用于实际工程的研究方法——数值模拟法（或数值计算法）。该方法采用有限体积、有限元、有限差分等离散方法，建立各种数值模型，通过计算机进行数值计算，获得定量描述流场的数值解，从而求解出许多原来无法用理论分析求解的复杂流体力学问题的数值解。

理论分析、科学实验和数值模拟互相结合补充，相辅相成，为发展流体力学理论，解决复杂工程技术问题奠定了基础。

1.2　连续介质模型

流体是由大量不断做无规则热运动的分子所组成。从微观角度来看，流体分子间存在着间隙，所以流体的物理量（如密度、压力和速度等）在空间上的分布是不连续的。同时，由于分子的随机运动，又导致任一空间点上的流体物理量随时间的变化也是不连续的。因此，从微观角度来看，流体物理量的分布在空间和时间上都是不连续的。

现代物理学研究表明，在标准状态下，$1cm^3$ 水中约有 3.3×10^{22} 个水分子，$1cm^3$ 气体约有 2.7×10^{19} 个分子，流体的分子平均自由程很小，往往远小于一般工程问题的特征尺寸，并且流体力学关心的是流体宏观特性，即大量分子的统计平均特性。因此，提出流体的连续介质模型。

流体的连续介质模型假定流体是由连续分布的流体质点所组成，即认为流体所占据的空间完全由没有任何空隙的流体质点所充满，流体质点在时间过程中做连续运动。这里所说的流体质点，是指流体中宏观尺寸非常小而微观尺寸又足够大的任意一个物理实体，具有以下特点：

（1）宏观尺寸非常小，无尺度，可视为一个点；微观尺寸足够大，内含足够多的流体分子。

（2）具有质量、密度、压强、流速、动能等宏观物理量，这些物理量是流体质点中大量流体分子的统计平均值。

（3）流体质点的形状可任意划定。

根据流体的连续介质模型假设，表征流体性质和运动特性的物理量和力学量一般为空间坐标和时间变量的连续函数，如压强 $p = p(x, y, z, t)$。这样就可以用数学分析方法来研究流体运动，解决流体力学问题。

1.3　流体的主要物理性质

流体的物理性质是决定流体运动状态的内在因素，同流体运动有关的主要物理性质有惯性、压缩性、黏性、表面张力等。

1.3.1　密度

单位体积的流体所具有的质量称为流体的密度。

对于均质流体，若流体的质量为 m，体积为 V，则密度：

$$\rho = m/V \qquad (1.1)$$

对于非均质流体，若包含 A 点的微元体积 ΔV 中的流体质量为 Δm，则流体中 A 点的密度：

$$\rho_A = \lim_{\Delta V \to 0} \frac{\Delta m}{\Delta V} \qquad (1.2)$$

一般来说，流体的密度随压强和温度而变化。不过，液体的密度随压强和温度的变化很小，通常情况下可视为常数，如水的密度为 1000kg/m^3，水银的密度为 13600kg/m^3。在流体力学中还经常用到流体的比容、重度等概念。

密度的倒数，即单位质量的流体所具有的体积称为比容，以 $\upsilon(\text{m}^3/\text{kg})$ 表示，即

$$\upsilon = 1/\rho \qquad (1.3)$$

单位体积的流体所具有的重量称为流体的重度，以 $\gamma(\text{N/m}^3)$ 表示，即

$$\gamma = \frac{G}{V} = \rho g \qquad (1.4)$$

1.3.2 流体的压缩性和膨胀性

（1）流体的压缩性。流体体积随压强增加而减小的性质称为流体的压缩性。流体的压缩性用体积压缩系数 $k(\text{Pa}^{-1})$ 来表示，它指的是在一定的温度下，增加单位压强所引起的流体体积相对变化值。若流体的原有体积为 V，压力增加 $\mathrm{d}p$ 后，体积减小 $\mathrm{d}V$，则体积压缩系数：

$$k = -\frac{1}{V}\frac{\mathrm{d}V}{\mathrm{d}p} \qquad (1.5)$$

由于 $\mathrm{d}p$ 和 $\mathrm{d}V$ 异号，为保证 k 为正值，式（1.5）右侧加负号。

根据增压前后质量无变化：

$$\mathrm{d}m = \mathrm{d}(\rho V) = \rho \mathrm{d}V + V\mathrm{d}\rho = 0$$

得

$$\frac{\mathrm{d}V}{V} = -\frac{\mathrm{d}\rho}{\rho}$$

故体积压缩系数 k 又可表示为

$$k = \frac{1}{\rho}\frac{\mathrm{d}\rho}{\mathrm{d}p} \qquad (1.6)$$

工程上常用流体体积压缩系数的倒数来表征流体的压缩性，称为流体的体积弹性模量 $K(\text{Pa})$。即

$$K = \frac{1}{k} = -V\frac{\mathrm{d}p}{\mathrm{d}V} = \rho\frac{\mathrm{d}p}{\mathrm{d}\rho} \qquad (1.7)$$

体积弹性模量 K 随流体的种类、温度和压强而变化，它的大小表征着流体压缩性的大小，K 值越大，流体的压缩性越小；K 值越小，流体的压缩性越大。

由上述可知，流体的压缩性是流体的基本属性之一，任何流体都是可压缩的，只是可压缩程度有所不同而已。当流体的压缩性对所研究的流动影响不大时，忽略其压缩性，这样的流体称为不可压缩流体，不可压缩流体是理想化的力学模型。

通常液体的压缩性很小，在相当大的压力变化范围内，密度几乎不变，因此，对于一般的液体平衡和运动问题，可按不可压缩流体处理。但是，在水击现象和水中爆炸等问题

中，则不能忽略液体的压缩性，必须按可压缩流体来处理。此外，低速运动的气体也可视为不可压缩流体。不可压缩均质流体的密度为常数值。

（2）流体的膨胀性。流体体积随温度升高而增大的性质称为流体的膨胀性。流体的膨胀性用体积膨胀系数 $\alpha_V(K^{-1})$ 来表示，它指的是在一定的压强下，增加单位温度所引起的体积相对变化值。若流体的原有体积为 V，温度增加 dT 后，体积增大 dV，则体积膨胀系数：

$$\alpha_V = \frac{1}{V}\frac{dV}{dT} \tag{1.8}$$

体积膨胀系数 α_V 随流体的种类、温度和压强而变化。α_V 值越大，流体的膨胀性越大，反之亦然。通常液体的体积膨胀系数很小，一般工程问题中当温度变化不大时，可不予考虑，而气体的体积膨胀系数却很大。

1.3.3　流体的黏性

流体具有易流动性。静止的流体没有抵抗剪切变形的能力，而运动的流体，当流体质点之间发生相对运动时，质点之间就会产生切向阻力（摩擦阻力）抵抗其相对运动，即运动的流体具有一定的抵抗剪切变形的能力，且不同的流体抵抗剪切变形的能力不同，这种特性称为流体的黏性。黏性是流体的重要属性，它与流体的运动规律密切相关，是流体运动中产生阻力和能量损失的原因。

（1）牛顿内摩擦定律。17 世纪牛顿在所著的《自然哲学的数学原理》中研究了流体的黏性。如图 1.1 所示，设有两块平行平板，其间充满流体，下板固定不动，上板在牵引力的作用下沿所在平面以速度 U 匀速向右运动。黏附于固体表面的流体速度与固体速度相同，所以与上板接触的流体将以速度 U 向右运动，与下板接触的流体速度为零，两板间的流体作平行于平板的层流运动，其速度的大小由下板的零均匀过渡到上板的 U。这样，速度较大的上层流体将带动速度较小的下层流体向右运动，而下层流体将阻滞上层流体的运动，相互间便产生大小相等、方向相反的切向阻力，也称为内摩擦阻力或黏滞力，以 T 表示。

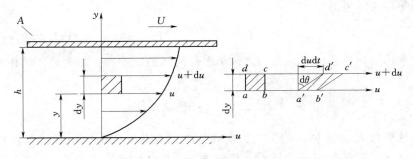

图 1.1　平行平板间的黏性流动

实验证明，流体内摩擦阻力 T 的大小与速度法向梯度 $\dfrac{du}{dy}$ 和接触面积 A 成正比，并与流体的性质有关，其数学表达式为

$$T = \mu A \frac{du}{dy} \tag{1.9}$$

单位面积上的内摩擦阻力称为切应力，以 τ 表示，则

$$\tau = \frac{T}{A} = \mu \frac{\mathrm{d}u}{\mathrm{d}y} \tag{1.10}$$

式（1.9）和式（1.10）称为牛顿内摩擦定律。当两平板间距离 h 和速度 U 不大时，速度 u 沿其法线方向呈线性分布，即

$$u(y) = \frac{U}{h}y$$

则内摩擦阻力：

$$T = \mu A \frac{U}{h}$$

切应力：

$$\tau = \frac{T}{A} = \mu \frac{U}{h}$$

下面进一步说明速度梯度 $\dfrac{\mathrm{d}u}{\mathrm{d}y}$ 的物理意义，在运动流体中取矩形微元面 $abcd$，如图 1.1 所示。因上、下层流速相差 $\mathrm{d}u$，经 $\mathrm{d}t$ 时段，矩形微元平面发生角变形，角变形速度为 $\mathrm{d}\theta/\mathrm{d}t$。根据几何关系，可得

$$\mathrm{d}\theta \approx \tan(\mathrm{d}\theta) = \frac{\mathrm{d}u\,\mathrm{d}t}{\mathrm{d}y}$$

$$\frac{\mathrm{d}u}{\mathrm{d}y} = \frac{\mathrm{d}\theta}{\mathrm{d}t}$$

在流体力学中，动力黏度 μ 经常与流体密度 ρ 结合在一起以 μ/ρ 的形式出现。将这个比值定义为运动黏度 $\nu(\mathrm{m}^2/\mathrm{s})$，故

$$\nu = \frac{\mu}{\rho} \tag{1.11}$$

黏度是流体的重要属性，它与流体种类、温度和压强有关。在工程常用的温度和压强范围内，黏度受压强的影响较小，主要随温度变化，表 1.1 列出了在标准大气压下，不同温度的水和空气的黏度。

表 1.1　　　　　　　　　　　**不同温度下水和空气的黏度**

温度/℃	水		空　气	
	$\mu/(10^{-3}\mathrm{Pa}\cdot\mathrm{s})$	$\nu/(10^{-6}\mathrm{m}^2/\mathrm{s})$	$\mu/(10^{-3}\mathrm{Pa}\cdot\mathrm{s})$	$\nu/(10^{-6}\mathrm{m}^2/\mathrm{s})$
0	1.792	1.792	0.0172	13.7
10	1.308	1.308	0.0178	14.7
20	1.005	1.007	0.0183	15.7
30	0.801	0.804	0.0187	16.6
40	0.656	0.661	0.0192	17.6
50	0.549	0.556	0.0196	18.6
60	0.469	0.477	0.0201	19.6
70	0.406	0.415	0.0204	20.6
80	0.357	0.367	0.0210	21.7
90	0.317	0.328	0.0216	22.9
100	0.284	0.296	0.0218	23.6

由表 1.1 可知，水的黏度随温度升高而减小，空气的黏度却随温度升高而增大。其原因是，液体分子间距小，内聚力强，黏性作用主要来源于分子内聚力，当液体温度升高时，其分子间距加大，内聚力减小，黏度随温度上升而减小；而气体和液体不同，气体的内聚力极小，可以忽略，其黏性作用可以说完全是分子热运动中动量交换的结果，当气体温度升高时，热运动加剧，其黏度随温度升高而增加。

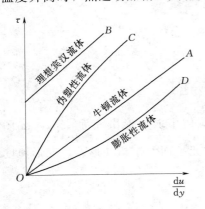

图 1.2　牛顿流体和非牛顿流体

（2）牛顿流体和非牛顿流体。凡作用在流体上的切应力与它所引起的角变形速度（速度法向梯度）成正比，即遵守牛顿内摩擦定律的流体称为牛顿流体；否则，称为非牛顿流体。如图 1.2 所示，A 线为牛顿流体，常见的牛顿流体有水、空气等。B 线、C 线和 D 线均为非牛顿流体，其中 B 线称为理想宾汉流体，如泥浆、血浆等，这种流体只有在切应力达到某一值时，才开始剪切变形，且变形速度是常数。C 线称为伪塑性流体，如尼龙、颜料、油漆等，其黏度随角变形速度的增加而减小。D 线称为膨胀性流体，如生面团、浓淀粉糊等，其黏度随角变形速度的增加而增加。

本书只讨论牛顿流体，而非牛顿流体是流变学的研究对象。

（3）实际流体与理想流体。实际流体都具有黏性。不具有黏性的流体称为理想流体，它是客观世界中并不存在的一种假想的流体。在研究流动问题时，当实际流体本身黏度小或所研究区域速度梯度小，使得黏滞力与其他力相比很小，此时可以忽略流体的黏性，按理想流体建立基本关系式，这样可以大大简化流体力学问题的分析和计算，并能近似反映某些实际流体流动的主要特征。此外，即使对黏性占主要地位的实际流体的流动问题，也可从研究理想流体入手，再研究更复杂的实际流体的流动情况。

1.3.4　液体的表面张力

（1）表面张力。液体的表面张力是液体自由表面上相邻部分之间的拉力，其方向与液面相切，并与两相邻部分的分界线垂直。表面张力一般产生在液体和气体相接触的自由表面上，也可以产生于液体与固体的接触面上或与另一种液体的接触面上。表面张力是分子引力在液体表面上的一种宏观表现。例如，在液体和气体相接触的自由表面上，液面上的分子受到液体内部分子的吸引力与其上部气体分子的吸引力不平衡，其合力的方向与液面垂直并指向液体内部。在合力的作用下，表层中的液体分子都力图向液体内部收缩，就像在液体表面蒙上一层弹性薄膜，紧紧将液面上的分子压向液体内部，使液体具有尽量缩小其表面的趋势，这样沿液体的表面便产生了拉力，即表面张力。

表面张力的大小以作用在单位长度上的力，即表面张力系数 σ 来表示，它的单位是 N/m。σ 的大小与液体的性质、纯度、温度和与其接触的介质有关。表 1.2 列出了几种液体与空气接触的表面张力系数。

表面张力仅在液体的自由表面存在，液体内部并不存在，所以它是一种局部受力现象。由于表面张力很小，一般对液体的宏观运动不起作用，可以忽略不计。但如果涉及流体

表 1.2   **几种液体与空气接触时的表面张力系数**

流体名称	温度/℃	表面张力系数 $\sigma/(N/m)$	流体名称	温度/℃	表面张力系数 $\sigma/(N/m)$
水	20	0.07275	丙酮	16.8	0.02344
水银	20	0.465	甘油	20	0.065
酒精	20	0.0223	苯	20	0.0289
四氯化碳	20	0.0257	润滑油	20	0.025~0.035

计量、物理化学变化、液滴和气泡的形成等问题时，则必须考虑表面张力的影响。

（2）毛细现象。液体分子间存在的相互吸引力称为内聚力。当液体和固体壁面接触时，液体分子和固体分子间存在的相互吸引力称为附着力。如果附着力大于液体分子间的内聚力，就会产生液体润湿固体的现象，如图1.3（a）所示，此时，接触角 θ 为锐角；如果附着力小于液体分子间的内聚力，就会产生液体不能润湿固体的现象，如图1.3（b）所示，此时，接触角 θ 为钝角。水与玻璃的接触角约为 8.5°，水银与玻璃的接触角约为 140°。

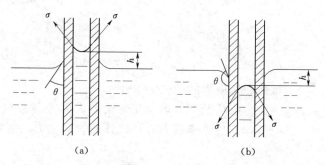

图 1.3   毛细现象

将毛细管插入液体内，如果液体能润湿管壁，则管内液面升高，液面呈凹形，如图1.3（a）所示；如果液体不能润湿管壁，则管内液面下降，液面呈凸形，如图1.3（b）所示，这种现象称为毛细现象。根据表面张力的合力与毛细管中上升（或下降）液柱所受的重力相等，可求出液柱上升（或下降）的高度 h，即

$$\pi d\sigma\cos\theta = \rho g h \frac{\pi d^2}{4}$$

得
$$h = \frac{4\sigma\cos\theta}{\rho g d} \tag{1.12}$$

上式表明，液柱上升或下降的高度与管径成反比，d 小，h 则大，所以在使用液位计、单管测压计等仪器时，应选取合适的管径以避免由毛细现象造成的读数误差。

1.4   作用在流体上的力

从流体中任意取出一流体块作为研究对象，这一流体块被一闭曲面所包围。作用于该流体块的外力按其性质可分为质量力和表面力。

1.4.1　质量力

质量力指作用于流体块中各流体质点的非接触性外力，例如重力、惯性力等。质量力与流体块质量成正比，又称为体积力。作用于单位质量流体上的质量力叫单位质量力。设作用在质量为 m 流体块的质量力为 $\boldsymbol{F}$，在直角坐标轴上的分量为 F_x、F_y、F_z，则单位质量力 $\boldsymbol{f}$ 及其在三个坐标轴上的分量 f_x、f_y、f_z，分别为

$$\boldsymbol{F}=F_x\boldsymbol{i}+F_y\boldsymbol{j}+F_z\boldsymbol{k} \tag{1.13}$$

$$\boldsymbol{f}=\frac{\boldsymbol{F}}{m}=f_x\boldsymbol{i}+f_y\boldsymbol{j}+f_z\boldsymbol{k} \tag{1.14}$$

1.4.2　表面力

表面力指作用于流体块表面上的外力。表面力可按其作用方向分为垂直并指向流体块表面的压力以及与表面平行的切向力。表面力通常是位置和时间的函数，一般用应力表示。

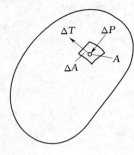

如图 1.4 所示，在流体块表面上任取一点 A，ΔA 是表面上包围 A 点的一微元面积，如作用在 ΔA 上的压力为 ΔP，切向力为 ΔT，则 A 点处的压应力（压强）p 和切应力 τ 分别为

$$p=\lim_{\Delta A\to 0}\frac{\Delta p}{\Delta A} \tag{1.15}$$

$$\tau=\lim_{\Delta A\to 0}\frac{\Delta T}{\Delta A} \tag{1.16}$$

压强和切应力的单位为 Pa。

图 1.4　流体的表面力

一般情况下，运动流体块的表面上各点处两种应力都存在。但是，理想流体或者静止流体的表面应力只有压强而无切应力。

习　　题

1.1　何谓流体的连续介质模型？为了研究流体机械运动规律，说明引入连续介质模型的必要性。

1.2　试谈牛顿内摩擦定律？产生摩擦力的根本原因是什么？

1.3　液体和气体的黏性随温度的升高或降低发生变化，变化趋势是否相同？为什么？

1.4　作用在流体上的外力有哪两类？是如何定义的？

1.5　如习题 1.5 图所示，有一 $0.8\mathrm{m}\times 0.2\mathrm{m}$ 的平板在油面上做水平运动，已知运动速度 $U=1\mathrm{m/s}$，平板与固定边界的距离 $\delta=1\mathrm{mm}$，油的动力黏度 $\mu=1.15\mathrm{Pa\cdot s}$，由平板

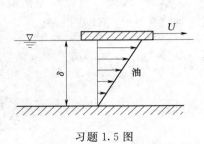

习题 1.5 图　　　　　　　　　　习题 1.6 图

所带动的油的速度成直线分布，试求平板所受的阻力。

1.6　如习题 1.6 图所示，在相距 $\delta=40\text{mm}$ 的两平行平板间充满动力黏度 $\mu=0.7\,\text{Pa·s}$ 的液体，液体中有一长为 $a=60\text{mm}$ 的薄平板以 $U=15\text{m/s}$ 的速度水平向右移动。假定平板运动引起液体流动的速度分布是线性分布。求：（1）当 $h=10\text{mm}$ 时，薄板单位宽度受到的阻力 T；（2）当 h 为多大时，薄板的阻力最小，并计算最小值。

1.7　动力黏度 $\mu=0.172\text{Pa·s}$ 的润滑油充满在两个同轴圆柱体的间隙中，外筒固定，内径 $D=12\text{cm}$，间隙 $h=0.02\text{cm}$，试求：（1）当内筒以速度 $U=1\text{m/s}$ 沿轴线方向运动时，内筒表面的切应力 τ_1，如习题 1.7 图（a）所示；（2）当内筒以转速 $n=180\text{r/min}$ 旋转时，内筒表面的切应力 τ_2，如习题 1.7 图（b）所示。

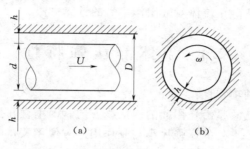

（a）　　　　　　　　（b）

习题 1.7 图

1.8　某油的密度为 851kg/m^3，运动黏度为 $3.39\times10^{-6}\text{m}^2/\text{s}$，求此油的重度 γ、比容 ν 和动力黏度 μ。

1.9　存放 4m^3 液体的储液罐，当压强增加 0.5MPa 液体体积减小 1L，求该液体的体积模量。

1.10　为防止水温升高时，体积膨胀将水管胀裂，通常在水暖系统顶部设有膨胀水箱，如习题 1.10 图所示，若系统内水的总体积为 10m^3，加温前后温差为 $50℃$，在其温度范围内水的体积膨胀系数 $\alpha_V=0.0005/℃$。求膨胀水箱的最小容积 $V_{\min}$。

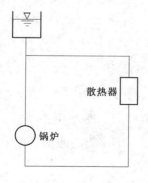

散热器

锅炉

习题 1.10 图

1.11　相距 $a=2\text{mm}$ 的两块平板插入水中，水的表面张力系数 $\sigma=0.0725\text{N/m}$，接触角 $\theta=8°$，求两板间的毛细水柱高 h。

第 2 章 流 体 静 力 学

流体静力学是研究流体处于静止（或平衡）状态下的力学规律及其在工程中的应用。静止状态是指流体质点之间不存在相对运动，因而流体黏性体现不出来。静止流体中没有切应力，只存在压强，故称为静压强，以区别于运动流体中的动压强。本章主要讨论静压强的特性、分布规律以及静止流体对壁面作用力的计算方法。

2.1 流 体 静 压 强 特 性

流体静压强有如下两项特性：

（1）静压强方向必然总是沿作用面的内法线方向，即垂直并指向作用面。

（2）静止流体中任一点处的压强大小与其作用面方位无关，即同一点上各方向的静压强大小均相等。这一特性可以证明如下。

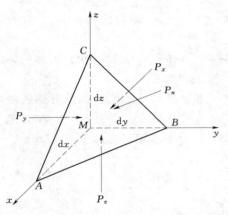

图 2.1　静止流体中微小四面体

在静止流体中划分出一微小四面体 $MABC$，其顶点为 M，三条分别平行于直角坐标系 x、y、z 轴的边长为 $\mathrm{d}x$、$\mathrm{d}y$、$\mathrm{d}z$，如图 2.1 所示。

在同一微小表面上的压强均匀分布，假设作用在 MBC、MAC、MAB 及 ABC 四个面上的压强分别为 p_x、p_y、p_z 和 p_n。那么，作用这四个表面上的压力分别为 $\frac{1}{2}p_x\mathrm{d}y\mathrm{d}z$、$\frac{1}{2}p_y\mathrm{d}x\mathrm{d}z$、$\frac{1}{2}p_z\mathrm{d}x\mathrm{d}y$ 及 $p_n\mathrm{d}A_n$，这里 $\mathrm{d}A_n$ 指斜面 ABC 的面积。

在 x 轴方向上，MAC 和 MAB 面上的压力投影为 0，MBC 面上的压力投影为 $\frac{1}{2}p_x\mathrm{d}y\mathrm{d}z$，$ABC$ 面上的压力在 x 轴上投影为 $-p_n\mathrm{d}A_n\cos(n,\ x)$，这里 $\cos(n,\ x)$ 表示 ABC 面的外法线方向和 x 轴正向夹角的余弦。由数学分析，$\mathrm{d}A_n\cos(n,\ x)$ 等于 ABC 面在 yMz 平面的投影，即 MBC 的面积 $\frac{1}{2}\mathrm{d}y\mathrm{d}z$，因此，$p_n\mathrm{d}A_n\cos(n,\ x)=\frac{1}{2}p_n\mathrm{d}y\mathrm{d}z$。

四面体所受的质量力在各坐标轴上的投影分别为 $f_x\rho\mathrm{d}x\mathrm{d}y\mathrm{d}z/6$、$f_y\rho\mathrm{d}x\mathrm{d}y\mathrm{d}z/6$、$f_z\rho\mathrm{d}x\mathrm{d}y\mathrm{d}z/6$。

流体处于静止状态，可建立力平衡关系式，在 x 轴方向上，有

$$(p_x - p_n)\frac{1}{2}\mathrm{d}y\mathrm{d}z + \frac{1}{6}f_x\rho\mathrm{d}x\mathrm{d}y\mathrm{d}z = 0$$

上式中第二项比第一项为高阶无穷小，略去后得

$$p_x = p_n \tag{2.1}$$

同样可以证明：

$$p_y = p_n, p_z = p_n$$

由此得

$$p_x = p_y = p_z = p_n \tag{2.2}$$

上面证明中并未规定斜面 ABC 的方向，该方向的任意性即说明了静压强第二特性的正确性。

作用于静止流体内一给定点处不同方向的压强是常数，但在不同点处这一值一般并不相等，因而静止流体内的压强是位置的函数：

$$p = p(x, y, z) \tag{2.3}$$

同时，作用于静止流体内某一点不同方向的压强可以简单说成"静止流体中某一点的压强"。

2.2 流体平衡微分方程

2.2.1 流体的平衡微分方程——欧拉平衡微分方程

在静止流体中取一微元直角六面体，其中心 M 所在点坐标为 (x, y, z)，六面体分别平行于 x、y、z 轴的边长为 $\mathrm{d}x$、$\mathrm{d}y$、$\mathrm{d}z$，如图 2.2 所示。先分析作用于这一六面体的表面力和质量力。

作用于静止流体的表面力只有压力，因此需先确定六面体各面上的压强。设 M 处压强为 $p(x, y, z)$，微元面 $EFGH$ 形心处压强可用泰勒级数表示，忽略二阶及以上微量，有 $p + \dfrac{\partial p}{\partial x}\dfrac{\mathrm{d}x}{2}$，方向沿 x 轴负向。此微元面各点压强可认为都等于形心处压强，因此，作用于微元面 $EFGH$ 上的压力在 x 轴上投影为 $-\left(p + \dfrac{\partial p}{\partial x}\dfrac{\mathrm{d}x}{2}\right)\mathrm{d}y\mathrm{d}z$。

同理，可以得到作用于微元面 $ABCD$ 的压力在 x 轴上投影为 $\left(p - \dfrac{\partial p}{\partial x}\dfrac{\mathrm{d}x}{2}\right)\mathrm{d}y\mathrm{d}z$。六面体其余表

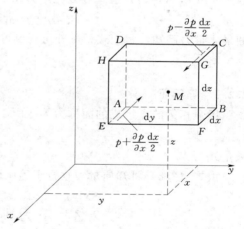

图 2.2 六面体流体微团的表面力

面上的压力在 x 轴上投影均为 0。因此，六面体所受表面力在 x 轴上投影和为

$$\left(p - \frac{\partial p}{\partial x}\frac{\mathrm{d}x}{2}\right)\mathrm{d}y\mathrm{d}z - \left(p + \frac{\partial p}{\partial x}\frac{\mathrm{d}x}{2}\right)\mathrm{d}y\mathrm{d}z = -\frac{\partial p}{\partial x}\mathrm{d}x\mathrm{d}y\mathrm{d}z$$

设作用在六面体上的单位质量力在 x 轴上投影为 f_x，那么六面体的质量力在 x 轴上

投影为 $f_x \rho \mathrm{d}x\mathrm{d}y\mathrm{d}z$。

因为六面体处于平衡状态，所以合力在 x 轴上的投影为 0（即 $\sum f_x = 0$），有

$$-\frac{\partial p}{\partial x}\mathrm{d}x\mathrm{d}y\mathrm{d}z + f_x \rho \mathrm{d}x\mathrm{d}y\mathrm{d}z = 0$$

化简上式，得到式（2.4）第一式，同样可以获得适用于 y、z 轴方向的其余两式：

$$\left.\begin{aligned} f_x - \frac{1}{\rho}\frac{\partial p}{\partial x} = 0 \\ f_y - \frac{1}{\rho}\frac{\partial p}{\partial y} = 0 \\ f_z - \frac{1}{\rho}\frac{\partial p}{\partial z} = 0 \end{aligned}\right\} \tag{2.4}$$

矢量表达式为

$$f - \frac{1}{\rho}\nabla p = 0 \tag{2.5}$$

式（2.5）中的 ∇ 称为哈密尔顿算子，即 $\nabla = \frac{\partial}{\partial x}\boldsymbol{i} + \frac{\partial}{\partial y}\boldsymbol{j} + \frac{\partial}{\partial z}\boldsymbol{k}$。

式（2.4）、式（2.5）即为流体的平衡微分方程式，是欧拉在 1775 年提出的，所以又称为欧拉平衡微分方程，表明处于静止流体中表面力和质量力平衡。

2.2.2　微分方程的积分形式

将式（2.4）中各式依次乘以 $\mathrm{d}x$、$\mathrm{d}y$、$\mathrm{d}z$，再将它们相加，得

$$\frac{\partial p}{\partial x}\mathrm{d}x + \frac{\partial p}{\partial y}\mathrm{d}y + \frac{\partial p}{\partial z}\mathrm{d}z = \rho(f_x\mathrm{d}x + f_y\mathrm{d}y + f_z\mathrm{d}z)$$

因 $p = p(x, y, z)$，上式等号左边为压强 p 的全微分 $\mathrm{d}p$，则上式可写为

$$\mathrm{d}p = \rho(f_x\mathrm{d}x + f_y\mathrm{d}y + f_z\mathrm{d}z)$$

如果质量力已知，将上式积分即可得到静压强分布，有

$$p = \int \rho(f_x\mathrm{d}x + f_y\mathrm{d}y + f_z\mathrm{d}z) \tag{2.6}$$

2.2.3　等压面

压强相等的点组成的面称为等压面，可以是平面或曲面。对于等压面 $\mathrm{d}p = 0$，得到

$$f_x\mathrm{d}x + f_y\mathrm{d}y + f_z\mathrm{d}z = 0 \tag{2.7}$$

矢量式为

$$\boldsymbol{f} \cdot \mathrm{d}\boldsymbol{l} = 0 \tag{2.8}$$

由式（2.8）可知质量力垂直于等压面。如质量力仅为重力时，等压面为水平面。

2.3　重力场中流体静压强分布

在实际工程中，最常见的质量力是重力，这一节将讨论流体所受质量力只有重力情况下的压强分布规律。

2.3.1　流体静力学基本方程

在不可压缩静止流体中建立直角坐标系，Oxy 平面位于一水平面内，z 轴正向铅垂向上，如图 2.3 所示。单位质量力在三个坐标轴上投影分别为

$$f_x = 0, f_y = 0, f_z = -g$$

将它们代入流体的平衡微分方程式（2.4），得到 $\frac{\partial p}{\partial x}=0$，$\frac{\partial p}{\partial y}=0$，$\frac{\partial p}{\partial z}=-\rho g$。这里第一、第二式表明，静止流体中压强 p 不随 x、y 坐标变化，p 只是 z 坐标的函数，于是上面第三式应写成 $\frac{\mathrm{d}p}{\mathrm{d}z}=-\rho g$。

对不可压缩均质流体，密度 ρ 是常数，积分上式可得

$$z+\frac{p}{\rho g}=C \qquad (2.9)$$

在流体内取两点，这两点到 Oxy 水平面距离分别为 z_1、z_2，压强分别为 p_1 和 p_2，由式（2.9）得到

$$z_1+\frac{p_1}{\rho g}=z_2+\frac{p_2}{\rho g} \qquad (2.10)$$

式（2.9）、式（2.10）称为不可压缩流体静压强基本方程（或称为静力学基本方程），该方程具有下述物理意义和几何意义。

（1）静压强基本方程的物理意义。方程中的 z 是单位重量流体对基准平面的位能，$p/(\rho g)$ 是指单位重量的流体具有的压能。图2.3 中有一盛有均质流体的容器，容器壁 1、2点处各接一测压管，玻管中液体上升的高度分别为 $p_1/(\rho g)$、$p_2/(\rho g)$。压能 $p/(\rho g)$ 和位能 z 之和称为总势能。流体静压强基本方程的物理意义是指单位重量静止流体的总势能相等，这是能量守恒定律在静止流体能量特性的表现。

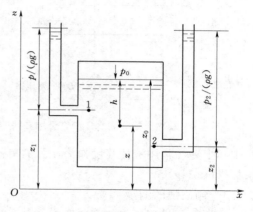

图2.3 流体静压强分布

（2）静压强基本方程的几何意义。静压强方程中的 z 和 $p/(\rho g)$ 都具有长度量纲，z 表示某点到基准平面的垂直高度，称为位置水头，$p/(\rho g)$ 称为压强水头，z 和 $p/(\rho g)$ 之和称为测压管水头或静水头。静压强基本方程的几何意义表明静止流体中各点的测压管水头相等，测压管水头线为一水平线。

在式（2.10）中，将一点取在液面，这里压强为 p_0，液面下 h 处压强为 p，由式（2.10）得到

$$z_0+\frac{p_0}{\rho g}=z+\frac{p}{\rho g}$$

整理得 $$p=p_0+\rho g(z_0-z)$$
即 $$p=p_0+\rho g h \qquad (2.11)$$

式（2.11）是最常见的液体静压强计算公式，表明静止均质液体内一点处的压强，等于液面"传递"来的压强和液体重量产生的压强之和。

2.3.2 压强的不同表达方式

同一压强可有不同的基准计算。以绝对真空状态为基准计算的压强值叫绝对压强

p_{abs}。绝对压强反映流体分子运动的物理本质，在物理学、热力学、航空气体动力学上多采用绝对压强。

在大多数压强仪表中，内外腔所受大气压强抵消，测出的压强是相对压强。相对压强是以大气压强为基准计算的，可正可负。但在表示压强时一般不希望出现负值，所以相对压强的表示有两种形式：

(1) 当某点处的绝对压强高于当地大气压 p_a 时，该点的相对压强可用 p_{re} 表示，即

$$p_{re} = p_{abs} - p_a \qquad (2.12)$$

p_{re} 又称为表压强，恒正。表压强也可以用 p 表示。

(2) 当某点的绝对压强低于当地大气压即出现了真空的状态时，该点的相对压强可用 p_v 表示，即

$$p_v = p_a - p_{abs} \qquad (2.13)$$

p_v 称为真空度，p_v 值越大，表明这点处的真空状态越显著。

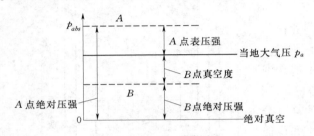

图 2.4 绝对压强、表压强和真空度之间的关系

图 2.4 可以帮助理解、记忆绝对压强，表压强和真空度三者的关系。在实际工程中广泛采用相对压强，在讨论问题中，如不加说明，压强均指相对压强。

当地大气压随地区、季节和气候的变化有所不同。压强的单位在国际单位制中为帕（Pa）（$1Pa = 1N/m^2$），在工程上还经常用液柱高度作为压强的单位，常用的液柱高度有米水柱（mH_2O）和毫米汞柱（mmHg）。

2.3.3 静压强的测量

常用的测量静压强的方式有弹簧金属式、电测式和液位式 3 种。其中的液位式测压原理是静压强的基本方程，主要的设备有测压管、U 型测压管和压差计。

(1) 测压管。测压管是以液柱高度为表征测量点压强的连通管，一端与被测点连接，另一端竖直向上与大气连通。测压管内液柱高度即为被测点的相对压强，如图 2.5 所示，被测点 B 的相对压强 $p_B = \rho g h$，绝对压强 $p_{Babs} = p_a + \rho g h$。

用测压管测量压强，被测点的相对压强一般不宜太大，因为如相对压强为 0.1 大气压，水柱高度为 1m，压强再大，测读不便。此外，为避免表面张力的影响，测压管的直径不能过细，一般直径 $d \geqslant 5mm$。

(2) U 形测压管。U 形测压管内常装有水银或其他界面清晰的工作流体。通过测出水银液面高差 Δh 就可以换算出被测点的压强，如图 2.6 所示。

取等压面 $B - B$，$p_0 = \rho_{Hg} g \Delta h - \rho g h_1$，如果容器内装有

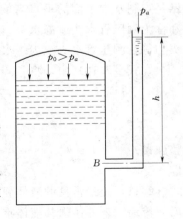

图 2.5 测压管

气体时，$p_0 = \rho_{Hg} g \Delta h$。

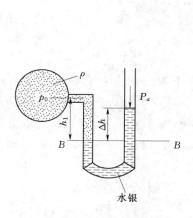

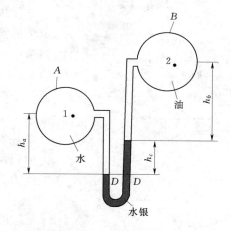

图 2.6 U 形测压管   图 2.7 U 形管压差计

（3）压差计。压差计测量的是两个被测点的压强差值，常用的 U 形管水银压差计，如图 2.7 所示。作等压面 D-D，存在关系式：

$$p_1 + \gamma_{水} h_a = p_2 + \gamma_{油} h_b + \gamma_{Hg} h_c$$

两点的压强差为 $p_1 - p_2 = \gamma_{油} h_b + \gamma_{Hg} h_c - \gamma_{水} h_a$。（注意：$\gamma = \rho g$）

【例 2.1】 如图 2.8 所示，$h_1 = 0.5\text{m}$，$h_2 = 1.8\text{m}$，$h_3 = 1.2\text{m}$，试根据水银压力计的读数，求水管 A 内的真空度及绝对压强。（设大气压强为 98000Pa）

解：由等压面关系

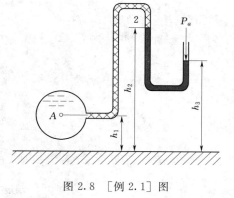

图 2.8 ［例 2.1］图

$$p_{2abs} + \gamma_{Hg}(h_2 - h_3) = p_a$$

$$p_{2abs} + \gamma(h_2 - h_1) = p_{Aabs}$$

从而 A 处绝对压强 $p_{Aabs} = p_a + 1.3\gamma - 0.6\gamma_{Hg} = 30772\text{Pa}$

真空度 $p_{AV} = p_a - p_{Aabs} = 67228\text{Pa}$

2.4 流 体 的 相 对 平 衡

液体随容器一起运动时，如果液体质点之间相对位置始终不变，各质点与容器的相对位置也不改变，这时，液体与容器处于相对静止状态，也称为相对平衡状态。可用流体的平衡微分方程来分析相对平衡问题，此时，液体所受的质量力除重力外，还有惯性力。下面举例说明该类问题的处理方法。

盛有液体的一半径为 R 的圆筒容器绕其垂直轴心线以恒角速度 ω 旋转，由于液体的黏性，液体在器壁的带动下，最终也以同一角速度旋转，液体的自由表面也由原来静止时

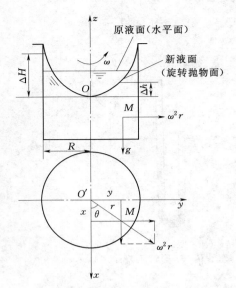

图 2.9 等角速度旋转圆筒中
液体相对平衡

的水平面变成绕中心轴的曲面。自由表面各点作用有气体压强 p_0。建立如下直角坐标系：坐标原点位于圆筒轴心线与液面交点上，z 轴与圆筒轴心线重合，正向向上，Oxy 平面为一水平面，如图 2.9 所示。这一坐标系是静止的，不随容器一起旋转。

在液面下取一点 M，它到 z 轴垂直距离为 r，显然 $r=\sqrt{x^2+y^2}$。M 点的质量力除重力外还有离心惯性力，其大小为 $r\omega^2$，M 点所受重力大小为 g，方向铅垂向下。因此，M 点在各坐标轴方向上的质量力分量为

$$f_x=\omega^2 r\cos\theta=\omega^2 x$$
$$f_y=\omega^2 r\sin\theta=\omega^2 y$$
$$f_z=-g$$

将其代入流体平衡微分方程式（2.4），得到

$$\omega^2 x=\frac{1}{\rho}\frac{\partial p}{\partial x}$$

$$\omega^2 y=\frac{1}{\rho}\frac{\partial p}{\partial y}$$

$$g=-\frac{1}{\rho}\frac{\partial p}{\partial z}$$

从而有

$$\mathrm{d}p=\frac{\partial p}{\partial x}\mathrm{d}x+\frac{\partial p}{\partial y}\mathrm{d}y+\frac{\partial p}{\partial z}\mathrm{d}z=\rho\omega^2(x\mathrm{d}x+y\mathrm{d}y)-\rho g\mathrm{d}z=\rho\omega^2\mathrm{d}\left(\frac{r^2}{2}\right)-\rho g\mathrm{d}z$$

积分，得
$$p=\frac{1}{2}\rho\omega^2 r^2-\rho gz+C \tag{2.14}$$

式（2.14）中的积分常数 C 用边界条件确定后即可得到液体中压强分布。$r=0$、$z=0$ 处 $p=p_0$，代入式（2.14）得到 $C=p_0$，由此得到液体内压强随 r 和 z 变化规律：

$$p=p_0+\frac{1}{2}\rho\omega^2 r^2-\rho gz \tag{2.15}$$

给定一压强值 $p_1(p_1>p_0)$，可由式（2.15）得到液体内等压面方程：

$$z=\frac{\omega^2 r^2}{2g}-\frac{p_1-p_0}{\rho g} \tag{2.16}$$

这是一个抛物面。

液体表面各点压强为常数 p_0，因而自由表面为一等压面，将 $p_1=p_0$ 代入上式，得到自由表面方程：

$$z_0=\frac{\omega^2 r^2}{2g} \tag{2.17}$$

z_0 表示自由表面上任一点的 z 坐标，也就是自由表面上的点比抛物面顶点所高出的铅直距离，称为超高。用 R 表示容器的内半径，则液面的最大超高为

$$\Delta H = \frac{\omega^2 R^2}{2g} \tag{2.18}$$

在 xoy 坐标平面以上的回转抛物体内的液体的体积为

$$V = \int_0^{\Delta H} \pi r^2 \mathrm{d}z = \int_0^R \pi r^2 \times \frac{2\omega^2 r \mathrm{d}r}{2g} = \frac{\pi \omega^2}{g} \int_0^R r^3 \mathrm{d}r = \frac{\pi \omega^2 R^4}{4g}$$

$$= \frac{1}{2}\pi R^2 \frac{\omega^2 R^2}{2g} = \frac{1}{2}\pi R^2 \Delta H \tag{2.19}$$

式（2.19）说明圆筒形容器中的回转抛物体的体积恰好是高度为最大超高的圆柱体体积的一半。

将式（2.17）代入式（2.15），液体内部压强可表示为

$$p = p_0 + \rho g(z_0 - z) = p_0 + \rho g h \tag{2.20}$$

式中：h 为某点距离自由表面的高度，称为该点的淹没深度。

式（2.20）表明相对平衡状态的液体压强分布依然可用重力场中静压强基本计算公式（2.11）进行求解。同时，应该注意在同一水平面内压强分布有显著区别：绝对静止液体在水平面内压强相等，而绕铅直轴作等角速度旋转运动的液体，压强随半径 r 变化，轴心处压强最低，边缘的压强最高。工程中的许多设备就是依据等角速度旋转运动液体压强分布特点进行设计的。

上述关系式是在液面敞开和坐标系原点建立在自由表面中心点导出的，应注意使用条件。坐标原点的另一种取法是选择容器底面与转轴的交点，应注意积分常数 C 的确定，如下例。

【例 2.2】 一高 H、半径为 R 的有盖圆筒内盛满密度为 ρ 的水，圆筒及水体绕容器铅垂轴心线以等角速度 ω 旋转，如图 2.10 所示，求由水体自重和旋转作用下，上盖和下盖内表面的压强，上盖中心处有一小孔通大气。

解：将直角坐标原点置于下盖板内表面与容器轴心线交点，z 轴与容器轴心线重合，正向向上。在 $r=0$、$z=H$ 处水与大气接触，相对压强为 0，由此方程式（2.14）中积分常数 $C=\rho g H$，容器内相对压强 p 分布为

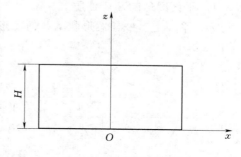

图 2.10 有盖旋转圆筒

$$p = \frac{1}{2}\rho \omega^2 r^2 + \rho g(H - z) \tag{2.21}$$

相对压强是不计大气压强，仅由水体自重和旋转引起的压强。在下盖内表面上 $z=0$，从而相对压强只与半径 r 有关：

$$p = \frac{1}{2}\rho \omega^2 r^2 + \rho g H \tag{2.22}$$

可见下盖内表面所受压力由两部分构成：第一部分来源于水体的旋转角速度 ω，第二部分正好等于筒中水体重力。当 $z=H$ 时，由式（2.21）得到上盖内表面的压强分布为

$$p = \frac{1}{2}\rho \omega^2 r^2 \tag{2.23}$$

由式（2.23）可见，轴心处压强最低，边缘压强最高，压强与 ω^2 成正比，ω 越大，边缘压强也越大。离心铸造机就是利用这个原理。

盛满液体的容器，盖板上开孔的位置不同会造成压强分布的差异。现分析上题中，在上盖边缘开孔的压强分布情况。容器旋转后，液体未溢出，坐标原点依然取在下盖内表面上，在 $r=R$、$z=H$ 处水与大气接触，相对压强为 0，方程式（2.14）中积分常数 $C=\rho g H-\frac{1}{2}\rho\omega^2 R^2$，因此得到容器内压强分布为

$$p=\frac{1}{2}\rho\omega^2(r^2-R^2)+\rho g(H-z) \tag{2.24}$$

下盖内表面（$z=0$）的压强分布为

$$p=\frac{1}{2}\rho\omega^2(r^2-R^2)+\rho g H \tag{2.25}$$

上盖内表面（$z=H$）的压强分布为

$$p=\frac{1}{2}\rho\omega^2(r^2-R^2) \tag{2.26}$$

由式（2.26）可知，上盖内表面处液体处于真空状态，中心压强最小，边缘压强最大。离心式泵和风机就是利用该原理，使流体不断从叶轮中心吸入。

2.5　液体作用在平面上的总压力

2.5.1　平面图形的几何性质

xoy 平面上有一任意形状的几何图形，其形心在 C 点，面积为 A。直线 L 通过 C 点并平行于 x 轴，C 点到 x 轴距离，也即直线 L 与 x 轴的距离为 y_c，如图 2.11 所示。

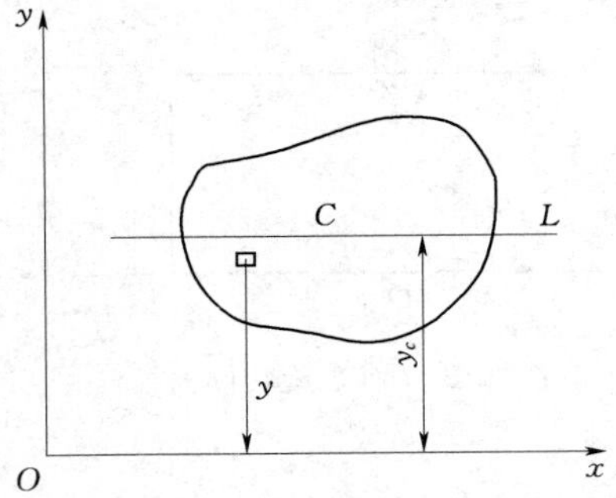

将平面图形划分成若干微元面积，其中一微元面的面积为 ΔA，其形心到 x 轴距离为 y，那么乘积 $y\Delta A$ 和 $y^2\Delta A$ 分别叫微元面对 x 轴的静矩和惯性矩，而积分式 $\int_A y\mathrm{d}A$、$\int_A y^2\mathrm{d}A$ 分别表示平面图形对 x 轴的静矩和惯性矩。

图 2.11　平面图形的几何性质

由数学分析，$\int_A y\mathrm{d}A$ 等于平面图形的面积 A 与图形形心 C 到 x 轴距离 y_c 之积：

$$\int_A y\mathrm{d}A=y_c A \tag{2.27}$$

由惯性矩的平行移轴定理，$\int_A y^2\mathrm{d}A$ 等于平面图形对过其形心且平行于 x 轴的直线 L 的惯性矩 J_c 和平面图形面积 A 与 y_c 平方之积的和：

$$\int_A y^2\mathrm{d}A=J_c+y_c^2 A \tag{2.28}$$

式（2.28）是计算平面图形对 x 轴惯性矩常用公式。

工程中常用对称规则平面的形心位置 y_c 和对通过平面形心水平轴的惯性矩 J_c 见表 2.1。

表 2.1   **常见图形的形心坐标、惯性矩和面积**

图 形 名 称		对通过形心水平线的惯性矩	形心 y_c	面积 A
等边梯形		$\dfrac{h^3(a^2+4ab+b^2)}{36(a+b)}$	$\dfrac{h(a+2b)}{3(a+b)}$	$\dfrac{h(a+b)}{2}$
圆		$\dfrac{\pi R^4}{4}$	R	πR^2
半圆		$\dfrac{(9\pi^2-64)R^4}{72\pi}$	$\dfrac{4R}{3\pi}$	$\dfrac{\pi R^2}{2}$
圆环		$\dfrac{\pi(R^4-r^4)}{4}$	R	$\pi(R^2-r^2)$
矩形		$\dfrac{bh^3}{12}$	$\dfrac{h}{2}$	bh
三角形		$\dfrac{bh^3}{36}$	$\dfrac{2h}{3}$	$\dfrac{bh}{2}$

2.5.2 平面壁上总压力的计算

一面积为 A 的平面完全淹没在密度为 ρ 的静止液体的液面之下，平面上各点压强是一与作用点深度成正比的变量，从而在平面上作用了一非均匀的分布力系。可以用一集中力代替这一分布力系。由于平面各点压强都与平面正交，因而合力即总压力也将垂直于平面，下面将讨论总压力 P 大小的计算及总压力与平面交点位置即压力中心 D 的确定。

静止液体作用在平面上的总压力计算有解析法和图解法两种。

1. 解析法

设液下一平面与液面夹角为 α，建立一直角坐标系，坐标原点 O 在液面，y 轴通过平

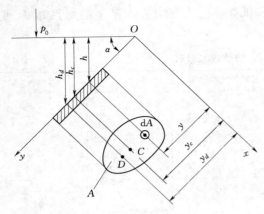

图 2.12 平面壁的液体压力

面形心 C 点，正向向下，如图 2.12 所示。图中 h_c 为平面形心 C 处深度，y_c 为形心 C 的 y 坐标，显然，$h_c = y_c \sin\alpha$。

在平面上取一大小为 $\mathrm{d}A$ 的微元面积，$\mathrm{d}A$ 形心处水深为 h，于是微面积处压强为 $\rho g h$。由于 $h = y \sin\alpha$，于是微元面积形心处压强可写为 $\rho g y \sin\alpha$，在 $\mathrm{d}A$ 充分小的条件下，可以认为微元面积上压强为常数，因而微元面积上压力大小为 $\rho g y \sin\alpha \mathrm{d}A$，于是液下平面所受总压力 P 为

$$P = \int_A \rho g y \sin\alpha \mathrm{d}A = \rho g \sin\alpha \int_A y \mathrm{d}A$$

代入式（2.27）：

$$P = \rho g \sin\alpha \, y_c A = \rho g h_c A \qquad (2.29)$$

式（2.29）中 $\rho g h_c$ 是液下平面形心处压强。该式表明，作用于液下平面由液体产生的压力大小等于平面形心处压强与平面淹没面积的乘积，形心处压强等于被淹没面积的平均压强。应注意，此处的压强应为相对压强。

平面上静水压力作用线与平面的交点叫压力中心 D。除开平面水平放置的特殊情况，压力中心与平面形心并不重合，而在形心位置以下。事实上，形心是平面的几何属性，压力中心是合力的力学属性。

设压力中心 D 沿平面到液面距离即 D 点的纵坐标为 y_d，y_d 可以由力矩定理确定：总压力 P 对 x 轴的力矩 $P y_d$ 应等于平面上所有微元面积的压力对 x 轴力矩的和 $\int_A \rho g h y \mathrm{d}A$，即

$$\int_A \rho g h y \mathrm{d}A = P y_d \qquad (2.30)$$

上式左边

$$\int_A \rho g h y \mathrm{d}A = \int_A \rho g y^2 \sin\alpha \mathrm{d}A = \rho g \sin\alpha \int_A y^2 \mathrm{d}A$$

右边

$$P y_d = \rho g h_c A y_d = \rho g y_c y_d \sin\alpha A$$

由此得

$$\int_A y^2 \mathrm{d}A = y_c y_d A$$

代入式（2.28），整理得

$$y_d = y_c + \frac{J_c}{y_c A} \qquad (2.31)$$

由此可看出，压力中心在平面形心之下，两点在平面上距离为 $J_c / y_c A$。工程中常用轴对称图形的压力中心一定位于对称轴上，不必计算压力中心的 x 坐标。

2. 图解法

解析法适用于任意形状的平面，图解法仅适用于一边平行于水面的矩形平面。图解法的步骤是：先绘制压强分布图，总压力的大小等于压强分布图的面积乘以受压平面的宽

度；压力中心的位置相当于压强分布图的几何形心点位置。

使用图解法的关键在于绘制压强分布图，压强分布图是在受压平面上，以一定的比尺绘制压强（大小、方向）分布的图形。按照压强沿水深线性变化的关系，首先标出受压面起点和终点的压强，再以直线连接，而压强方向始终垂直于受压面，如图 2.13 所示。

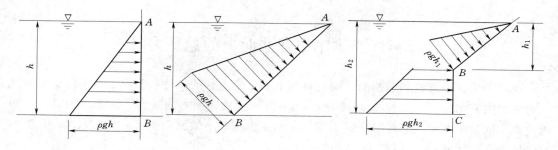

图 2.13　压强分布图

【例 2.3】　设有一铅垂放置的矩形闸门，如图 2.14 所示。已知闸门高度 $h=2\text{m}$，宽度 $b=3\text{m}$，闸门上缘到水面的距离 $h_1=1\text{m}$。试用图解法和解析法求解作用在闸门上的静水总压力 F_p。

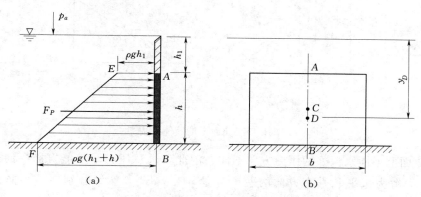

图 2.14　[例 2.3] 图

解：（1）图解法。绘制闸门对称轴 AB 线上的压强分布图 $ABFE$，如图 2.14（a）所示。静水总压力大小等于图形 $ABFE$ 的面积乘以闸门的宽度，即

$$P=\Omega b=\frac{1}{2}\big[\rho g h_1+\rho g(h_1+h)\big]hb=\frac{1}{2}\times\big[9800\times1+9800\times(1+2)\big]\times2\times3=117.6(\text{kN})$$

压力中心点 D 位于梯形 $ABFE$ 的几何形心点处，因此距水面的距离 y_d 为

$$y_d=\frac{h}{3}\frac{\rho g h_1+2\rho g(h_1+h)}{\rho g h_1+\rho g(h_1+h)}+h_1=\frac{2}{3}\times\frac{1+2\times3}{1+3}+1=2.17(\text{m})$$

（2）解析法。由式（2.29）可知，$P=\rho g h_c A=\rho g\Big(\dfrac{h}{2}+h_1\Big)hb=9800\times2\times2\times3=117.6(\text{kN})$

压力中心点 D 距水面的距离 y_d 由式（2.31）得到

$$y_d = y_c + \frac{J_c}{y_c A} = \left(h_1 + \frac{h}{2}\right) + \frac{\frac{1}{12}bh^3}{\left(h_1 + \frac{h}{2}\right)hb}$$

$$= (1+1) + \frac{\frac{1}{12}\times 3 \times 2^3}{(1+1)\times 2 \times 3} = 2.17\,(\mathrm{m})$$

2.6　液体作用在曲面上的总压力

在实际工程中常遇到的曲面，即具有水平或铅垂主轴的圆柱形曲面。本节讨论作用在二向曲面的静水总压力。如图 2.15 所示，ab 是承受液体压力的柱面，其面积为 A。液面为通大气的自由液面，其相对压强为零。在曲面上任取一微元面积 dA，其淹没深度为 h，液体作用在微元面积 dA 上的压力 dP 为

$$dP = \rho g h \, dA$$

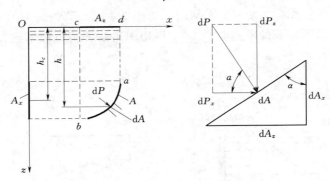

图 2.15　曲面壁的液体压力

由于曲面上不同水深处的压力方向不同，因此，求总压力时不能直接在曲面上积分，需要将 dP 分解为水平和垂直方向的两个分量 dP_x、dP_z，然后分别在整个曲面上积分，得到 P_x、P_z。

（1）水平分力 P_x 的计算。

$$P_x = \int_A dP_x = \int_A dP\cos\alpha = \int_A \rho g h \, dA\cos\alpha = \rho g \int_A h \, dA_x$$

式中：A_x 为面积 A 在 yOz 面上的投影；$\int_A h \, dA_x$ 为面积 A_x 对 y 轴的静矩，即 $\int_A h \, dA_x = h_c A_x$。

因此，有

$$P_x = \rho g h_c A_x \qquad\qquad (2.32)$$

上式说明作用在曲面上总压力的水平分力 P_x 等于液体作用在曲面的投影面 A_x 的总压力。水平分力可用前节作用在平面上的总压力计算，其压力中心位置的确定也如前所述。

（2）垂直分力 P_z 的计算。

$$P_z = \int_A \mathrm{d}P_z = \int_A \mathrm{d}P\sin\alpha = \int_A \rho g h\,\mathrm{d}A\sin\alpha = \rho g \int_A h\,\mathrm{d}A_z$$

式中：A_z 为面积 A 在自由液面 xOy 或其延伸面上的投影；$\int_A h\,\mathrm{d}A_z$ 为以曲面 ab 为底，投影面 A_z 为顶以及曲面周边各点向上投影的所有垂直母线所围成的一个空间体积，称为压力体，用 V 表示其体积，则

$$P_z = \rho g V \tag{2.33}$$

上式表明作用在曲面上总压力的垂直分力等于压力体的液重，它的作用线通过压力体的重心。如果压力体与液体位于受压面同侧，称为实压力体，垂直分力向下，如图 2.16（a）所示；如果压力体与液体位于受压面异侧，称为虚压力体，垂直分力向上，如图 2.16（b）所示。

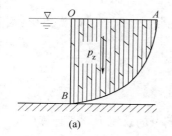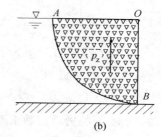

图 2.16 压力体
（a）实压力体；（b）虚压力体

（3）总压力 P 的计算。由力的合成关系可以确定总压力 P，即

$$P = \sqrt{P_x^2 + P_z^2} \tag{2.34}$$

总压力作用线与水平方向的夹角 α 为

$$\alpha = \arctan\frac{P_z}{P_x} \tag{2.35}$$

同时总压力 P 的作用线必通过 P_x、P_z 作用线的交点，但这个交点不一定在曲面上。

【例 2.4】 一坝顶圆柱形闸门 AB 半径为 R，门宽 b，闸门可绕圆弧圆心 O 转动。求水面与 O 点在同一高程 H 时全关闭闸门所受静水总压力（图 2.17）。

解： 水作用于圆弧闸门的水平分力为

$$P_x = \rho g (H/2) H b = \rho g H^2 b / 2$$

由于压力体 ABC 为虚压力体，因而静水作用于闸门表面的垂直分力方向向上，大小应为 ABC 中假想充满水时水的重量。

$$P_z = \rho g V = \rho g \left(\frac{\alpha}{2\pi} \times \pi R^2 - \frac{HR\cos\alpha}{2} \right) b$$

上式中 $\alpha = \arcsin(H/R)$（弧度）。

总压力 P 的大小及它与水平方向的夹角

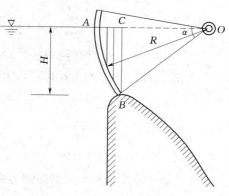

图 2.17 ［例 2.4］图

可由式（2.34）和式（2.35）计算。

由于静水作用于圆柱闸门表面每点处的压强都通过圆心 O，因而压力作用线也通过 O 点。

【例 2.5】 圆柱形压力罐，如图 2.18 所示。半径 $R=0.5\text{m}$，长 $l=2\text{m}$，压力表度数 $p_m=23.72\text{kPa}$。试求：（1）端部平面盖板所受的水压力；（2）上、下半圆筒所受水压力；（3）连接螺栓所受的总拉力。

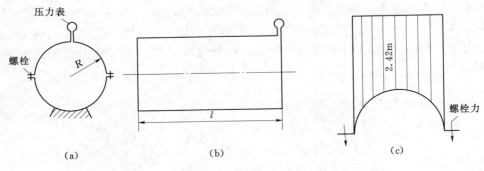

图 2.18　［例 2.5］图

解：（1）端盖板所受的力。用静水作用在平面上的总压力公式计算：

$$P=p_c A=(p_m+\rho gR)\pi R^2=(23.72+9.8\times0.5)\times3.14\times0.5^2=22.47(\text{kN})$$

（2）上、下半圆筒所受水压力。上、下半圆筒所受水压力只有垂直分力，上半圆筒压力体如图 2.18（c）所示。

$$P_{z\text{上}}=\rho gV_{\text{上}}=\rho g\left[\left(\frac{p_m}{\rho g}+R\right)\times2R-\frac{1}{2}\pi R^2\right]l$$
$$=9.8\times\left[\left(\frac{23.72}{9.8}+0.5\right)\times2R-\frac{1}{2}\times3.14\times0.5^2\right]\times2$$
$$=49.54(\text{kN})$$

下半圆筒：

$$P_{z\text{下}}=\rho gV_{\text{下}}=\rho g\left[\left(\frac{p_m}{\rho g}+R\right)\times2R+\frac{1}{2}\pi R^2\right]l$$
$$=9.8\times\left[\left(\frac{23.72}{9.8}+0.5\right)\times2R+\frac{1}{2}\times3.14\times0.5^2\right]\times2$$
$$=64.93(\text{kN})$$

（3）连接螺栓所受的总拉力。由上半圆筒计算：

$$T=P_{z\text{上}}=49.54\text{kN}$$

习　　题

2.1　如习题 2.1 图所示的密封容器，容器盛的液体是汽油，$\gamma=7.35\text{kN/m}^3$，当已知测压管高出液面 $h=1.5\text{m}$，求用水柱高度表示的液面相对压强 p_0。

2.2　习题 2.2 图中压差计上部有空气，$h_1=0.6\text{m}$，$h=0.45\text{m}$，$h_2=1.8\text{m}$，求 A、B

两点压强差，工作介质水的 $\gamma = 9800 \text{N/m}^3$。

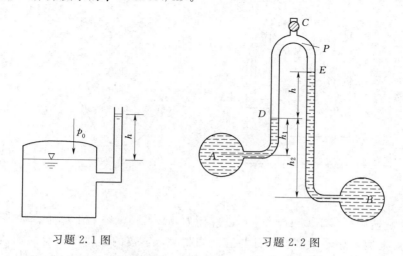

习题 2.1 图　　　　　　　　　　习题 2.2 图

2.3　如习题 2.3 图所示为一复式水银测压计，用以测量水箱中水的表面相对压强。根据图中读数（单位为 m）计算水面相对压强值。

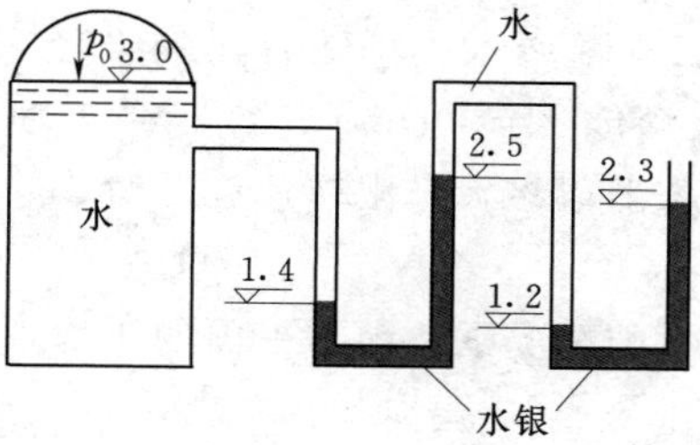

习题 2.3 图 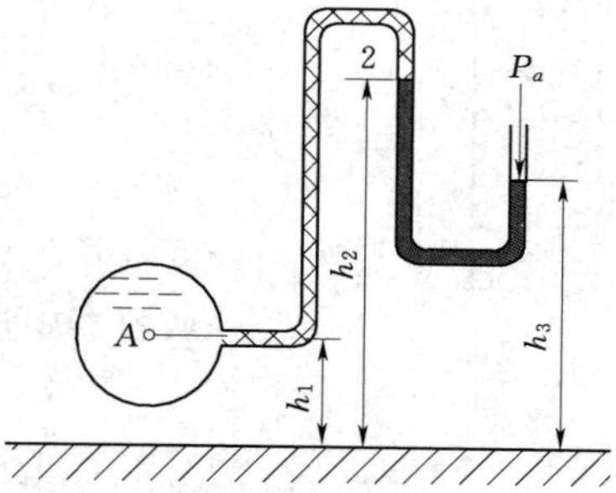　　　　　　　　　　习题 2.4 图

2.4　如习题 2.4 图所示，$h_1 = 0.5\text{m}$，$h_2 = 1.8\text{m}$，$h_3 = 1.2\text{m}$，试根据水银压力计的读数，求水管 A 内的真空度及绝对压强。（设大气压的压力水头为 10m）

2.5　如习题 2.5 图所示，敞开容器内注有三种互不相混的液体，$\gamma_1 = 0.8\gamma_2$，$\gamma_2 = 0.8\gamma_3$，求侧壁处三根测压管内液面至容器底部的高度 h_1、h_2、h_3。

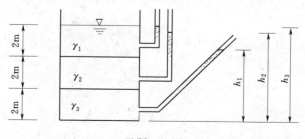

习题 2.5 图

2.6　试标出习题 2.6 图示盛液容器内 A、B 和 C 三点的位置水头、压强水头和测压

管水头。以习题 2.6 图示 $O\text{-}O$ 为基准面。

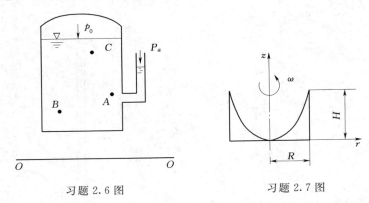

习题 2.6 图　　　　　　　习题 2.7 图

2.7　一旋转圆柱容器高 $H=0.6\mathrm{m}$，直径 $D=0.45\mathrm{m}$，容器中盛水，如习题 2.7 图所示。求水正好与容器中心触底，顶部与容器同高时，容器的旋转角速度 ω。

2.8　有盖圆筒形容器半径为 R，高 H，绕垂直轴心线以恒角速度 ω 旋转，求筒中水压强表达式，分容器上盖中心开一小孔和顶盖边缘开口两种情况，当时当地大气压力为 p_a。

2.9　如习题 2.9 图所示，已知容器的半径 $R=15\mathrm{cm}$，高 $H=50\mathrm{cm}$，充水深度 $h=30\mathrm{cm}$，若容器绕 z 轴以等角速度 ω 旋转，试求：容器以多大极限转速旋转时，才不致使水从容器中溢出。

2.10　在什么特殊情况下，水下平面的压力中心与平面

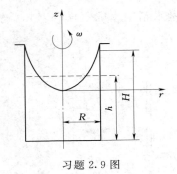

习题 2.9 图

形心重合？

2.11　如习题 2.11 图所示，一铅直矩形闸门，已知 $h_1=1\mathrm{m}$，$h_2=2\mathrm{m}$，宽 $b=1.5$，分别用解析公式和图解法求总压力及其作用点。

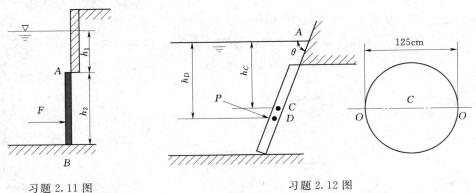

习题 2.11 图　　　　　　　习题 2.12 图

2.12　蓄水池侧壁装有一直径为 D 的圆形闸门，闸门平面与水面夹角为 θ，闸门形心 C 处水深 h_c，闸门可绕通过形心 C 的水平轴旋转，如习题 2.12 图所示，证明作用于闸门水压力对轴的力矩与形心水深 h_c 无关。

2.13　如习题 2.13 图所示矩形闸门 AB 的宽 $b=3m$，$\alpha=60°$，$h_1=1m$，$h_2=1.73m$，$h_3=h_2/2$，闸门自重 $G=9800N$，试求：将门吊起所需的力 T。

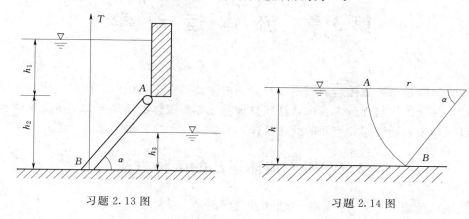

习题 2.13 图　　　　　　　　　　习题 2.14 图

2.14　如习题 2.14 图所示，一弧形闸门 AB，宽 $b=4m$，圆心角 $\alpha=45°$，半径 $r=2m$，闸门转轴恰与水面齐平，求作用于闸门的静水总压力。

2.15　如习题 2.15 图所示，圆柱闸门长 $L=4m$，直径 $D=1m$，上下游水深分别为 $H_1=1m$，$H_2=0.5m$，试求长柱体上所受的静水总压力。

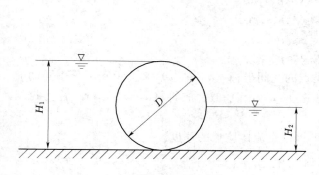

习题 2.15 图

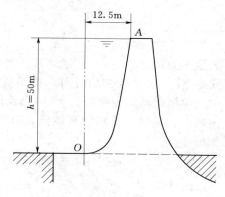

习题 2.16 图

2.16　一水坝受水面为一抛物线，顶点在 O 点，水深 $H=50m$ 处抛物线到抛物线对称轴距离为 12.5m，如习题 2.16 图所示，求水作用于单位宽度坝体的合力大小和方向。

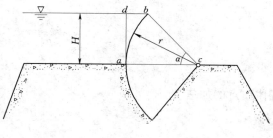

习题 2.17 图

2.17　如习题 2.17 图所示，扇形闸门，中心角 $\alpha=45°$，宽度 $B=1m$（垂直于图面），可以绕铰链 C 旋转，用以蓄水或泄水。水深 $H=3m$，确定水作用于此闸门上的总压力 p 的大小和方向。

第3章 流体运动学

流体运动学是研究流体运动而不涉及力的规律及其在工程中的应用。流体的运动特性可用流速、加速度等物理量来表征，这些物理量通称为流体的运动要素。研究流体运动就是研究其运动要素随时间和空间的变化规律，并建立它们之间的关系式。

3.1 研究流体运动的两种方法

研究流体运动的方法有拉格朗日法和欧拉法两种。

3.1.1 拉格朗日法

拉格朗日法以流体质点为研究对象，追踪观测某一流体质点的运动轨迹，并探讨其运动要素随时间变化的规律。将所有流体质点的运动汇总起来，即可得到整个流体运动的规律。例如在 t 时刻，某一流体质点的位置可表示为

$$\left.\begin{array}{l} x=x(a,b,c,t) \\ y=y(a,b,c,t) \\ z=z(a,b,c,t) \end{array}\right\} \tag{3.1a}$$

矢量式为
$$\boldsymbol{r}=\boldsymbol{r}(a,b,c,t) \tag{3.1b}$$

式中：a、b、c 为初始时刻 t_0 时该流体质点的坐标。

拉格朗日法通常用 $t=t_0$ 时刻流体质点的空间坐标 (a,b,c) 来标识和区分不同的流体质点。显然，不同的流体质点有不同的 (a,b,c) 值，故将 (a,b,c,t) 称为拉格朗日变量。

式（3.1a）对时间 t 求偏导数，即可得任意流体质点的速度

$$\left.\begin{array}{l} u_x=\dfrac{\partial x}{\partial t}=u_x(a,b,c,t) \\[2mm] u_y=\dfrac{\partial y}{\partial t}=u_y(a,b,c,t) \\[2mm] u_z=\dfrac{\partial z}{\partial t}=u_z(a,b,c,t) \end{array}\right\} \tag{3.2a}$$

矢量式为
$$\boldsymbol{u}=\frac{\partial \boldsymbol{r}}{\partial t} \tag{3.2b}$$

流体质点的加速度：

$$\left.\begin{array}{l} a_x=\dfrac{\partial u_x}{\partial t}=\dfrac{\partial^2 x}{\partial t^2}=a_x(a,b,c,t) \\[2mm] a_y=\dfrac{\partial u_y}{\partial t}=\dfrac{\partial^2 y}{\partial t^2}=a_y(a,b,c,t) \\[2mm] a_z=\dfrac{\partial u_z}{\partial t}=\dfrac{\partial^2 z}{\partial t^2}=a_z(a,b,c,t) \end{array}\right\} \tag{3.3a}$$

矢量式为

$$\boldsymbol{a} = \frac{\partial^2 \boldsymbol{r}}{\partial t^2} \tag{3.3b}$$

拉格朗日法与理论力学中研究质点系运动的方法相同，其物理概念明确，在理论上能直接得出各质点的运动轨迹及其运动参数在运动过程中的变化。但由于流体运动的复杂性，导致数学求解困难。此外，在大多数工程实际问题中，并不关心每个质点的详细运动过程，而关心的是各流动空间点上运动参数的变化及相互关系，例如，工程中的管道流动问题，一般只要求知道若干个控制断面（空间点）上的流速、流量及压强等物理量的变化，这种着眼于空间点的描述方法就是接下来要阐述的欧拉法。

3.1.2 欧拉法

欧拉法着眼于流场中的固定空间或空间上的固定点，研究空间每一点上流体的运动要素随时间的变化规律。被运动流体连续充满的空间称为流场。需要指出的是，所谓空间每一点上流体的运动要素是指占据这些位置的各个流体质点的运动要素。例如，空间本身不可能具有速度，欧拉法的速度指的是占据空间某个点的流体质点的速度。

在流场中任取固定空间，同一时刻，该空间各点流体的速度有可能不同，即速度 $\boldsymbol{u}$ 是空间坐标（x，y，z）的函数；而对某一固定的空间点，不同时刻被不同的流体质点占据，速度也有可能不同，即速度 $\boldsymbol{u}$ 又是时间 t 的函数。综合起来，速度是空间坐标和时间的函数，即

$$\boldsymbol{u} = \boldsymbol{u}(x, y, z, t) \tag{3.4a}$$

或

$$\left.\begin{array}{l} u_x = u_x(x, y, z, t) \\ u_y = u_y(x, y, z, t) \\ u_z = u_z(x, y, z, t) \end{array}\right\} \tag{3.4b}$$

式中：（x，y，z，t）称为欧拉变量。

式（3.4）中，如（x，y，z）为常数，t 为变数，可以得到在不同瞬时通过某一固定空间点的流体质点的速度变化情况；如 t 为常数，（x，y，z）为变数，可以得到同一瞬时通过不同空间点的流体质点速度的分布情况。

同理，压强、密度可以表示为

$$p = p(x, y, z, t) \tag{3.5}$$

$$\rho = \rho(x, y, z, t) \tag{3.6}$$

现用欧拉法描述流体质点的加速度。具体求法如下：t 时刻，位于 $M_0(x$，y，z）处的流体质点，其速度为 $\boldsymbol{u}_0(x$，y，z，t），经过 Δt 时段，质点位于 $M_1(x+\Delta x$，$y+\Delta y$，$z+\Delta z$），其速度为 $\boldsymbol{u}_1(x+\Delta x$，$y+\Delta y$，$z+\Delta z$，$t+\Delta t$），如图 3.1 所示。

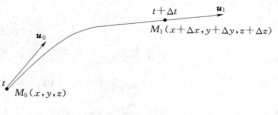

图 3.1 加速度的推导

按照定义，流体质点的加速度等于质点速度随时间的变化率，即

$$\boldsymbol{a} = \lim_{\Delta t \to 0} \frac{\Delta \boldsymbol{u}}{\Delta t} = \frac{\mathrm{d}\boldsymbol{u}}{\mathrm{d}t}$$

由于流体质点的空间坐标 (x, y, z) 不能视为常数，是时间 t 的函数，有

$$x = x(t), y = y(t), z = z(t)$$

则速度可表示为

$$\boldsymbol{u} = \boldsymbol{u}[x(t), y(t), z(t), t]$$

按复合函数求导法则，得到

$$\boldsymbol{a} = \frac{\mathrm{d}\boldsymbol{u}}{\mathrm{d}t} = \frac{\partial \boldsymbol{u}}{\partial t} + \frac{\partial \boldsymbol{u}}{\partial x}\frac{\mathrm{d}x}{\mathrm{d}t} + \frac{\partial \boldsymbol{u}}{\partial y}\frac{\mathrm{d}y}{\mathrm{d}t} + \frac{\partial \boldsymbol{u}}{\partial z}\frac{\mathrm{d}z}{\mathrm{d}t}$$

$$= \frac{\partial \boldsymbol{u}}{\partial t} + u_x \frac{\partial \boldsymbol{u}}{\partial x} + u_y \frac{\partial \boldsymbol{u}}{\partial y} + u_z \frac{\partial \boldsymbol{u}}{\partial z} \tag{3.7}$$

其分量形式：

$$\left. \begin{array}{l} a_x = \dfrac{\mathrm{d}u_x}{\mathrm{d}t} = \dfrac{\partial u_x}{\partial t} + u_x \dfrac{\partial u_x}{\partial x} + u_y \dfrac{\partial u_x}{\partial y} + u_z \dfrac{\partial u_x}{\partial z} \\[2mm] a_y = \dfrac{\mathrm{d}u_y}{\mathrm{d}t} = \dfrac{\partial u_y}{\partial t} + u_x \dfrac{\partial u_y}{\partial x} + u_y \dfrac{\partial u_y}{\partial y} + u_z \dfrac{\partial u_y}{\partial z} \\[2mm] a_z = \dfrac{\mathrm{d}u_z}{\mathrm{d}t} = \dfrac{\partial u_z}{\partial t} + u_x \dfrac{\partial u_z}{\partial x} + u_y \dfrac{\partial u_z}{\partial y} + u_z \dfrac{\partial u_z}{\partial z} \end{array} \right\} \tag{3.8a}$$

引入哈密尔顿算符 $\nabla = \dfrac{\partial}{\partial x}\boldsymbol{i} + \dfrac{\partial}{\partial y}\boldsymbol{j} + \dfrac{\partial}{\partial z}\boldsymbol{k}$，加速度的矢量式为

$$\boldsymbol{a} = \frac{\mathrm{d}\boldsymbol{u}}{\mathrm{d}t} = \frac{\partial \boldsymbol{u}}{\partial t} + (\boldsymbol{u} \cdot \nabla)\boldsymbol{u} \tag{3.8b}$$

由式 (3.8) 可见，欧拉法中质点加速度由两部分组成：第一部分 $\dfrac{\partial \boldsymbol{u}}{\partial t}$ 表示空间某一固定点上流体质点的速度对时间的变化率，称为时变加速度或当地加速度，它是由流场的非恒定性引起的；第二部分 $(\boldsymbol{u} \cdot \nabla)\boldsymbol{u}$ 表示由于流体质点空间位置变化而引起的速度变化率，称为位变加速度或迁移加速度，它是由流场的不均匀性引起的。

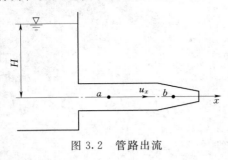

图 3.2　管路出流

例如，如图 3.2 所示的管路装置，点 a、b 分别位于等径管和渐缩管的轴心线上。若水箱有来水补充，水位 H 保持不变，则点 a、b 处质点的速度均不随时间变化，时变加速度 $\dfrac{\partial u_x}{\partial t} = 0$，点 a 处质点的速度随流动保持不变，位变加速度 $u_x \dfrac{\partial u_x}{\partial x} = 0$，而点 b 处质点的速度随流动将增大，位变加速度 $u_x \dfrac{\partial u_x}{\partial x} > 0$，故点 a 处质点的加速度 $a_x = 0$，点 b 处质点的加速度 $a_x = u_x \dfrac{\partial u_x}{\partial x}$；若水箱无来水补充，水位 H 逐渐下降，则点 a、b 处质点的速度均随时间减小，时变加速度 $\dfrac{\partial u_x}{\partial t} < 0$，但仍有 a 点的位变加速度 $u_x \dfrac{\partial u_x}{\partial x} = 0$，$b$ 点的位变加速度 $u_x \dfrac{\partial u_x}{\partial x} > 0$，故点 a 处质点的加速度 $a_x = \dfrac{\partial u_x}{\partial t}$，点 b 处质点的加速度 $a_x = \dfrac{\partial u_x}{\partial t} + u_x \dfrac{\partial u_x}{\partial x}$。

3.1.3　随体导数

欧拉法中运动流体的物理量对时间的导数称为随体导数或全导数。任意物理量 N 的随体导数 $\dfrac{\mathrm{d}N}{\mathrm{d}t}$ 可写作

$$\frac{\mathrm{d}N}{\mathrm{d}t}=\frac{\partial N}{\partial t}+(\boldsymbol{u}\cdot\nabla)N \tag{3.9}$$

式中：$\dfrac{\mathrm{d}N}{\mathrm{d}t}$ 为随体导数或全导数；$\dfrac{\partial N}{\partial t}$ 为局部导数或时变导数；$(\boldsymbol{u}\cdot\nabla)N$ 为位变导数。N 可以是矢量，也可以是标量，对于任何矢量 $\boldsymbol{b}$ 和任何标量 φ 的随体导数分别为

$$\frac{\mathrm{d}\boldsymbol{b}}{\mathrm{d}t}=\frac{\partial \boldsymbol{b}}{\partial t}+(\boldsymbol{u}\cdot\nabla)\boldsymbol{b} \tag{3.10}$$

$$\frac{\mathrm{d}\varphi}{\mathrm{d}t}=\frac{\partial \varphi}{\partial t}+\boldsymbol{u}\cdot\nabla\varphi \tag{3.11}$$

例如，密度 ρ 的随体导数：

$$\frac{\mathrm{d}\rho}{\mathrm{d}t}=\frac{\partial \rho}{\partial t}+\boldsymbol{u}\cdot\nabla\rho=\frac{\partial \rho}{\partial t}+u_x\frac{\partial \rho}{\partial x}+u_y\frac{\partial \rho}{\partial y}+u_z\frac{\partial \rho}{\partial z}$$

在欧拉法中不可压缩流体的密度的随体导数 $\dfrac{\mathrm{d}\rho}{\mathrm{d}t}=0$。在这里应该指出，不可压缩流体的数学表达式 $\dfrac{\mathrm{d}\rho}{\mathrm{d}t}=0$ 和不可压缩均质流体的数学表达式 $\rho=C$ 是不同的，不可混淆。$\dfrac{\mathrm{d}\rho}{\mathrm{d}t}=0$ 表示每个流体质点的密度在它运动的全过程中保持不变，但是不同质点的密度可以不同，因此不可压缩流体的密度并不一定处处相等。

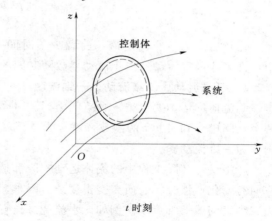

t 时刻

3.1.4　系统和控制体

系统和控制体是在分析流体运动时经常用到的两个重要概念，如图 3.3 所示。

系统是包含确定不变的物质的集合。系统运动时，其位置、形状都可能发生变化，但系统内所含流体质量保持不变，即质量守恒。系统适用于拉格朗日法，故拉格朗日法又称为系统法。

控制体是欧拉法中研究流体运动的连续的空间区域，其位置、形状都保持不变。控制体的表面称为控制面，流体质点可以穿越控制面自由出入于控制体。

拉格朗日法和欧拉法是从不同观点出

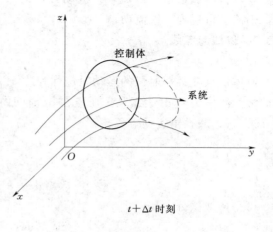

$t+\Delta t$ 时刻

图 3.3　系统与控制体

发，描述同一流体运动，其表达式可以相互转换，可参阅相关参考书。本书后面章节采用欧拉法。

3.2　流体运动的基本概念

3.2.1　恒定流与非恒定流

恒定流（或定常流）是指流场中所有空间点上一切运动要素均不随时间变化，反之，称为非恒定流（或非定常流）。例如在上一节列举的管路出流的例子中，水位 H 保持不变时是恒定出流，水位 H 随时间变化时是非恒定出流。

恒定流中一切运动要素仅是空间坐标（x，y，z）的函数，与时间 t 无关，因此

$$\frac{\partial \boldsymbol{u}}{\partial t}=\frac{\partial p}{\partial t}=\frac{\partial \rho}{\partial t}=0 \tag{3.12}$$

或

$$\boldsymbol{u}=\boldsymbol{u}(x,y,z)$$
$$p=p(x,y,z)$$
$$\rho=\rho(x,y,z)$$

比较恒定流与非恒定流，前者少了时间变量 t，使问题的求解大为简化。实际工程中，许多非恒定流动，由于流动参数随时间的变化缓慢，可近似按恒定流处理。

3.2.2　三维流动、二维流动、一维流动

若流体的运动要素是三个空间坐标和时间 t 的函数，这种流动称为三维流动。若只是两个空间坐标和时间 t 的函数，就称为二维流动。若仅是一个空间坐标和时间 t 的函数，则称为一维流动。

严格讲，实际工程中的流体运动一般都是三维流动，但由于运动要素在空间三个坐标方向有变化，使分析、研究变得复杂、困难。所以对于某些流动，可以通过适当的处理变为二维流动或一维流动。例如，水流绕过长直圆柱体，忽略两端的影响，流动可简化为二维流动；管道和渠道内的流动，流动方向的尺寸远大于横向尺寸，流速取断面的平均速度，则流动可视为一维流动。

3.2.3　迹线与流线

1. 迹线

流体质点在某一时段的运动轨迹称为迹线。显然，迹线与拉格朗日法相联系。在迹线上取微元线段矢量 dl 表示某个质点在 dt 时间内的微小位移，dl 在各坐标轴上的投影分别为 dx、dy、dz，由运动方程：

$$dx=u_x dt$$
$$dy=u_y dt$$
$$dz=u_z dt$$

可得迹线微分方程：

$$\frac{dx}{u_x}=\frac{dy}{u_y}=\frac{dz}{u_z}=dt \tag{3.13}$$

式中时间 t 是自变量，x、y、z 是 t 的因变量。

2. 流线

流线是指某一时刻流场中的一条空间曲线，曲线上所有流体质点的速度矢量都与这条曲线相切，如图 3.4 所示。流线与欧拉法相联系。在流场中可绘出一系列同一瞬时的流线，称为流线簇，画出的流线簇图称为流谱。

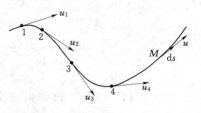

图 3.4　流线

设流线上某点 $M(x，y，z)$ 处的速度为 u，其在 x、y、z 坐标轴的分速度分别为 u_x、u_y、u_z，ds 为流线在 M 点的微元线段矢量，$ds = dxi + dyj + dzk$。根据流线定义，u 与 ds 共线，则

$$u \times ds = 0$$

即

$$\begin{vmatrix} i & j & k \\ dx & dy & dz \\ u_x & u_y & u_z \end{vmatrix} = 0$$

展开上式，可得流线微分方程：

$$\frac{dx}{u_x} = \frac{dy}{u_y} = \frac{dz}{u_z} \tag{3.14}$$

式中 u_x、u_y、u_z 是空间坐标和时间 t 的函数。因流线是对某一时刻而言，所以微分方程中的时间 t 是参变量，在积分求流线方程时应视为常数。

根据流线定义，可得出流线的特性如下。

（1）在一般情况下不能相交，否则位于交点的流体质点，在同一时刻就有与两条流线相切的两个速度矢量，这是不可能的。同样道理，流线不能是折线，而是光滑的曲线或直线。流线只在一些特殊点相交，如速度为零的点（图 3.5 中的 A 点）通常称为驻点；速度无穷大的点（图 3.6 中的 O 点）通常称为奇点；以及流线相切点（图 3.5 中的 B 点）。

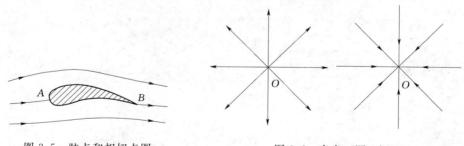

图 3.5　驻点和相切点图　　　　　　图 3.6　奇点（源、汇）

（2）图 3.7 是由不同管径组成的管流的流线图，通过该图可以看出：不可压缩流体中，流线的疏密程度反映了该时刻流场中各点的速度大小，流线越密，流速越大，流线越稀，流速越小。

（3）恒定流动中，由于速度的大小和方向均不随时间改变，因此，流线的形状不随时间而改变，流线与迹线重合；非恒定流动中，由于速度随时间改变，因此，一般情况下，流线的形状随时间而变化，流线与迹线不重合。

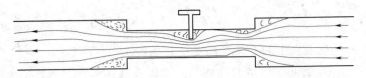

图 3.7　管流流线图

【例 3.1】　已知二维非恒定流场的速度分布为：$u_x = x+t$，$u_y = -y+t$。试求：$t=0$ 和 $t=2$ 时，过点 $M(-1, -1)$ 的流线方程。

解：流线微分方程

$$\frac{\mathrm{d}x}{x+t} = \frac{\mathrm{d}y}{-y+t}$$

$$\ln(x+t) = -\ln(y-t) + \ln C$$

简化为

$$(x+t)(y-t) = C$$

当 $t=0$，$x=-1$，$y=-1$ 时，$C=1$。则 $t=0$ 时，过点 $M(-1, -1)$ 的流线方程为

$$xy = 1$$

当 $t=2$，$x=-1$，$y=-1$ 时，$C=-3$。则 $t=2$ 时，过点 $M(-1, -1)$ 的流线方程为

$$(x+2)(y-2) = -3$$

3.2.4　流面、流管、过流断面

1. 流面

在流场中任取一条不是流线的曲线，过该曲线上每一点作流线，由这些流线组成的曲面称为流面，如图 3.8 所示。由于流面由流线组成，而流线不能相交，所以，流面就好像是固体边界一样，流体质点只能顺着流面运动，不能穿越流面。

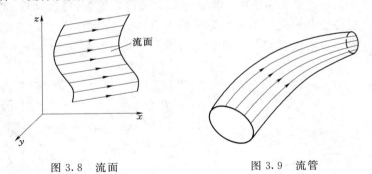

图 3.8　流面　　　　　　　　　　图 3.9　流管

2. 流管

在流场中任取一条不与流线重合的封闭曲线，过封闭曲线上各点作流线，所构成的管状表面称为流管，如图 3.9 所示。由于流线不能相交，所以流体不能穿过流管流进流出。对于恒定流动而言，流管的形状不随时间变化，流体在流管内的流动，就像在真实管道内流动一样。

流管内部的全部流体称为流束。断面积无限小的流束，称为元流。由于元流的断面积无限小，断面上各点的运动要素如流速、压强等可认为是相等的。断面积为有限大小的流束，称为总流。总流由无数元流组成，其过流断面上各点的运动要素一般情况下不相同。

3. 过流断面

在流束上取所有各点都与流线正交的横断面称为过流断面。过流断面可以是平面或曲面，流线互相平行时，过流断面是平面；流线相互不平行时，过流断面是曲面，如图 3.10 所示。

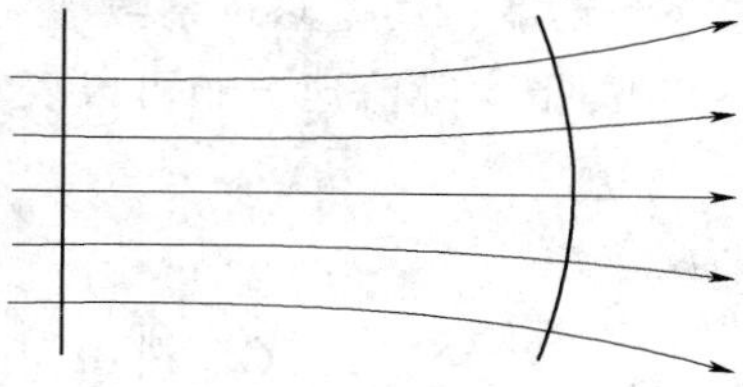

图 3.10　过流断面

3.2.5　流量、断面平均流速

1. 流量

单位时间通过某一过流断面的流体量称为流量。流量可以用体积流量 $Q(\mathrm{m^3/s})$、质量流量 $Q_m(\mathrm{kg/s})$ 和重量流量 $Q_G(\mathrm{N/s})$ 表示。涉及不可压缩流体时，通常使用体积流量；涉及可压缩流体时，则使用质量流量或重量流量较方便。如果控制面不是过流断面，元流的体积流量可用速度矢量 u 与控制面上的微元面 $\mathrm{d}A$ 的标量积来表示，如图 3.11 所示，元流的体积流量 $\mathrm{d}Q$ 为

$$\mathrm{d}Q=u \cdot \mathrm{d}A=u \cdot n\mathrm{d}A$$

式中：n 为微元面 $\mathrm{d}A$ 外法线方向的单位矢量。

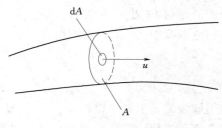

图 3.11　元流的流量

总流的流量 Q 等于通过控制面的所有元流流量之和，则总流的体积流量

$$Q=\int\mathrm{d}Q=\int_A u \cdot n\mathrm{d}A \tag{3.15}$$

如果控制面是过流断面，速度矢量 u 与控制面上的微元面 $\mathrm{d}A$ 垂直，则元流的体积流量 $\mathrm{d}Q$ 为

$$\mathrm{d}Q=u\mathrm{d}A$$

通过整个断面的流量为

$$Q=\int_A u\mathrm{d}A \tag{3.16}$$

对于均质不可压缩流体，密度为常数，则

$$Q_m=\rho Q, Q_G=\rho g Q \tag{3.17}$$

2. 断面平均流速

总流过流断面上各点的流速 u 一般是不相等的，例如流体在管道内流动，靠近管壁处流速较小，管轴处流速大，如图 3.12 所示。为了便于计算、分析，设想过流断面上各点的速度都相等，大小均为断面平均流速 v。以断面平均流速 v 计算所得的流量与实际流量相同，即

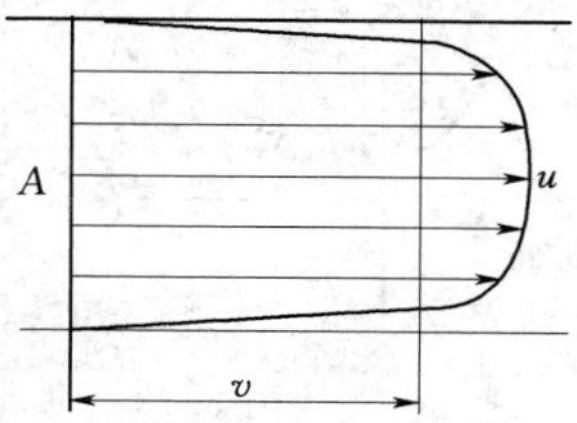

$$Q=\int_A u\mathrm{d}A=vA$$

或

图 3.12　断面平均流速

$$v=\frac{Q}{A} \tag{3.18}$$

3.2.6　动能、动量修正系数

断面上实际流速分布可以表示为

$$u = v + \Delta u$$

因为

$$Q = \int_A u\,\mathrm{d}A = \int_A (v + \Delta u)\mathrm{d}A = vA + \int_A \Delta u\mathrm{d}A$$

所以

$$\int_A \Delta u\mathrm{d}A = 0$$

在过流断面的不同位置，$\Delta u\mathrm{d}A$ 可为正（管流的中心部分），也可为负（管壁附近），在整个过流断面上 $\Delta u\mathrm{d}A$ 的积分等于 0。而 $\Delta u^2\mathrm{d}A$ 的积分不等于 0，$\Delta u^3\mathrm{d}A$ 的积分等于 0，即

$$\int_A \Delta u^2\,\mathrm{d}A > 0, \int_A \Delta u^3\,\mathrm{d}A = 0$$

因此，采用断面平均流速计算流体的动能、动量时将引起误差，需要予以修正。

动能、动量修正系数是指单位时间，通过某过流断面的流体的实际动能、动量与用断面平均流速计算的动能、动量的比值，分别用 α、β 表示，有

$$\alpha = \frac{\int_A \dfrac{\rho}{2} u^3\,\mathrm{d}A}{\dfrac{\rho}{2} v^3 A} = \frac{\int_A (v + \Delta u)^3\,\mathrm{d}A}{v^3 A} > 1 \qquad (3.19)$$

$$\beta = \frac{\int_A \rho u^2\,\mathrm{d}A}{\rho v^2 A} = \frac{\int_A (v + \Delta u)^2\,\mathrm{d}A}{v^2 A} > 1 \qquad (3.20)$$

在用断面平均流速表示单位时间通过过流断面的流体动能和动量时，需分别乘以动能修正系数 α 和动量修正系数 β，才能得到真实的动能和动量。

3.2.7　湿周、水力半径和当量直径

湿周：过流断面上，流体与固体边界接触部分的周长，用 χ 表示（图 3.13）。

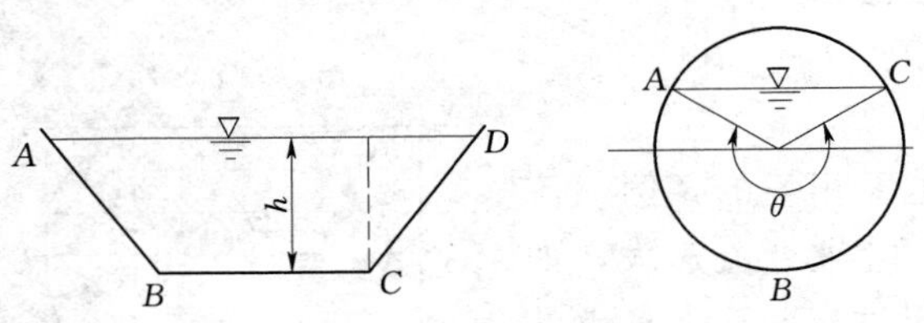

水力半径：过流断面面积与湿周之比，用 R 表示。

$$R = \frac{A}{\chi} \qquad (3.21)$$

当量直径：水力半径的 4 倍，用 d_e 表示。

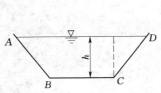

$$\chi = \overline{AB} + \overline{BC} + \overline{CD} \quad \chi = \overset{\frown}{ABC}$$

图 3.13　过流断面的湿周

$$d_e = 4R \qquad (3.22)$$

3.2.8　均匀流与非均匀流

流场中所有流线是平行直线的流动，称为均匀流，否则称为非均匀流。例如，流体在等直径长直管道中的流动或在断面形状、大小沿程不变的长直渠道中的流动均属均匀流，如图 3.14、图 3.15 所示；流体在断面沿程收缩或扩大的管道中流动或在弯曲管道中流

动，以及在断面形状、大小沿程变化的渠道中的流动均属非均匀流。

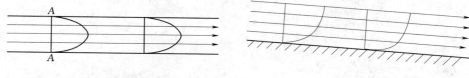

图 3.14　管道均匀流　　　　　　　　图 3.15　明渠均匀流

均匀流具有以下特性。

（1）流线是相互平行的直线，因此过流断面是平面，且过流断面的面积沿程不变。

（2）同一根流线上各点的流速相等（但不同流线上的流速不一定相等），流速分布沿程不变，断面平均流速也沿程不变，并由此可见均匀流是沿程没有加速度的流动。

（3）过流断面上的动压强分布规律符合静压强分布规律，即 $z+\dfrac{p}{\rho g}=C$。

上述均匀流过流断面上动压强分布规律可用实验来演示这一规律。在图 3.14 的管道均匀流中任取一过流断面（例如断面 A），在过流断面边壁的不同位置上安装若干个测压管，不同的安装点到基准面的距离 z 不同，如图 3.16 所示。从观测可见所有测压管中自由液面的高程都相等，这表明均匀流过流断面上各点的测压管水头相等 $z+\dfrac{p}{\rho g}=C$。

按非均匀程度的不同又将非均匀流动分为渐变流和急变流。凡流线间夹角很小接近于平行直线的流动称为渐变流，否则称为急变流。显然，渐变流是一种近似的均匀流。因此，可以认为，渐变流过流断面上的动压强分布规律也近似地符合静压强分布规律。

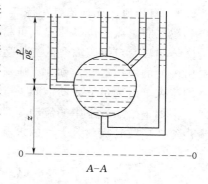

图 3.16　均匀流动压强特性

图 3.17 是水流通过闸孔的流动，将此流动分为 a、b、c 三个区段。在 a、c 区段，流线夹角很小，流线是近乎平行的直线，流动属于渐变流。而 b 区段流线间的夹角很大，属于急变流。

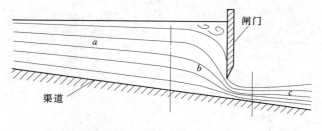

图 3.17　渐变流和急变流

由定义可知，渐变流与急变流没有明确的界定标准，流动是否按渐变流处理，以所得结果能否满足工程要求的精度而定。

【例 3.2】 已知平面流动，流速为 $u_x = (4y - 6x)t$，$u_y = (6y - 9x)t$。试问：（1）当 $t = 2$ 时，点（2，4）的加速度；（2）判别流动是否为恒定流？是否为均匀流？

解：（1）由欧拉法加速度的表达式，有

$$a_x = \frac{\partial u_x}{\partial t} + u_x \frac{\partial u_x}{\partial x} + u_y \frac{\partial u_x}{\partial y}$$

$$= (4y - 6x)(1 - 6t^2) + 4t^2(6y - 9x)$$

代入 $t = 2$，$x = 2$，$y = 4$，得到

$$a_x = 4\,\text{m/s}^2$$

同理，

$$a_y = 6\,\text{m/s}^2$$

（2）因速度与时间有关，此流动为非恒定流；因 x 方向的位变加速度 $u_x \dfrac{\partial u_x}{\partial x} + u_y \dfrac{\partial u_x}{\partial y}$ $= 0$，y 方向的位变加速度 $u_x \dfrac{\partial u_y}{\partial x} + u_y \dfrac{\partial u_y}{\partial y} = 0$，此流动为均匀流。

3.2.9 有压流、无压流、射流

按限制总流的边界情况，可将流动分为有压流、无压流和射流。边界全部为固体（如为液体则没有自由表面）的流体运动，称为有压流。边界部分为固体，部分为大气，具有自由表面的液体运动，称为无压流。流体从孔口、管嘴或缝隙中连续射出一股具有一定尺寸的流束，射到足够大的空间去继续扩散的流动称为射流。

例如，给水管道中的流动为有压流；河渠中的水流运动以及排水管道中的流动是无压流；经孔口或管嘴射入大气的水流运动为射流。

3.3　连 续 性 方 程

连续性方程是流体运动学的基本方程，是质量守恒定律在流体力学中的应用。下面根据质量守恒原理，推导三维流动连续性微分方程，并建立总流的连续性方程。

3.3.1 连续性微分方程

在流场中任取微元直角六面体 $ABCDEFGH$ 作为控制体，其边长为 dx、dy、dz，分别平行于 x、y、z 轴。设流体在该六面体形心 $O'(x, y, z)$ 处的密度为 ρ，速度 $\boldsymbol{u} = u_x\boldsymbol{i} + u_y\boldsymbol{j} + u_z\boldsymbol{k}$。根据泰勒级数展开，并略去二阶以上的无穷小量，可得 x 轴方向的流体的质量变化，如图 3.18 所示。

在 x 轴方向，单位时间流进与流

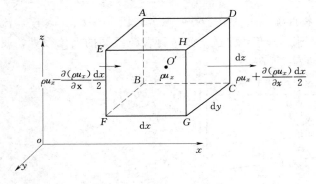

图 3.18　连续性微分方程

出控制体的流体质量差：

$$\Delta m_x = \left[\rho u_x - \frac{\partial(\rho u_x)}{\partial x}\frac{dx}{2}\right]dydz - \left[\rho u_x + \frac{\partial(\rho u_x)}{\partial x}\frac{dx}{2}\right]dydz = -\frac{\partial(\rho u_x)}{\partial x}dxdydz$$

同理，在 y、z 轴方向，单位时间流进与流出控制体的流体质量差：

$$\Delta m_y = -\frac{\partial(\rho u_y)}{\partial y}\mathrm{d}x\mathrm{d}y\mathrm{d}z$$

$$\Delta m_z = -\frac{\partial(\rho u_z)}{\partial z}\mathrm{d}x\mathrm{d}y\mathrm{d}z$$

单位时间流进与流出控制体总的质量差：

$$\Delta m_x + \Delta m_y + \Delta m_z = -\left[\frac{\partial(\rho u_x)}{\partial x} + \frac{\partial(\rho u_y)}{\partial y} + \frac{\partial(\rho u_z)}{\partial z}\right]\mathrm{d}x\mathrm{d}y\mathrm{d}z$$

由于流体连续地充满整个控制体，而控制体的体积又固定不变，所以，流进与流出控制体的总的质量差只可能引起控制体内流体密度发生变化。由密度变化引起单位时间控制体内流体的质量变化为

$$\left(\rho + \frac{\partial\rho}{\partial t}\right)\mathrm{d}x\mathrm{d}y\mathrm{d}z - \rho\mathrm{d}x\mathrm{d}y\mathrm{d}z = \frac{\partial\rho}{\partial t}\mathrm{d}x\mathrm{d}y\mathrm{d}z$$

根据质量守恒定律，单位时间流进与流出控制体的总的质量差，必等于单位时间控制体内流体的质量变化。即

$$-\left[\frac{\partial(\rho u_x)}{\partial x} + \frac{\partial(\rho u_y)}{\partial y} + \frac{\partial(\rho u_z)}{\partial z}\right]\mathrm{d}x\mathrm{d}y\mathrm{d}z = \frac{\partial\rho}{\partial t}\mathrm{d}x\mathrm{d}y\mathrm{d}z$$

化简得

$$\frac{\partial\rho}{\partial t} + \frac{\partial(\rho u_x)}{\partial x} + \frac{\partial(\rho u_y)}{\partial y} + \frac{\partial(\rho u_z)}{\partial z} = 0 \tag{3.23}$$

此式即为可压缩流体的连续性微分方程。

几种特殊情形下的连续性微分方程如下。

（1）对恒定流，$\frac{\partial\rho}{\partial t} = 0$，式（3.23）可简化为

$$\frac{\partial(\rho u_x)}{\partial x} + \frac{\partial(\rho u_y)}{\partial y} + \frac{\partial(\rho u_z)}{\partial z} = 0 \tag{3.24}$$

（2）对不可压缩流体，式（3.23）可简化为

$$\frac{\partial u_x}{\partial x} + \frac{\partial u_y}{\partial y} + \frac{\partial u_z}{\partial z} = 0 \tag{3.25}$$

此式适用于三维恒定与非恒定流动。对二维不可压缩流体，不论流动是否恒定，式（3.25）可简化为

$$\frac{\partial u_x}{\partial x} + \frac{\partial u_y}{\partial y} = 0 \tag{3.26}$$

（3）柱坐标系下，三维可压缩流体的连续性微分方程为

$$\frac{\partial\rho}{\partial t} + \frac{\partial(\rho u_r)}{\partial r} + \frac{\partial(\rho u_\theta)}{r\partial\theta} + \frac{\partial(\rho u_z)}{\partial z} + \frac{\rho u_r}{r} = 0 \tag{3.27}$$

式中：u_r 为速度的径向分速；u_θ 为周向分速；u_z 为轴向分速。

对不可压缩流体，式（3.27）可简化为

$$\frac{\partial u_r}{\partial r} + \frac{\partial u_\theta}{r\partial\theta} + \frac{\partial u_z}{\partial z} + \frac{u_r}{r} = 0 \tag{3.28}$$

柱坐标系下的连续性微分方程可由直角坐标系下的连续性微分方程经坐标变换得到，

也可通过在流场中建立控制体的方法导出，限于篇幅，本书不再详述。

3.3.2　总流的连续性方程

1. 恒定流动

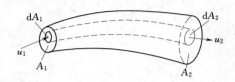

图 3.19　总流连续性方程

恒定总流的连续性方程，可由连续性微分方程式（3.24）导出。在恒定流动的流场中取一流管作为控制体，如图 3.19 所示，其积分形式的连续性方程为

$$\iiint\limits_{V}\left[\frac{\partial(\rho u_x)}{\partial x}+\frac{\partial(\rho u_y)}{\partial y}+\frac{\partial(\rho u_z)}{\partial z}\right]\mathrm{d}V=0$$

根据高斯定理，上式的体积积分可用曲面积分来表示，即

$$\iiint\limits_{V}\left[\frac{\partial(\rho u_x)}{\partial x}+\frac{\partial(\rho u_y)}{\partial y}+\frac{\partial(\rho u_z)}{\partial z}\right]\mathrm{d}V=\oiint\limits_{A}\rho u_n\mathrm{d}A \tag{3.29}$$

式中：A 为体积 V 的封闭表面；u_n 为 u 在微元面积 $\mathrm{d}A$ 外法线方向的投影。

因流管侧面上 $u_n=0$，故式（3.29）可简化为

$$-\int_{A_1}\rho_1 u_1\mathrm{d}A_1+\int_{A_2}\rho_2 u_2\mathrm{d}A_2=0$$

上式第一项取负号是因为速度 u_1 的方向与 $\mathrm{d}A_1$ 的外法线方向相反。由此可得

$$\int_{A_1}\rho_1 u_1\mathrm{d}A_1=\int_{A_2}\rho_2 u_2\mathrm{d}A_2$$

$$\rho_1 v_1 A_1=\rho_2 v_2 A_2 \tag{3.30}$$

式（3.30）称为恒定总流的连续性方程，说明单位时间流入控制体的质量等于流出控制体的质量。

2. 不可压缩流动

对不可压缩流体，其总流的连续性方程可对式（3.25）积分导出，推导过程同上。不可压缩总流连续性方程为

$$v_1 A_1=v_2 A_2 \tag{3.31}$$

或

$$Q_1=Q_2$$

不论是恒定还是非恒定流动，上式均可适用。对非恒定流动，它表示同一时刻通过流管任意断面的流量相等，而对恒定流动，它还表示流量的大小不随时间变化。

如图 3.20（a）、（b）所示，对于有分流或汇流的情况，根据质量守恒定律，总流连续性方程可表示为

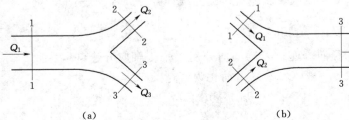

（a）　　　　　　　　　　　　　（b）

图 3.20　分流和汇流

$$Q_1 = Q_2 + Q_3 \atop Q_1 + Q_2 = Q_3 \Bigg\} \tag{3.32}$$

3.4 流体微团运动分析

3.4.1 亥姆霍兹速度分解定理

在恒定流动中,以欧拉法表示的流体质点速度的三个投影 u_x、u_y、u_z 都是质点所在位置的坐标 x、y、z 的连续函数。设一空间点 M_0 的坐标为 x、y、z,它邻域内另一空间点 M_1 的坐标为 $x+\mathrm{d}x$、$y+\mathrm{d}y$、$z+\mathrm{d}z$,M_0 处流体质点的速度投影 u_x 是以这点坐标给出的函数值,位于 M_1 处流体质点速度在 x 轴上投影 u'_x 是 M_1 点坐标按同一函数确定的另一函数值。由于 u_x 是一多元函数,u'_x 的近似值可以按泰勒级数展开原则以 u_x 及其导数表示:

$$u'_x = u_x + \frac{\partial u_x}{\partial x}\mathrm{d}x + \frac{\partial u_x}{\partial y}\mathrm{d}y + \frac{\partial u_x}{\partial z}\mathrm{d}z$$

根据需要,将上式整理成为

$$u'_x = u_x + \frac{\partial u_x}{\partial x}\mathrm{d}x + \frac{1}{2}\left(\frac{\partial u_x}{\partial y} + \frac{\partial u_y}{\partial x}\right)\mathrm{d}y + \frac{1}{2}\left(\frac{\partial u_x}{\partial z} + \frac{\partial u_z}{\partial x}\right)\mathrm{d}z$$
$$+ \frac{1}{2}\left(\frac{\partial u_x}{\partial z} - \frac{\partial u_z}{\partial x}\right)\mathrm{d}z - \frac{1}{2}\left(\frac{\partial u_y}{\partial x} - \frac{\partial u_x}{\partial y}\right)\mathrm{d}y$$

或

$$u'_x = u_x + \varepsilon_{xx}\mathrm{d}x + \varepsilon_{xy}\mathrm{d}y + \varepsilon_{xz}\mathrm{d}z + \omega_y\mathrm{d}z - \omega_z\mathrm{d}y$$

同样,M_1 处流体质点的速度矢量在 y、z 轴上投影 u'_y 和 u'_z 也可以导出类似的表达式,现将三个投影表达式写出如下:

$$\left. \begin{array}{l} u'_x = u_x + \varepsilon_{xx}\mathrm{d}x + \varepsilon_{xy}\mathrm{d}y + \varepsilon_{xz}\mathrm{d}z + \omega_y\mathrm{d}z - \omega_z\mathrm{d}y \\ u'_y = u_y + \varepsilon_{yx}\mathrm{d}x + \varepsilon_{yy}\mathrm{d}y + \varepsilon_{yz}\mathrm{d}z + \omega_z\mathrm{d}x - \omega_x\mathrm{d}z \\ u'_z = u_z + \varepsilon_{zx}\mathrm{d}x + \varepsilon_{zy}\mathrm{d}y + \varepsilon_{zz}\mathrm{d}z + \omega_x\mathrm{d}y - \omega_y\mathrm{d}x \end{array} \right\} \tag{3.33}$$

式中:$\varepsilon_{xx} = \dfrac{\partial u_x}{\partial x}$、$\varepsilon_{yy} = \dfrac{\partial u_y}{\partial y}$、$\varepsilon_{zz} = \dfrac{\partial u_z}{\partial z}$ 称为线变形速度。

ε_{xy}、ε_{yx}、ε_{yz}、ε_{zy}、ε_{zx}、ε_{xz} 称为纯剪切变形速度,满足以下关系式:

$$\left. \begin{array}{l} \varepsilon_{xy} = \varepsilon_{yx} = \dfrac{1}{2}\left(\dfrac{\partial u_x}{\partial y} + \dfrac{\partial u_y}{\partial x}\right) \\[2mm] \varepsilon_{yz} = \varepsilon_{zy} = \dfrac{1}{2}\left(\dfrac{\partial u_y}{\partial z} + \dfrac{\partial u_z}{\partial y}\right) \\[2mm] \varepsilon_{zx} = \varepsilon_{xz} = \dfrac{1}{2}\left(\dfrac{\partial u_z}{\partial x} + \dfrac{\partial u_x}{\partial z}\right) \end{array} \right\} \tag{3.34}$$

ω_x、ω_y、ω_z 称为旋转角速度,满足以下关系式:

$$\left. \begin{array}{l} \omega_x = \dfrac{1}{2}\left(\dfrac{\partial u_z}{\partial y} - \dfrac{\partial u_y}{\partial z}\right) \\[2mm] \omega_y = \dfrac{1}{2}\left(\dfrac{\partial u_x}{\partial z} - \dfrac{\partial u_z}{\partial x}\right) \\[2mm] \omega_z = \dfrac{1}{2}\left(\dfrac{\partial u_y}{\partial x} - \dfrac{\partial u_x}{\partial y}\right) \end{array} \right\} \tag{3.35}$$

式（3.33）称为亥姆霍兹速度分解定理，可以解释为：M_0 点邻域内 M_1 点处流体质点的速度可以分成 3 部分，即与 M_0 点相同的平移速度、由于流体变形在 M_1 点引起的速度和绕 M_0 点旋转在 M_1 点引起的速度。所以流场中，任意点的速度，一般可认为是由平移、变形（包括线变形和纯剪切变形）和旋转 3 部分组成。式（3.33）中的各个系数，在恒定流动中，应按 M_0 处的坐标值予以计算。

3.4.2　速度分解的物理意义

下面分析式（3.33）中各项的物理意义。以 xOy 平面上流动为例，速度矢量在 z 轴投影 $u_z = 0$，同时 $\mathrm{d}z = 0$，在恒定流动的欧拉表达式中，速度在 x、y 轴上投影 u_x、u_y 只是平面坐标 x、y 的函数。于是，式（3.33）中 $\varepsilon_{zz} = \varepsilon_{yz} = \varepsilon_{zy} = \varepsilon_{xz} = \varepsilon_{zx} = \omega_x = \omega_y = 0$，简化为

$$\left.\begin{aligned} u'_x &= u_x + \varepsilon_{xx}\,\mathrm{d}x + \varepsilon_{xy}\,\mathrm{d}y - \omega_z\,\mathrm{d}y \\ u'_y &= u_y + \varepsilon_{yx}\,\mathrm{d}x + \varepsilon_{yy}\,\mathrm{d}y + \omega_z\,\mathrm{d}x \end{aligned}\right\} \tag{3.36}$$

在 xOy 平面上取一各边与坐标轴平行的矩形流体微团，通过分析这一平面流体微团的运动从而认识式（3.36）中各项的物理意义。这里应说明，流体微团与流体质点是两个不同的概念。流体质点指可以忽略尺寸的流体最小单元，大量连续分布的流体质点构成了一流体微团，流体微团在随流运动中可以改变其空间位置和形状。

1. 平移运动

图 3.21（a）中，平面矩形流体微团四个顶点 A、B、C、D 所在点坐标为 (x, y)、$(x + \mathrm{d}x, y)$、$(x + \mathrm{d}x, y + \mathrm{d}y)$、$(x, y + \mathrm{d}y)$。$A$ 点处流体质点速度在 x、y 轴投影分别

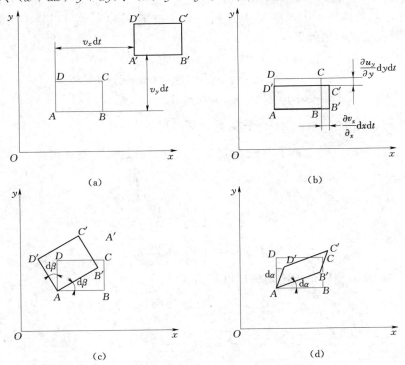

图 3.21　平面流体微团速度分解

为 u_x、u_y，假设式（3.36）中 $\varepsilon_{xx}=\varepsilon_{yy}=\varepsilon_{xy}=\varepsilon_{yx}=\omega_z=0$，则可改写为

$$\left.\begin{array}{l} u'_x=u_x \\ u'_y=u_y \end{array}\right\} \tag{3.37}$$

这表明，矩形流体微团中任一流体质点与 A 点处流体质点运动速度完全相等，流体微团像刚体一样在自身平面作平移运动。

2. 线变形运动

由于平面上 B 点与 A 点的 x、y 坐标差分别为 $\mathrm{d}x$ 和 0，由泰勒级数展开，B 点处流体质点速度 x 轴上的投影 u'_x 可以用 A 点处的投影值 u_x 及其导数表示：$u'_x=u_x+\dfrac{\partial u_x}{\partial x}\mathrm{d}x+\dfrac{\partial u_x}{\partial y}\mathrm{d}y=u_x+\varepsilon_{xx}\mathrm{d}x$。经过 $\mathrm{d}t$ 时间段，A 处流体质点向右水平位移 $u_x\mathrm{d}t$（假定 $u_x>0$），B 处流体质点水平右移 $u'_x\mathrm{d}t=(u_x+\varepsilon_{xx}\mathrm{d}x)\mathrm{d}t$，两质点在水平方向距离由原来的 $\mathrm{d}x$ 改变成为 $\mathrm{d}x+\varepsilon_{xx}\mathrm{d}x\mathrm{d}t$，水平距离的改变量为 $\varepsilon_{xx}\mathrm{d}x\mathrm{d}t$，那么，在单位时间单位距离上两流体质点水平距离的改变量显然为 ε_{xx}，这就是 ε_{xx} 一项的物理意义。同样可以说明，ε_{yy} 是铅垂方向上两流体质点在单位时间单位距离上距离的改变量。如果 ε_{xx} 和 ε_{yy} 都不等于 0，原矩形 $ABCD$ 的长边与短边都将随时间伸长或缩短，变成一新的矩形 $AB'C'D'$，如图 3.21（b）所示。矩形边的这种伸缩变形叫流体线变形运动。刚体在运动中不存在这种线变形运动。

3. 旋转运动

设 A 点处流体质点静止，即 $u_x=u_y=0$，令 $\varepsilon_{xx}=\varepsilon_{yy}=0$，即流体无线变形运动，再假定 $\varepsilon_{xy}=\varepsilon_{yx}=0$，由式（3.36），$B$ 点处流体质点 $u'_x=0$，$u'_y=\omega_z\mathrm{d}x$，即 B 点处流体质点向上运动；在类似假定下，可以得到 D 处流体质点 $u'_x=-\omega_z\mathrm{d}y$，$u'_y=0$，质点 D 向左运动（假定 $\omega_z>0$）。或者说，AB 和 AD 以相同的角速度 ω_z 绕 A 点同向旋转，因而流体微团以这一角速度逆时针绕 A 点旋转。如图 3.21（c）所示。这种运动与刚体作绕轴旋转的方式一致。

4. 纯剪切变形运动

设 A 点处流体质点静止，即 $u_x=u_y=0$，同时假定 $\varepsilon_{xx}=\varepsilon_{yy}=\omega_z=0$，即流体微团没有发生线变形，也未绕 A 点旋转。由式（3.36）可得到 B 点流体质点的 $u'_x=0$，$u'_y=\varepsilon_{yx}\mathrm{d}x$，即质点 B 向上运动（设 $\varepsilon_{yx}>0$），D 点流体质点 $u'_x=\varepsilon_{xy}\mathrm{d}y$，$u'_y=0$，$D$ 点处流体质点向右运动（因为 $\varepsilon_{xy}=\varepsilon_{yx}>0$），$B$、$D$ 两流体质点这种运动的结果，使原平面矩形微团 $ABCD$ 变成一平行四边形 $A'B'C'D'$，如图 3.21（d）所示。流体微团的这一运动称为纯剪切变形运动。这种变形运动也是流体特有的，刚体不可能出现这种运动。

上面分析了平面流体微团的变形形式，即微团除平面平移和旋转外，还可能发生线变形和纯剪切变形运动，这些运动实际是同时发生的。可以将上述平面分析推广到空间，式（3.33）中各项物理意义在分析中得到了说明。

空间点的旋转角速度矢量 $\boldsymbol{\omega}$，在 x、y、z 坐标轴上的投影分别是 ω_x、ω_y、ω_z，如果一个流动区域内处处 $\boldsymbol{\omega}$ 都是零矢量，即 $\omega_x=\omega_y=\omega_z=0$，有下列关系式：

$$\left.\begin{array}{l} \dfrac{\partial u_z}{\partial y}=\dfrac{\partial u_y}{\partial z} \\[3mm] \dfrac{\partial u_x}{\partial z}=\dfrac{\partial u_z}{\partial x} \\[3mm] \dfrac{\partial u_y}{\partial x}=\dfrac{\partial u_x}{\partial y} \end{array}\right\} \tag{3.38}$$

这一区域内的流动称为无旋或有势流，否则流动是有旋的。有旋流动与无旋流动是两类性质有较大差别的流动。值得注意的是，流动是有旋或无旋与流动的宏观流线或迹线是否弯曲无关。

习　题

3.1　选择题

(1) 恒定流（定常流）是（　　）。

A. 流动随时间按一定规律变化

B. 流场中各空间点的运动参数不随时间变化

C. 各过流断面的速度分布相同

D. 各过流断面的压强相同

(2) 非恒定流是（　　）。

A. $\dfrac{\partial u}{\partial t}=0$　　　　B. $\dfrac{\partial u}{\partial t}\neq 0$　　　　C. $\dfrac{\partial u}{\partial s}=0$　　　　D. $\dfrac{\partial u}{\partial s}\neq 0$

(3) 渐变流是（　　）。

A. 过流断面上速度均匀分布的流动

B. 速度不随时间变化的流动

C. 流线近于平行直线的流动

D. 沿程各断面流量相同的流动

(4) 动能修正系数是反映过流断面上实际流速分布不均匀性的系数，流速分布（　　），系数值（　　）；流速分布（　　）时，则动能修正系数接近于（　　）。

A. 越不均匀，越小；均匀，1

B. 越均匀，越小；均匀，1

C. 越不均匀，越小；均匀，0

D. 越均匀，越小；均匀，0

3.2　用欧拉观点写出下列各情况下密度变化率的数学表达式：

(1) 均质流体；(2) 不可压缩流体；(3) 不可压缩均质流体。

3.3　已知三维速度场 $u_x=yz+t$，$u_y=xz-t$，$u_z=xy$。（1）判断流动是否恒定；(2) 求流体质点在通过流场点（1，1，1）时的加速度。

3.4　已知二维速度场 $u_x=x+2t$，$u_y=-y+t-3$。试求：该流动的流线方程以及在 $t=0$ 瞬时过点 $M(-1，-1)$ 的流线。

3.5　已知二维非恒定流场的速度分布为：$u_x=x+t$，$u_y=-y+t$。试求：$t=0$ 和 $t=$

2 时，过点 $M(-1，-1)$ 的流线方程。

3.6 如习题 3.6 图所示，已知两平板间的速度分布为 $u_x = u_{max}\left[1-\left(\dfrac{y}{b}\right)^2\right]$，式中，$y=0$ 为中心线，$y=\pm b$ 为平板所在位置，u_{max} 为常数，试求通过平板的流体单宽流量。

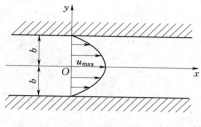

习题 3.6 图

3.7 试证以下不可压缩流体的运动是可能存在的：

$$u_x = 2x^2+y, u_y = 2y^2+z, u_z = -4(x+y)z+xy$$

3.8 已知平面不可压缩流体速度分布：$u_x = 2x-1$，$u_y = -2y$。

（1）流动满足连续性方程否？（2）流动是否无旋？（3）求加速度、线变形率和纯剪切变形率。

3.9 变直径管的直径 $d_1 = 320$mm，$d_2 = 160$mm，断面平均流速 $v_1 = 1.5$m/s，那么断面平均流速 v_2 应等于多少？

3.10 空气从断面积 $A_1 = 0.4$m×0.4m 的方形管中进入压缩机，密度 $\rho_1 = 1.2$kg/m³，断面平均流速 $v_1 = 4$m/s。压缩后，从直径 $d_1 = 0.25$m 的圆形管中排出，断面平均流速 $v_2 = 3$m/s。试求：压缩机出口断面的平均密度 ρ_2 和质量流量 Q_m。

3.11 如习题 3.11 图所示，输水管道经三通管汇流，已知流量 $Q_1 = 1.5$m³/s，$Q_3 = 2.6$m³/s，过流断面面积 $A_2 = 0.2$m²，试断面平均流速 v_2。

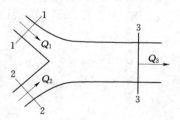

习题 3.11 图

第 4 章　流体动力学基本方程

　　流体运动学是研究流体运动而涉及力的规律及其在工程中的应用。由于实际流体具有黏性，致使问题比较复杂，所以本章首先从理想流体运动方程着手，推导出遵循能量守恒关系的理想流体的伯努利方程，继而扩展至实际流体的伯努利方程。此外，本章还依据物理学的动量定理、动量矩定理导出流体动力学的另外两个重要方程：动量方程、动量矩方程。

　　连续性方程、伯努利方程和动量方程是流体一元恒定流动三个最主要方程，是质量守恒定律、能量守恒定律、动量定理等在流体力学上的具体形式，有着广泛的工程应用，另外，以动量矩方程为基础可导出叶片式流体机械的基本方程。

4.1　理想流体的运动微分方程

4.1.1　理想流体的运动微分方程——欧拉运动微分方程

　　推导方法与前面第 2 章流体平衡微分方程类似。在静止流体中取一微元直角六面体，设 M 处速度为 $\boldsymbol{u}(x, y, z, t)$。分析作用在该六面体的表面力和质量力，依据牛顿第二定律，在 x 轴方向可得

$$\left(p - \frac{\partial p}{\partial x}\frac{\mathrm{d}x}{2}\right)\mathrm{d}y\mathrm{d}z - \left(p + \frac{\partial p}{\partial x}\frac{\mathrm{d}x}{2}\right)\mathrm{d}y\mathrm{d}z + f_x\rho\mathrm{d}x\mathrm{d}y\mathrm{d}z = \rho\mathrm{d}x\mathrm{d}y\mathrm{d}z\frac{\mathrm{d}u_x}{\mathrm{d}t}$$

化简上式，有

$$f_x - \frac{1}{\rho}\frac{\partial p}{\partial x} = \frac{\mathrm{d}u_x}{\mathrm{d}t}$$

同理

$$f_y - \frac{1}{\rho}\frac{\partial p}{\partial y} = \frac{\mathrm{d}u_y}{\mathrm{d}t} \tag{4.1}$$

$$f_z - \frac{1}{\rho}\frac{\partial p}{\partial z} = \frac{\mathrm{d}u_z}{\mathrm{d}t}$$

矢量式为

$$\boldsymbol{f} - \frac{1}{\rho}\nabla p = \frac{\mathrm{d}\boldsymbol{u}}{\mathrm{d}t} \tag{4.2}$$

　　式（4.1）、式（4.2）称为理想流体的运动微分方程式，又称为欧拉运动微分方程，是研究理想流体运动的基础，对于可压缩及不可压缩理想流体的恒定流或非恒定流均适用。方程中每一项都表示单位质量流体所受的力，$\boldsymbol{f}$ 为单位质量流体所受的质量力，$\frac{1}{\rho}\nabla p$ 为单位质量流体所受的压差力，$\frac{\mathrm{d}\boldsymbol{u}}{\mathrm{d}t}$ 为单位质量流体所受的惯性力。理想流体的运动微分

方程式共有八个物理量，对于不可压缩均质流体而言，密度 ρ 为常数，单位质量力 f_x、f_y、f_z 通常是已知的，剩下 p、u_x、u_y、u_z 四个未知量。式（4.1）只有三个方程式，需补充一个方程式，方程组才能求解。补充的方程为不可压缩流体的连续性微分方程式（3.25）。从理论上讲，对于任何一个不可压缩均质理想流体运动问题，联立这四个方程式同时又满足该问题的初始条件和边界条件，就可求得解。但是，实际上由于理想流体运动微分方程是非线性的偏微分方程，求解很困难，只有在某些特殊情况才有解析解。为便于区分流动是有旋流还是无旋流，以及对微分方程式进行积分，需对式（4.1）作相应的变换。

4.1.2 欧拉运动微分方程的葛罗米柯-兰姆形式（一）

将式（4.1）可以展开为如下形式：

$$
\left.
\begin{aligned}
f_x - \frac{1}{\rho}\frac{\partial p}{\partial x} &= \frac{\partial u_x}{\partial t} + u_x\frac{\partial u_x}{\partial x} + u_y\frac{\partial u_x}{\partial y} + u_z\frac{\partial u_x}{\partial z} \\
f_y - \frac{1}{\rho}\frac{\partial p}{\partial y} &= \frac{\partial u_y}{\partial t} + u_x\frac{\partial u_y}{\partial x} + u_y\frac{\partial u_y}{\partial y} + u_z\frac{\partial u_y}{\partial z} \\
f_z - \frac{1}{\rho}\frac{\partial p}{\partial z} &= \frac{\partial u_z}{\partial t} + u_x\frac{\partial u_z}{\partial x} + u_y\frac{\partial u_z}{\partial y} + u_z\frac{\partial u_z}{\partial z}
\end{aligned}
\right\}
\tag{4.3}
$$

矢量式为

$$
\boldsymbol{f} - \frac{1}{\rho}\nabla p = \frac{\partial \boldsymbol{u}}{\partial t} + (\boldsymbol{u}\cdot\nabla)\boldsymbol{u}
\tag{4.4}
$$

将式（4.3）的第一式的右边加减 $u_y\dfrac{\partial u_y}{\partial x}$、$u_z\dfrac{\partial u_z}{\partial x}$ 并重新组合，有

$$
f_x - \frac{1}{\rho}\frac{\partial p}{\partial x} = \frac{\partial u_x}{\partial t} + u_x\frac{\partial u_x}{\partial x} + u_y\frac{\partial u_y}{\partial x} + u_z\frac{\partial u_z}{\partial x} + u_y\left(\frac{\partial u_x}{\partial y} - \frac{\partial u_y}{\partial x}\right) + u_z\left(\frac{\partial u_x}{\partial z} - \frac{\partial u_z}{\partial x}\right)
$$

因为 $\omega_z = \dfrac{1}{2}\left(\dfrac{\partial u_y}{\partial x} - \dfrac{\partial u_x}{\partial y}\right)$，$\omega_y = \dfrac{1}{2}\left(\dfrac{\partial u_x}{\partial z} - \dfrac{\partial u_z}{\partial x}\right)$，得到

$$
\begin{aligned}
f_x - \frac{1}{\rho}\frac{\partial p}{\partial x} &= \frac{\partial u_x}{\partial t} + \frac{\partial(u_x^2 + u_y^2 + u_z^2)}{2\partial x} + 2(u_z\omega_y - u_y\omega_z) \\
&= \frac{\partial u_x}{\partial t} + \frac{\partial}{\partial x}\left(\frac{u^2}{2}\right) + 2(u_z\omega_y - u_y\omega_z)
\end{aligned}
$$

同理，可以得到另外两式：

$$
\left.
\begin{aligned}
f_x - \frac{1}{\rho}\frac{\partial p}{\partial x} &= \frac{\partial u_x}{\partial t} + \frac{\partial}{\partial x}\left(\frac{u^2}{2}\right) + 2(u_z\omega_y - u_y\omega_z) \\
f_y - \frac{1}{\rho}\frac{\partial p}{\partial y} &= \frac{\partial u_y}{\partial t} + \frac{\partial}{\partial y}\left(\frac{u^2}{2}\right) + 2(u_x\omega_z - u_z\omega_x) \\
f_z - \frac{1}{\rho}\frac{\partial p}{\partial z} &= \frac{\partial u_z}{\partial t} + \frac{\partial}{\partial z}\left(\frac{u^2}{2}\right) + 2(u_y\omega_x - u_x\omega_y)
\end{aligned}
\right\}
\tag{4.5}
$$

矢量式为

$$
\boldsymbol{f} - \frac{1}{\rho}\nabla p = \frac{\partial \boldsymbol{u}}{\partial t} + \nabla\left(\frac{u^2}{2}\right) + 2(\boldsymbol{\omega}\times\boldsymbol{u})
\tag{4.6}
$$

式（4.5）、式（4.6）称为葛罗米柯-兰姆运动微分方程，该方程可以显示流动是无旋的或有旋的。若流动无旋，则方程右边第三项为零；反之，则不为零。

4.1.3　欧拉运动微分方程的葛罗米柯-兰姆形式（二）

为了便于对欧拉运动微分方程进行积分，给出该方程的另一种形式。

假设：

（1）流动为恒定流动，有

$$\frac{\partial u_x}{\partial t} = \frac{\partial u_y}{\partial t} = \frac{\partial u_z}{\partial t} = 0$$

（2）作用在流体上的质量力有势，即存在力势函数 W，使得

$$f_x = \frac{\partial W}{\partial x}, f_y = \frac{\partial W}{\partial y}, f_z = \frac{\partial W}{\partial z}$$

（3）不可压缩均质流体，$\rho =$ 常数。将上述假设条件代入式（4.5），得到第二种形式的葛罗米柯-兰姆运动微分方程：

$$\left.\begin{array}{l} \dfrac{\partial}{\partial x}\left(W - \dfrac{p}{\rho} - \dfrac{u^2}{2}\right) = 2(u_z\omega_y - u_y\omega_z) \\[3mm] \dfrac{\partial}{\partial y}\left(W - \dfrac{p}{\rho} - \dfrac{u^2}{2}\right) = 2(u_x\omega_z - u_z\omega_x) \\[3mm] \dfrac{\partial}{\partial z}\left(W - \dfrac{p}{\rho} - \dfrac{u^2}{2}\right) = 2(u_y\omega_x - u_x\omega_y) \end{array}\right\} \tag{4.7}$$

4.2　伯　努　利　方　程

根据欧拉运动微分方程的葛罗米柯-兰姆形式（二），在不同的限定条件下积分，可以得到伯努利积分和欧拉积分。

4.2.1　伯努利积分

伯努利积分在前面 3 个限定条件下，再加上 1 个沿流线进行积分的条件。将式（4.7）中 3 个式子的两边分别乘以流线上任一微元线段 $\mathrm{d}l$ 的 3 个坐标轴向分量 $\mathrm{d}x$、$\mathrm{d}y$、$\mathrm{d}z$，再相加，有

$$\frac{\partial}{\partial x}\left(W - \frac{p}{\rho} - \frac{u^2}{2}\right)\mathrm{d}x + \frac{\partial}{\partial y}\left(W - \frac{p}{\rho} - \frac{u^2}{2}\right)\mathrm{d}y + \frac{\partial}{\partial z}\left(W - \frac{p}{\rho} - \frac{u^2}{2}\right)\mathrm{d}z$$
$$= 2[(u_z\omega_y - u_y\omega_z)\mathrm{d}x + (u_x\omega_z - u_z\omega_x)\mathrm{d}y + (u_y\omega_x - u_x\omega_y)\mathrm{d}z]$$

由于是恒定流，各运动要素与时间无关，上式等号左边为 $\mathrm{d}\left(W - \dfrac{p}{\rho} - \dfrac{u^2}{2}\right)$；同时，恒定流的流线和迹线重合：$\mathrm{d}x = u_x\mathrm{d}t$，$\mathrm{d}y = u_y\mathrm{d}t$，$\mathrm{d}z = u_z\mathrm{d}t$，因此等号右边等于零。上式可化简为

$$\mathrm{d}\left(W - \frac{p}{\rho} - \frac{u^2}{2}\right) = 0$$

积分后，得

$$W - \frac{p}{\rho} - \frac{u^2}{2} = C_l \tag{4.8}$$

式中：C_l 为流线常数，仅适用于同一流线。

4.2.2　欧拉积分

欧拉积分在前面 3 个限定条件下，再加上 1 个流动无旋的条件，则 $\omega_x = \omega_y = \omega_z = 0$。

式（4.7）中，等号右边等于零，即

$$\frac{\partial}{\partial x}\left(W-\frac{p}{\rho}-\frac{u^2}{2}\right)=0$$

$$\frac{\partial}{\partial y}\left(W-\frac{p}{\rho}-\frac{u^2}{2}\right)=0$$

$$\frac{\partial}{\partial z}\left(W-\frac{p}{\rho}-\frac{u^2}{2}\right)=0$$

将上面方程组中的 3 个式子分别乘以流场中任意微元线段的 dl 的 3 个坐标轴向分量 dx、dy、dz，再相加，然后积分，有

$$W-\frac{p}{\rho}-\frac{u^2}{2}=C_T \tag{4.9}$$

式中：C_T 称为通用常数，在整个流场中处处适用。

4.2.3 重力作用下的伯努利方程

质量力只有重力时，$f_x=0$，$f_y=0$，$f_z=-g$，有

$$\mathrm{d}W=-g\mathrm{d}z$$

积分得

$$W=-gz+C$$

将上式代入式（4.8）、式（4.9），得到伯努利方程：

$$z+\frac{p}{\rho g}+\frac{u^2}{2g}=C \tag{4.10}$$

式（4.10）为重力作用下，理想不可压缩流体恒定流动的伯努利方程。对于有旋流动，仅沿流线适用，而对无旋流动，在整个流场中均适用。元流的过流断面面积无限小，沿流线的伯努利方程也适用于元流，因此式（4.10）也称为理想流体元流伯努利方程。

4.2.4 理想流体元流伯努利方程的意义

在理想流体元流的伯努利方程中：z 表示单位重量流体对某一基准面具有的位置势能，又称位置水头，单位为 m；$\frac{p}{\rho g}$ 表示单位重量流体具有的压强势能，又称压强水头，单位为 m；$H_p=z+\frac{p}{\rho g}$ 表示单位重量流体具有的总势能，又称测压管水头，单位为 m；$\frac{u^2}{2g}$ 表示单位重量流体具有的动能，又称速度水头，单位为 m；$H=z+\frac{p}{\rho g}+\frac{u^2}{2g}$ 表示单位重量流体具有的机械能，又称总水头，单位为 m。

因此，伯努利方程式（4.10）的物理意义为：当理想不可压缩流体在重力场中作恒定流动时，沿同一元流（沿同一流线）单位重量流体的位置势能、压强势能和动能在流动过程中可以相互转化，但它们的总和保持不变，即单位重量流体的机械能守恒，故伯努利方程又称为能量方程。

伯努利方程式（4.10）的几何意义为：当理想不可压缩流体在重力场中作恒定流动时，沿同一元流（沿同一流线）流体的位置水头、压强水头和速度水头在流动过程中可以互相转化，但各断面的总水头保持不变，即总水头线是与基准面相平行的水平线，如图 4.1 所示。

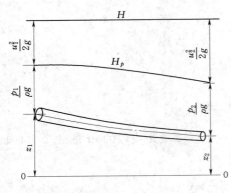

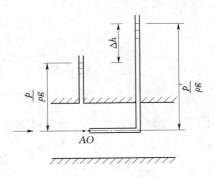

图 4.1　理想流体伯努利方程的各种水头　　　　图 4.2　点流速测量

4.2.5　理想流体元流伯努利方程的应用

1. 毕托管

毕托管是一种测量点流速的仪器，是理想流体元流伯努利方程在工程中的典型应用。

直接测量流场某点的速度大小是比较困难的，但该点的压强却可以通过测压计容易地测出。通过测量点压强，再应用伯努利方程间接得出点速度的大小，这就是毕托管的测速原理。如图 4.2 所示，现欲测定均匀管流过流断面上 A 点的流速 u，可在 A 点所在断面设置测压管，测出该点的压强 p，称为静压。另在 A 点同一流线下游取相距很近的 O 点，在该点放置一根两端开口的 L 型细管，使一端管口正对来流方向，另一端垂直向上，此管称为测速管。来流在 O 点由于受测速管的阻滞，速度为零，动能全部转化为压能，测速管中液面升高 $\dfrac{p'}{\rho g}$。O 点称为驻点，该点的压强称为总压或全压。

以 AO 所在流线为基准，忽略水头损失，对 A、O 两点应用理想流体元流伯努利方程：

$$\frac{p}{\rho g}+\frac{u^2}{2g}=\frac{p'}{\rho g}$$

$$\frac{u^2}{2g}=\frac{p'}{\rho g}-\frac{p}{\rho g}=\Delta h$$

则 A 点的流速为

$$u=\sqrt{2g\,\frac{p'-p}{\rho g}}=\sqrt{2g\Delta h} \tag{4.11}$$

考虑到黏性的存在以及毕托管置入流场后对流动的干扰等因素的影响，引入修正系数 c，则

$$u=c\,\sqrt{2g\Delta h} \tag{4.12}$$

式中：c 为修正系数，数值接近于 1，由实验测定。

根据上述原理，将测速管和测压管组合成测量点流速的仪器，称为毕托管，其剖面如图 4.3 所示。两端开口的管 1 为测速管，用来测量总压。侧壁设有几个均匀分布小孔的管 2 为测压管，用来测量静压。将管 1、管 2 分别与压差计的两

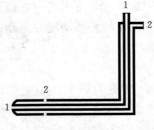

图 4.3　毕托管剖面图

端连接，即可测得总压和静压的差值（即动压$\frac{u^2}{2g}$），从而求出测点的流速。

2. 相对运动的伯努利方程

离心式水泵中的流体运动是一种相对运动。图4.4为一离心式水泵的叶轮，叶轮由叶片和连接叶片的前、后圆盘所组成，后盘装在原动机转轴上原动机带动叶轮旋转后，流体从半径为r_1的圆周进入叶轮，通过叶片间的流道，从半径为r_2的圆周离开叶轮。叶轮以一定的角速度ω旋转。流体在叶轮内，一方面以相对速度w沿叶轮叶片流动；另一方面以等角速度ω做旋转运动，牵连速度为$u=\omega r$。

假定：①流体是理想流体，恒定流动；②叶轮上叶片数目无穷多，叶片无厚度。水流只沿叶片的骨线方向运动，相对速度w与叶片骨线相切。

若以v表示流体的绝对速度，则

$$v=w+u$$

绝对速度、相对速度和牵连速度构成速度三角形，如图4.4所示，其中，α为绝对速度与牵连速度之间的夹角，称为绝对液流角，β为相对速度与牵连速度之间的夹角，称为相对液流角。

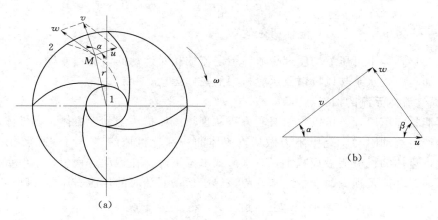

图4.4 相对运动的伯努利方程
(a) 叶轮剖面示意图；(b) 速度三角形

在流道中做一流线1-2（相对流线），流线上取一点M，其欧拉运动微分方程为

$$\left.\begin{array}{l} f_x-\dfrac{1}{\rho}\dfrac{\partial p}{\partial x}=\dfrac{\mathrm{d}w_x}{\mathrm{d}t} \\[2mm] f_y-\dfrac{1}{\rho}\dfrac{\partial p}{\partial y}=\dfrac{\mathrm{d}w_y}{\mathrm{d}t} \\[2mm] f_z-\dfrac{1}{\rho}\dfrac{\partial p}{\partial z}=\dfrac{\mathrm{d}w_z}{\mathrm{d}t} \end{array}\right\} \tag{4.13}$$

式中：w_x、w_y、w_z为相对速度。

叶轮内流体所受的质量力有重力和离心惯性力，因此，单位质量力的表达式为

$$f_x=\omega^2 x,\, f_y=\omega^2 y,\, f_z=-g$$

将式（4.13）中各式分别乘以$\mathrm{d}x$、$\mathrm{d}y$、$\mathrm{d}z$，再相加，有

$$f_x \mathrm{d}x + f_y \mathrm{d}y + f_z \mathrm{d}z - \frac{1}{\rho}\left(\frac{\partial p}{\partial x}\mathrm{d}x + \frac{\partial p}{\partial y}\mathrm{d}y + \frac{\partial p}{\partial z}\mathrm{d}z\right) = \frac{\mathrm{d}w_x}{\mathrm{d}t}\mathrm{d}x + \frac{\mathrm{d}w_y}{\mathrm{d}t}\mathrm{d}y + \frac{\mathrm{d}w_z}{\mathrm{d}t}\mathrm{d}z$$

代入单位质量力的表达式，得

$$\omega^2 x\mathrm{d}x + \omega^2 y\mathrm{d}y - g\mathrm{d}z - \frac{1}{\rho}\mathrm{d}p = w_x\mathrm{d}w_x + w_y\mathrm{d}w_y + w_z\mathrm{d}w_z$$

$$\frac{\omega^2}{2}\mathrm{d}r^2 - g\mathrm{d}z - \frac{1}{\rho}\mathrm{d}p = \frac{1}{2}\mathrm{d}w^2$$

$$\frac{1}{2}\mathrm{d}u^2 - g\mathrm{d}z - \frac{1}{\rho}\mathrm{d}p = \frac{1}{2}\mathrm{d}w^2$$

$$\mathrm{d}\left(zg + \frac{p}{\rho} + \frac{w^2}{2} - \frac{u^2}{2}\right) = 0$$

积分后，得

$$z + \frac{p}{\rho g} + \frac{w^2}{2g} - \frac{u^2}{2g} = C$$

对流线上任意两点 1、2，有

$$z_1 + \frac{p_1}{\rho g} + \frac{w_1^2}{2g} + \frac{u_2^2 - u_1^2}{2g} = z_2 + \frac{p_2}{\rho g} + \frac{w_2^2}{2g} \tag{4.14}$$

式中：$\dfrac{u_2^2 - u_1^2}{2g}$ 为单位离心力对流体所做的功。

　　式（4.14）为不可压缩均质理想流体恒定流的相对运动的伯努利方程，常用来分析流体机械，如离心式水泵与风机以及水轮机中的流体运动。

4.2.6　黏性流体元流的伯努利方程

　　根据能量守恒原理，可以将伯努利方程从理想流体扩展至黏性流体。黏性流体在流动过程中会产生流动阻力，克服阻力做功，流体的一部分机械能将不可逆地转化为热能耗散，因此，流体的机械能沿程减小，总水头线沿程下降。在运动过程中，单位重量流体的位能、压能、动能及损失的能量之和，应该等于运动开始时的位能、压能、动能之和，即

$$z_1 + \frac{p_1}{\rho g} + \frac{u_1^2}{2g} = z_2 + \frac{p_2}{\rho g} + \frac{u_2^2}{2g} + h_w' \tag{4.15}$$

式中：h_w' 为单位重量黏性流体沿流线从 1 点到 2 点流动时的机械能损失，称为元流的水头损失，m。

　　上式称为黏性流体元流的伯努利方程。

4.2.7　黏性流体总流的伯努利方程

　　实际工程中的管道和渠道内的流动，都是有限断面的总流，因此有必要将黏性流体元流的伯努利方程推广至总流。

　　如图 4.5 所示为黏性流体恒定总流，过流断面 1-1、2-2 为渐变流断面，面积为 A_1、A_2。在总流中任取元流，其过流断面的微元面积、位置高度、压强及流速分别

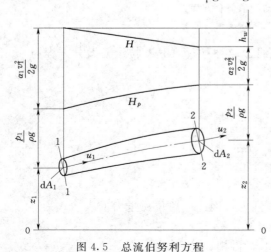

图 4.5　总流伯努利方程

为 dA_1、z_1、p_1、u_1；dA_2、z_2、p_2、u_2。

将黏性流体元流伯努利方程式（4.15）两边同乘重量流量 $\rho g dQ = \rho g u_1 dA_1 = \rho g u_2 dA_2$，得单位时间通过元流两过流断面的能量方程：

$$\left(z_1 + \frac{p_1}{\rho g} + \frac{u_1^2}{2g}\right)\rho g u_1 dA_1 = \left(z_2 + \frac{p_2}{\rho g} + \frac{u_2^2}{2g} + h_w'\right)\rho g u_2 dA_2$$

对上式积分，可得单位时间通过总流两过流断面的能量方程：

$$\int_{A_1}\left(z_1 + \frac{p_1}{\rho g}\right)\rho g u_1 dA_1 + \int_{A_1}\frac{u_1^2}{2g}\rho g u_1 dA_1 = \int_{A_2}\left(z_2 + \frac{p_2}{\rho g}\right)\rho g u_2 dA_2 + \int_{A_2}\frac{u_2^2}{2g}\rho g u_2 dA_2 + \int_{Q_2}h_w'\rho g dQ_2$$

$$(4.16)$$

下面分别确定上式中 3 种类型的积分

（1）$\int_A\left(z + \frac{p}{\rho g}\right)\rho g u dA$。因所取过流断面 1-1、2-2 为渐变流断面，面上各点 $z + \frac{p}{\rho g} = C$，于是

$$\int_A\left(z + \frac{p}{\rho g}\right)\rho g u dA = \left(z + \frac{p}{\rho g}\right)\rho g \int_A u dA = \left(z + \frac{p}{\rho g}\right)\rho g Q$$

（2）$\int_A\left(\frac{u^2}{2g}\right)\rho g u dA$。

$$\int_A\left(\frac{u^2}{2g}\right)\rho g u dA = \frac{\rho g}{2g}\int_A u^3 dA = \frac{\rho g}{2g}\alpha v^2 vA = \frac{\alpha v^2}{2g}\rho g Q$$

式中：α 为动能修正系数。

修正用断面平均流速代替实际流速计算动能时引起的误差。即

$$\alpha = \frac{\int_A u^3 dA}{v^3 A}$$

α 值取决于过流断面上速度的分布情况，流速分布较均匀时，$\alpha = 1.05 \sim 1.10$，流速分布不均匀时 α 值较大，通常取 $\alpha = 1.0$。

（3）$\int_Q h_w'\rho g dQ$。单位时间总流从过流断面 1-1 流到 2-2 的机械能损失 $\int_Q h_w'\rho g dQ$ 不易通过积分确定，可令

$$\int_Q h_w'\rho g dQ = h_w\rho g Q$$

式中：h_w 为单位重量流体从过流断面 1-1 流到 2-2 的平均机械能损失，称为总流的水头损失。

将以上积分结果代入式（4.16），得

$$\left(z_1 + \frac{p_1}{\rho g}\right)\rho g Q_1 + \frac{\alpha_1 v_1^2}{2g}\rho g Q_1 = \left(z_2 + \frac{p_2}{\rho g}\right)\rho g Q_2 + \frac{\alpha_2 v_2^2}{2g}\rho g Q_2 + h_w\rho g Q_2$$

因两断面间无分流及汇流，$\rho g Q = \rho g Q_1 = \rho g Q_2$，故上式简化为

$$z_1 + \frac{p_1}{\rho g} + \frac{\alpha_1 v_1^2}{2g} = z_2 + \frac{p_2}{\rho g} + \frac{\alpha_2 v_2^2}{2g} + h_w \tag{4.17}$$

式（4.17）为实际流体总流的伯努利方程。若式中的 $h_w=0$，则

$$z_1+\frac{p_1}{\rho g}+\frac{\alpha_1 v_1^2}{2g}=z_2+\frac{p_2}{\rho g}+\frac{\alpha_2 v_2^2}{2g} \tag{4.18}$$

式（4.18）为理想流体总流的伯努利方程。

　　总流伯努利方程式中各项的意义与元流伯努利方程中的对应项类似，但须注意总流伯努利方程中各项具有"平均"意义，如：$z+\dfrac{p}{\rho g}$ 为总流过流断面上单位重量流体具有的平均势能，因渐变流过流断面上 $z+\dfrac{p}{\rho g}=C$；$\dfrac{\alpha v^2}{2g}$ 为总流过流断面上单位重量流体具有的平均动能；h_w 为总流两过流断面间单位重量流体的平均机械能损失。

　　应用总流伯努利方程时必须满足下列条件：

（1）恒定流动。

（2）质量力只有重力。

（3）不可压缩流体。

（4）所取过流断面为渐变流或均匀流断面，但两断面间允许存在急变流。

（5）两过流断面间无分流或汇流。

（6）两过流断面间无其他机械能输入输出。

　　应用总流伯努利方程时还需注意以下几点：

（1）过流断面除必须选取渐变流或均匀流断面外，一般应选取包含较多已知量或包含需求未知量的断面。

（2）过流断面上的计算点原则上可以任意选取，这是因为在均匀流或渐变流断面上任一点的测压管水头都相等，即 $z+\dfrac{p}{\rho g}=C$，并且过流断面上的平均速度水头 $\dfrac{\alpha v^2}{2g}$ 与计算点位置无关。但若计算点选取恰当，可使计算大为简化。例如，管流的计算点通常选在管轴线上，明渠的计算点通常选在自由液面上。

（3）基准面是任意选取的水平面，但一般使 z 为非负值。同一方程必须以同一基准面来度量，不同方程可采用不同的基准面。

（4）方程中的压强 p_1 与 p_2 可用绝对压强或相对压强，但同一方程必须采用同种压强来度量。

4.2.8　水头线及水力坡度

　　总水头线是沿程各断面总水头 $H=z+\dfrac{p}{\rho g}+\dfrac{\alpha v^2}{2g}$ 的连线。参见图 4.5，理想流体的总水头线是水平线，黏性流体的总水头线沿程却单调下降，下降的快慢用水力坡度 J 表示：

$$J=-\frac{\mathrm{d}H}{\mathrm{d}l}=\frac{\mathrm{d}h_w}{\mathrm{d}l} \tag{4.19}$$

因 $\mathrm{d}H$ 恒为负值，在 $\dfrac{\mathrm{d}H}{\mathrm{d}l}$ 前加"$-$"号，确保 J 为正值。

　　测压管水头线是沿程各断面测压管水头 $H_p=z+\dfrac{p}{\rho g}$ 的连线。由于测压管水头的大小受速度水头的影响，故测压管水头线沿程可升、可降、可水平，其变化快慢用测压管水头

线坡度 J_p 表示：

$$J_p = -\frac{\mathrm{d}H_p}{\mathrm{d}l} = -\frac{\mathrm{d}\left(z+\dfrac{p}{\rho g}\right)}{\mathrm{d}l}$$ （4.20）

当测压管水头线下降时，J_p 为正值，反之，为负值。

4.2.9 总流伯努利方程的应用

1. 文丘里管

文丘里管是一种测量管道流量的仪器，是总流伯努利方程在工程中的典型应用。文丘里管由收缩段、喉管与扩散段三部分组成。在文丘里管收缩段进口与喉管处安装测压管或压差计，测出两断面的测压管水头差，再根据伯努利方程便可实现对流体流量的测量。

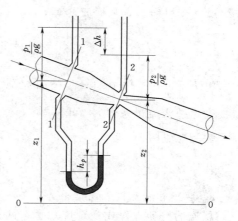

图 4.6 文丘里流量计

如图 4.6 所示，选水平基准面 0-0，令收缩段进口断面与喉管断面分别为 1-1、2-2，两断面均为渐变流断面，计算点取在管轴线上。设 1-1、2-2 断面的平均速度、压强和过流断面面积分别为 v_1、p_1、A_1 和 v_2、p_2、A_2，流体密度为 ρ。
列 1-1、2-2 断面的伯努利方程：

$$z_1 + \frac{p_1}{\rho g} + \frac{\alpha_1 v_1^2}{2g} = z_2 + \frac{p_2}{\rho g} + \frac{\alpha_2 v_2^2}{2g} + h_w$$

由于收缩段的水头损失很小，可令 $h_w = 0$，取动能修正系数 $\alpha_1 = \alpha_2 = 1.0$，则上式简化为

$$z_1 + \frac{p_1}{\rho g} + \frac{v_1^2}{2g} = z_2 + \frac{p_2}{\rho g} + \frac{v_2^2}{2g}$$

$$\frac{v_2^2}{2g} - \frac{v_1^2}{2g} = \left(z_1 + \frac{p_1}{\rho g}\right) - \left(z_2 + \frac{p_2}{\rho g}\right)$$

列 1-1、2-2 断面连续性方程：

$$v_1 A_1 = v_2 A_2$$

得

$$v_2 = \frac{A_1}{A_2} v_1 = \left(\frac{d_1}{d_2}\right)^2 v_1$$

代入前式，得

$$v_1 = \frac{1}{\sqrt{\left(\dfrac{d_1}{d_2}\right)^4 - 1}} \sqrt{2g} \sqrt{\left(z_1 + \frac{p_1}{\rho g}\right) - \left(z_2 + \frac{p_2}{\rho g}\right)}$$

则通过文丘里管的流量：

$$Q = v_1 A_1 = \frac{\frac{1}{4}\pi d_1^2}{\sqrt{\left(\dfrac{d_1}{d_2}\right)^4 - 1}} \sqrt{2g} \sqrt{\left(z_1 + \frac{p_1}{\rho g}\right) - \left(z_2 + \frac{p_2}{\rho g}\right)} = K \sqrt{\left(z_1 + \frac{p_1}{\rho g}\right) - \left(z_2 + \frac{p_2}{\rho g}\right)}$$

（4.21）

式中：$K = \dfrac{\frac{1}{4}\pi d_1^2}{\sqrt{\left(\frac{d_1}{d_2}\right)^4 - 1}}\sqrt{2g}$ 为由文丘里管结构尺寸 d_1、d_2 而定的常数，称为仪器常数。

装测压管时，测压管水头差：

$$\left(z_1 + \frac{p_1}{\rho g}\right) - \left(z_2 + \frac{p_2}{\rho g}\right) = \Delta h$$

装压差计时，测压管水头差：

$$\left(z_1 + \frac{p_1}{\rho g}\right) - \left(z_2 + \frac{p_2}{\rho g}\right) = \left(\frac{\rho_p}{\rho} - 1\right)h_p$$

将 K 和 $\left(z_1 + \frac{p_1}{\rho g}\right) - \left(z_2 + \frac{p_2}{\rho g}\right)$ 的值代入式（4.21），并考虑到两断面间实际上存在能量损失，引入流量系数 ψ，可得

装测压管时：
$$Q = \psi K \sqrt{\Delta h}$$

装压差计时：
$$Q = \psi K \sqrt{\left(\frac{\rho_p}{\rho} - 1\right)h_p}$$

2. 沿程有能量输入或输出的伯努利方程

总流伯努利方程式（4.17）是在两过流断面间无其他机械能输入输出的条件下导出的。但当两断面间安装有水泵、风机或水轮机等流体机械装置时，流体流经水泵或风机将获得能量，流经水轮机将失去能量。设单位重量流体获得或失去的能量为 H_m，根据能量守恒原理，可得有能量输入或输出的总流伯努利方程：

$$z_1 + \frac{p_1}{\rho g} + \frac{\alpha_1 v_1^2}{2g} \pm H_m = z_2 + \frac{p_2}{\rho g} + \frac{\alpha_2 v_2^2}{2g} + h_w \qquad (4.22)$$

式中：H_m 前面的"$\pm$"号，获得能量为"$+$"，失去能量为"$-$"。

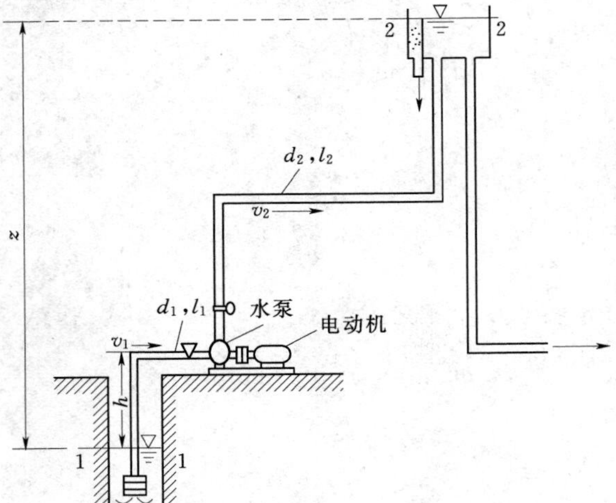

如图 4.7 所示，在管路中有一水泵，水泵对水流做功，使水流能量增加，列 1—1、2—2 断面的伯努利方程：

$$z_1 + \frac{p_1}{\rho g} + \frac{\alpha_1 v_1^2}{2g} + H_m = z_2 + \frac{p_2}{\rho g} + \frac{\alpha_2 v_2^2}{2g} + h_w$$
$$(4.23)$$

因为 $p_1 = p_2 = p_a$，v_1、v_2 相对于管内流速来讲很小，可认为 $v_1 = v_2 = 0$，则上式简化为

$$H_m = z + h_{w1-2} \qquad (4.24)$$

式中：z 为上、下游水面高差，也称为提水高度或扬水高度。

单位时间内原动机给予水泵的功

图 4.7 安装有水泵的管路系统

称为水泵的轴功率 P。单位时间内通过水泵的水流重量为 $\rho g Q$，所以单位时间内水流从泵

中实际获得的能量是 $\rho g Q H_m$，称为水泵的有效功率 P_e。因为水泵内有各种损失，如漏损、水头损失、机械摩擦损失等，所以有效功率 P_e 小于轴功率 P，即 $P_e < P$。有效功率与轴功率的比值称为水泵效率，用 η 表示，有

$$\eta = \frac{p_e}{P} = \frac{\rho g Q H_m}{P} \tag{4.25}$$

如图 4.8 所示，在管路中有一水轮机。由于水流要使水轮机转动，对水轮机做功，水流能量减少。如单位重量水流减少的能量为 H_m，则总流伯努利方程为

$$z_1 + \frac{p_1}{\rho g} + \frac{\alpha_1 v_1^2}{2g} - H_m = z_2 + \frac{p_2}{\rho g} + \frac{\alpha_2 v_2^2}{2g} + h_{w1-2} \tag{4.26}$$

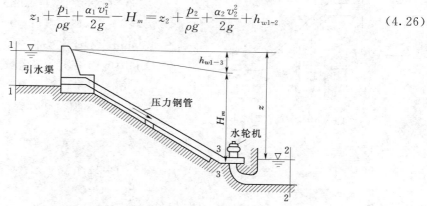

图 4.8 安装有水轮机的管路系统

整理，得

$$H_m = z - h_{w1-2} \tag{4.27}$$

3. 沿程有分流或汇流的伯努利方程

总流伯努利方程式（4.17）是在两过流断面间无分流或汇流的条件下导出的，而实际的供水、供气管道等，沿程大都有分流或汇流，此时的伯努利方程讨论如下。

设恒定分流，如图 4.9（a）所示。设想在分流处做分流面 ab，将分流划分为两支总流，每支总流的流量是沿程不变的。根据能量守恒原理，可对每支总流建立伯努利方程：

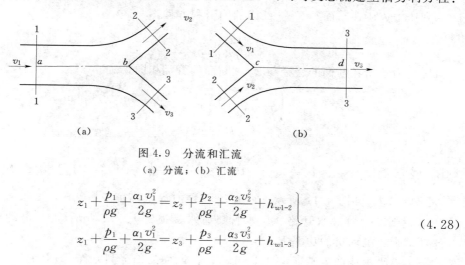

图 4.9 分流和汇流
（a）分流；（b）汇流

$$\left.\begin{array}{l} z_1 + \dfrac{p_1}{\rho g} + \dfrac{\alpha_1 v_1^2}{2g} = z_2 + \dfrac{p_2}{\rho g} + \dfrac{\alpha_2 v_2^2}{2g} + h_{w1-2} \\[2ex] z_1 + \dfrac{p_1}{\rho g} + \dfrac{\alpha_1 v_1^2}{2g} = z_3 + \dfrac{p_3}{\rho g} + \dfrac{\alpha_3 v_3^2}{2g} + h_{w1-3} \end{array}\right\} \tag{4.28}$$

同理，设恒定汇流，如图 4.9（b）所示。可建立伯努利方程：

$$\left.\begin{array}{l} z_1+\dfrac{p_1}{\rho g}+\dfrac{\alpha_1 v_1^2}{2g}=z_3+\dfrac{p_3}{\rho g}+\dfrac{\alpha_3 v_3^2}{2g}+h_{w1-3} \\[3mm] z_2+\dfrac{p_2}{\rho g}+\dfrac{\alpha_2 v_2^2}{2g}=z_3+\dfrac{p_3}{\rho g}+\dfrac{\alpha_3 v_3^2}{2g}+h_{w2-3} \end{array}\right\} \tag{4.29}$$

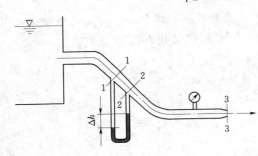

图 4.10　[例 4.1] 图

【例 4.1】　如图 4.10 所示，水池通过直径有改变的有压管道泄水，已知管道直径 $d_1=125$mm，$d_2=100$mm，喷嘴出口直径 $d_3=80$mm，水银压差计中的读数 $\Delta h=180$mm，不计水头损失，求管道的泄水流量 Q 和喷嘴前端压力表读数 p。

解： 以出口管段中心轴为基准，列 1-1、2-2 断面的伯努利方程：

$$z_1+\frac{p_1}{\rho g}+\frac{v_1^2}{2g}=z_2+\frac{p_2}{\rho g}+\frac{v_2^2}{2g}$$

因

$$\left(z_1+\frac{p_1}{\rho g}\right)-\left(z_2+\frac{p_2}{\rho g}\right)=12.6\Delta h$$

代入上式，得

$$12.6\Delta h+\frac{v_1^2}{2g}=\frac{v_2^2}{2g}$$

由总流连续性方程：

$$v_2=\left(\frac{d_1}{d_2}\right)^2 v_1$$

联解两式，得

$$v_1=\sqrt{\frac{12.6\Delta h\times 2g}{\left(\dfrac{d_1}{d_2}\right)^4-1}}=\sqrt{\frac{12.6\times 0.18\times 2\times 9.8}{\left(\dfrac{0.125}{0.1}\right)^4-1}}=5.55(\text{m/s})$$

$$Q=v_1 A_1=v_1\frac{1}{4}\pi d_1^2=5.55\times\frac{1}{4}\times 3.14\times 0.125^2=0.068(\text{m}^3/\text{s})$$

列压力表所在断面及 3-3 断面的伯努利方程：

$$0+\frac{p}{\rho g}+\frac{v^2}{2g}=0+0+\frac{v_3^2}{2g}$$

因压力表所在断面的管径与 2-2 断面的管径相同，故

$$v=v_2=\left(\frac{d_1}{d_2}\right)^2 v_1=\left(\frac{0.125}{0.1}\right)^2\times 5.55=8.67(\text{m/s})$$

$$v_3=\left(\frac{d_1}{d_3}\right)^2 v_1=\left(\frac{0.125}{0.08}\right)^2\times 5.55=13.55(\text{m/s})$$

则压力表读数

$$p=\rho g\left(\frac{v_3^2-v^2}{2g}\right)=1000\times\left(\frac{13.55^2-8.67^2}{2}\right)=54.2(\text{kPa})$$

【例 4.2】　如图 4.11 所示，已知离心泵的提水高度 $z=20$m，抽水流量 $Q=35$L/s，效率 $\eta_1=0.82$。若吸水管路和压水管路总水头损失 $h_w=1.5$mH$_2$O，电动机的效率 $\eta_2=0.95$，试求：电动机的功率 P。

解： 以吸水池面为基准，列 1-1、2-2 断面的伯努利方程：

$$z_1 + \frac{p_1}{\gamma} + \frac{v_1^2}{2g} + H = z_2 + \frac{p_2}{\gamma} + \frac{v_2^2}{2g} + h_w$$

由于 1-1、2-2 过流断面面积很大，故 $v_1 \approx 0$，$v_2 \approx 0$，并且 $p_1 = p_2 = 0$，则

$$0 + 0 + 0 + H = z + 0 + 0 + h_w$$
$$H = 20 + 1.5 = 21.5 (\text{m})$$

故电动机的功率：

$$P = \frac{Q\rho g H}{\eta_1 \eta_2} = \frac{35 \times 10^{-3} \times 1000 \times 9.8 \times 21.5}{0.82 \times 0.95}$$
$$= 9.47 (\text{kW})$$

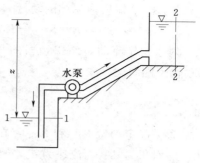

图 4.11 ［例 4.2］图

4.3 动 量 方 程

将牛顿第二定律应用于理想流体得到欧拉运动微分方程，对其积分可以得到流场中压强和速度的分布。但由于方程数学上求解困难，方程应用有限。而工程实际往往关心的是流体与固体边界的相互作用，不必知道流体内部压强和速度分布的详细情况，可将物理学上的动量定理应用于流体质点系。质点系动量定理指出：质点系的动量对于时间的导数，等于作用于质点系的外力的矢量和，即

$$\sum \boldsymbol{F} = \frac{\mathrm{d}\boldsymbol{K}}{\mathrm{d}t} = \frac{\mathrm{d}(m\boldsymbol{v})}{\mathrm{d}t}$$

质点系的动量定理为拉格朗日研究方法，可以将其转换成欧拉法来表示，即选取固定空间为控制体，建立控制体内流体的动量方程。在工程中经常运用动量方程求解控制体内流体对固体壁面的作用力。总流的动量方程连同前面介绍的连续性方程、伯努利方程组成流体力学最基本的三大方程。下面根据质点系动量定理，推导总流的动量方程。

4.3.1 总流的动量方程

在恒定总流中，任取 1-1、2-2 两渐变流过流断面，面积分别为 A_1、A_2，以两过流断面及总流的侧表面围成的空间为控制体，如图 4.12 所示。

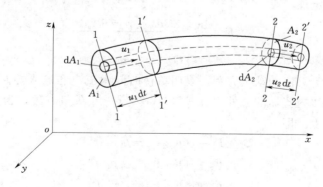

图 4.12 总流动量方程

若控制体内的流体经 $\mathrm{d}t$ 时段，由 1-2 运动到 $1'-2'$ 位置，则产生动量变化 $\mathrm{d}\boldsymbol{K}$ 应等于

$1'$-$2'$ 与 1-2 流段内流体的动量 $\boldsymbol{K}_{1'-2'}$ 和 $\boldsymbol{K}_{1-2}$ 之差，即

$$\mathrm{d}\boldsymbol{K} = \boldsymbol{K}_{1'-2'} - \boldsymbol{K}_{1-2} = (\boldsymbol{K}_{1'-2} + \boldsymbol{K}_{2-2'})_{t+\mathrm{d}t} - (\boldsymbol{K}_{1-1'} + \boldsymbol{K}_{1'-2})_t$$

对于恒定流动，$1'$-2 流段的几何形状和流体的质量、流速均不随时间而改变，因此 $\boldsymbol{K}_{1'-2}$ 也不随时间改变，即

$$(\boldsymbol{K}_{1'-2})_{t+\mathrm{d}t} = (\boldsymbol{K}_{1'-2})_t$$

则

$$\mathrm{d}\boldsymbol{K} = \boldsymbol{K}_{2-2'} - \boldsymbol{K}_{1-1'}$$

为了确定动量 $\boldsymbol{K}_{2-2'}$ 和 $\boldsymbol{K}_{1-1'}$，在上述总流内任取一元流进行分析。令过流断面 1-1 上元流的面积为 $\mathrm{d}A_1$，流速为 $\boldsymbol{u}_1$，密度为 ρ_1，则 1-$1'$ 流段内元流的动量为 $\rho_1 u_1 \mathrm{d}t \mathrm{d}A_1 \boldsymbol{u}_1$。因过流断面为渐变流断面，各点的速度平行，按平行矢量和法则，可对断面 A_1 直接积分，得 1-$1'$ 流段内总流的动量

$$\boldsymbol{K}_{1-1'} = \int_{A_1} \rho_1 u_1 \mathrm{d}t \mathrm{d}A_1 \boldsymbol{u}_1$$

同理

$$\boldsymbol{K}_{2-2'} = \int_{A_2} \rho_2 u_2 \mathrm{d}t \mathrm{d}A_2 \boldsymbol{u}_2$$

$$\mathrm{d}\boldsymbol{K} = \boldsymbol{K}_{2-2'} - \boldsymbol{K}_{1-1'} = \int_{A_2} \rho_2 u_2 \mathrm{d}t \mathrm{d}A_2 \boldsymbol{u}_2 - \int_{A_1} \rho_1 u_1 \mathrm{d}t \mathrm{d}A_1 \boldsymbol{u}_1$$

对于不可压缩流体 $\rho_1 = \rho_2 = \rho$，有

$$\mathrm{d}\boldsymbol{K} = \rho \mathrm{d}t \left(\int_{A_2} u_2 \boldsymbol{u}_2 \mathrm{d}A_2 - \int_{A_1} u_1 \boldsymbol{u}_1 \mathrm{d}A_1 \right) = \rho \mathrm{d}t (\beta_2 v_2 A_2 \boldsymbol{v}_2 - \beta_1 v_1 A_1 \boldsymbol{v}_1) = \rho Q \mathrm{d}t (\beta_2 \boldsymbol{v}_2 - \beta_1 \boldsymbol{v}_1)$$

式中：β 为动量修正系数，修正以断面平均流速代替实际流速计算动量时引起的误差，即

$$\beta = \frac{\int_A u^2 \mathrm{d}A}{v^2 A}$$

β 值取决于过流断面上速度的分布情况，流速分布较均匀时，$\beta = 1.02 \sim 1.05$，通常取 $\beta = 1.0$。

由质点系动量定理，有

$$\sum \boldsymbol{F} = \frac{\mathrm{d}\boldsymbol{K}}{\mathrm{d}t} = \frac{\rho Q \mathrm{d}t (\beta_2 \boldsymbol{v}_2 - \beta_1 \boldsymbol{v}_1)}{\mathrm{d}t}$$

即

$$\sum \boldsymbol{F} = \rho Q (\beta_2 \boldsymbol{v}_2 - \beta_1 \boldsymbol{v}_1) \tag{4.30}$$

式（4.30）即为总流的动量方程，表明单位时间内流出和流入控制体的流体动量差，等于作用在该控制体内流体的合外力。式（4.30）是一个矢量方程，为方便计算，常将它投影到三个坐标轴上，即

$$\left. \begin{aligned} \sum F_x &= \rho Q (\beta_2 v_{2x} - \beta_1 v_{1x}) \\ \sum F_y &= \rho Q (\beta_2 v_{2y} - \beta_1 v_{1y}) \\ \sum F_z &= \rho Q (\beta_2 v_{2z} - \beta_1 v_{1z}) \end{aligned} \right\} \tag{4.31}$$

式中：v_{1x}、v_{1y}、v_{1z} 和 v_{2x}、v_{2y}、v_{2z} 分别为 1-1、2-2 断面的平均流速在 x、y、z 轴方向的分量；$\sum F_x$、$\sum F_y$、$\sum F_z$ 为作用在控制体内流体上的所有外力在三个坐标方向的投影

代数和。

4.3.2 总流动量方程的应用条件和注意事项

应用总流动量方程时必须满足下列条件：

（1）恒定流动。

（2）所取过流断面为渐变流或均匀流断面。

（3）不可压缩流体。

应用总流动量方程时还需注意以下各点：

（1）总流动量方程对理想流体和实际流体均适用。

（2）正确选取控制体，全面分析作用在控制体内流体上的外力。特别注意控制体外的流体通过两过流断面对控制体内流体的作用力，此力为断面上相对压强与过流断面面积的乘积。

（3）总流动量方程式中的动量差是指流出控制体的动量减去流入控制体的动量，两者不能颠倒。

（4）由于动量方程是矢量方程，宜采用投影式进行计算。正确确定外力和流速的投影正负，若外力和流速的投影方向与选定的坐标轴方向相同则为正，相反则为负。关于坐标轴的选择，可根据实际情况确定。

（5）流体对固体边壁的作用力 F 与固体边壁对流体的作用力 F' 是一对作用力和反作用力。应用动量方程可先求出 F'，再根据 $F=-F'$ 求得 F。

【例 4.3】　如图 4.13 所示，有一水平放置的变径弯曲管道，$d_1=500\text{mm}$，$d_2=400\text{mm}$，转角 $\theta=45°$，断面 1-1 处流速 $v_1=1.2\text{m/s}$，相对压强 $p_1=245\text{kPa}$。若不计弯管水头损失，试求水流对弯管的作用力分量 F_x、F_y。

解：取过流断面 1-1、2-2 及管壁所围成的空间为控制体。

分析作用在控制体内流体上的力，包括：过流断面上的压力 P_1、P_2；弯管对水流的作用力 F'_x、F'_y；选直角坐标系 xoy，重力在 xoy 水平面上无分量。

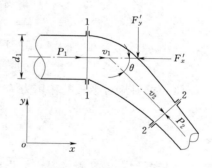

图 4.13　[例 4.3]图

令 $\beta_1=\beta_2=1$，列总流动量方程 x、y 轴方向的投影式：

$$P_1-P_2\cos\theta-F'_x=\rho Q(v_2\cos\theta-v_1)$$
$$P_2\sin\theta-F'_y=\rho Q(-v_2\sin\theta-0)$$

由连续性方程，得

$$v_2=v_1\left(\frac{d_1}{d_2}\right)^2=1.2\times\left(\frac{0.5}{0.4}\right)^2=1.875(\text{m/s})$$

$$Q=\frac{1}{4}\pi d_1^2 v_1=0.236\text{m}^3/\text{s}$$

以管轴线为基准，列 1、2 断面伯努利方程：

$$0+\frac{p_1}{\rho g}+\frac{v_1^2}{2g}=0+\frac{p_2}{\rho g}+\frac{v_2^2}{2g}$$

得

$$p_2 = p_1 + \rho \frac{v_1^2 - v_2^2}{2} = 243.96 \text{kPa}$$

$$P_1 = p_1 \times \frac{1}{4} \pi d_1^2 = 245 \times \frac{1}{4} \pi \times 0.5^2 = 48.08 (\text{kN})$$

$$P_2 = p_2 \times \frac{1}{4} \pi d_2^2 = 243.96 \times \frac{1}{4} \pi \times 0.4^2 = 30.64 (\text{kN})$$

将各量代入动量方程，得

$$F_x' = 26.38 \text{kN}$$

$$F_y' = 21.98 \text{kN}$$

水流对弯管的作用力与弯管对水流的作用力，大小相等方向相反，即

$F_x = 26.38 \text{kN}$，方向与 ox 轴方向相同

$F_y = 21.98 \text{kN}$，方向与 oy 轴方向相同

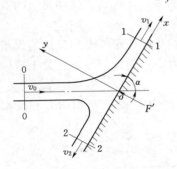

图 4.14　[例 4.4] 图

【例 4.4】　如图 4.14 所示，水平方向的水射流以 $v_0 = 6 \text{m/s}$ 的速度冲击一斜置平板，射流与平板之间夹角 $\alpha = 60°$，射流过流断面面积 $A_0 = 0.01 \text{m}^2$，不计水流与平板之间的摩擦力，试求：（1）射流对平板的作用力 F；（2）流量 Q_1 与 Q_2 之比。

解：取过流断面 1-1、2-2、0-0 及射流侧表面与平板内壁为控制面构成控制体。

因整个射流在大气中，过流断面 1-1、2-2、0-0 的压强可认为等于大气压强。因不计水流与平板之间的摩擦力，则平板对水流的作用力 F' 与平板垂直。

（1）求射流对平板的作用力 F。列 y 轴方向的动量方程：

$$F' = 0 - (-\rho Q_0 v_0 \sin\alpha)$$

其中

$$Q_0 = v_0 A_0 = 6 \times 0.01 = 0.06 (\text{m}^3/\text{s})$$

代入动量方程，得平板对射流的作用力：

$$F' = 0.312 \text{kN}$$

则射流对平板的作用力：

$F = 0.312 \text{kN}$，方向与 oy 轴方向相反

（2）求流量 Q_1 与 Q_2 之比。列 x 轴方向的动量方程：

$$0 = (\rho Q_1 v_1 - \rho Q_2 v_2) - \rho Q_0 v_0 \cos\alpha$$

分别列 0-0、1-1 断面及 0-0、2-2 断面的伯努利方程，可得

$$v_1 = v_2 = v_0 = 6 \text{m/s}$$

因

$$Q_0 = Q_1 + Q_2$$

代入上式，解得

$$\frac{Q_1}{Q_2} = 3$$

4.4 动量矩方程

质点系动量矩定理指出：质点系对某轴的动量矩对时间的导数，等于作用于质点系的所有外力对于同一轴的力矩的矢量和。

令恒定总流动量方程式（4.30）中的 $\beta_1 = \beta_2 = 1$，并将两端对某轴取矩，矢径为 $\boldsymbol{r}$，得恒定总流的动量矩方程：

$$\sum \boldsymbol{r} \times \boldsymbol{F} = \rho Q(\boldsymbol{r}_2 \times \boldsymbol{v}_2 - \boldsymbol{r}_1 \times \boldsymbol{v}_1) \tag{4.32}$$

式（4.32）表明，单位时间内流出和流入控制体的流体动量矩矢量差，等于作用在该控制体内流体的各外力的合力矩矢量。

动量矩方程主要应用在旋转式流体机械上，利用它可以确定运动流体与旋转叶轮相互作用的力矩及其功率等，进而建立叶轮机械的基本方程。

如图 4.15 所示为离心式泵或风机的叶轮。叶轮以一定的角速度 ω 旋转，流体从叶轮的内圈入口流入，经叶轮通道从外圈出口流出。将整个叶轮两面轮盘及叶轮内外圈间的所有流道作为控制体，流道中的流动相对于匀速旋转的叶轮来讲是恒定的。不考虑黏性，则通过内外圈控制面作用在流体上的表面力为径向分布，力矩为零；由于对称性，作用在控制体内流体上的重力对转轴的力矩之和也为零，因此外力矩只有叶片对流道内流体的作用力对转轴的力矩，其总和为 M。假设流体的密度为 ρ；流过整个叶轮的流量为 Q；流体在叶轮进、出口处的绝对速度 v_1、v_2 沿周向数值不变，且与切线方向的夹角 α 也不变。由式（4.32）得

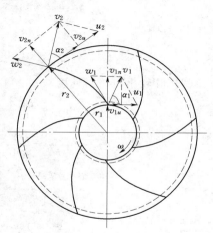

图 4.15 叶轮内的流动

$$M = \rho Q(v_2 r_2 \cos\alpha_2 - v_1 r_1 \cos\alpha_1)$$
$$= \rho Q(v_{2u} r_2 - v_{1u} r_1)$$

式中：v_{1u}、v_{2u} 分别为进、出口绝对速度 v_1、v_2 在圆周切线方向的投影；r_1、r_2 分别为叶轮内、外圈的半径。

单位时间叶轮作用给流体的功：

$$N = M\omega = \rho Q(v_{2u} r_2 \omega - v_{1u} r_1 \omega)$$
$$= \rho Q(v_{2u} u_2 - v_{1u} u_1)$$

将上式两边同除以通过叶轮的流体的重量流量，可得单位重量理想流体通过叶轮所获得的能量：

$$H_T = \frac{N}{\rho g Q} = \frac{1}{g}(v_{2u} u_2 - v_{1u} u_1) \tag{4.33}$$

式（4.33）即为叶轮机械的基本方程。理论扬程 H_T 仅与流体在叶轮进、出口处的运动速度有关，而与流动过程无关，它的大小反映出叶轮机械的基本性能。

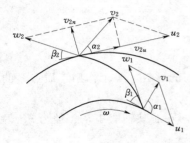

图 4.16　[例 4.5] 图

【例 4.5】　如图 4.16 所示，离心风机叶轮的转速 $n=1725\text{r/min}$，叶轮进口直径 $d_1=125\text{mm}$，进口气流角 $\alpha_1=90°$，出口直径 $d_2=300\text{mm}$，出口安放角 $\beta_2=30°$，叶轮流道宽度 $b_1=b_2=b=25\text{mm}$，流量 $Q=372\text{m}^3/\text{h}$。试求：

（1）叶轮进口处空气的绝对速度 v_1 与进口安放角 β_1；

（2）叶轮出口处空气的绝对速度 v_2 与出口气流角 α_2；

（3）单位重量空气通过叶轮所获得的能量 H_T。

解：（1）叶轮进口牵连速度。

$$u_1=\omega r_1=\frac{\pi d_1 n}{60}=\frac{3.14\times0.125\times1725}{60}=11.28(\text{m/s})$$

叶轮进口绝对速度：

$$v_1=\frac{Q}{\pi d_1 b}=\frac{372}{3600\times3.14\times0.125\times0.025}=10.53(\text{m/s})$$

叶片进口安放角：

$$\beta_1=\arctan\frac{v_1}{u_1}=\arctan\frac{10.53}{11.28}=43.03°$$

（2）叶轮出口绝对速度。

因

$$u_2=\omega r_2=\frac{\pi d_2 n}{60}=\frac{3.14\times0.3\times1725}{60}=27.08(\text{m/s})$$

$$v_{2n}=\frac{Q}{\pi d_2 b}=\frac{372}{3600\times3.14\times0.3\times0.025}=4.39(\text{m/s})$$

$$v_{2u}=u_2-v_{2n}\cot\beta_2=27.08-4.39\times\cot30°=19.48(\text{m/s})$$

故

$$v_2=\sqrt{v_{2n}^2+v_{2u}^2}=\sqrt{4.39^2+19.48^2}=19.97(\text{m/s})$$

$$\alpha_2=\arccos\frac{v_{2u}}{v_2}=\arccos\frac{19.48}{19.97}=12.72°$$

（3）单位重量空气通过叶轮获得的能量。因：$v_{1u}=0$，由式（4.33）得

$$H_T=\frac{1}{g}(v_{2u}u_2-v_{1u}u_1)=\frac{1}{9.8}\times(19.48\times27.08-0)=53.83(\text{m})$$

习　　题

4.1　选择题

（1）如习题 4.1（1）图所示，等直径管，考虑损失，$A\text{-}A$ 断面为过流断面，$B\text{-}B$ 断面为水平面，试确定 1、2、3、4 各点的物理量有以下关系（　　）。

A. $z_1+\frac{p_1}{\rho g}=z_2+\frac{p_2}{\rho g}$　　　B. $p_3=p_4$　　　C. $p_1=p_2$　　　D. $z_3+\frac{p_3}{\rho g}=z_4+\frac{p_4}{\rho g}$

（2）伯努利方程中 $z+\frac{p}{\rho g}+\frac{\alpha v^2}{2g}$ 表示（　　）。

A. 单位质量流体具有的机械能

B. 单位重量流体具有的机械能

C. 单位体积流体具有的机械能

D. 通过过流断面流体的总机械能

（3）水流的运动方向是（　　）。

A. 从高处往低处流

B. 从压强高处往压强低处流

C. 从流速大的地方向流速小的地方流

D. 从单位重量流体机械能高的地方向低的地方流

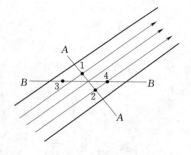

习题 4.1（1）图

（4）如习题 4.1（4）图所示，水平放置的渐扩管，如忽略水头损失，断面形心点的压强有以下关系（　　）。

A. $p_1 > p_2$ 　　　　　　　B. $p_3 = p_4$

C. $p_1 < p_2$ 　　　　　　　D. 不定

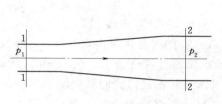

习题 4.1（4）图

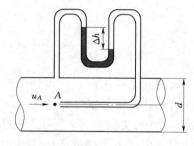

习题 4.2 图

4.2　利用毕托管原理测量输水管中的流量。已知输水管直径 $d = 200\text{mm}$，水银压差计读数 $\Delta h = 60\text{mm}$，如习题 4.2 图所示，若输水管断面平均流速 $v = 0.84u_A$，式中 u_A 是管轴上未受扰动的 A 点的流速。试确定输水管的流量 Q。

4.3　如习题 4.3 图所示，大水箱中的水经水箱底部的竖管流入大气，竖管直径为 $d_1 = 200\text{mm}$，管道出口处为收缩喷嘴，其直径 $d_2 = 100\text{mm}$，不计水头损失，求管道的泄流量 Q 及 A 点相对压强 p_A。

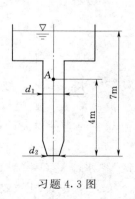

习题 4.3 图

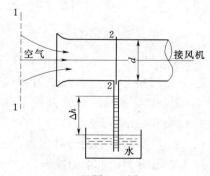

习题 4.4 图

4.4　离心式通风机由吸气管吸入空气。如习题 4.4 图所示，吸气管圆筒形部分的直径 $d = 200\text{mm}$，在这个圆筒形壁上安装一个盛水的测压装置，现量得其中的水面高差 $\Delta h = 0.25\text{m}$，空气的重度为 12.6N/m^3，问此风机在 1s 内的吸气量 Q 为多少？（不计损

失）

4.5　如习题 4.5 图所示，虹吸管从水池引水至 C 端流入大气，已知 $a=1.6\mathrm{m}$，$b=3.6\mathrm{m}$。若不计损失，试求：（1）管中流速 v 及 B 点的绝对压强 p_B；（2）若 B 点绝对压强水头下降到 0.24m 以下时，将发生汽化，设 C 端保持不动，问欲不发生汽化，a 不能超过多少？

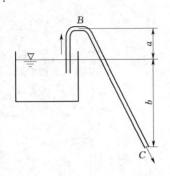

习题 4.5 图

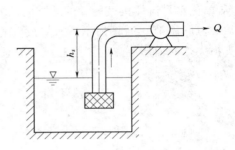

习题 4.6 图

4.6　如习题 4.6 图所示，用抽水量 $Q=24\mathrm{m}^3/\mathrm{h}$ 的离心水泵由水池抽水，水泵的安装高程 $h_s=6\mathrm{m}$，吸水管的直径为 $d=100\mathrm{mm}$，如水流通过进口底阀、吸水管路、90°弯头至泵叶轮进口的总水头损失为 $h_w=0.4\mathrm{mH_2O}$，求该泵叶轮进口处的真空度 p_v。

4.7　如习题 4.7 图所示，高压水箱的泄水管，当阀门关闭时，测得安装在此管路上的压力表读数为 $p_1=280\mathrm{kPa}$，当阀门开启后，压力表上的读数变为 $p_2=60\mathrm{kPa}$，已知此泄水管的直径 $D=25\mathrm{mm}$，求每小时的泄水流量。（不计水头损失）

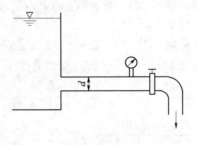

习题 4.7 图

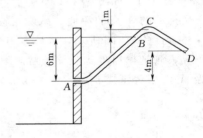

习题 4.8 图

4.8　如习题 4.8 图所示，由水池通过等直径虹吸管输水，A 点为虹吸管进口处，$H_A=0$；B 点为虹吸管中与水池液面齐高的部位，$H_B=6\mathrm{m}$；C 点为虹吸管中的最高点，$H_C=7\mathrm{m}$；D 点为虹吸管的出口处，$H_D=4\mathrm{m}$。若不计流动中的能量损失，求虹吸管的断面平均流速和 A、B、C 各断面上的绝对压强。

4.9　如习题 4.9 图所示，水泵的提水高度 $z=20\mathrm{m}$，抽水流量 $Q=35\mathrm{L/s}$，已知吸水管和压水管的直径相同，$d=180\mathrm{mm}$，离心泵的效率 $\eta_1=0.82$，电动机的效率 $\eta_2=0.95$，设总水头损失 $h_w=1.5\mathrm{mH_2O}$，求电动机应有的功率 P。

4.10　闸下出流，平板闸门宽 $b=2\mathrm{m}$，闸前水深 $h_1=4\mathrm{m}$，闸后水深 $h_2=0.5\mathrm{m}$，如习题 4.10 图所示，出流量 $Q=8\mathrm{m}^3/\mathrm{s}$，不计摩擦阻力，试求水流对闸门的作用力 F。

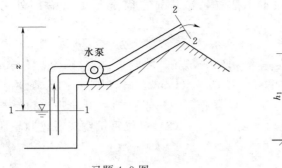

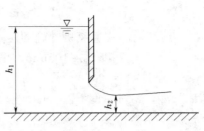

习题 4.9 图　　　　　　　　　　　习题 4.10 图

4.11　溢流坝宽度为 B（垂直于纸面），上游和下游水深分别为 h_1 和 h_2，如习题 4.11 图所示，不计水头损失，试推证坝体受到的水平推力 $F=\dfrac{\varrho g B}{2}\dfrac{(h_1-h_2)^3}{h_1+h_2}$。

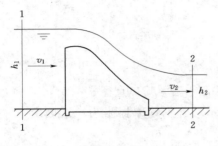

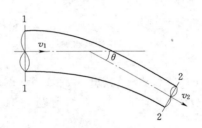

习题 4.11 图　　　　　　　　　　　习题 4.12 图

4.12　水流经水平弯管流入大气，已知 $d_1=100\mathrm{mm}$，$d_2=75\mathrm{mm}$，$v_1=1.5\mathrm{m/s}$，$\theta=30°$，如习题 4.12 图所示。若不计水头损失，试求水流对弯管的作用力 F_x、F_y。

4.13　水平分岔管路，$d_1=500\mathrm{mm}$，$d_2=400\mathrm{mm}$，$d_3=300\mathrm{mm}$，$Q_1=0.35\mathrm{m^3/s}$，$Q_2=0.2\mathrm{m^3/s}$，$Q_3=0.15\mathrm{m^3/s}$，表压强 $p_1=8000\mathrm{N/m^2}$，夹角 $\alpha=45°$，$\beta=30°$，如习题 4.13 图所示。忽略水头损失，求水流对分岔管的作用力 F_x、F_y。

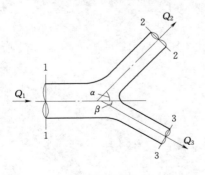

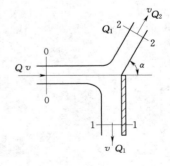

习题 4.13 图　　　　　　　　　　　习题 4.14 图

4.14　如习题 4.14 图所示，流量为 Q、平均流速为 v 的射流，冲击直立平板后分成两股，一股沿板面直泻而下，流量为 Q_1，另一股以倾角 α 射出，流量为 Q_2，两股分流的

平均速度均等于 v。若不计摩擦力和重力影响，试推证：固定平板所需的外力 $F = \rho Q v \left(1 - \sqrt{\dfrac{1 - Q_1/Q_2}{1 + Q_1/Q_2}} \right)$。

4.15　已知离心式通风机叶轮的转速 $n = 1500 \text{r/min}$，叶轮进口直径 $d_1 = 480 \text{mm}$，进口角 $\beta_1 = 60°$，入口宽度 $b_1 = 105 \text{mm}$，出口直径 $d_2 = 600 \text{mm}$，出口角 $\beta_2 = 120°$，出口宽度 $b_2 = 84 \text{mm}$，流量 $Q = 12000 \text{m}^3/\text{h}$，如习题 4.15 图所示。试求：（1）叶轮进出口空气的牵连速度 u_1、u_2，相对速度 w_1、w_2，绝对速度 v_1、v_2；（2）单位重量空气通过叶轮所获得的能量 H。

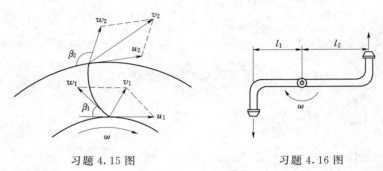

习题 4.15 图　　　　　　　　习题 4.16 图

4.16　臂长 $l_1 = 1.2 \text{m}$，$l_2 = 1.5 \text{m}$ 的旋转式洒水器，喷口直径 $d = 25 \text{mm}$，每个喷口的水流量 $Q = 3 \times 10^{-3} \text{m}^3/\text{s}$，如习题 4.16 图所示。若不计摩擦阻力，试确定洒水器的转速 ω。

第 5 章 管路、孔口、管嘴的水力计算

在第 4 章中，得到了流体运动的基本方程，如伯努利方程等，但是并没有对流体由于黏性作用而产生的阻力和由于克服阻力而消耗的能量损失，作详细讨论。本章首先将讨论恒定流体运动时的阻力和能量损失的规律及计算方法，之后应用伯努利方程、连续性方程解决工程实际问题。

5.1 流动阻力和水头损失

5.1.1 流动阻力和水头损失的分类

黏性流体运动时要遇到阻力，克服阻力做功会产生能量损失。工程中，以单位重量的液体流动中损失的机械能（或称水头损失）h_w 作为计算对象，h_w 具有长度量纲；对气体，则以单位体积的损失能量（或称压强损失）p_w 来表示。它们之间的关系为

$$p_w = \rho g h_w \tag{5.1}$$

流动阻力及能量损失的规律因流体的流动状态和流动过程中边界变化而有所不同。按流动边界变化的不同，将流动阻力分为沿程阻力和局部阻力。

在边界无变化（流动的方向、壁面的性质、过流断面的形状和尺寸等均不变）的均匀流段内，由于黏性形成的阻碍流体运动的力称为沿程阻力，或称摩擦阻力。流体克服沿程阻力消耗的能量为沿程损失，单位重量流体的沿程损失用 h_f 表示，h_f 称为沿程水头损失。沿程阻力均匀分布在整个均匀流段内，h_f 与流段的长度成正比。通常渐变流段产生的阻力也视为沿程阻力。

在边界发生急变的流段内，由于过流断面变化、流动方向改变，速度重新分布，质点间进行动量交换而产生的阻力称为局部阻力。流体克服局部阻力消耗的能量为局部损失，单位重量流体的局部损失用 h_j 表示，h_j 称为局部水头损失。局部阻力通常发生在管道的进出口、弯头、变截面管和阀门处等过流断面急剧变化处。

5.1.2 水头损失的计算公式

圆管的沿程水头损失 h_f 的计算公式为

$$h_f = \lambda \frac{l}{d} \frac{v^2}{2g} \tag{5.2}$$

式中：v 为断面平均流速；d 为管径；l 为流段长度；λ 为沿程阻力系数。λ 的取值与流体的流动状态和壁面特性有关，由实验确定。

式（5.2）称为达西公式。

对于非圆断面管道，依然可用达西公式计算沿程水头损失，只是用当量直径 d_e 取代 d。

局部水头损失的计算公式为

$$h_j = \zeta \frac{v^2}{2g}$$ (5.3)

式中局部阻力系数 ζ 与引起损失的流道局部几何特性有关，一般以实验方法确定。

工程上的管路系统既有直管段又有阀门弯头等局部管件，流动过程中产生的水头损失既有沿程损失又有局部损失，应分段计算再叠加，即

$$h_w = \sum h_f + \sum h_j$$ (5.4)

在应用总流伯努利方程计算时，要全面考虑所取两过流断面间的水头损失，做到一个不漏。在按比例绘制总水头线和测压管水头线时，沿程损失认为是均匀分布的，画在两边界突变断面间，局部损失常集中地表现在突变断面上，如图 5.1 所示。

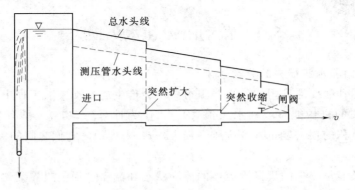

图 5.1　水头线的绘制

5.2　黏性流体的两种流态

流体在流动时可能出现两种性质差别较大的流动状态，流体的能量损失在两种不同的流态下有不同的规律。流体质点做规律的线状运动，彼此互不混掺的运动称层流，如果流体质点在运动中出现不规则的互相混掺，质点运动方向随机变化，这种流动称为湍流（紊流）。英国科学家雷诺在 1883 年给出了判定两种流态的准则。

5.2.1　雷诺实验

雷诺实验装置如图 5.2 所示。实验时，溢水箱内水位保持稳定，保证了流动是恒定的。缓慢打开实验段玻璃管终端阀门 A 并打开颜色水杯阀门 B，颜色水将注入实验管的主流中。当阀门 A 开度不大，主流中平均速度较小时，颜色水流呈直线运动状态，表明实验管中水流做没有横向混杂的平行于管轴的水平直线运动，管中流动是层流。阀门 A 继续开大，实验管中平均流速增加，颜色水将出现弯曲、扭动。实验管中平均速度增大到某一值时，颜色水分裂形成小的涡体并与周围水流混杂，管内全部水流着色，显示质点在作轴向运动的同时产生横向随机脉动，管中流动转化为湍流。

这时将阀门 A 关小，当实验管中平均速度减小到某一值时，管中水流从湍流状态恢复为层流状态。

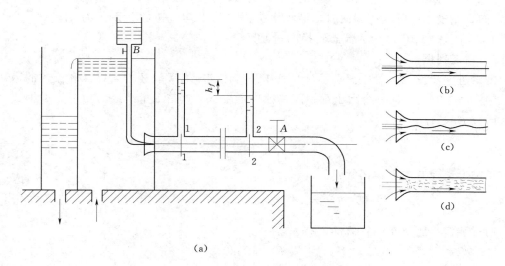

图 5.2 雷诺实验

（a）实验装置图；（b）层流状态；（c）过渡状态；（d）湍流状态

5.2.2 沿程损失与流速的关系

雷诺实验同时揭示了沿程损失与流态密切相关。雷诺实验装置图 5.2 中，在水平管道 1-1、2-2 断面处各接一根测压管，列断面 1-1、2-2 的伯努利方程：

$$z_1 + \frac{p_1}{\rho g} + \frac{\alpha_1 v_1^2}{2g} = z_2 + \frac{p_2}{\rho g} + \frac{\alpha_2 v_2^2}{2g} + h_w$$

因为实验管段为水平放置的等截面管，水头损失 h_w 考虑为沿程水头损失 h_f，即 $h_w = h_f$，此外，$z_1 = z_2$，$v_1 = v_2$，$\alpha_1 = \alpha_2$，所以，上式化简为

$$\frac{p_1 - p_2}{\rho g} = h_f$$

即测压管液面差值等于沿程水头损失值。

改变管中流速，逐次测量出沿程水头损失 h_f，在坐标图上绘出曲线来，如图 5.3 所示。当管中流速逐渐增大，水流从层流转变为湍流，沿程水头损失曲线的走线为 $O \rightarrow A \rightarrow B \rightarrow C \rightarrow D$，$B$ 点处流态由层流完全转变为湍流，对应的平均流速称为上临界流速 v_c'；反之，流速逐渐减小，水流由湍流转变层流，沿程水头损失曲线的走线为 $D \rightarrow C \rightarrow A \rightarrow O$，$A$ 点处流态由湍流完全转变为层流，对应的平均流速称为下临界流速 v_c。

这两个临界流速并不相等，有 $v_c' > v_c$。实验表明，同一实验装置的临界流速是不固定的，由于外界的干扰程度不同，其上临界流速差异很大，但下临界流速却基本不变。在实际工程中，扰动普遍存在，上临界流速没有实际意义，一般的临界流速指的是下临界流速 v_c。层流时，沿程水头损失与平均流速成正比，即 h_f

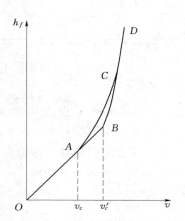

图 5.3 沿程损失与流速的关系

∞v，如直线段 OA 所示；湍流时，沿程水头损失与平均流速的关系式为 $h_f = v^{1.75 \sim 2}$，如曲线 CD 所示；ABC 区域为流态转换的过渡区。

5.2.3 雷诺判据

雷诺进一步发现，管中流态不仅与管中平均流速 v 有关，还与管径 d 和流体的运动黏度 ν 有关，它们之中任一个因子都不能单独决定流态。这三个量组成的一个无量纲数，称为雷诺数 Re，有

$$Re = \frac{vd}{\nu} \tag{5.5}$$

对应于临界流速有临界雷诺数：

$$Re_c = \frac{v_c d}{\nu} \tag{5.6}$$

雷诺通过测定得到对于圆管流动，有

$$Re_c \approx 2320$$

即 $Re < 2320$ 时，管中是层流；$Re > 2320$ 时，管中是湍流。

对于非圆断面管道，通常以当量直径 d_e 计算雷诺数。雷诺数的表达式为

$$Re = \frac{vd_e}{\nu} \tag{5.7}$$

5.3 圆管中的层流流动

密度为常数 ρ，动力黏度为常数 μ 的不可压缩流体在一半径为 R 的水平放置等截面圆管中作恒定层流运动，现在分析这一流动的有关力学特征。

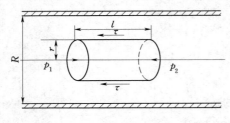

图 5.4　圆管层流

在圆管内取一半径为 r，长度为 l 的圆柱形流体区域，圆柱轴心线与管道轴心线重合。这里假设水流方向由左向右，如图 5.4 所示。

考虑作用在圆柱体区域内流体的全部外力在管道轴线上的投影。流体所受重力方向铅垂向下，投影为 0。圆柱区域共有三个边界面：上、下游两个端面，一个圆柱形侧面。设上、下游端面中心点压强分别为 p_1、p_2，则对应的端面压力分别为 $p_1 \pi r^2$、$p_2 \pi r^2$；设圆柱侧面切应力为 τ，则在圆柱表面上流体所受到的摩擦力大小为 $2\pi \tau r l$。

由于在等径圆管内作恒定流动的流体没有加速度，因而作用于圆柱区域内流体的全部外力构成一平衡力系，即

$$(p_1 - p_2)\pi r^2 - 2\pi \tau r l = 0 \tag{5.8}$$

由牛顿内摩擦定律，上式中 $\tau = -\mu \dfrac{\mathrm{d}u}{\mathrm{d}r}$，这里出现负号是因为假定大半径处流速较慢，$\dfrac{\mathrm{d}u}{\mathrm{d}r}$ 是负的，加负号后所得正值才代表了切应力的大小。将其代入式（5.8），得到

$$\frac{\mathrm{d}u}{\mathrm{d}r}=-\frac{(p_1-p_2)r}{2\mu l}=-\frac{\Delta pr}{2\mu l} \qquad (5.9)$$

式中：$\Delta p=p_1-p_2$，是一正常数。

5.3.1　圆管中速度分布

积分式（5.9）得到

$$u=-\frac{\Delta pr^2}{4\mu l}+C$$

上式中积分常数 C 可以由边界条件计算。管壁上流体运动速度为 0，即 $r=R$ 时 $u=0$，由此得

$$C=\frac{\Delta p}{4\mu l}R^2$$

所以

$$u=\frac{\Delta p}{4\mu l}(R^2-r^2) \qquad (5.10)$$

上式即为圆管层流中速度 u 随半径 r 变化的函数关系。它表明，在圆管任一断面上速度沿半径按抛物线规律分布，如图 5.5 所示。在管壁（$r=R$）处速度为 0，在轴线（$r=0$）处速度达到极大值：

$$u_{\max}=\frac{\Delta pR^2}{4\mu l} \qquad (5.11)$$

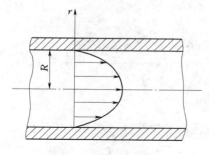 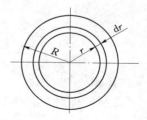

图 5.5　圆管层流的速度分布　　　　　图 5.6　微小圆环

5.3.2　圆管流量和断面平均流速

在圆管的任一断面上划分一半径为 r，宽度为 $\mathrm{d}r$ 的微小圆环，如图 5.6 所示，其面积为 $2\pi r\mathrm{d}r$。在 $\mathrm{d}r$ 为微量时，圆环上各点速度大小可视为不随半径变化的常数，该常数可以取圆环内圆周上的速度，由式（5.10）得到通过微小圆环面的流量：

$$\mathrm{d}Q=\frac{\Delta p(R^2-r^2)}{4\mu l}2\pi r\mathrm{d}r$$

积分该式即得到通过断面的流量 Q：

$$Q=\int_0^R\frac{\Delta p(R^2-r^2)}{4\mu l}2\pi r\mathrm{d}r=\frac{\pi\Delta pR^4}{8\mu l}=\frac{\pi\Delta pd^4}{128\mu l} \qquad (5.12)$$

式（5.12）表明，水平管内压强差是保持流动的条件，如果圆管上、下游断面压强相等，即 $\Delta p=0$，圆管中流体将处于静止状态。

断面平均流速：

$$v = \frac{\Delta p R^2}{8\mu l} \tag{5.13}$$

比较式（5.11）和式（5.13），可以发现

$$v = \frac{u_{\max}}{2} \tag{5.14}$$

即圆管层流中断面平均速度为轴线处最大流速的一半。

5.3.3　管内切应力分布

将式（5.10）代入牛顿内摩擦定律，得到

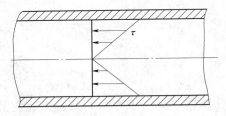

图 5.7　圆管层流的切应力分布

$$\tau = \frac{\Delta p r}{2l} \tag{5.15}$$

式（5.15）表明圆管层流中切应力大小与半径成正比，如图 5.7 所示。

5.3.4　动能及动量修正系数

圆管层流的速度分布及断面平均流速已知，可以计算出圆管层流的动能修正系数 α 和动量修正系数 β，即

$$\alpha = \frac{\int_A u^3 \mathrm{d}A}{v^3 A} = \frac{\int_0^R \left[\frac{\Delta p}{4\mu l}(R^2 - r^2)\right]^3 2\pi r \mathrm{d}r}{\left(\frac{\Delta p R^2}{8\mu l}\right)^3 \pi R^2} = 2$$

$$\beta = \frac{\int_A u^2 \mathrm{d}A}{v^2 A} = \frac{\int_0^R \left[\frac{\Delta p}{4\mu l}(R^2 - r^2)\right]^2 2\pi r \mathrm{d}r}{\left(\frac{\Delta p R^2}{8\mu l}\right)^2 \pi R^2} = \frac{4}{3}$$

5.3.5　沿程阻力系数

利用伯努利方程，得到水平放置的等截面圆管中流体沿程水头损失就是两断面间的压强水头差，即

$$h_f = \frac{\Delta p}{\rho g} \tag{5.16}$$

由断面平均速度表达式（5.13），得 $\Delta p = \frac{8\mu l v}{R^2}$，将此式代入式（5.16），结合达西公式式（5.2）进行整理：

$$h_f = \frac{1}{\rho g}\frac{8\mu l v}{R^2} = \frac{32\mu l v^2}{\rho g d^2 v} = \frac{64}{[vd/(\mu/\rho)]}\frac{l}{d}\frac{v^2}{2g} = \frac{64}{(vd/\nu)}\frac{l}{d}\frac{v^2}{2g} = \frac{64}{Re}\frac{l}{d}\frac{v^2}{2g}$$

得到圆管层流的沿程阻力系数：

$$\lambda = \frac{64}{Re} \tag{5.17}$$

可以看出，层流流动中沿程阻力系数 λ 只是雷诺数 Re 的函数，而与管道内壁粗糙程度无关。此外，在管长、管径一定时，层流流动中流体的沿程水头损失 h_f 与断面平均流速 v 成正比，这与前面的实验结论一致。

5.4 湍流的沿程水头损失

湍流流动的沿程水头损失 h_f 仍然使用达西公式即式（5.2）计算，关键是寻求公式中的沿程阻力系数 λ。

5.4.1 湍流特性及流动参数的时均化

流体在作湍流运动时，质点的运动相互混杂，流体的运动要素如流速、压强等均随时间不停地变化。图 5.8 为湍流流场中某一空间点在 x 方向上的瞬时流速分量 u_x 随时间变化的曲线。可以看出瞬时流速围绕一平均值随时间不断上下跳动，这种现象称为脉动现象。湍流产生脉动的原因用旋涡叠加原理解释。在层流转变为湍流的过程中，产生了许多大小、转向不同的涡体，这些涡体的运动和主流运动叠加后形成了湍流的脉动。因此，湍流的基本特性在于其具有随机性质的旋涡结构以及这些旋涡的流体内部的随机运动，从而引起运动要素的脉动。

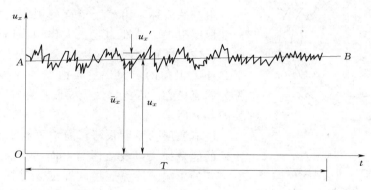

图 5.8 湍流的瞬时流速

湍流的运动要素是具有随机性质的脉动量，通常采用平均的方法进行处理，包括时间平均法、空间平均法和统计平均法。由于时间平均法（简称时均法）的物理概念清晰、方法简单、所取得的平均值很稳定，得到了广泛的应用。下面对时均法予以介绍。

在图 5.8 中，取时间间隔 T，瞬时流速 u_x 在时段 T 内的平均值，称为时均流速，可表示为

$$\overline{u}_x = \frac{1}{T}\int_0^T u_x \mathrm{d}t \qquad (5.18)$$

实测资料表明，时段 T 的长度取得足够长，时均值与 T 无关。一般可以取 100 个波形以上。

瞬时流速 u_x 可以看作是由时均流速 $\overline{u}_x$ 和脉动流速 u_x' 两部分组成，即

$$u_x = \overline{u}_x + u_x' \qquad (5.19)$$

图 5.8 中，脉动流速 u_x' 以直线 AB 为基准，在线上方时为正，在线下方时为负。对脉动流速的时均值为零，即

$$\overline{u_x'} = \frac{1}{T}\int_0^T u_x' \mathrm{d}t = 0 \qquad (5.20)$$

类似的，其他瞬时物理量均可以写成时均量和脉动量之和，如

$$p = \bar{p} + \overline{p'} \tag{5.21}$$

式中：$\bar{p} = \dfrac{1}{T}\displaystyle\int_0^T p\,dt$ ，$\overline{p'} = 0$ 。

由以上讨论可知，湍流运动总是非恒定的。但从时均意义上分析，如果流场中各空间点运动参数的时均值不随时间变化，就可以认为是恒定流动。因此，湍流恒定流是指时间平均的恒定流。在工程实际的一般问题中，只需研究各运动参数的时均值，这样可使问题大大简化。前面章节的连续性方程、伯努利方程、动量方程、动量矩方程等基本方程，对湍流恒定流也同样适用。但在研究湍流的物理实质时，就必须考虑脉动的影响，这部分内容在第 8 章中作详细阐述。

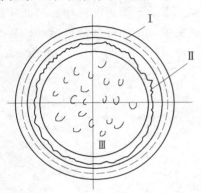

图 5.9　湍流断面的流态结构
Ⅰ—层流底层；Ⅱ—过渡层；
Ⅲ—湍流核心

5.4.2　层流底层、水力光滑和水力粗糙

流体在圆管中作湍流运动时，绝大部分的流体处于湍流状态。然而实验发现，在紧贴固体边壁处仍有一层很薄的流体，由于受壁面的限制，沿壁面法向的速度梯度很大，黏性力起很大作用，仍然保持为层流状态，该区域称为层流底层（或黏性底层）。在层流底层之外经很薄的过渡层后，便发展成为完全的湍流，称为湍流核心。因此，湍流断面上存在三种流态结构，如图 5.9 所示。

层流底层的厚度很薄，通常不到 1mm，但对湍流流动的能量损失以及流体与壁面的换热等物理现象却有重要的影响。层流底层的厚度 δ' 是区分水力光滑和水力粗糙的条件之一。在等径圆管中，层流底层的厚度 δ' 沿程不变，可用下式计算：

$$\delta' = \frac{32.8d}{Re\sqrt{\lambda}} \tag{5.22}$$

固体表面不论看上去多光滑，事实上总是凸凹不平的。管道壁面上峰谷之间的平均距离 Δ 称为壁面的绝对粗糙度，Δ 与管道直径 d 或半径 r 的比值称为相对粗糙度，其倒数称为相对光滑度。如果 $\delta' > \Delta$，管壁的粗糙突起将全部淹没在层流底层之中，核心湍流好像在一完全光滑管道中流动，这种管道称为水力光滑管，如图 5.10（a）所示；当 $\delta' < \Delta$，管壁的粗糙突起大部暴露在层流底层之外，管壁粗糙对湍流核心流动能量损失有显著的影响，这种管道称为水力粗糙管，如图 5.10（b）所示。由于湍流流动在两种管道中流动边界不同，达西公式中的系数 λ 有不同的计算方法。

5.4.3　尼古拉兹实验及 λ 的计算公式

湍流的沿程阻力系数 λ 不能像层流流动那样用理论方法推导得到，需要通过实验确定。1933 年，德国科学家尼古拉兹在圆管内壁上粘贴均匀的砂粒形成人工粗糙管，进行了管道沿程阻力系数的测定。不同管径、粒径和流量下的大量流动实验结果反映在图 5.11 中，图中横坐标为流动雷诺数 Re，纵坐标为沿程阻力系数 λ，对应每一相对粗糙度

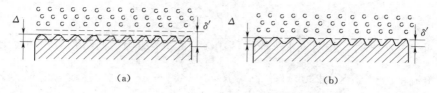

图 5.10　水力光滑和水力粗糙

Δ/d 有一条反映 λ 与 Re 关系的曲线，尼古拉兹实验曲线揭示了 λ 随 Re 和 Δ/d 变化的规律。

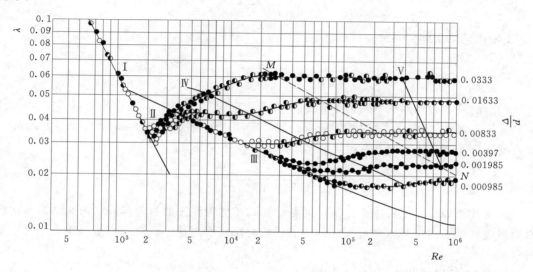

图 5.11　尼古拉兹实验曲线

根据的变化特性，尼古拉兹实验曲线可分成 5 个区域：

（1）层流区：$Re<2320$，这时不同相对粗糙度的实验点均落在同一直线 Ⅰ 上，表明 λ 只是 Re 的函数而与相对粗糙度无关。这一直线反映的函数关系为 $\lambda=64/Re$，与理论分析结果完全一致。

（2）层流湍流过渡区：$2320<Re<4000$，这时不同相对粗糙度的实验点落在曲线 Ⅱ 上，表明 λ 也只是 Re 的函数而与相对粗糙度无关。工程管道中的雷诺数落入这个区间的可能性较小，对这一区间研究也不充分。在计算涉及这一区间时，λ 值可按下面的湍流水力光滑区结论作近似计算。

（3）湍流水力光滑区：$4000<Re<26.98(d/\Delta)^{8/7}$，此区中不同相对粗糙度的实验点都落在同一直线 Ⅲ 上，表明 λ 只与 Re 有关而与 Δ/d 无关。Δ/d 的值越大实验点越早离开直线 Ⅲ，在较小的 Re 条件下结束水力光滑区。计算此区的阻力系数 λ 的经验公式如下。

在 $4000<Re<10^5$ 时，布拉修斯式为

$$\lambda=\frac{0.3164}{Re^{0.25}} \tag{5.23}$$

在 $10^5<Re<10^6$ 时，尼古拉兹式为

$$\lambda = 0.0032 + \frac{0.221}{Re^{0.237}} \tag{5.24}$$

以上两式再次表明，在湍流水力光滑区中 λ 只是 Re 的函数而与相对粗糙度无关。

（4）湍流水力过渡区：$26.98\left(\dfrac{d}{\Delta}\right)^{\frac{8}{7}} < Re < 4160\left(\dfrac{0.5d}{\Delta}\right)^{0.85}$，这时各实验点逐步脱离水力光滑直线Ⅲ而进入水力粗糙区Ⅳ。这一区域中层流底层变薄，管壁粗糙度对流动开始发生影响，因而 λ 与 Re 和 Δ/d 两者有关。λ 可用洛巴耶夫式计算：

$$\lambda = \frac{1.42}{\{\lg[Re(d/\Delta)]\}^2} \tag{5.25}$$

λ 值也可以用柯罗布鲁克式计算：

$$\frac{1}{\sqrt{\lambda}} = -2\lg\left(\frac{\Delta}{3.7d} + \frac{2.15}{Re\sqrt{\lambda}}\right) \tag{5.26}$$

（5）湍流水力粗糙区（阻力平方区）：$4160(0.5d/\Delta)^{0.85} < Re$，在图 5.11 中，此区指 MN 直线右侧的区域Ⅴ。这时管壁粗糙凸起对流动损失有决定性的影响，因而 λ 只与相对粗糙度 Δ/d 有关而与 Re 无关，其值可以用尼古拉兹式计算。

$$\lambda = \frac{1}{[1.74 + 2\lg(d/2\Delta)]^2} \tag{5.27}$$

值得注意的是，工程中不少流动问题，比如流体机械中的过流部件内的流动都在湍流水力粗糙区，因而提高这些过流部件表面质量对降低水力损失、提高机组效率有十分重要的意义。

5.4.4　工业管道的莫迪（Moody）图

工业管道中的粗糙度不会像尼古拉兹实验管道内壁人工方法形成的凸凹那样均匀。在工程中计算 λ 值时，应使用管道当量粗糙度这一概念，当量粗糙度是指阻力效果与人工粗糙相当的绝对粗糙度，仍以 Δ 表示，其值以实验方法确定。几种工业常用管道的当量粗糙度见表 5.1。

表 5.1　　　　　　　　　　　　　常见管道的当量粗糙度

管道种类	Δ/mm	管道种类	Δ/mm
新氯乙烯管及玻璃管	0.001～0.002	焊接钢管（中度生锈）	0.5
铜管	0.001～0.002	新铸铁管	0.2～0.4
钢管	0.03～0.07	旧铸铁管	0.5～1.5
涂锌铁管	0.1～0.2	混凝土管	0.3～3.0

莫迪于 1944 年提供了工业管道沿程阻力系数 λ 与雷诺数 Re、相对粗糙度 Δ/d 之间的关系曲线，如图 5.12 所示，称为莫迪图。图中的湍流水力过渡区是按柯罗布鲁克式绘制的。根据流动的雷诺数 Re 和管道的相对粗糙度 Δ/d，在莫迪图中可直接查找到 λ 值。

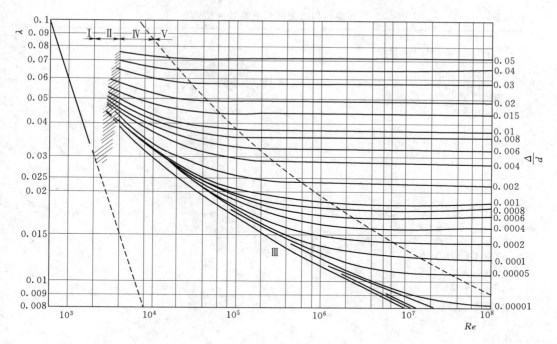

图 5.12　莫迪图

5.4.5　沿程水头损失的经验公式

计算沿程水头损失可以用前面的达西公式，式中沿程阻力系数的确定有很多的经验公式，另外，还可用谢才公式进行计算。1775 年，法国工程师谢才根据大量的渠道实测数据，归纳出断面平均流速与水力坡度、水力半径之间的关系式，即谢才公式：

$$v = C\sqrt{RJ} \tag{5.28}$$

式中：C 为谢才系数；J 为水力坡度；R 为水力半径。

将 $J = \dfrac{h_f}{l}$ 代入上式，整理得到

$$h_f = \frac{lv^2}{C^2 R} \tag{5.29}$$

如果知道 C 值，就可由上式计算得到沿程水头损失。将式（5.29）与达西公式结合，发现 $C = \sqrt{\dfrac{8g}{\lambda}}$。

谢才系数 C 也是反映沿程阻力变化规律的系数，人们根据实测资料提出不少经验公式来确定。下面介绍的两个常用的经验公式，只适用于湍流水力粗糙区。

1. 曼宁公式

$$C = \frac{1}{n} R^{\frac{1}{6}} \tag{5.30}$$

式中：R 为水力半径；n 为壁面粗糙系数，不同材料渠道的 n 值，见表 5.2。

79

表 5.2　　　　　　　　　　　　各种材料渠道的粗糙系数 n 值

明渠壁面材料情况及描述	表 面 粗 糙 情 况		
	较好	中等	较差
1. 土渠			
清洁、形状正常	0.020	0.0225	0.025
不通畅、并有杂草	0.027	0.030	0.035
渠线略有弯曲、有杂草	0.025	0.030	0.033
挖泥机挖成的土渠	0.0275	0.030	0.033
沙砾渠道	0.025	0.027	0.030
细砾石渠道	0.027	0.030	0.033
土底、石砌坡岸渠	0.030	0.033	0.035
不光滑的石底、有杂草的土坡渠	0.030	0.035	0.040
2. 石渠			
清洁的、形状正常的凿石渠	0.030	0.033	0.035
粗糙的断面不规则的凿石渠	0.040	0.045	
光滑而均匀的石渠	0.025	0.035	0.040
精细地开凿的石渠		0.020～0.025	
3. 各种材料护面的渠道			
三合土（石灰、沙、煤渣）护面	0.014	0.016	
浆砌砖护面	0.012	0.015	0.017
条石砌面	0.013	0.015	0.017
浆砌块石护面	0.017	0.0225	0.030
干砌块石护面	0.023	0.032	0.035
4. 混凝土渠道			
抹灰的混凝土或钢筋混凝土护面	0.011	0.012	0.013
无抹灰的混凝土或钢筋混凝土护坡	0.013	0.014～0.015	0.017
喷浆护面	0.016	0.018	0.021
5. 土质			
刨光木版	0.012	0.013	0.014
未刨光的板	0.013	0.014	0.015

2. 巴甫洛夫斯基公式

$$C = \frac{1}{n} R^y \tag{5.31}$$

指数 y 由下式确定：

$$y = 2.5\sqrt{n} - 0.13 - 0.75\sqrt{R}(\sqrt{n} - 0.10)$$

或用近似公式求 y，即

$$y = 1.5\sqrt{n} \quad (R < 1.0\text{m})$$
$$y = 1.3\sqrt{n} \quad (R > 1.0\text{m})$$

巴甫洛夫斯基公式的适用范围为 $0.1 \leqslant R \leqslant 3.0\text{m}$，$0.011 \leqslant n \leqslant 0.04$。

【例 5.1】　内径 $d = 0.2\text{m}$ 的钢管输送水流量 $Q = 0.04\text{m}^3/\text{s}$，水的运动黏度 $\nu = 1.007 \times 10^{-6}\text{m}^2/\text{s}$，求 1000m 管道上的沿程水头损失 h_f，钢管内壁的绝对粗糙度 $\Delta = 0.04\text{mm}$。

解：首先确定管流的 Re。

$$v = Q/A = 0.04/(0.1^2 \pi) = 1.27 \, (\text{m/s})$$

$$Re = \frac{vd}{\nu} = \frac{1.27 \times 0.2}{1.007 \times 10^{-6}} = 252234$$

由于 $Re > 2320$，流动不是层流。进一步计算可知，$4000 < Re < 26.98(d/\Delta)^{8/7}$，因而流动在湍流水力光滑区，$\lambda$ 应以尼古拉兹式即式（5.24）计算：

$$\lambda = 0.0032 + \frac{0.221}{Re^{0.237}} = 0.0148$$

从而单位重量的水流经 1000m 管道的沿程损失为

$$h_f = \lambda \frac{l}{d} \frac{v^2}{2g} = 0.0148 \times \frac{1000}{0.2} \times \frac{1.27^2}{2 \times 9.8} = 6.09 \, (\text{m})$$

【例 5.2】 设有一梯形断面的土渠，如图 5.13 所示。已知养护情况中等，渠道底宽 $b = 5\text{m}$，水深 $h = 2.5\text{m}$，边坡系数 $m = \cot\alpha = 1$。试求谢才系数 C 值。

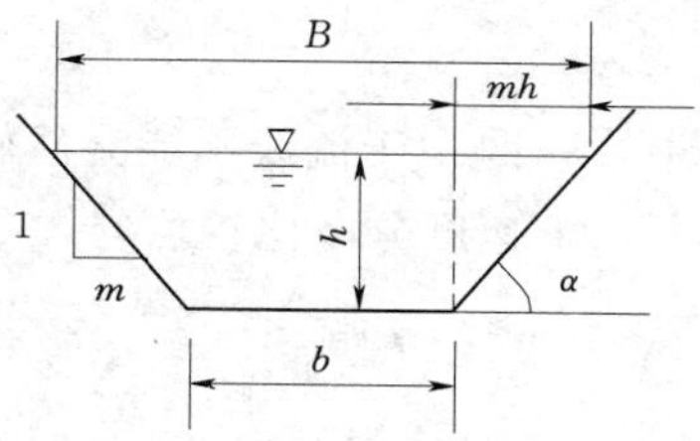

解： $R = \dfrac{A}{\chi} = \dfrac{bh + mh^2}{b + 2h \sqrt{1 + m^2}} = \dfrac{5 \times 2.5 + 1 \times 2.5^2}{5 + 2 \times 2.5 \sqrt{1 + 1^2}} = $

$1.55 \, (\text{m})$

由表 5.2，查得粗糙系数 $n = 0.0225$。

图 5.13　[例 5.2] 图

如按曼宁公式式（5.30）计算：

$$C = \frac{1}{0.0225} \times 1.55^{\frac{1}{6}} = 47.81 \, (\text{m}^{1/2}/\text{s})$$

如按巴甫洛夫斯基公式式（5.31）计算，因

$$y = 2.5 \sqrt{n} - 0.13 - 0.75 \sqrt{R}(\sqrt{n} - 0.10)$$

$$= 2.5 \sqrt{0.0225} - 0.13 - 0.75 \sqrt{1.55} \times (\sqrt{0.0225} - 0.10) = 0.20$$

$$C = \frac{1}{0.0225} \times 1.55^{0.2} = 48.51 \, (\text{m}^{1/2}/\text{s})$$

5.5　局 部 水 头 损 失

当流体经过流程中的阀门、弯头、扩散段、收缩段等局部障碍时，过流断面突变，流体将脱离固体表面产生耗能严重的旋涡，这是产生局部损失的主要原因，另外，旋涡随主流下移也将引起下游一定范围内水流能量减少。这两种损失的能量都不可逆地转化成为热能，它们的和构成了流体的局部损失。

实验表明，在湍流流动中局部水头损失 h_j 与断面平均速度 v 的平方成正比，即

$$h_j = \zeta \frac{v^2}{2g}$$

h_j 有长度的量纲。局部阻力系数 ζ 与局部障碍的几何特性有关，一般以实验方法确定。但是，对一些特殊情况，如圆管突然扩大的流动则可以用理论方法导出。

5.5.1　圆管突扩情况

如图 5.14 所示，水流从断面面积 A_1 的细圆管流入断面面积为 A_2 的粗圆管，两管共

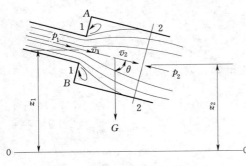

图 5.14　突然扩大局部损失

有的轴心线与铅垂方向夹角为 θ。现列 $1-1$ 断面和 $2-2$ 断面伯努利方程，其中 $1-1$ 断面在细管出口稍后的粗管中，$2-2$ 断面位于粗管中旋涡结束、流线不再弯曲处，设两断面形心距离为 l，两形心到基准水平面垂直距离分别为 z_1 和 z_2，两断面平均速度为 v_1 和 v_2。由实验可知，$1-1$ 断面和 $2-2$ 断面上各点压强近似为常数 p_1 和 p_2。由此，可以得到伯努利方程。

$$z_1 + \frac{p_1}{\gamma} + \frac{\alpha_1 v_1^2}{2g} = z_2 + \frac{p_2}{\gamma} + \frac{\alpha_2 v_2^2}{2g} + h_j \tag{5.32}$$

式中，h_j 是由于流线不能突然转折，在管壁形成旋涡区而产生的局部水头损失。湍流中各断面上速度分布比较均匀，令 $\alpha_1 = \alpha_2 = 1$，得

$$h_j = \left(z_1 + \frac{p_1}{\gamma}\right) - \left(z_2 + \frac{p_2}{\gamma}\right) + \frac{v_1^2 - v_2^2}{2g} \tag{5.33}$$

同时对 AB 断面、$2-2$ 断面及管壁所组成的控制体内的流体沿轴心线列出动量方程，如果略去管壁对液体的摩擦力，得

$$p_1 A_1 - p_2 A_2 + p_1 (A_2 - A_1) + \gamma l A_2 \cos\theta = \rho Q(\beta_2 v_2 - \beta_1 v_1) \tag{5.34}$$

同理，令 $\beta_1 = \beta_2 = 1$，并考虑到 $\cos\theta = (z_1 - z_2)/l$，$v_2 A_2 = Q$，方程式（5.34）可变为

$$\left(z_1 + \frac{p_1}{\gamma}\right) - \left(z_2 + \frac{p_2}{\gamma}\right) = \frac{v_2}{g}(v_2 - v_1)$$

将上式代入式（5.33），得

$$h_j = \frac{(v_1 - v_2)^2}{2g} \tag{5.35}$$

式（5.35）即为圆管突然扩大局部水头损失的计算公式，称为波达（Borda）公式。由连续方程，有 $v_1 A_1 = v_2 A_2$，式（5.35）还可以写成

$$h_j = \left(1 - \frac{A_1}{A_2}\right)^2 \frac{v_1^2}{2g} = \zeta_1 \frac{v_1^2}{2g} \tag{5.36}$$

或

$$h_j = \left(\frac{A_2}{A_1} - 1\right)^2 \frac{v_2^2}{2g} = \zeta_2 \frac{v_2^2}{2g} \tag{5.37}$$

可见对于突然扩大的湍流圆管，$\zeta_1 = \left(1 - \dfrac{A_1}{A_2}\right)^2$，$\zeta_1$ 对应于小截面管中的速度水头；或 $\zeta_2 = \left(\dfrac{A_2}{A_1} - 1\right)^2$，$\zeta_2$ 对应于大截面管中的速度水头。

如果管道与一充分大的容器相连，因为 $A_2 \gg A_1$，于是 $A_1/A_2 \approx 0$，$\zeta_1 = 1$，这时 $h_j = v_1^2/(2g)$，即流体由管道流入一充分大容器时，单位重量流体的动能全部耗散为热能。

5.5.2　其他类型的局部损失

下面讨论由实验所得的流体流经其他类型局部障碍的局部阻力系数值，计算时，速度水头应用障碍后的断面平均速度。

管道截面面积突然缩小时的局部阻力系数 ζ 与比值 A_2/A_1 有关（$A_1 > A_2$，图 5.15），见表 5.3。在 A_1 趋于无限大的条件下，$A_2/A_1 = 0$，由实验可知 $\zeta = 0.5$。这一值是直角入口条件下获得的，如果修圆相接处直角，该值可减小。

对工程中常见的其他局部装置，如扩散管，弯头等产生的阻力系数 ζ 值，见表 5.4。

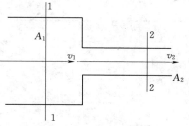

图 5.15 截面面积突然收缩管

表 5.3 突然收缩管的局部阻力系数

A_2/A_1	0.01	0.10	0.20	0.30	0.40	0.50	0.60	0.70	0.80	0.90	1.0
ζ	0.50	0.47	0.45	0.38	0.34	0.30	0.25	0.20	0.15	0.09	0

表 5.4 局 部 阻 力 系 数 ζ

局部水头损失计算公式 $h_j = \zeta \dfrac{v^2}{2g}$ （式中 v 如图所示）

名称		简图	局部水头损失系数 ζ								
断面改变	断面突然扩大	$A_1 \rightarrow v \ A_2$	$\zeta = \left(1 - \dfrac{A_1}{A_2}\right)^2$								
	出口		流入水库 $\zeta = 1.0$								
		$A_1 \ A_2$	流入明渠 $\zeta = \left(1 - \dfrac{A_1}{A_2}\right)^2$								
			A_1/A_2	0.1	0.2	0.3	0.4	0.5	0.6	0.7	0.8	0.9
			ζ	0.81	0.64	0.49	0.36	0.25	0.16	0.09	0.04	0.01
	断面突然缩小	$A_2 \ A_1$	A_2/A_1	0.01	0.10	0.20	0.30	0.40	0.50	0.60	0.70	0.80	0.90	1.00
			ζ	0.50	0.47	0.45	0.38	0.34	0.30	0.25	0.20	0.15	0.09	0.00
			当 $A_2/A_1 < 0.10$ 时 $\zeta = 0.5(1 - A_2/A_1)$									
	进口		斜角 $\zeta = 0.5 + 0.303\sin\alpha + 0.226(\sin\alpha)^2$ 从水库流入 $\zeta = 0.5$									
			直角 $\zeta = 0.5$									
			角稍加修圆 $\zeta = 0.20 \sim 0.25$ 喇叭形 $\zeta = 0.10$ 流线形（无分离绕流）$\zeta = 0.05 \sim 0.06$									
			切角 $\zeta = 0.25$									

名称		简图	局部水头损失系数 ζ						

圆形渐扩管 $\zeta = K(A_2/A_1 - 1)^2$

α	8°	10°	12°	15°	20°	25°
K	0.14	0.16	0.22	0.30	0.42	0.62

圆形渐缩管 $\zeta = K_1 K_2$

α	10°	20°	40°	60°	80°	100°	140°
K_1	0.40	0.25	0.20	0.20	0.30	0.40	0.60

A_2/A_1	0	0.10	0.20	0.30	0.40	0.50	0.60	0.70	0.80	0.90	1.0
K_2	0.41	0.40	0.38	0.36	0.34	0.30	0.27	0.20	0.16	0.10	0

（断面改变）

5.6　孔口、管嘴出流

在盛有液体的容器的底部或侧壁开一孔口，液体从孔口流出，得到孔口出流；在孔口处装一长度为 3～4 倍孔口直径的短管，液体通过短管并在出口断面满管流出的现象称为管嘴出流。

孔口出流与管嘴出流有一共同特点，即水流流出孔口或管嘴时局部损失起主导作用，沿程损失可以略去不计。

按孔口直径 d_0 与作用水头 H（液面到孔口中心垂直距离）的比值，可以把孔口分成小孔口和大孔口。当 $d_0/H < 0.1$ 时，孔口称小孔口，可认为孔口断面上各点的作用水头相等；反之则是大孔口。

按孔口边缘厚度是否影响孔口出流状态，孔口分成薄壁孔口与厚壁孔口。当壁厚 $\delta < d_0/2$ 时，壁厚不影响出流，水流与孔壁为线接触，称为薄壁孔口；反之，是厚壁孔口。

按出流的液体是直接排入大气或流入另一水体划分，孔口和管嘴出流可以分成自由出流或淹没出流。如果液体直接流入大气，得到自由出流；而出流到同种液体中，称为淹没出流。

5.6.1　自由出流

如图 5.16 所示为一小孔口薄壁自由出流。现假定水头 H 为一常数，不随孔口出流而减小。这时流动是恒定的，因而流线不随时间而变化。由于流线不能突然改变方向，水流流出孔口后，经孔口边缘的流线会收缩，在孔口后不远处过流断面面积达到极小值 A_c。这一断面称为收缩断面。

最小过流断面面积 A_c 与孔口面积 A 的比值称为收缩系数 ε，即 $\varepsilon = A_c/A$。孔口在壁面上的位置对收缩系数 ε 有直接影响。当孔口的全部边界都不与相邻的容器底边和侧边重合时，孔口四周的流线都收缩，这种孔口称为全部收缩孔（图 5.17 的 A、B 孔）。全

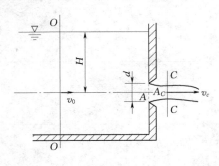

图 5.16　孔口自由出流

部收缩孔又分为完善收缩和不完善收缩。凡是孔口与相邻壁面或液面的距离大于或等于同方向孔口尺度的 3 倍，属完善收缩（图 5.17 的 A 孔），否则为不完善收缩（图 5.17 的 B 孔）。实验测定，完善收缩的薄壁小圆孔的 $\varepsilon = 0.64$。

下面以伯努利方程导出孔口处流速及流量。如图 5.16 所示，以通过孔口中心的水平面为基准面，对孔口上游 O-O 断面和收缩断面 C-C 列伯努利方程，上游断面计算点取在液面上，下游断面计算点取在断面形心处，由于在收缩断面上处处压强相等，且等于周边大气压强，有

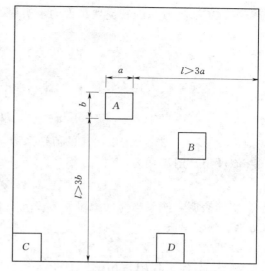

图 5.17 孔口的收缩与位置关系

$$H + \frac{\alpha_0 v_0^2}{2g} = \frac{\alpha_c v_c^2}{2g} + h_w \qquad (5.38)$$

式中：h_w 为水流从 O-O 断面流到 C-C 断面产生的水头损失，主要包括孔口处的局部水头损失，因此 $h_w = \zeta \dfrac{v_c^2}{2g}$，将此式代入式 (5.38) 并略去 v_0 项，式 (5.38) 简化为

$$v_c = \frac{1}{\sqrt{\alpha_c + \zeta}} \sqrt{2gH} = \varphi \sqrt{2gH} \qquad (5.39)$$

式中：$\varphi = 1/\sqrt{\alpha_c + \zeta}$ 为流速系数。由于收缩断面处流速比较均匀，$\alpha_c = 1$，由实验，薄壁小孔口的 $\varphi = 0.97$。

如果是理想液体的，由式 (5.39)，$v_c = \sqrt{2gH}$，可见 φ 反映了流体黏性引起的局部水头损失对理想速度的影响。

自由出流的流量 $Q = v_c A_c$，由于 $A_c = \varepsilon A$，$v_c = \varphi \sqrt{2gH}$，因而有

$$Q = \varepsilon \varphi A \sqrt{2gH} = \mu A \sqrt{2gH} \qquad (5.40)$$

式中：$\mu = \varepsilon \varphi$ 为流量系数。代入薄壁圆形小孔口的 ε 和 φ 值，$\mu = 0.62$。

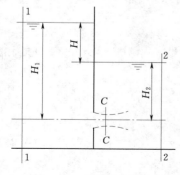

图 5.18 孔口淹没出流

5.6.2 孔口淹没出流

孔口淹没出流如图 5.18 所示，对断面 1-1 和 2-2 列伯努利方程，以下游水面为基准面，得

$$H + \frac{\alpha_1 v_1^2}{2g} = \frac{\alpha_2 v_2^2}{2g} + h_{w} \qquad (5.41)$$

式中：断面 1-1 至 2-2 的水头损失为 $h_w = \zeta' \dfrac{v_c^2}{2g}$，可以看作断面 1-1 至 C-C 的水头损失与断面 C-C 至 2-2 的水头损失之和。前者与自由出流的水头损失相同，为 $\zeta \dfrac{v_c^2}{2g}$；

后者可以近似地看作圆管突然扩大的水头损失 $\left(1-\dfrac{A_c}{A_2}\right)^2\dfrac{v_c^2}{2g}\approx\dfrac{v_c^2}{2g}$，因此

$$h_w=\zeta'\frac{v_c^2}{2g}=(1+\zeta)\frac{v_c^2}{2g}$$

将以上关系代入式（5.41），并注意到 $\dfrac{\alpha_1 v_1^2}{2g}\approx\dfrac{\alpha_2 v_2^2}{2g}\approx 0$，整理得

$$v_c=\sqrt{2gH}=\varphi'\sqrt{2gH} \tag{5.42}$$

式中：$\varphi'=1/\sqrt{1+\zeta}$ 为淹没出流的流速系数，与自由出流的流速系数 φ 的表达式相同。

淹没出流的流量为

$$Q=v_c A_c=\varepsilon\varphi'A\sqrt{2gH}=\mu'A\sqrt{2gH} \tag{5.43}$$

实验表明，淹没出流的流量系数 μ' 与自由出流的流量系数 μ 几乎没有差别，即 $\mu'=\mu$。

5.6.3　管嘴出流

1. 圆柱形外管嘴出流

图 5.19 为工程中常用的圆柱形外管嘴，在自由出流的情况下，列断面 1—1 和 2—2 的伯努利方程，得到管嘴的流速与流量公式与孔口出流类似，有

$$v=\varphi\sqrt{2gH}$$

$$Q=\mu A\sqrt{2gH}$$

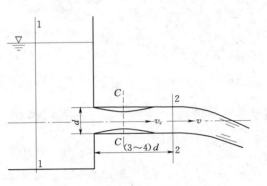

图 5.19　圆柱形外管嘴自由出流

式中：H 为液面到管嘴出口中心垂直距离；A 为管嘴出口面积。由实验，管嘴流速系数 $\varphi=0.82$，管嘴出流流线不会收缩，$\varepsilon=1.0$，因而流量系数 $\mu=0.82$。

管嘴淹没出流时的流速和流量公式依然是式（5.42）和式（5.43）。同样，管嘴淹没出流的流量系数 μ' 与自由出流的流量系数 μ 相同。

由于管嘴内主流脱离壁面，在收缩断面 C-C 处形成真空，真空的抽吸作用使得管嘴出流能力增强。下面推导断面 C-C 的真空度。

对断面 C-C 和 2—2 列伯努利方程，有

$$\frac{p_{cabs}}{\rho g}+\frac{\alpha_c v_c^2}{2g}=\frac{p_a}{\rho g}+\frac{\alpha v^2}{2g}+h_{jc-2} \tag{5.44}$$

因为

$$v_c=\frac{A}{A_c}v=\frac{1}{\varepsilon}v \tag{5.45}$$

$$h_{jc-2}=\left(\frac{A}{A_c}-1\right)^2\frac{v^2}{2g}=\left(\frac{1}{\varepsilon}-1\right)^2\frac{v^2}{2g} \tag{5.46}$$

将式（5.45）、式（5.46）代入式（5.44），并令 $\alpha_c=\alpha=1$，得

$$\frac{p_{cabs}}{\rho g}=2\left(1-\frac{1}{\varepsilon}\right)\frac{v^2}{2g}+\frac{p_a}{\rho g} \tag{5.47}$$

可以看出 $p_{cabs}<p_a$，说明断面 C-C 处于真空状态。

因为 $v=\varphi\sqrt{2gH}$，有

$$\frac{p_{cv}}{\rho g}=2\left(\frac{1}{\varepsilon}-1\right)\varphi^2 H \tag{5.48}$$

将 $\varepsilon=0.64$、$\varphi=0.82$ 代入上式,得到断面 C-C 的真空度为

$$\frac{p_{cv}}{\rho g}=0.75H \tag{5.49}$$

即圆柱形外管嘴收缩断面的真空度可达到作用水头的 0.75 倍。上式表明真空度与作用水头成正比,作用水头越大,真空度越大。但当真空度达 7m 水柱以上时,液体会出现汽化现象,影响正常的管嘴出流。

另外,管嘴的长度也有一定的限制:如过短,水流收缩后还未来得及扩大至整个管断面就已出流;如过长,致使沿程损失增加,管嘴出流变为短管流动。

因此,要使管嘴正常工作,需同时满足以下两个条件:

(1) 作用水头 $H\leqslant 9$m。

(2) 管嘴长度 $l=(3\sim 4)d$。

2. 其他形式的管嘴出流

基于不同的工程目的和使用要求,工程上使用的管嘴有多种形式,如图 5.20 所示。这些管嘴出流的基本公式与圆柱形外管嘴出流公式相同,唯一的区别在于流量系数 μ 值的不同。

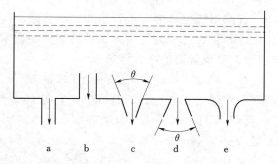

图 5.20 其他形式的管嘴出流
a—圆柱形外管嘴;b—圆柱形内管嘴;c—圆锥形收敛管嘴;d—圆锥形扩张管嘴;e—流线形管嘴

5.6.4 变水头孔口出流

容器中的液面因一孔口出流而下降时,流动不再是恒定的。但在一微小时间间隔 $\mathrm{d}t$ 内,液面下降很小,水头可认为不变,因而定水头的分析结果仍可以在这一微小时间间隔内应用。

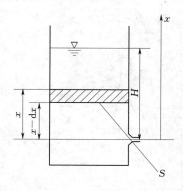

图 5.21 变水头孔口出流

图 5.21 为一断面面积为 S 的薄壁圆柱形容器,其侧面开有一面积 A 的圆形孔。初始时刻小孔中心水深为 H。现计算水面因小孔出流下降到孔口中心所需时间 T。

建立 x 轴,正向向上,原点在孔口中心所在水平面上。在时刻 t,容器液面高于孔心 x;在时刻 $t+\mathrm{d}t$,液面高于孔心 $x-\mathrm{d}x$。在时刻 t,孔口流量为 $\mu A\sqrt{2gx}$,在 $\mathrm{d}t$ 间隔内,孔口作用水头和流量近似不变,因而 $\mathrm{d}t$ 内流出水体积为 $\mu A\sqrt{2gx}\mathrm{d}t$。在 $\mathrm{d}t$ 时间间隔内容器中因水外流减少的体积为 $S\mathrm{d}x$。这两个体积应相等,于是得微分方程:

$$\mu A\sqrt{2gx}\mathrm{d}t=S\mathrm{d}x$$

即

$$\mathrm{d}t=\frac{S}{\mu A\sqrt{2g}}\frac{\mathrm{d}x}{\sqrt{x}}$$

对上式积分，可以得到水面下降到孔口中心所需的时间为

$$T = \int \mathrm{d}t = \frac{S}{\mu A \sqrt{2g}} \int_0^H \frac{1}{\sqrt{x}} \mathrm{d}x = \frac{2S \sqrt{H}}{\mu A \sqrt{2g}} = \frac{2SH}{\mu A \sqrt{2gH}} \tag{5.50}$$

因 $\dfrac{SH}{\mu A \sqrt{2gH}}$ 为孔口恒定出流时泄放体积为 SH 的水体所需的时间，因此，式（5.50）表明非恒定流的泄水时间相当于相同水头作用下恒定泄放同体积水体所需时间的 2 倍。

5.7 管路的水力计算

前面已讨论了管流的沿程损失和局部损失的计算方法，现可应用黏性流体的总流伯努利方程解决管路的水力计算问题。如管路系统的局部水头损失与速度水头的总和与沿程水头损失相比很小，所占的比重通常小于 5%，计算时可不考虑局部水头损失和速度水头，称为按长管计算，否则为按短管计算。

管路系统可分为简单管路和复杂管路。等径无分支的管路系统称为简单管路。除简单管路外的管路系统为复杂管路。复杂管路通常按长管计算。

5.7.1 简单管路的水力计算

在简单管路计算中，实际是连续性方程、伯努利方程和水头损失计算式的具体运用，即联立求解这些方程。下面给出一个例子。

【例 5.3】 水泵将水自池抽至水塔，如图 5.22 所示。已知：水泵的功率 $P_p = 25\mathrm{kW}$，流量 $Q = 0.06\mathrm{m^3/s}$，水泵效率 $\eta_p = 75\%$，吸水管长度 $l_1 = 8\mathrm{m}$，压水管长度 $l_2 = 50\mathrm{m}$，吸水管直径 $d_1 = 250\mathrm{mm}$，压水管直径 $d_2 = 200\mathrm{mm}$，沿程阻力系数 $\lambda = 0.025$，带底阀滤水网的局部阻力系数 $\zeta_{fv} = 4.4$，弯头阻力系数 $\zeta_b = 0.2$（2 个），阀门 $\zeta_v = 0.5$，单向阀 $\zeta_{sv} = 5.5$，水泵的允许真空度 $h_v = 6\mathrm{m}$。试求：

（1）水泵的安装高度；（2）水泵的提水高度。

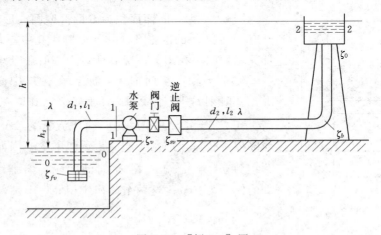

图 5.22 ［例 5.3］图

解：（1）列 0-0、1-1 断面的伯努利方程，以 0-0 为基准面。

$$0+\frac{p_a}{\rho g}+0=h_s+\frac{p_1}{\rho g}+\frac{v_1^2}{2g}+h_{w0-1}$$

$$h_s=\left(\frac{p_a}{\rho g}-\frac{p_1}{\rho g}\right)-\frac{v_1^2}{2g}-h_{w0-1}=h_v-\frac{v_1^2}{2g}-\left(\lambda\frac{l_1}{d_1}+\zeta_{fv}+\zeta_b\right)\frac{v_1^2}{2g}$$

$$=6-6.4\,\frac{v_1^2}{2g}$$

因为

$$v_2=\frac{4Q}{\pi d_2^2}=1.91\mathrm{m/s},v_1=\frac{4Q}{\pi d_1^2}=1.22\mathrm{m/s}$$

所以

$$h_s=5.51\mathrm{m}$$

（2）列 $0-0$、$2-2$ 断面的伯努利方程，以 $0-0$ 为基准面，H_p 为水泵的扬程，则

$$0+0+0+H_p=h+0+0+h_{w0-2}$$

$$h=H_p-h_{w0-2}$$

由于 $P_p=\dfrac{\rho gQH_p}{\eta_p}$，有 $H_p=\dfrac{P_p\eta_p}{\rho gQ}=31.89\mathrm{m}$

$$h_{w0-2}=\left(\lambda\frac{l_1}{d_1}+\zeta_{fv}+\zeta_b\right)\frac{v_1^2}{2g}+\left(\lambda\frac{l_2}{d_2}+\zeta_v+\zeta_{sv}+\zeta_b+\zeta_0\right)\frac{v_2^2}{2g}$$

$$=0.41+2.5=2.91(\mathrm{m})$$

所以

$$h=31.89-2.91=28.98(\mathrm{m})$$

下面介绍按长管计算的简单管路的流量和作用水头间的关系，如图 5.23 所示。在断面 $1-1$ 和 $2-2$ 列伯努利方程，不计局部水头损失和出流速度水头，得

$$H=h_f=\lambda\frac{l}{d}\frac{v^2}{2g}$$

将 $v=\dfrac{4Q}{\pi d^2}$ 代入上式，得

$$H=\frac{8\lambda lQ^2}{g\pi^2 d^5}\qquad(5.51)$$

令

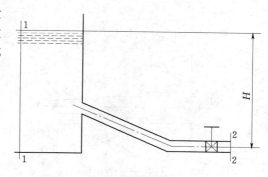

图 5.23　简单管路系统

$$K=\sqrt{\frac{g\pi^2 d^5}{8\lambda}}\tag{5.52}$$

式中：K 为流量模数，具有流量单位，$\mathrm{m^3/s}$。

将式（5.52）代入式（5.51），得

$$H=\frac{lQ^2}{K^2}\tag{5.53}$$

流量模数 K 的计算，可以用式（5.52），也可以查有关手册。表 5.5 为铸铁管的流量模数 K 值。

表 5.5　　　　　　　　　　铸铁管的流量模数 K 值

d/m	0.05	0.1	0.2	0.3	0.4	0.5	0.6	0.7	0.8
$K/(\mathrm{m^3/s})$	0.0099	0.0614	0.3837	1.1206	2.397	4.3242	6.9993	14.9642	26.485

5.7.2　复杂管路的水力计算

复杂管路形式较多，有串联管路、并联管路、沿程均匀泄流管路、枝状管路、环状管路等，这里只讨论串联管路和并联管路。

1. 串联管路

串联管路是由不同管径或不同内壁粗糙度的两段或更多管道首尾相连形成的复杂管路系统。串联管路的流动特点是：

（1）全部水头损失等于各段沿程水头损失之和。

（2）各段的通过流量不一定相同，但每一段范围内不变（可在每段末端分出）。

若无分出流量，各段通过流量相同，$Q_{n+1}=Q_n$

若有分出流量，则 $Q_{n+1}=Q_n-q_n$

图 5.24 为 3 段不同直径的管道组成的沿程无分出流量的串联管路，其总水头和流量关系如下：

$$Q_1=Q_2=Q_3=Q$$

$$H=h_{f1}+h_{f2}+h_{f3}=Q^2\left(\frac{l_1}{K_1^2}+\frac{l_2}{K_2^2}+\frac{l_3}{K_3^2}\right)$$

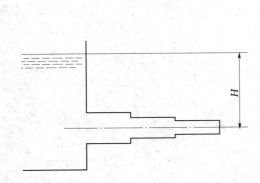

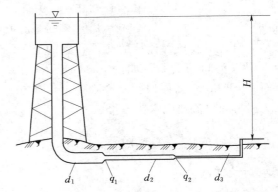

图 5.24　无分出流量的串联管路　　　图 5.25　有分出流量的串联管路

图 5.25 为 3 段不同直径的管道组成的沿程有分出流量的串联管路，其总水头和流量关系如下：

$$Q_1-q_1=Q_2,Q_2-q_2=Q_3$$

$$H=h_{f1}+h_{f2}+h_{f3}$$

2. 并联管路

有共同分支点和汇合点的几段管道构成了并联管路，这是工程中常用的另一种复杂管路系统。并联管路的流动特征如下：

（1）管路总流量等于各分路流量之和。

（2）各段的水头损失相等。

如图 5.26 所示的并联管路的流量和水头关系如下：

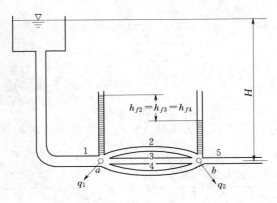

图 5.26　并联管路

90

$$Q_1 - q_1 = Q_2 + Q_3 + Q_4$$
$$H = h_{f2} = h_{f3} = h_{f4}$$

5.8 管 路 中 的 水 击

在有压管路流动中，由于阀门突然开启或关闭等原因，导致流速发生急剧变化，引起压强的剧烈波动，并在整个管长范围内传播的现象，称为水击或水锤。前面的章节中都把液体的密度视为常数，但在水击发生时，必须考虑到液体的可压缩性，同样，考虑管壁的弹性，管道直径在水击过程中也可以扩张或收缩，不再是一常数值。水击是工程中重大事故，会导致管道强烈的震动、噪声和气穴，有时甚至引起管道变形、爆裂或阀门的破坏。水击的危害不可轻视，因此在工程设计中必须分析水击过程，寻找减小水击危害的方法。

5.8.1 水击的物理过程

图 5.27 为一简单引水管，引水管管长为 L，原始内径 D 和管壁厚 δ 沿管长不变。引水管末端装有一阀门。初始状态下阀门开启，管中平均流速为 v_0，水密度为 ρ_0，流动是恒定的。下面分析中，不计管中水流的速度水头和水头损失，测压管水头线和总水头线重合，为一水平线。

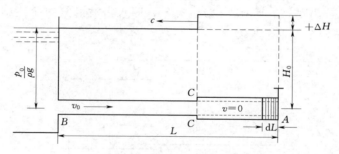

图 5.27 水击波传播的第一阶段

当阀门突然完全关闭，紧靠阀门处一段微小水体立即停止运动，速度降低为 0，该水体的动量也发生相应变化，压强突然增大，水体受到压缩，密度增大，同时亦使周围的管壁膨胀。接着紧靠这一水体的另一微小水体由于受到已经停止的水体的阻碍而停止流动，其流速也由 v_0 减小到 0，水体受到压缩，周围管壁膨胀。水体的这一变化逐段向上游传播，直到管道进口处。此时全管流速均为 0，压强、密度增加，管壁膨胀。

在上述过程中，从水击开始，管内存在一高压、高密度水体与低压、低密度水体之间的分界面，分界面从阀门向管道进口不断移动，形成水击波。设分界面的移动速度，也即水击波的速度为 c，水击波从阀门到管道进口移动所需要时间为 L/c。从 $t=0$ 到 $t=L/c$ 称为水击波传播的第一阶段，如图 5.27 所示。水击发生后，管内水流运动不再是恒定的。

由于上游水池足够大，池中水位可以认为不受水击的影响。在第一阶段结束时，管道进口左侧压强为水池水的原始压强，这一压强不可能与右侧的高压相平衡。在这一压强差作用下，管中最上游一段微小水体向水池运动，该水体的压强、密度及周围管壁恢复原有状态。然后紧接的另一微小水体发生同样的变化。这样水击波将从管道进口向阀门不断传播，如图 5.28 所示。由于水的压缩性和管壁弹性是确定的，因而水击波的速度，即高、低压水体分界面沿管的移动速度仍然是 c。在 $t = 2L/c$，水击波到达阀门，水击波的第二阶段结束。这时，全管内水体的压强、密度及管壁恢复原始状态，全管水流以速度 v_0 流向水池。

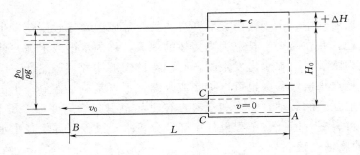

图 5.28　水击波传播的第二阶段

管内水体向水池运动，因而水流有脱离关闭阀门的趋势，但根据连续性的要求，这是不可能的。因此，流动被迫停止，流速又从 v_0 减小到 0。由于流速发生了变化，相应的动量也发生变化，使得压强减小，水体膨胀，密度减小，管壁收缩。这种状态从阀门逐段传递到管道进口，如图 5.29 所示。在 $t = 3L/c$，即水击波的第三阶段结束时，全管内水体均处在静止状态，全部管壁收缩。

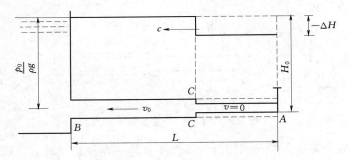

图 5.29　水击波传播的第三阶段

在 $t = 3L/c$ 时，管道进口右侧为低压水体，左侧为池中保持原始压强水体，这两者不可能平衡。在这一压强差作用下，管道进口附近的微小水体又以速度 v_0 向阀门方向流动，压强、密度、管径恢复到初始值。这种变化从管道进口到阀门处逐段发生，见图 5.30。

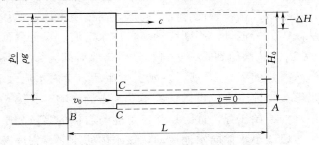

图 5.30　水击波传播的第四阶段

从 $t=3L/c$ 到 $t=4L/c$ 的时段称水击的第四阶段。在 $t=4L/c$ 时，全管水流恢复到水击发生之前的状态。

如果阀门这时仍是关闭的，水击波的传播将重复上述四个阶段，并不断反复进行。事实上，由于存在流动阻力，水击波将逐步衰减，最后消失。水击波传播的一个周期可分为四个阶段，见表 5.6。

表 5.6   水击物理过程的四个传播阶段

阶段	时段	速度变化	压强变化	管壁状态	水击波属性
I	$0<t\leqslant L/c$	$v_0\to 0$	$p_0\to p_0+\Delta p$	膨胀	增压逆波
II	$L/c<t\leqslant 2L/c$	$0\to -v_0$	$p_0+\Delta p\to p_0$	恢复原状	降压顺波
III	$2L/c<t\leqslant 3L/c$	$-v_0\to 0$	$p_0\to p_0-\Delta p$	收缩	降压逆波
IV	$3L/c<t\leqslant 4L/c$	$0\to -v_0$	$p_0-\Delta p\to p_0$	恢复原状	增压顺波

5.8.2 水击的分类

水击波从阀门传播到管道进口再返回阀门所需时间称为水击的相，以 t_r 表示，两相为一个周期。即

$$t_r=\frac{2L}{c} \tag{5.54}$$

实际上阀门关闭总需要一定时间，用 t_s 表示。按照 t_r 和 t_s 的大小把水击分为两类。如果阀门的关闭时间 $t_s\leqslant t_r$，则水击波还没来得及从水池返回阀门，阀门已经关闭，那么阀门处的水击增压不受水池反射的减压波的削弱，而达到可能出现的最大值，这类水击称为直接水击。如果阀门的关闭时间 $t_s>t_r$，即水击波从水池返回阀门过程中，关闭仍在进行，那么阀门处的水击增压受到水池反射的减压波的削弱，水击增压比直接水击小，这类水击称为间接水击。

5.8.3 水击波的传播速度

在考虑了液体压缩性和管壁弹性后，由理论分析可以得到薄壁管中的水击波传播速度 c：

$$c=\frac{\sqrt{K/\rho}}{\sqrt{1+\dfrac{Kd}{E\delta}}} \tag{5.55}$$

式中：K 为液体体积模量，对水，$K=20.6\times10^8\,\text{N/m}^2$；$\rho$ 为液体密度，kg/m^3；d 为管道内径，m；E 为管道材料弹性模量，N/m^2；δ 为管壁厚，m。

工业中常用钢管、铸铁管和混凝土管的 E 值分别为 $19.6\times10^{10}\,\text{N/m}^2$、$9.8\times10^6\,\text{N/m}^2$、$20.58\times10^9\,\text{N/m}^2$。

利用式（5.55）可以算出，一内径为 0.2m，壁厚为 0.01m 的钢管中的水击波传播速度 $c=1305\text{m/s}$，表明水击波的传播速度是很高的。

5.8.4 最大水击压强的计算

1. 直接水击最大压强的计算

管端阀门突然关闭造成水击，如果水击波的传播速度为 c，经过时段 Δt，水击波由断

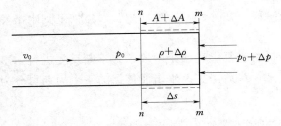

图 5.31　Δt 时段内水击波的传播

面 $m-m$ 传播到断面 $n-n$，如图 5.31 所示。因此，液体层 Δs 内的速度由 v_0 减小为 v，压强由 p_0 增加至 $p_0+\Delta p$，密度由增大 ρ 至 $\rho+\Delta\rho$，过流断面面积由 A 扩大至 $A+\Delta A$。

液体层 Δs 在时段 Δt 内的动量变化量为

$$(\rho+\Delta\rho)(A+\Delta A)v\Delta s-\rho Av_0\Delta s\approx\rho A(v-v_0)\Delta s$$

水平方向上作用于该液体层的外力为

$$p_0(A+\Delta A)-(p_0+\Delta p)(A+\Delta A)\approx-\Delta pA$$

根据动量定理，有

$$\rho A(v-v_0)\Delta s/\Delta t=-\Delta pA$$

因为 $c=\Delta s/\Delta t$，得到压强增量为

$$\Delta p=\rho c(v_0-v) \tag{5.56}$$

当阀门突然完全关闭，即 $v=0$，因而，直接水击最大压强计算式为

$$\Delta p=\rho cv_0 \tag{5.57}$$

2. 间接水击最大压强的计算

间接水击引起的压强增量 Δp 要小一些，危害也要小一些。Δp 可用下面近似公式计算：

$$\Delta p=\rho cv_0\frac{t_r}{t_s} \tag{5.58}$$

由上式可以看出 t_s 越大，则 Δp 越小。

5.8.5　减小水击危害的措施

水击现象无法完全避免，但可以采取以下措施减少水击危害：

（1）延长阀门关闭的时间 t_s，可避免产生直接水击，还可以减小水击压强。

（2）减小管中流速。采用较小的流速，有利于减小水击引起的动量变化量，从而削弱水击压强增量。

（3）在管道中设置安全阀、水击消除阀等，系统压强增大时，安全阀打开，放走一部分高压水，从而保护管路系统。

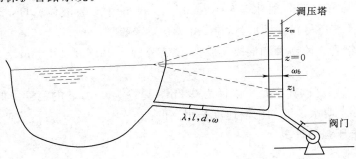

图 5.32　调压塔

（4）在管道在中设置调压塔、空气室等装置，这些装置可以减小水击压强及水击的影响范围。如在水电站的压力管上经常设有调压塔，如图 5.32 所示。当阀门关闭时，水击的增压波使调压塔内的水位抬升，依次缓解调压塔上游压力管段的水击作用。此后调压塔中的水位上下震荡，直至完全衰减。

习　　题

5.1　选择题

（1）圆管层流流动，过流断面上切应力分布为（　　　）。

A. 在过流断面上是常数

B. 管轴处是零，且与半径成正比

C. 管壁处是零，向管轴线性增大

D. 按抛物线分布

（2）在圆管流中，层流的断面流速分布符合（　　　）。

A. 均匀规律　　　　　　　B. 直线变化规律

C. 抛物线规律　　　　　　D. 对数曲线规律

（3）圆管紊流过渡区的沿程阻力系数（　　　）。

A. 与雷诺数 Re 有关

B. 与管壁相对粗糙度 Δ/d 有关

C. 与 Re 和 Δ/d 有关

D. 与 Re 和管长 l 有关

（4）圆管紊流粗糙区的沿程阻力系数（　　　）。

A. 与雷诺数 Re 有关

B. 与管壁相对粗糙度 Δ/d 有关

C. 与 Re 和 Δ/d 有关

D. 与 Re 和管长 l 有关

（5）水流在管道直径、水温、沿程阻力系数都一定时，随着流量的增加，黏性底层的厚度就（　　　）。

A. 增加　　　　B. 减小　　　　C. 不变　　　　D. 不定

（6）串联管道各串联管段的（　　　）。

A. 水头损失相等　　　B. 总能量损失相等

C. 水力坡度相等　　　D. 所通过的流量相等

（7）长管并联管道各并联管段的（　　　）。

A. 水头损失相等　　　B. 总能量损失相等；

C. 水力坡度相等　　　D. 通过的水量相等；

（8）并联长管 1、2，两管的直径、沿程阻力系数均相同，长度 $L_2 = 3L_1$，则通过的流量为（　　　）。

A. $Q_1 = Q_2$　　　　　　B. $Q_1 = 1.5Q_2$

C. $Q_1 = 1.73Q_2$ D. $Q_1 = 3Q_2$

（9）两水池水位差为 H，用两根等径等长、沿程阻力系数均相同的管道连接，如下图所示，按长管考虑，则（　　）。

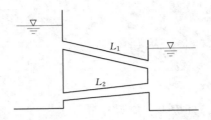

A. $Q_1 > Q_2$ B. $Q_1 = Q_2$ C. $Q_1 < Q_2$ D. $Q_2 = 0$

（10）在正常工作条件下，作用水头 H，直径 d 相等时，小孔口的流量 Q 与圆柱形直角外管嘴的流量 Q_n 相比较，有（　　）。

A. $Q > Q_n$ B. $Q = Q_n$ C. $Q_1 < Q_n$ D. 不定

（11）孔口出流的流量系数、流速系数、收缩系数从小到大的正常排序是（　　）。

A. 流量系数、流速系数、收缩系数

B. 流量系数、收缩系数、流速系数

C. 流速系数、流量系数、收缩系数

D. 收缩系数、流量系数、流速系数

5.2 两种液体阻力及能量损失形式和它们的计算公式分别是什么？

5.3 一等径圆管内径 $d = 100\text{mm}$，流通运动黏度 $\nu = 1.306 \times 10^{-6}\,\text{m}^2/\text{s}$ 的水，求管中保持层流流态的最大流量 Q。

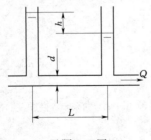

习题 5.5 图

5.4 证明圆管层流通过断面的流速 $v = \dfrac{\Delta p}{4\mu L}(R^2 - r^2)$，其中 L 为管长，R 为管道半径，Δp 为压差，μ 为动力黏度。

5.5 利用毛细管测定油液黏度，已知毛细管直径 $d = 4.0\text{mm}$，长度 $L = 0.5\text{m}$，流量 $Q = 1.0\text{cm}^3/\text{s}$，测压管落差 $h = 15\text{cm}$，如习题 5.5 图所示。管中作层流流动，求油液的运动黏度 ν。

5.6 $\rho = 0.85\text{g/cm}^3$、$\nu = 0.18\text{cm}^2/\text{s}$ 的油在管径为 100mm 的管中以 $v = 6.35\text{cm/s}$ 的速度作层流运动，求（1）管中心处的最大流速；（2）在离管中心 $r = 20\text{mm}$ 处的流速；（3）沿程阻力系数 λ；（4）管壁切应力 τ_0 及每 1000km 管长的水头损失。

5.7 应用细管式黏度计测定油的黏度，已知细管直径 $d = 6\text{mm}$，测量段长 $L = 2\text{m}$，如习题 5.7 图所示。实测油的流量 $Q = 77\text{cm}^3/\text{s}$，水银压差计的读值 $h = 30\text{cm}$，油的密度 $\rho = 900\text{kg/m}^3$。试求油的运动黏度。

5.8 比重为 0.85，动力黏度为 $0.01g\text{Pa} \cdot \text{s}$ 的润滑

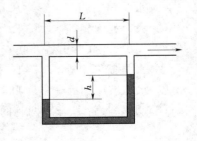

习题 5.7 图

油，在 $d=3$cm 的管道中流动。每米长管道的压强降落为 $0.15g\times10^4$Pa，g 为重力加速度。管中作层流流动，求雷诺数。

5.9　长度 $L=1000$m，内经 $d=200$mm 的普通镀锌钢管，用来输送运动黏度 $\nu=0.355\times10^{-4}$m²/s 的重油，已经测得其流量 $q=0.038$m³/s。求沿程损失为多少？

5.10　比重 0.85，$\nu=0.125\times10^{-4}$m²/s 的油在粗糙度 $\Delta=0.04$mm 的无缝钢管中流动，管径 $d=30$cm，流量 $q=0.1$m³/s，求沿程阻力系数。

5.11　水平管路直径由 $d_1=24$cm 突然扩大为 $d_2=48$cm，在突然扩大的前后各安装一测压管，读得局部阻力后的测压管比局部阻力前的测压管水柱高出 $h=1$cm，如习题 5.11 图所示。求管中的流量 Q。

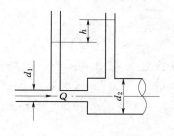 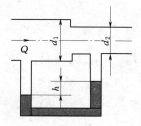

习题 5.11 图　　　　　　　　习题 5.12 图

5.12　水平突然缩小管路的 $d_1=15$cm，$d_2=10$cm，水的流量 $Q=2$m³/min。用水银测压计测得 $h=8$cm，如习题 5.12 图所示。求突然缩小的水头损失。

5.13　水从直径 d，长 L 的铅垂管路流入大气中，水箱中液面高度为 h，管路局部阻力可忽略，沿程阻力系数为 λ，如习题 5.13 图所示。

（1）求管路起始断面 A 处相对压强。

（2）h 等于多少时，可使 A 点的压强等于大气压。

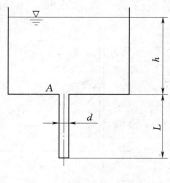 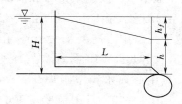

习题 5.13 图　　　　　　　　习题 5.14 图

5.14　长管输送水只计沿程损失，当 H、L 一定，沿程损失为 $H/3$ 时管路输送功率为最大。已知 $H=127.4$m，$L=500$m，管路末端可用水头 $h=2H/3$，管路末端可用功率为 1000kW，$\lambda=0.024$，如习题 5.14 图所示。求管路的输送流量与管路直径。

5.15　水由具有不变水位的贮水池沿直径 $d=100$mm 的输水管排入大气，输水管由长度 l 均为 50m 的水平段 AB 和倾斜段 BC 组成，$h_1=2$m，$h_2=25$m，如习题 5.15 图所示。为了输水管在 B 处的真空度不超过7m，阀门的局部阻力系数 ζ 应为多少？此时管道流量 Q 为多大？沿程阻力系数 λ 取 0.035，不计两管相交处 B 点的局部损失。

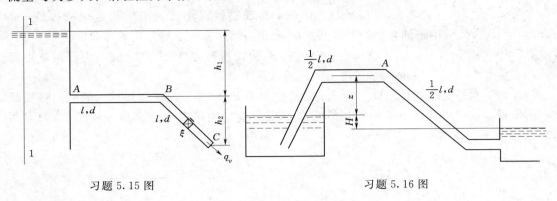

习题 5.15 图　　　　　　　　　习题 5.16 图

5.16　如习题 5.16 图所示，要求保证自流式虹吸管中液体流量，按长管计算。试确定：

（1）当 $H=2\text{m}$，$l=44\text{m}$，$\nu=10^{-4}\text{ m}^2/\text{s}$，$\rho=900\text{kg/m}^3$ 时，为保证层流，d 应为多少？

（2）若在距进口 $l/2$ 处断面 A 上的极限真空的压强水头为 5.4m，输油管在上面贮油池中油面以上的最大允许超高 z_{max} 为多少？

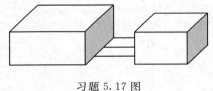

习题 5.17 图

5.17　两水箱之间用三根不同直径相同长度的水平管道 1、2、3 相连接，如习题 5.17 图所示。已知 $d_1=10\text{cm}$，$d_2=20\text{cm}$，$d_3=30\text{cm}$，$q_1=0.1\text{m}^3/\text{s}$，三管沿程阻力系数相等，求 q_2、q_3。

5.18　有一直径 $d=2\text{cm}$ 的锐缘孔口，在水头 $H=2\text{m}$ 作用下泄流入一矩形水箱，水箱横截面积 $A=10\text{cm}\times20\text{cm}$，测得收缩断面直径 $d_c=1.6\text{cm}$，经过 49.2s 后水箱内水位上升了 3cm，求该孔口的收缩系数 ε、流量系数 μ、流速系数 φ 和局部阻力系数 ζ。

5.19　在薄壁水箱上开一孔径 $d=10\text{mm}$ 的圆孔，水箱水面位于孔口中心高度 $H=4\text{m}$，孔口中心离地面高度 $z=5\text{m}$，如习题 5.19 图所示。通过实验，测定射流与地面交点中心离水箱壁距离 $x=8.676\text{m}$，孔口出流量 $Q=0.43\text{L/s}$。如不计射流受空气的阻力，求此孔口出流的流量系数 μ、流速系数 φ 和局部阻力系数 ζ。

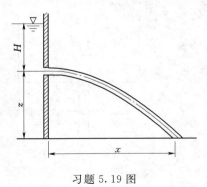

习题 5.19 图

5.20　减少水击压力的措施是什么？

第6章 相似理论与量纲分析

实际工程中，由于流体黏性的存在和边界条件的多样性，流动现象极为复杂，往往难以通过解析的方法求解。此时，需要进行实验研究。

流体力学中的实验有工程型的模型实验和探索性的研究实验两种。前者如流体机械的模型实验、飞机的风洞实验、大型水电站的模型实验等，通常都是在比原型小的模型上进行的，实验的理论基础就是相似理论；后者是通过实验去探索流体流动规律，特别是很难从理论上进行分析的复杂流动，其基础是量纲分析。

本章将分别阐述相似理论和量纲分析的基本概念、原理和方法，最后介绍相似理论在流体机械中的应用。

6.1 相 似 理 论

6.1.1 流动相似

为了保证模型流动（用下标 m 表示）与原型流动（用下标 p 表示）具有相同的流动规律，并能通过模型实验结果预测原型流动情况，模型与原型必须满足流动相似，即两个流动在对应时刻对应点上同名物理量具有各自的比例关系，具体地说，流动相似就是要求模型与原型之间满足几何相似、运动相似和动力相似。

1. 几何相似

几何相似是指模型和原型流动流场的几何形状相似，即模型和原型对应边长成同一比例、对应角相等。如图 6.1 所示。

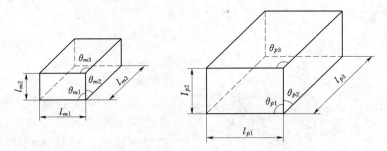

图 6.1 几何相似

$$\frac{l_{m1}}{l_{p1}}=\frac{l_{m2}}{l_{p2}}=\frac{l_{m3}}{l_{p3}}=\cdots=\frac{l_m}{l_p}=k_l \tag{6.1}$$

$$\theta_{m1}=\theta_{p1},\theta_{m2}=\theta_{p2},\theta_{m3}=\theta_{p3} \tag{6.2}$$

式中：k_l 为长度比尺，为一定值。

面积比尺
$$k_A = \frac{A_m}{A_p} = \frac{I_m^2}{I_p^2} = k_l^2 \tag{6.3}$$

体积比尺
$$k_V = \frac{V_m}{V_p} = \frac{I_m^3}{I_p^3} = k_l^3 \tag{6.4}$$

2. 运动相似

运动相似是指模型和原型流动的速度场相似，即两个流动在对应时刻对应点上的速度方向相同，大小成同一比例。如图 6.2 所示，有

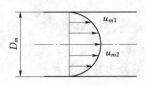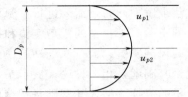

图 6.2　运动相似

$$\frac{u_{m1}}{u_{p1}} = \frac{u_{m2}}{u_{p2}} = \cdots = \frac{u_m}{u_p} = k_u \tag{6.5}$$

式中：k_u 为速度比尺。

由于各对应点速度成同一比例，因此相应断面的平均速度必然有同样的比尺：

$$k_v = \frac{v_m}{v_p} = k_u \tag{6.6}$$

将 $v = l/t$ 代入上式，得

$$k_v = \frac{v_m}{v_p} = \frac{l_m/t_m}{l_p/t_p} = \frac{l_m t_p}{l_p t_m} = \frac{k_l}{k_t} \tag{6.7}$$

式中：$k_t = t_m/t_p$ 为时间比尺。

同样，其他运动学物理量的比尺也可以表示为长度比尺和时间比尺的不同组合形式。如：

加速度比尺
$$k_a = \frac{k_v}{k_t} = k_l k_t^{-2} \tag{6.8}$$

流量比尺
$$k_Q = k_v k_A = k_l^3 k_t^{-1} \tag{6.9}$$

运动黏度比尺
$$k_\nu = k_l^2 k_t^{-1} \tag{6.10}$$

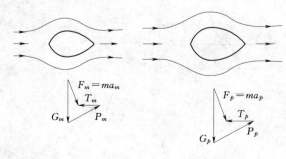

图 6.3　动力相似

3. 动力相似

动力相似是指模型和原型流动对应点处质点所受同名力的方向相同，大小成同一比例。所谓同名力，指具有相同物理性质的力，如黏滞力 T、压力 P、重力 G、弹性力 E 等。如图 6.3 所示，设作用在模型与原型流动对应流体质点上的外力分别为 T_m、P_m、G_m 和 T_p、P_p、G_p，则有

$$\frac{T_m}{T_p} = \frac{P_m}{P_p} = \frac{G_m}{G_p} = \cdots = \frac{F_m}{F_p} = k_F \tag{6.11}$$

式中：F 为流体质点所受的合外力；k_F 为力的比尺。

将 $F = ma = \rho V a$ 代入上式，得

$$k_F = \frac{F_m}{F_p} = \frac{m_m a_m}{m_p a_p} = \frac{\rho_m V_m a_m}{\rho_p V_p a_p} = k_\rho k_V k_a = k_\rho k_l^3 k_a \tag{6.12}$$

因 $k_a = k_l k_t^{-2}$，$k_v = k_l k_t^{-1}$，所以

$$k_F = k_\rho k_l^2 k_v^2 \tag{6.13}$$

同样，其他力学物理量的比尺也可以表示为密度比尺、长度比尺和速度比尺的不同组合形式。如：

力矩比尺 $\qquad\qquad k_M = k_F k_l = k_\rho k_l^3 k_v^2 \tag{6.14}$

压强比尺 $\qquad\qquad k_p = \dfrac{k_F}{k_A} = k_\rho k_v^2 \tag{6.15}$

动力黏度比尺 $\qquad\qquad k_\mu = k_\rho k_l k_v \tag{6.16}$

在上述的几何相似、运动相似和动力相似中，几何相似是必须满足的，几何相似只需将模型按比例缩小或放大就可以做到。动力相似是流动相似的主导因素，只有动力相似才能保证运动相似，达到流动相似。

两个流动要实现动力相似，作用在对应点上的各种力的比尺要满足一定的约束关系，这种约束关系称为相似准则。因此，两个流动相似需满足几何相似、运动相似和各相似准则。

6.1.2 相似准则

下面分别介绍单项力作用下的相似准则。

1. 雷诺相似准则

当流动受黏滞力 T 作用时，由动力相似条件式（6.11），有

$$\frac{T_m}{T_p} = \frac{F_m}{F_p} = k_F = k_\rho k_l^2 k_v^2 = \frac{\rho_m l_m^2 v_m^2}{\rho_p l_p^2 v_p^2}$$

由于上式表示两个流动对应点上力的对比关系，而不是计算力的绝对量，所以式中的力可用运动的特征量表示，即黏滞力 $T = \mu A \dfrac{\mathrm{d}u}{\mathrm{d}y} \propto \mu l v$，则 $\dfrac{T_m}{T_p} = \dfrac{\mu_m l_m v_m}{\mu_p l_p v_p}$，代入上式整理得

$$\frac{\rho_m l_m^2 v_m^2}{\mu_m l_m v_m} = \frac{\rho_p l_p^2 v_p^2}{\mu_p l_p v_p}$$

化简后得

$$\frac{v_m l_m}{\nu_m} = \frac{v_p l_p}{\nu_p} \tag{6.17}$$

式中：$\dfrac{vl}{\nu}$ 为无量纲数，称为雷诺数 Re。

式（6.17）可用雷诺数表示为

$$Re_m = Re_p \tag{6.18}$$

式（6.18）称为雷诺相似准则，该式表明两流动的黏滞力相似时，模型与原型流动的雷诺数相等。

作用在流体上的黏滞力、重力、压力等总是企图改变流体的运动状态，而惯性力却企图维持流体原有的运动状态，流体运动的变化就是惯性力与其他各种力相互作用的结果。根据达朗贝尔原理，流体惯性力 I 的大小等于流体的质量与加速度的乘积，方向与流体加速度方向相反，即

$$I = -ma$$

故惯性力与黏滞力之比为

$$\frac{I}{T} = \frac{ma}{\mu A \dfrac{\mathrm{d}u}{\mathrm{d}y}} = \frac{\rho V a}{\mu A \dfrac{\mathrm{d}u}{\mathrm{d}y}} \propto \frac{\rho l^2 v^2}{\mu l v} = \frac{\rho v l}{\mu} = Re$$

由上式可见，雷诺数的物理意义在于它反映了流动中惯性力和黏滞力之比。

2. 弗劳德相似准则

当流动受重力 G 作用时，由动力相似条件式（6.11），有

$$\frac{G_m}{G_p} = \frac{F_m}{F_p} = \frac{\rho_m l_m^2 v_m^2}{\rho_p l_p^2 v_p^2}$$

式中重力 $G = \rho g V \propto \rho g l^3$，则 $\dfrac{G_m}{G_p} = \dfrac{\rho_m g_m l_m^3}{\rho_p g_p l_p^3}$，代入上式整理得

$$\frac{\rho_m l_m^2 v_m^2}{\rho_m g_m l_m^3} = \frac{\rho_p l_p^2 v_p^2}{\rho_p g_p l_p^3}$$

化简后得

$$\frac{v_m^2}{g_m l_m} = \frac{v_p^2}{g_p l_p} \tag{6.19}$$

式中：$\dfrac{v^2}{gl}$ 为无量纲数，称为弗劳德数，以 Fr 表示，即

$$Fr = \frac{v^2}{gl} \tag{6.20}$$

式（6.19）可用弗劳德数表示为

$$Fr_m = Fr_p \tag{6.21}$$

式（6.21）称为弗劳德相似准则，该式表明两流动的重力相似时，模型与原型流动的弗劳德数相等。弗劳德数的物理意义在于它反映了流动中惯性力和重力之比。

3. 欧拉相似准则

当流动受压力 P 作用时，由动力相似条件式（6.11），有

$$\frac{P_m}{P_p} = \frac{F_m}{F_p} = \frac{\rho_m l_m^2 v_m^2}{\rho_p l_p^2 v_p^2}$$

式中压力 $P = pA \propto pl^2$，则 $\dfrac{P_m}{P_p} = \dfrac{\rho_m l_m^2}{\rho_p l_p^2}$，代入上式整理得

$$\frac{p_m l_m^2}{\rho_m l_m^2 v_m^2} = \frac{p_p l_p^2}{\rho_p l_p^2 v_p^2}$$

化简后得

$$\frac{p_m}{\rho_m v_m^2} = \frac{p_p}{\rho_p v_p^2} \tag{6.22}$$

式中：$\dfrac{p}{\rho v^2}$为无量纲数，称为欧拉数，以 Eu 表示，即

$$Eu = \frac{p}{\rho v^2} \tag{6.23}$$

在有压流动中，起作用的是压差 Δp，而不是压强的绝对值，所以欧拉数也可表示为

$$Eu = \frac{\Delta p}{\rho v^2} \tag{6.24}$$

式（6.22）可用欧拉数表示为

$$Eu_m = Eu_p \tag{6.25}$$

式（6.25）称为欧拉相似准则，该式表明两流动的压力相似时，模型与原型流动的欧拉数相等。欧拉数的物理意义在于它反映了流动中所受压力（压差力）和惯性力之比。

欧拉相似准则不是独立的准则，当雷诺相似准则和弗劳德相似准则得到满足时，欧拉相似准则将自动满足。

4. 韦伯相似准则

当流动受表面张力 S 作用时，由动力相似条件式（6.11），有

$$\frac{S_m}{S_p} = \frac{F_m}{F_p} = \frac{\rho_m l_m^2 v_m^2}{\rho_p l_p^2 v_p^2}$$

式中表面张力 $S = \sigma l$，则$\dfrac{S_m}{S_p} = \dfrac{\sigma_m l_m}{\sigma_p l_p}$，代入上式整理得

$$\frac{\rho_m l_m^2 v_m^2}{\sigma_m l_m} = \frac{\rho_p l_p^2 v_p^2}{\sigma_p l_p}$$

化简后得

$$\frac{\rho_m l_m v_m^2}{\sigma_m} = \frac{\rho_p l_p v_p^2}{\sigma_p} \tag{6.26}$$

式中：$\dfrac{\rho l v^2}{\sigma}$为无量纲数，称为韦伯数，以 We 表示，即

$$We = \frac{\rho l v^2}{\sigma} \tag{6.27}$$

式（6.26）可用韦伯数表示为

$$We_m = We_p \tag{6.28}$$

式（6.28）称为韦伯相似准则，该式表明两流动的表面张力相似时，模型与原型流动的韦伯数相等。韦伯数的物理意义在于它反映了流动中惯性力和表面张力之比。

5. 柯西相似准则与马赫相似准则

当流动受弹性力 E 作用时，由动力相似条件式（6.11），有

$$\frac{E_m}{E_p} = \frac{F_m}{F_p} = \frac{\rho_m l_m^2 v_m^2}{\rho_p l_p^2 v_p^2}$$

式中弹性力 $E = K l^2$，则$\dfrac{E_m}{E_p} = \dfrac{K_m l_m^2}{K_p l_p^2}$，代入上式整理得

$$\frac{\rho_m l_m^2 v_m^2}{K_m l_m^2} = \frac{\rho_p l_p^2 v_p^2}{K_p l_p^2}$$

化简后得

$$\frac{\rho_m v_m^2}{K_m} = \frac{\rho_p v_p^2}{K_p} \tag{6.29}$$

式中：K 为流体的体积弹性模量。

$\dfrac{\rho v^2}{K}$ 为无量纲数，称为柯西数，以 Ca 表示，即

$$Ca = \frac{\rho v^2}{K} \tag{6.30}$$

式（6.29）可用柯西数表示为

$$Ca_m = Ca_p \tag{6.31}$$

式（6.31）称为柯西相似准则，该式表明两流动的弹性力相似时，模型与原型流动的柯西数相等。柯西数的物理意义在于它反映了流动中惯性力和弹性力之比。对于液体，柯西相似准则只应用在压缩性显著起作用的流动中，例如水击现象。

对于可压缩气体，体积弹性模量：

$$K = \rho c^2$$

c 为声速——微弱扰动在流体中的传播速度。因此式（6.29）可写为

$$\frac{v_m}{c_m} = \frac{v_p}{c_p} \tag{6.32}$$

式中：$\dfrac{v}{c}$ 为无量纲数，称为马赫数，以 Ma 表示，即

$$Ma = \frac{v}{c} \tag{6.33}$$

式（6.32）可用马赫数表示为

$$Ma_m = Ma_p \tag{6.34}$$

式（6.34）称为马赫相似准则。当可压缩气流流速接近或超过声速时，弹性力成为影响流动的主要因素，实现流动相似要求相应的马赫数相等。

6.1.3　模型实验

模型实验是根据相似原理，制成与原型几何相似的模型进行实验研究，并以实验结果预测原型将要发生的流动现象。要使模型和原型流动完全相似，要求各相似准则同时满足，但要同时满足各相似准则实际上是做不到的。比如，若满足雷诺相似准则：

$$Re_m = Re_p$$

即

$$\frac{v_m l_m}{\nu_m} = \frac{v_p l_p}{\nu_p}$$

模型与原型的速度比尺：

$$k_v = \frac{k_\nu}{k_l} \tag{6.35}$$

若满足弗劳德相似准则：

$$Fr_m = Fr_p$$

即

$$\frac{v_m^2}{g_m l_m} = \frac{v_p^2}{g_p l_p}$$

由于 $g_m = g_p$，则模型与原型的速度比尺：

$$k_v = k_l^{1/2} \tag{6.36}$$

要同时满足雷诺相似准则和弗劳德相似准则，要求式（6.35）、式（6.36）同时成立，即

$$k_\nu = k_l^{3/2}$$

若模型与原型采用同种流体，温度也相同，则 $\nu_m = \nu_p$，$k_\nu = 1$，代入上式得

$$k_l = 1$$

即

$$l_m = l_p$$

显然，只有模型和原型的尺寸一样时，才能同时满足雷诺相似准则和弗劳德相似准则。此时，模型实验已失去了意义。

若模型和原型采用不同流体，$k_\nu \neq 1$，则

$$k_\nu = k_l^{3/2}$$

即

$$\nu_m = \nu_p k_l^{3/2}$$

如长度比尺 $k_l = 1/10$，则 $\nu_m = \dfrac{\nu_p}{31.62}$。若原型是水，模型就需选用运动黏度是水的 $\dfrac{1}{31.62}$ 的流体作为实验流体，这样的流体是很难找到的。

由以上分析可见，模型实验要做到完全相似是比较困难的，一般只能达到近似相似。因此，需要选择一个合适的相似准则设计模型实验，选择的原则就是保证对流动起主要作用的力相似，而忽略次要力的相似。例如：堰顶溢流、闸孔出流、明渠流动、自然界中的江、河、溪流等，重力起主要作用，应按弗劳德数相似准则设计模型；有压管流、潜体绕流以及流体机械、液压技术中的流动，黏滞力起主要作用，应按雷诺数相似准则设计模型；对于可压缩流动，应按马赫相似准则设计模型。

按雷诺相似准则和弗劳德相似准则进行模型设计时，各物理量相比的比尺关系参见表 6.1。

表 6.1　　　　　　　　　　**雷诺相似准则与弗劳德相似准则的比尺**

名称	比 尺			名称	比 尺		
	雷诺准则		弗劳德准则		雷诺准则		弗劳德准则
	$k_\nu = 1$	$k_\nu \neq 1$			$k_\nu = 1$	$k_\nu \neq 1$	
流速比尺 k_v	k_l^{-1}	$k_\nu k_l^{-1}$	$k_l^{1/2}$	力的比尺 k_F	k_ρ	$k_\nu^2 k_\rho$	$k_l^3 k_\rho$
加速度比尺 k_a	k_l^{-3}	$k_\nu^2 k_l^{-3}$	k_l^0	压强比尺 k_p	$k_l^{-2} k_\rho$	$k_\nu^2 k_l^{-2} k_\rho$	$k_l k_\rho$
流量比尺 k_Q	k_l	$k_\nu k_l$	$k_l^{5/2}$	功、能比尺 k_W	$k_l k_\rho$	$k_\nu^2 k_l k_\rho$	$k_l^4 k_\rho$
时间比尺 k_t	k_l^2	$k_\nu^{-1} k_l^2$	$k_l^{1/2}$	功率比尺 k_N	$k_l^{-1} k_\rho$	$k_\nu^3 k_l^{-1} k_\rho$	$k_l^{7/2} k_\rho$

【例 6.1】　已知直径为 15cm 的输油管，流量 $0.18\text{m}^3/\text{s}$，油的运动黏度 $\nu_p = 0.13\text{cm}^2/\text{s}$。现用水作模型实验，水的运动黏度 $\nu_m = 0.013\text{cm}^2/\text{s}$。当模型的管径与原型相同时，要达到两流动相似，求水的流量 Q_m。若测得 5m 长输水管两端的压强水头差 $\dfrac{\Delta p_m}{\rho_m g_m} = 5\text{cm}$，试求 100m 长的输油管两端的压强差 $\dfrac{\Delta p_p}{\rho_p g_p}$。（用油柱高表示）

解：（1）因圆管中流动主要受黏滞力作用，所以应满足雷诺相似准则。

$$\frac{v_m l_m}{\nu_m}=\frac{v_p l_p}{\nu_p}$$

因 $l_m=l_p(k_l=1)$，上式可简化为

$$\frac{v_m}{v_p}=\frac{\nu_m}{\nu_p}$$

流量比尺 $k_Q=k_v k_l^2=k_v=k_\nu$，所以模型中水的流量为

$$Q_m=\frac{\nu_m}{\nu_p}Q_p=\frac{0.013}{0.13}\times0.18=0.018(\text{m}^3/\text{s})$$

（2）流动的压降满足欧拉准则。

$$\frac{\Delta p_m}{\rho_m v_m^2}=\frac{\Delta p_p}{\rho_p v_p^2}$$

$$\frac{\Delta p_p}{\rho_p g_p}=\frac{\Delta p_m}{\rho_m g_m}\frac{v_p^2 g_m}{v_m^2 g_p}$$

因 $v_p=\dfrac{0.18}{\dfrac{\pi}{4}\times0.15^2}=10.19(\text{m/s})$，$v_m=\dfrac{0.018}{\dfrac{\pi}{4}\times0.15^2}=1.019(\text{m/s})$，且 $g_m=g_p$，则 5m 长输

油管两端的压强差为

$$\frac{\Delta p_p}{\rho_p g_p}=\frac{\Delta p_m}{\rho_m g_m}\frac{v_p^2}{v_m^2}=0.05\times\frac{10.19^2}{1.019^2}=5(\text{m})(\text{油柱})$$

100m 长的输油管两端的压强差

$$\frac{5}{5}\times100=100(\text{m})(\text{油柱})$$

6.2　量　纲　分　析

　　量纲分析是与相似理论密切相关的另一种通过实验去探索流动规律的重要方法，特别是对那些很难从理论上进行分析的流动问题，更能显出其优越性。

6.2.1　与量纲有关的基本概念

　　1. 单位与量纲

　　在工程中的大多数物理量都是有单位的，物理量单位的属性称为量纲。如小时、分、秒是时间的不同单位，但这些单位属于同一种类，即皆为时间量纲；米、毫米、尺、码同属长度量纲；吨、千克、克同属质量量纲。

　　通常用 $[x]$ 表示物理量 x 的量纲。显然，量纲是物理量的实质，不受人为因素的影响。

　　2. 基本量纲和导出量纲

　　物理量的量纲可分为基本量纲和导出量纲两大类。所谓基本量纲是指具有独立性的，不能由其他基本量纲的组合来表示的量纲。流体力学的基本量纲共有四个：长度量纲 L、时间量纲 T、质量量纲 M 和温度量纲 Θ。对不可压缩流体，则只需 L、T、M 三个基本量纲。可由基本量纲组合来表示的量纲称为导出量纲。除长度、时间、质量和温度，其他物理量的量纲均为导出量纲。

流体力学中常用物理量的量纲和单位见表6.2。

表 6.2 流体力学中常用的量纲

物 理 量			量纲 LTM 制	单位 （SI）
几何学量	长度	L	L	m
	面积	A	L^2	m^2
	体积	V	L^3	m^3
	水头	H	L	m
	坡度	J	L^0	m^0
运动学量	时间	t	T	s
	流速	v	LT^{-1}	m/s
	加速度	a	LT^{-2}	m/s^2
	角速度	ω	T^{-1}	rad/s
	流量	Q	L^3T^{-1}	m^3/s
	单宽流量	q	L^2T^{-1}	m^2/s
	环量	Γ	L^2T^{-1}	m^2/s
	流函数	Ψ	L^2T^{-1}	m^2/s
	速度势	Φ	L^2T^{-1}	m^2/s
	运动黏度	ν	L^2T^{-1}	m^2/s
动力学量	质量	m	M	kg
	力	F	MLT^{-2}	N
	密度	ρ	ML^{-3}	kg/m^3
	动力黏度	μ	$ML^{-1}T^{-1}$	Pa·s
	压强	p	$ML^{-1}T^{-2}$	Pa
	切应力	τ	$ML^{-1}T^{-2}$	Pa
	体积弹性模量	K	$ML^{-1}T^{-2}$	Pa
	动量	M	MLT^{-1}	kg·m/s
	功、能	W	ML^2T^{-2}	N·m
	功率	N	ML^2T^{-3}	W

由表 6.2 可以得出，任意一个物理量 x 的量纲都可以用 L、T、M 这三个基本量纲的指数乘积来表示，即

$$[x] = L^\alpha T^\beta M^\gamma \tag{6.37}$$

式 （6.37） 称为量纲公式。物理量 x 的性质由量纲指数 α、β、γ 决定：当 $\alpha \neq 0$，$\beta = 0$，$\gamma = 0$，x 为几何量；当 $\alpha \neq 0$，$\beta \neq 0$，$\gamma = 0$，x 为运动学量；当 $\alpha \neq 0$，$\beta \neq 0$，$\gamma \neq 0$，x 为动力学量。

3. 无量纲量

当式 （6.37） 中各量纲的指数为零，即 $\alpha = \beta = \gamma = 0$ 时，物理量 $[x] = L^0 T^0 M^0 = 1$，

则称 x 为无量纲量。无量纲量可由两个具有相同量纲的物理量相比得到，如水力坡度 $J = h_w/l$，其量纲 $[J] = LL^{-1} = 1$；无量纲量也可以由几个有量纲的物理量通过乘除组合而成，组合的结果为各基本量纲的指数均为零，例如雷诺数 $Re = \dfrac{vl}{\nu}$，其量纲 $[Re] = \dfrac{LT^{-1}L}{L^2T^{-1}} = 1$。

无量纲量具有如下特点：

（1）无量纲量的数值大小与所采用的单位制无关。如判别有压管道流态的临界雷诺数 $Re = 2300$，无论采用国际单位制还是英制，其数值保持不变。

（2）无量纲量可进行超越函数的运算。有量纲的量只能作简单的代数运算，进行对数、指数、三角函数的运算则是没有意义的，只有无量纲量才能进行超越函数的运算，如气体等温压缩所做的功 W，可写成对数形式：

$$W = P_1 V_1 \ln\left(\frac{V_2}{V_1}\right)$$

式中：V_2/V_1 为压缩后和压缩前的体积比，是无量纲量，可进行对数运算。

6.2.2　量纲和谐性原理

量纲和谐性原理可简单表述为凡正确反映客观规律的物理方程，其各项的量纲都必须是一致的。这是已被无数事实证实的客观原理。例如总流的连续性方程：

$$v_1 A_1 = v_2 A_2$$

式中各项的量纲一致，都是 $L^3 T^{-1}$。又如黏性流体总流的伯努利方程：

$$z_1 + \frac{p_1}{\gamma} + \frac{\alpha_1 v_1^2}{2g} = z_2 + \frac{p_2}{\gamma} + \frac{\alpha_2 v_2^2}{2g} + h_w$$

式中各项的量纲均为 L。要注意的是工程技术中由实验或观测资料整理而得的经验公式可以不满足该原理。

6.2.3　量纲分析法

在量纲和谐性原理基础上发展起来的量纲分析法有两种：一种为瑞利法，适用于比较简单的问题；一种为 π 定理，是一种具有普遍性的方法。

1. 瑞利法

若某一物理过程与 n 个物理量有关，即

$$f(x_1, x_2, \cdots, x_{i-1}, x_i, x_{i+1}, \cdots x_n) = 0$$

由于所有物理量的量纲均可表示为基本量纲的指数乘积形式，因此上式中任一物理量 x_i 可以表示为其他物理量的指数乘积形式，即

$$x_i = k x_1^{a_1} x_2^{a_2} \cdots x_{i-1}^{a_{i-1}} x_{i+1}^{a_{i+1}} \cdots x_n^{a_n}$$

式中 k 为常数，a_1、a_2、$\cdots$、a_{i-1}、$a_{i+1}\cdots$、a_n 为待定指数。上式的量纲式可表示为

$$[x_i] = [x_1^{a_1} x_2^{a_2} \cdots x_{i-1}^{a_{i-1}} x_{i+1}^{a_{i+1}} \cdots x_n^{a_n}]$$

将上式中各物理量的量纲整理为基本量纲的指数乘积形式，并根据量纲和谐性原理，确定待定指数 a_1、a_2、$\cdots$、a_{i-1}、$a_{i+1}\cdots$、a_n，即可求得该物理过程的方程式。

【例 6.2】　流动有两种状态，即层流和湍流，流体相互转变时的流速称为临界流速。实验指出，恒定有压管流的下临界流速 v_c 与管径 d、流体的动力黏度 μ 和管内流体密度 ρ

有关。试用瑞利法导出临界雷诺数 Re_c 的表达式。

解：（1）写出待定函数形式。

$$f(v_c,d,\mu,\rho)=0$$

（2）按瑞利法将上式改写成指数乘积式。

$$v_c=kd^{a_1}\rho^{a_2}\mu^{a_3}$$

（3）写出量纲表达式。

$$LT^{-1}=L^{a_1}(ML^{-3})^{a_2}(ML^{-1}T^{-1})^{a_3}$$

（4）根据量纲和谐原理，确定待定指数 a_1、a_2、a_3。有

$$L:1=a_1-3a_2-a_3$$
$$T:-1=-a_3$$
$$M:0=a_2+a_3$$

得 $a_1=-1$，$a_2=-1$，$a_3=1$。

（5）整理方程式。

$$v_c=kd^{-1}\rho^{-1}\mu=k\frac{\mu}{\rho d}=k\frac{\nu}{d}$$

$$k=\frac{v_c d}{\nu}$$

式中无量纲数 k 称临界雷诺数，以 Re_c 表示，即

$$Re_c=\frac{v_c d}{\nu}$$

根据雷诺实验，该值为 2300，可以用来判别层流与紊流。

由上例可知，用瑞利法推求物理过程的方程式，在有关物理量不超过 4 个，待求的量纲指数不超过 3 个时，可直接根据量纲和谐原理，求得各量纲指数，建立方程式。当有关物理量超过 4 个时，则需采用 π 定理进行分析。

2. π 定理

π 定理的基本内容是若某一物理过程包含有 n 个物理量，存在函数关系：

$$f(x_1,x_2,\cdots,x_n)=0$$

其中有 m 个基本量（量纲独立，不能相互导出的物理量），则该物理过程可由 $n-m$ 个无量纲项所表达的关系式来描述。即

$$F(\pi_1,\pi_2,\cdots,\pi_{n-m})=0 \tag{6.38}$$

式中：π_1、π_2、$\cdots$、π_{n-m} 为 $(n-m)$ 个无量纲数，因为这些无量纲数是用 π 来表示的，所以称此定理为 π 定理。π 定理在 1915 年由美国物理学家布金汉提出，故又称为布金汉定理。

π 定理的应用步骤如下：

（1）确定物理过程的有关物理量。

$$f(x_1,x_2,\cdots,x_n)=0$$

（2）从 n 个物理量中选取 m 个基本量。对于不可压缩流体运动，一般取 $m=3$。设 x_1、x_2、x_3 为所选的基本量，由量纲公式（6.37），可得

$$[x_1] = L^{\alpha_1} T^{\beta_1} M^{\gamma_1}$$

$$[x_2] = L^{\alpha_2} T^{\beta_2} M^{\gamma_2}$$

$$[x_3] = L^{\alpha_3} T^{\beta_3} M^{\gamma_3}$$

满足 x_1、x_2、x_3 量纲独立的条件是量纲式中的指数行列式不等于零，即

$$\begin{vmatrix} \alpha_1 & \beta_1 & \gamma_1 \\ \alpha_2 & \beta_2 & \gamma_2 \\ \alpha_3 & \beta_3 & \gamma_3 \end{vmatrix} \neq 0$$

（3）基本量依次与其余物理量组成 $n-m$ 个无量纲 π 项。

$$\pi_1 = x_1^{a_1} x_2^{b_1} x_3^{c_1} x_4$$

$$\pi_2 = x_1^{a_2} x_2^{b_2} x_3^{c_2} x_5$$

$$\cdots\cdots$$

$$\pi_{n-3} = x_1^{a_{n-3}} x_2^{b_{n-3}} x_3^{c_{n-3}} x_n$$

（4）根据量纲和谐原理，确定各 π 项基本量的指数 a_i、b_i、c_i，求出 π_1、π_2、$\cdots$、π_{n-3}。

（5）整理方程式 $F(\pi_1, \pi_2, \cdots, \pi_{n-3}) = 0$。

【例 6.3】　不可压缩黏性流体在水平圆管内流动，根据实验可知，压强损失 Δp 与管径 d、管长 l、管壁粗糙度 Δ、断面平均流速 v、流体的动力黏度 μ 和管内流体密度 ρ 有关。试用 π 定理导出其压强损失 Δp 的表达式。

解：（1）依题意，有如下的函数关系式：

$$f(\Delta p, d, l, \Delta, v, \mu, \rho) = 0$$

（2）选取基本量。在有关物理量中选取 d、v、ρ 为基本量，它们的指数行列式：

$$\begin{vmatrix} 1 & 0 & 0 \\ 1 & -1 & 0 \\ -3 & 0 & 1 \end{vmatrix} \neq 0$$

符合基本量条件。

（3）组成 π 项，应有 $n-m=7-3=4$ 个 π 项。即

$$\pi_1 = d^{a_1} v^{b_1} \rho^{c_1} l$$

$$\pi_2 = d^{a_2} v^{b_2} \rho^{c_2} \mu$$

$$\pi_3 = d^{a_3} v^{b_3} \rho^{c_3} \Delta$$

$$\pi_4 = d^{a_4} v^{b_4} \rho^{c_4} \Delta p$$

（4）确定各 π 项基本量的指数，求 π_1、π_2、π_3、π_4。

π_1：$[\pi_1] = [d^{a_1} v^{b_1} \rho^{c_1} l]$

$$L^0 T^0 M^0 = (L)^{a_1} (LT^{-1})^{b_1} (ML^{-3})^{c_1} L = L^{a_1 + b_1 - 3c_1 + 1} T^{-b_1} M^{c_1}$$

L：$a_1 + b_1 - 3c_1 + 1 = 0$

T：$-b_1 = 0$

M：$c_1 = 0$

得 $a_1 = -1$，$b_1 = 0$，$c_1 = 0$，$\pi_1 = \dfrac{l}{d}$

π_2：$[\pi_2] = [d^{a_2} v^{b_2} \rho^{c_2} \mu]$

$L^0 T^0 M^0 = (L)^{a_2} (LT^{-1})^{b_2} (ML^{-3})^{c_2} ML^{-1} T^{-1} = L^{a_2+b_2-3c_2-1} T^{-b_2-1} M^{c_2+1}$

$L: a_2 + b_2 - 3c_2 - 1 = 0$

$T: -b_2 - 1 = 0$

$M: c_2 + 1 = 0$

得 $a_2 = -1$，$b_2 = -1$，$c_2 = -1$，$\pi_2 = \dfrac{\mu}{\rho v d} = \dfrac{1}{Re}$。

同理可得

$$\pi_3 = \frac{\Delta}{d}, \pi_4 = \frac{\Delta p}{\rho v^2}$$

（5）整理方程式。根据式（6.38）有

$$F\left(\frac{l}{d}, \frac{1}{Re}, \frac{\Delta}{d}, \frac{\Delta p}{\rho v^2}\right) = 0$$

则

$$\frac{\Delta p}{\rho v^2} = f\left(\frac{l}{d}, Re, \frac{\Delta}{d}\right)$$

或

$$h_f = \frac{\Delta p}{\rho g} = 2f\left(\frac{l}{d}, Re, \frac{\Delta}{d}\right)\frac{v^2}{2g}$$

实验证明，沿程水头损失 h_f 与管长 l 成正比，与管径 d 成反比，故

$$h_f = \frac{\Delta p}{\rho g} = f_1\left(Re, \frac{\Delta}{d}\right)\frac{l}{d}\frac{v^2}{2g}$$

令 $\lambda = f_1\left(Re, \dfrac{\Delta}{d}\right)$，则

$$h_f = \frac{\Delta p}{\rho g} = \lambda \frac{l}{d}\frac{v^2}{2g}$$

上式即为有压管流压强损失的计算公式，又称达西公式。式中 λ 称为沿程阻力系数，与雷诺数 Re 和相对粗糙度 Δ/d 有关，可由实验确定。

6.3　相似理论在流体机械中的应用

　　流体机械内部的流动情况通常是比较复杂的，单纯凭借理论不能准确地计算流体机械的工作参数，因此，需要求助于实验的方法来解决。而实验需要有理论作为指导，我们把流体力学中的相似理论应用到流体机械中，就能进行下列工作：①根据模型实验的结果，进行新型流体机械的设计，或者利用已有流体机械的参数作为设计依据，扩展系列；②根据已知流体机械的实验性能曲线推算与该流体机械相似的流体机械中的性能曲线；③根据一台流体机械在某一状态下的工作参数，换算出其他工作状态下的工作参数。可见，在流体机械中应用相似理论能有助于解决流体机械在设计、制造等方面的问题。

　　流体机械的相似准则结果具体在工程中的应用是将相似准数变换为单位参数和相似换算式。由于可压缩和不可压缩介质的物理性质不同，在具体的表达式方面也有差别，本文仅对不可压缩流体进行讨论叙述。

不可压缩流体的力学方程简单，工程上只要模型和原型的斯特劳哈尔数 St 和欧拉数 Eu 相等，即满足相似条件。虽然相似理论在不同的流体机械中的应用是相同的，但由于长期的行业习惯等因素，在具体的表达方式上还是有所不同。在解决实际的工程应用问题时，它们之间是有差别的。

6.3.1　泵和通风机的单位参数与相似换算

1. 泵和通风机的无量纲参数或单位参数

（1）流量系数。在斯特劳哈尔数 St 中，以叶轮直径 D 表示特征长度，叶轮旋转一周的时间 $1/n$ 表示特征时间，叶轮出口的轴面速度 v_{m2} 表示特征速度，同时轴面速度 v_{m2} 与流量 Q 成正比，与直径的平方 D^2 成反比。因此斯特劳哈尔数 St 可以表示为

$$St = \frac{L}{vt} = \frac{D}{\dfrac{Q}{D^2}\dfrac{1}{n}} = \frac{D^3 n}{Q} \tag{6.39}$$

在泵和通风机的应用中，通常把 St 的倒数定义为流量系数，以 Φ 表示，即

$$\Phi = \frac{Q}{D^3 n} \tag{6.40}$$

（2）压力系数。同样可以在欧拉数 Eu 的表达式中，以叶轮直径 D 表示特征长度，机械的压力 p 表示特征压力，叶轮圆角速度 u_2 表示特征速度，则欧拉数 Eu 表示为

$$Eu = \frac{p}{\rho u_2^2} \tag{6.41}$$

在我国的通风机行业中，把此数称为压力系数，记为 Ψ，即

$$\Psi = \frac{p_{tF}}{\rho u_2^2} \tag{6.42}$$

若上式中的压力为全压时，Ψ 为全压系数。若式中的压力为静压 p_{sF} 时，称静压系数 Ψ_s。因此，在通风机中，压力系数有全压系数和静压系数之分。

在泵行业中，取泵的扬程表示特征压力。同时考虑到 $p_{tF} = \rho g H$，且 u_2 与 Dn 成正比，则有

$$\Psi = \frac{g H}{D^2 n^2} \tag{6.43}$$

上式中，由于重力加速度 g 是常数，可以将其去掉，所以压力系数也可以表示为

$$\Psi = H_I = \frac{H}{D^2 n^2} \tag{6.44}$$

通常把 H_I 称为折引扬程。

（3）功率系数。功率系数定义为流量系数与压力系数的乘积。

在泵行业中，功率系数采用的表达式为

$$P_I = \Phi H_I = \frac{QH}{D^5 n^3} = \frac{P}{D^5 n^3} \tag{6.45}$$

P_I 又称为泵的折引功率。

在通风机行业中，功率系数的表达式为

$$P_I = \frac{1000 P}{\dfrac{\pi}{4}\rho D^2 u_2^3 \eta} \tag{6.46}$$

上式中功率 P 的单位为 kW。

2. 泵和通风机的相似换算

当两台泵或通风机满足相似条件时,它们的流量系数、压力系数和功率系数对应相等。下面主要讨论当真机和模型的效率相等时的情况。

(1) 流量关系。由两机的流量系数相等,可以得出它们的流量之间有如下的关系:

$$Q_p = Q_m \frac{D_p^3 n_p}{D_m^3 n_m} \tag{6.47}$$

(2) 压力或扬程关系。由两机的压力系数相等,可以得到它们的压力(包括全压与静压)、扬程之间的关系:

$$p_{tF,p} = p_{tF,m} \frac{\rho_p D_p^2 n_p^2}{\rho_m D_m^2 n_m^2} \quad p_{sF,p} = p_{sF,m} \frac{\rho_p D_p^2 n_p^2}{\rho_m D_m^2 n_m^2} \quad H_p = H_m \frac{D_p^2 n_p^2}{D_m^2 n_m^2} \tag{6.48}$$

(3) 功率关系。

$$P_p = P_m \frac{\rho_p D_p^5 n_p^3}{\rho_m D_m^5 n_m^3} = P_m \frac{\rho_p D_p^2 u_{2,p}^3}{\rho_m D_m^2 u_{2,m}^3} \tag{6.49}$$

以上流量、压力(或扬程)和功率三个相似换算关系,分别被称为第一、第二和第三相似定律。在泵行业中,叶轮直径 D 通常取叶轮出口直径 D_2。

这三个相似定理主要用于两台相似的机器之间的性能参数的换算,也适用于同一台机器在转速或压力(扬程)变化时的相似工况之间的参数换算。在这样的条件下,由于直径和介质密度不变,即可得出换算公式的简化形式。

$$D_m = D_p$$

因此换算公式可以简化为

$$\frac{q_{V,A}}{q_{V,B}} = \frac{n_A}{n_B} \quad \frac{H_A}{H_B} = \frac{p_{tF,A}}{p_{tF,B}} = \frac{n_A^2}{n_B^2} \quad \frac{P_A}{P_B} = \frac{n_A^3}{n_B^3} \tag{6.50}$$

6.3.2 水轮机的单位参数与相似换算

1. 水轮机的单位参数

流量系数和压力系数作为不可压缩介质流动的相似准则,对水轮机也同样适用。在实际工程中,对水轮机进行换算时,通常已知直径和工作水头,为使用方便,采用单位参数作为相似判别数。

(1) 单位流量。水轮机的单位流量用 Q_{11} 来表示,定义为流量系数与单位转速的乘积,即

$$Q_{11} = \frac{Q}{D^2 \sqrt{H}} \tag{6.51}$$

单位流量 Q_{11} 表示转轮直径为 1m 的水轮机,在 1m 水头下工作时,通过该水轮机的流量。单位流量也有量纲的,在工程实际中上常以 m^3/s 作为它的代表性单位。

(2) 单位转速。水轮机的单位转速用 n_{11} 来表示,定义为压力系数的平方根的倒数,即

$$n_{11} = \frac{nD}{\sqrt{H}} \tag{6.52}$$

单位转速 n_{11} 表示转轮直径为 1m,在 1m 水头条件下工作的水轮机的转速。由于省略

了 g，单位转速并不是无量纲数，不过工程上习惯以 r/min 作为它的代表性单位。

（3）单位功率　水轮机的单位功率速用 P_{11} 来表示。

将单位流量的表达式代入水轮机的功率表达式，可得

$$P = \rho g Q H = \rho g Q_{11} D^2 \sqrt{H} H = \rho g Q_{11} D^2 H^{3/2}$$

将比值

$$\frac{P}{D^2 H^{\frac{3}{2}}} = \rho g Q_{11} \tag{6.53}$$

定义为单位功率 P_{11}，对于相似的工况，它是一个常数。

单位功率 P_{11} 表示当转轮直径为 1m，在 1m 水头下工作的水轮机所输出的功率。单位功率也是有量纲的，它的代表性单位为 kW。

2. 水轮机的相似换算

满足相似条件时，模型和原型水轮机的单位流量、单位转速和单位功率分别对应相等，由此可得到水轮机的相似换算公式。

（1）流量关系。

$$Q_p = Q_m \frac{D_p^2}{D_m^2} \sqrt{\frac{H_p}{H_m}} \tag{6.54}$$

（2）转速关系。

$$n_p = n_m \frac{D_m}{D_p} \sqrt{\frac{H_p}{H_m}} \tag{6.55}$$

（3）功率关系。

$$P_p = P_m \frac{D_p^2 H_p^{3/2}}{D_m^2 H_m^{3/2}} \tag{6.56}$$

根据这三个关系很容易由模型参数求得原型参数，反之也同样适用。

值得说明的是，上述中得出的泵和通风机的相似准则和换算公式，以及水轮机的相似准则和换算公式，对所有的机器都是适用的，在工程实际中使用时，可以根据不同的已知条件合理选用公式。

6.3.3　效率对相似换算的影响

前面一直假定模型与原型的效率是相等的。但实际上，由于模型和原型的尺寸不同，模型的雷诺数小于原型，则模型的效率低于原型。另外，即使模型和原型的加工工艺相同，模型的表面相对粗糙度也要比原型大，同样会降低模型的效率。而且，从结构方面来考虑，模型与原型在尺寸上通常会相差很多，其产生泄漏损失的间隙的相对值也难以完全相等，一般模型的相对间隙值较大，因此容积效率也较低。这种因尺寸不同而使得模型与原型的效率不等的现象，称为比例效应，又称比尺效应。

用理论计算的方法来求模型与原型的效率差别基本是不可能的，否则也不用进行模型试验了。工程上一般是用经验公式来对模型的效率进行修正，并以此来估算真机的效率，通常将这种对原型效率的估算，称为效率换算。

1. 水力效率的换算

流体机械的效率包括水力效率、容积效率和机械效率。一般情况下，容积损失和机械

损失在总损失中所占的比例相对较小，而且容积效率和机械效率的修正也比较困难，所以在实际工程中，一般只对水力效率进行修正，并用模型和原型总效率的比值来近似代替水力效率的比值。

对于水轮机的效率修正计算，国际电工委员会（IEC）针对不同类型的水轮机推荐使用不同的公式。对轴流式水轮机推荐使用胡顿（Hutton）公式：

$$1-\eta_h=(1-\eta_h)_m\left[(1-\varepsilon)+\varepsilon\left(\frac{Re_m}{Re}\right)^{1/n}\right] \tag{6.57}$$

对混流式水轮机推荐采用莫迪（Moody）公式：

$$1-\eta_h=(1-\eta_h)_m\left(\frac{D_m}{D}\right)^{1/n} \tag{6.58}$$

在我国，当 $H\leqslant150\mathrm{m}$ 时可采用赫顿（Hutton）公式换算效率，当 $H\geqslant150\mathrm{m}$ 时，则采用下式换算效率：

$$1-\eta_h=(1-\eta_h)_m\left(\frac{D_m}{D}\right)^{1/5}\left(\frac{H_m}{H}\right)^{1/20} \tag{6.59}$$

在泵和通风机中，常用的效率换算公式为莫迪公式：

$$1-\eta_h=(1-\eta_h)_m\left(\frac{D_m}{D}\right)^{1/5} \tag{6.60}$$

考虑到转速或扬程对雷诺数的影响，普弗莱德勒尔（Pfleiderer）和吕齐（Rutsch）推荐使用如下公式：

$$\eta=1-(1-\Psi\eta_m)\left(\frac{n_m D_m}{nD}\right)^{1/10} \tag{6.61}$$

式中系数 Ψ 由下式确定：

$$\Psi=\left(1-\frac{2.21}{D_{sp}^{3/2}}\right)\Big/\left(1-\frac{2.21}{D_{sm}^{3/2}}\right) \tag{6.62}$$

其中 D_{sp} 和 D_{sm} 分别为原型和模型的进口直径。

2. 效率对相似换算的影响

考虑到效率的差别之后，模型和原型的单位参数（单位转速、单位流量、流量系数和压力系等）也会有些差别，因此也要对它们分别进行相应的修正。

由于容积损失和机械损失所占比例较小，因此模型和原型的容积效率和机械效率的差别可以忽略不计，即两机总效率的比值等于其水力效率的比值。由此可以得出水轮机的单位参数修正公式：

$$n_{11.p}=n_{11.m}\sqrt{\frac{\eta_p}{\eta_m}} \tag{6.63a}$$

$$Q_{11.p}=Q_{11.m}\sqrt{\frac{\eta_p}{\eta_m}} \tag{6.63b}$$

$$P_{11.p}=P_{11.m}\left(\sqrt{\frac{\eta_p}{\eta_m}}\right)^{3/2} \tag{6.63c}$$

泵与通风机的效率修正值通常较小，可以不考虑单位参数的修正。如果将上述三式用于泵和通风机，它们的理论扬程（或理论全压）与实际扬程以及水力效率之间的关系与水

轮机不同，上述三式则变为

$$n_{11,p} = n_{11,m} \sqrt{\frac{\eta_m}{\eta_p}} \tag{6.64a}$$

$$Q_{11,p} = Q_{11,m} \sqrt{\frac{\eta_m}{\eta_p}} \tag{6.64b}$$

$$P_{11,p} = P_{11,m} \sqrt{\left(\frac{\eta_m}{\eta_p}\right)^3} \tag{6.64c}$$

最后值得说明的是，上述所有的公式，都只是在设计工况下得出的，由于非设计工况下的流动过程十分复杂，要想建立精确实用的公式就更加困难。在实际的水轮机选型计算中，常采用"等值修正"的方法，即计算出原型与模型在没计工况下的效率和单一参数的差值

$$\Delta \eta = \eta_{p,opt} - \eta_{m,opt} \tag{6.65a}$$

$$\Delta n_{11} = n_{11,p} - n_{11,m} = n_{11,m} \left(\sqrt{\frac{\eta_{p,opt}}{\eta_{m,opt}}} - 1 \right) \tag{6.65b}$$

$$\Delta Q_{11} = Q_{11,p} - Q_{11,m} = Q_{11,m} \left(\sqrt{\frac{\eta_{p,opt}}{\eta_{m,opt}}} - 1 \right) \tag{6.65c}$$

在其他的工况下，则认为原型与模型的效率和单位参数的差值不变，即

$$\eta_p = \eta_m + \Delta \eta \tag{6.66a}$$

$$n_{11,p} = n_{11,m} + \Delta n_{11} \tag{6.66b}$$

$$Q_{11,p} = Q_{11,m} + \Delta Q_{11} \tag{6.66c}$$

如果单位参数的修正值不超过 3%，则可以不进行修正。

习　题

6.1　选择题

(1) 进行模型实验，要实现有压管流的动力相似，应满足（　　）。

A. 雷诺准则　　　　　　　　　B. 弗劳德准则

C. 欧拉准则　　　　　　　　　D. 柯西准则

(2) 进行模型实验，要实现明渠水流的动力相似，应满足（　　）。

A. 雷诺准则　　　　　　　　　B. 弗劳德准则

C. 欧拉准则　　　　　　　　　D. 柯西准则

(3) 压力输水管同种流体的模型实验，已知长度比为 4，则两者的流量比为（　　）。

A. 2　　　　　　　　　　　　B. 4

C. 8　　　　　　　　　　　　D. 1/4

(4) 明渠水流模型实验，已知长度比为 4，则两者的流量比为（　　）。

A. 16　　　　　　　　　　　　B. 4

C. 8　　　　　　　　　　　　D. 32

(5) 长度 l、速度 v、重力加速度 g 的无量纲组合是（　　）。

A. $\dfrac{v}{gl}$ B. $\dfrac{lv}{g}$ C. $\dfrac{v^2}{gl}$ D. $\dfrac{gv}{l}$

（6）压强 p、密度 ρ、长度 l、流量 Q 的无量纲组合是（　　）。

A. $\dfrac{pQ^2}{\rho l}$ B. $\dfrac{\rho Q}{pl}$ C. $\dfrac{plQ}{\rho}$ D. $\dfrac{pl^4}{\rho Q^2}$

6.2　两流动相似的条件是什么？其物理意义分别是什么？

6.3　写出以下各量的量纲：速度_____，压强_____，密度_____，流量_____，力_____，加速度_____，运动黏度_____，动力黏度_____，力矩_____。

6.4　解释下列相似准数的物理意义：弗劳德数 Fr；欧拉数 Eu；雷诺数 Re；韦伯数 We；柯西数 Ca。

6.5　有一轿车在公路上行驶，设计时速 $v=108\text{km/h}$，拟在长度比尺 $k_l=\dfrac{2}{3}$ 的风洞中进行模型实验。若风洞实验段内气流的温度与轿车在公路上行驶时的温度相同，试求：风洞实验段内的气流速度应安排多大？

6.6　已知直径为 15cm 的输油管，流量为 0.18m³/s。现用流量为 0.018m³/s 的水作模型实验，测得 5m 长输水管两端的压强水头差 $\dfrac{\Delta p_m}{\rho_m g_m}=5\text{cm}$。若模型的管径与原型相同，试求 100m 长的输油管两端的压强差 $\dfrac{\Delta p_p}{\rho_p g_p}$？（用油柱高表示）

6.7　原型溢流坝的溢流量为 120m³/s，现用模型溢流坝做泄流实验，如习题 6.7 图所示，实验室可供实验用的最大流量为 0.75m³/s，试求允许的最大长度比尺 k_l；如在这样的模型上测得某一作用力为 2.8N，求原型相应的作用力 F_p。

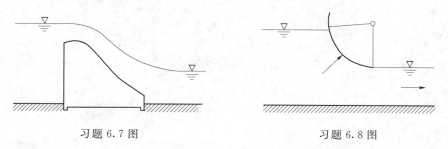

习题 6.7 图   习题 6.8 图

6.8　采用长度比尺 $k_l=0.05$ 的模型，做弧形闸门闸下泄流实验，如习题 6.8 图所示。现测得模型下游收缩断面的平均流速 $v_m=2\text{m/s}$，流量 $Q_m=35\text{L/s}$，水流作用在闸门上的总压力 $P_m=40\text{N}$，试求：原型收缩断面的平均速度 v_p、流量 Q_p 和闸门上的总压力 P_p。

6.9　由实验得出，恒定有压管流的下临界流速 v_k 与管径 d、流体的动力黏度 μ 和管内流体密度 ρ 有关，试用瑞利法导出临界雷诺数 $Re_k=\dfrac{v_k d}{\nu}$。

6.10　水泵的轴功率 N 与泵轴的转矩 M、角速度 ω 有关，试用瑞利法导出轴功率表达式。

6.11　实验表明，影响液体边壁切应力 τ_w 的因素有断面平均流速 v、水力半径 R、管

壁粗糙度 Δ、液体密度 ρ 和动力黏度 μ 等，试用 π 定理导出 $\dfrac{\tau_w}{\rho v^2} = f\left(Re, \dfrac{\Delta}{R}\right)$。

　　6.12　水流绕桥墩流动时，将产生绕流阻力 F，该阻力与桥墩的宽度 b、水流速度 v、水的密度 ρ、动力黏度 μ 和重力加速度 g 有关，试用 π 定理导出绕流阻力 $F = \rho b v^2 f(Re, Fr)$。

第7章 理想流体动力学

实际流体都具有黏性，由于黏性作用，流体的一部分机械能将不可逆转地转化为热能，同时使流体运动比较复杂。因此，在流体力学研究中，为了简化问题，引进了理想流体这一假设的流体模型，理想流体的黏度为零。在实际分析中，如果流体黏度很小，且质点间的相对速度又不大时，把这类流体看成是理想流体。本章同时假定研究的流动是恒定的，物理量是空间坐标的连续函数，与时间无关。

7.1 速度势函数与流函数

7.1.1 速度势函数

在无旋的空间流动中，每点处的旋转角速度矢量 $\boldsymbol{\omega}=\omega_x\boldsymbol{i}+\omega_y\boldsymbol{j}+\omega_z\boldsymbol{k}$ 都是零矢量，即

$$\omega_x=\omega_y=\omega_z=0$$

或

$$\frac{\partial u_x}{\partial z}=\frac{\partial u_z}{\partial x},\frac{\partial u_z}{\partial y}=\frac{\partial u_y}{\partial z},\frac{\partial u_y}{\partial x}=\frac{\partial u_x}{\partial y}$$

由数学分析可知，当 u_x、u_y、u_z 满足上述关系式时，$u_x\mathrm{d}x+u_y\mathrm{d}y+u_z\mathrm{d}z$ 是某一个函数 $\varphi(x，y，z)$ 的全微分，即

$$\mathrm{d}\varphi=u_x\mathrm{d}x+u_y\mathrm{d}y+u_z\mathrm{d}z \tag{7.1}$$

另一方面，φ 的全微分 $\mathrm{d}\varphi$ 又等于

$$\mathrm{d}\varphi=\frac{\partial\varphi}{\partial x}\mathrm{d}x+\frac{\partial\varphi}{\partial y}\mathrm{d}y+\frac{\partial\varphi}{\partial z}\mathrm{d}z \tag{7.2}$$

比较式（7.1）和式（7.2）可以得到

$$\frac{\partial\varphi}{\partial x}=u_x,\frac{\partial\varphi}{\partial y}=u_y,\frac{\partial\varphi}{\partial z}=u_z \tag{7.3}$$

由流动无旋条件确定的函数 $\varphi(x，y，z)$ 称为速度势函数，故无旋流又称为有势流，简称势流。当流动有势时，流体力学的问题将得到很大的简化。不必直接求解三个速度分量，而只需要先求出一个速度势函数 φ，从而可以得到速度 u_x、u_y、u_z，继而再依据伯努利方程得到压强分布。

速度势函数具有下列特征。

1. 不可压缩无旋流动的势函数是调和函数

不可压缩流体的连续性方程为

$$\frac{\partial u_x}{\partial x}+\frac{\partial u_y}{\partial y}+\frac{\partial u_z}{\partial z}=0$$

将式（7.3）代入上式得到

$$\frac{\partial^2 \varphi}{\partial x^2} + \frac{\partial^2 \varphi}{\partial y^2} + \frac{\partial^2 \varphi}{\partial z^2} = 0$$

该方程称为拉普拉斯方程，满足拉普拉斯方程的函数叫调和函数，不可压缩无旋流动的势函数是一调和函数。因此，对于不可压缩有势速度场（矢量场）的求解，可以转换为确定满足拉普拉斯方程的势函数（标量场）的问题。拉普拉斯方程的解具有可叠加性，即满足若干个拉普拉斯方程的函数代数相加后所得的函数依然满足拉普拉斯方程。利用这一性质，可以先分析一些简单的势流，之后叠加可以得到较复杂的势流，在后面部分将予以详述。

2. 存在势函数 $\varphi(x, y, z)$ 的流动是一无旋流动

流场中一点旋转角速度矢量在 x 轴上投影 ω_x 为

$$\omega_x = \frac{1}{2}\left(\frac{\partial u_z}{\partial y} - \frac{\partial u_y}{\partial z}\right)$$

如果流动存在势函数，那么 φ 必须满足式（7.3），因此得到

$$\omega_x = \frac{1}{2}\left[\frac{\partial}{\partial y}\left(\frac{\partial \varphi}{\partial z}\right) - \frac{\partial}{\partial z}\left(\frac{\partial \varphi}{\partial y}\right)\right] = \frac{1}{2}\left(\frac{\partial^2 \varphi}{\partial y \partial z} - \frac{\partial^2 \varphi}{\partial z \partial y}\right) = 0$$

同样可以证明 $\boldsymbol{\omega}$ 的另外两个投影 $\omega_y = \omega_z = 0$。说明当流动存在势函数时，流动区域内处处旋转角速度矢量都是零矢量，流动是无旋的。

3. 等势面与流线正交

势函数取同一值的点组成的流动空间中的一个连续曲面，称为等势面。对应于不同值的等势面，组成等势面簇，其方程为

$$\varphi(x, y, z) = C \tag{7.4}$$

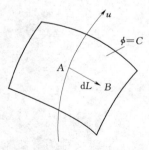

在一个等势面上取一点 A，并在其邻域内另取一点 B，从 A 点到 B 点的矢量记为 $\mathrm{d}\boldsymbol{L}$，如图 7.1 所示。设矢量 $\mathrm{d}\boldsymbol{L}$ 在三个坐标轴上投影分别为 $\mathrm{d}x$、$\mathrm{d}y$、$\mathrm{d}z$，于是 $\mathrm{d}\boldsymbol{L}$ 可写成 $\mathrm{d}\boldsymbol{L} = \mathrm{d}x\boldsymbol{i} + \mathrm{d}y\boldsymbol{j} + \mathrm{d}z\boldsymbol{k}$。$A$ 点处速度矢量 $\boldsymbol{u} = u_x\boldsymbol{i} + u_y\boldsymbol{j} + u_z\boldsymbol{k}$。现计算上述两个矢量的点积

$$\mathrm{d}\boldsymbol{L} \cdot \boldsymbol{u} = u_x\mathrm{d}x + u_y\mathrm{d}y + u_z\mathrm{d}z = \mathrm{d}\varphi$$

式中：$\mathrm{d}\varphi$ 为 A、B 两点处势函数之差，由于 A、B 两点在同一等势面上，因而 $\mathrm{d}\varphi = 0$。这说明矢量 $\boldsymbol{u}$ 与 $\mathrm{d}\boldsymbol{L}$ 正交。B 点在等势面上的位置事实上是任意的，因此速度矢量 $\boldsymbol{u}$ 与过 A 点的曲面上任意微元线段正交，$\boldsymbol{u}$ 在 A 点与等势面正交。通过 A 点的流线与 A 点处速度矢量相切，由此可以得到流线与等势面正交的

图 7.1　等势面与流线

结论。

4. 势函数的方向导数等于速度在该方向上的投影

如图 7.2 所示，任意曲线 s 上一点 $M(x, y, z)$ 处速度分量分别为 u_x、u_y、u_z。取势函数的方向导数：

$$\frac{\partial \varphi}{\partial s} = \frac{\partial \varphi}{\partial x}\frac{\mathrm{d}x}{\mathrm{d}s} + \frac{\partial \varphi}{\partial y}\frac{\mathrm{d}y}{\mathrm{d}s} + \frac{\partial \varphi}{\partial z}\frac{\mathrm{d}z}{\mathrm{d}s}$$

其中

$$\frac{\partial \varphi}{\partial x} = u_x, \frac{\partial \varphi}{\partial y} = u_y, \frac{\partial \varphi}{\partial z} = u_z$$

$$\frac{\mathrm{d}x}{\mathrm{d}s}=\cos(s,x),\frac{\mathrm{d}y}{\mathrm{d}s}=\cos(s,y),\frac{\mathrm{d}z}{\mathrm{d}s}=\cos(s,z)$$

从而得到

$$\frac{\partial \varphi}{\partial s}=u_x\cos(s,x)+u_y\cos(s,y)+u_z\cos(s,z)=u_s$$

给定一无旋场速度投影 u_x、u_y、u_z 的欧拉表达式后，势函数 φ 可以通过积分方程式 (7.1) 获得。由于积分常数 C 对势函数 φ 表示的流场无影响，一般认为 $C=0$。

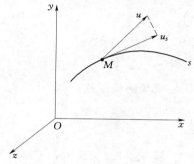

图 7.2　势函数特性 4 的推导

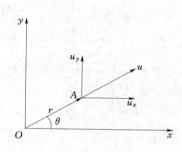

图 7.3　[例 7.1] 图

【例 7.1】　一平面恒定不可压缩流动的流线为通过原点的向外发射的射线（图 7.3），速度大小 u 反比于这点到原心距离 r：$u=q/2\pi r$（q 是正常数）。证明这一流动是有势的，求解势函数 φ，并证明所得势函数是一调和函数。

解： 速度 u 在 x、y 轴的投影表达式为

$$u_x=\frac{q}{2\pi r}\cos\theta=\frac{q}{2\pi}\frac{x}{x^2+y^2},u_y=\frac{q}{2\pi r}\sin\theta=\frac{q}{2\pi}\frac{y}{x^2+y^2}$$

$$\frac{\partial u_x}{\partial y}=\frac{\partial u_y}{\partial x}=-\frac{q}{2\pi}\frac{xy}{(x^2+y^2)^2},\text{即 } \omega_z=0$$

因此流动是有势的。

$$\varphi=\int\mathrm{d}\varphi=\int u_x\mathrm{d}x+u_y\mathrm{d}y=\frac{q}{2\pi}\left(\int\frac{x}{x^2+y^2}\mathrm{d}x+\frac{y}{x^2+y^2}\mathrm{d}y\right)=\frac{q}{2\pi}\ln\sqrt{x^2+y^2}+C$$

令 $C=0$，得到势函数为

$$\varphi=\frac{q}{2\pi}\ln\sqrt{x^2+y^2}$$

由于

$$\frac{\partial^2\varphi}{\partial x^2}+\frac{\partial^2\varphi}{\partial y^2}=\frac{q}{2\pi}\left[\frac{y^2-x^2}{(x^2+y^2)^2}+\frac{x^2+y^2}{(x^2+y^2)^2}\right]=0$$

因此，所得势函数 φ 是调和函数。

7.1.2　流函数

连续的平面流动存在流函数。应注意的是空间三维流动没有流函数。不可压缩平面流动的连续性方程为

$$\frac{\partial u_x}{\partial x}+\frac{\partial u_y}{\partial y}=0$$

或

$$\frac{\partial u_x}{\partial x} = -\frac{\partial u_y}{\partial y} \tag{7.5}$$

由数学分析可知，当 u_x、u_y 满足式（7.5）时，$-u_y\mathrm{d}x + u_x\mathrm{d}y$ 是某一个函数 $\psi(x, y)$ 的全微分，即

$$\mathrm{d}\psi = -u_y\mathrm{d}x + u_x\mathrm{d}y \tag{7.6}$$

另一方面，ψ 的全微分 $\mathrm{d}\psi$ 可以写为

$$\mathrm{d}\psi = \frac{\partial \psi}{\partial x}\mathrm{d}x + \frac{\partial \psi}{\partial y}\mathrm{d}y \tag{7.7}$$

比较式（7.6）和式（7.7）可以得

$$\frac{\partial \psi}{\partial x} = -u_y, \frac{\partial \psi}{\partial y} = u_x \tag{7.8}$$

满足以上关系式的函数 $\psi(x, y)$ 称二维不可压缩流场的流函数。

流函数有以下特性。

1. 有势平面流动的流函数是调和函数

平面势流各点的 $\omega_z = 0$，即 $\frac{1}{2}\left(\frac{\partial u_y}{\partial x} - \frac{\partial u_x}{\partial y}\right) = 0$，将式（7.8）代入，有

$$\frac{\partial}{\partial x}\left(-\frac{\partial \psi}{\partial x}\right) - \frac{\partial}{\partial y}\left(\frac{\partial \psi}{\partial y}\right) = 0$$

或

$$\frac{\partial^2 \psi}{\partial x^2} + \frac{\partial^2 \psi}{\partial y^2} = 0$$

上式表明，有势平面流动的流函数 ψ 满足二维拉普拉斯方程，是一调和函数。

2. 沿同一条流线的流函数是常数

图 7.4 中给出了平面流动的一条流线。在流线上取一微元段矢量 $\mathrm{d}s$，设 $\mathrm{d}s$ 在 x、y 轴上投影分别为 $\mathrm{d}x$、$\mathrm{d}y$。微元线段上一点的速度矢量 $\boldsymbol{u} = u_x\boldsymbol{i} + u_y\boldsymbol{j}$。由于速度矢量与流线相切，$\boldsymbol{u}$ 与 $\mathrm{d}s$ 是两个平行矢量，有

$$\frac{\mathrm{d}x}{u_x} = \frac{\mathrm{d}y}{u_y}$$

即

$$-u_y\mathrm{d}x + u_x\mathrm{d}y = 0$$

将式（7.8）代入上式，得到

$$\frac{\partial \psi}{\partial x}\mathrm{d}x + \frac{\partial \psi}{\partial y}\mathrm{d}y = \mathrm{d}\psi = 0$$

即

$$\psi = C$$

这说明，在同一条流线各点的流函数值相等。如果令流函数 $\psi(x, y)$ 等于一系列的常数值，所得各方程代表了平面上一系列流线。当流函数确定后，不但可以知道流场中各点的速度，而且还可以画出其流函

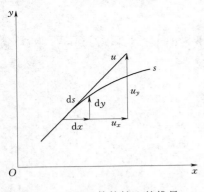

图 7.4　流函数特性 2 的推导

数的等值线（即流线），更直观的描述一个流场。

3. 两流线间单位厚度的流量等于其流函数值之差

在图 7.5 中，平面上两给定点 A、B 处流函数值分别为常数 ψ_A、ψ_B。现考察流过连接 A、B 两点的任意曲线的单位厚度流量 q。在曲线上取一微元弧段 $\mathrm{d}s$，该弧段上各点的

速度相等，取为 u。由于流体不可压缩，通过 ds 的微元流量为

$$dq = u \cdot ds = -u_y dx + u_x dy$$

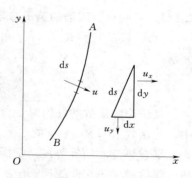

式中右边第一项出现了负号是因为在图示情况下，u_y 本身是负的，当 dx 为正时，加负号后才可表示正的流量值。代入式（7.8），得到

$$dq = d\psi$$

沿线段 AB 积分，可得到通过 AB 的流量为

$$q = \int_B^A dq = \int_{\psi_B}^{\psi_A} d\psi = \psi_A - \psi_B$$

图 7.5　流函数特性 3 的证明

特性 3 得以证明。

在以欧拉法给定了速度矢量两个分量 u_x、u_y 后，通过积分式（7.6）可得到流函数 $\psi(x, y)$。与求解势函数 φ 一样，积分常数同样可以视为零。

【例 7.2】　一平面恒定流动的流函数为

$$\psi(x, y) = -\sqrt{3}x + y$$

试求速度分布，写出通过 $A(1, 0)$ 和 $B(2, \sqrt{3})$ 两点的流线方程，并计算这两点流线之间的通过流量。

解：由式（7.8）有

$$u_x = \frac{\partial \psi}{\partial y} = 1 \qquad u_y = -\frac{\partial \psi}{\partial x} = \sqrt{3}$$

平面上任一点处的速度矢量大小都为 $\sqrt{1^2 + (\sqrt{3})^2} = 2$，与 x 和正向夹角都是 $\arctan(\sqrt{3}/1) = 60°$。这种速度分布不随地点变化的平面流叫平面均匀流。

A 点处流函数值为 $-\sqrt{3} \times 1 + 0 = -\sqrt{3}$，通过 A 点的流线方程为 $-\sqrt{3}x + y = -\sqrt{3}$。同样可以求解出通过 B 点的流线方程也是 $-\sqrt{3}x + y = -\sqrt{3}$。

可以看出，A、B 两点实际上是在同一流线上。通过 A、B 连线流量为 $-\sqrt{3} - (-\sqrt{3}) = 0$。

【例 7.3】　计算［例 7.1］中平面流动的流函数。

解：在［例 7.1］中已得到了速度投影的以平面直角坐标表达的结果 u_x、u_y，将它们带入式（7.6），有

$$d\psi = -\frac{q}{2\pi}\frac{y}{x^2 + y^2}dx + \frac{q}{2\pi}\frac{x}{x^2 + y^2}dy$$

积分上式，有

$$\psi = \int d\psi = \int -\frac{q}{2\pi}\left(\frac{y}{x^2 + y^2}dx - \frac{x}{x^2 + y^2}dy\right) = \frac{q}{2\pi}\arctan\left(\frac{y}{x}\right) + C$$

令 $C = 0$，得流函数为

$$\psi = \frac{q}{2\pi}\arctan\left(\frac{y}{x}\right)$$

7.1.3 平面有势流动的势函数与流函数的关系

由式（7.3）和式（7.8）可以看出，平面有势流动的势函数 φ 和流函数 ψ 有如下关系：

$$\frac{\partial \varphi}{\partial x}=\frac{\partial \psi}{\partial y}=u_x,\ \frac{\partial \varphi}{\partial y}=-\frac{\partial \psi}{\partial x}=u_y \tag{7.9}$$

在讨论势函数的性质时，曾证明了势函数的等势面与流线正交。在平面恒定有势流动中，势函数 φ 只是 x、y 的二元函数，令其等于一常数后，所得方程代表一平面曲线，称为二维有势流动的等势线。平面流动中，平面上的等势线与流线正交。平面上若干等势线与流线构成了正交曲线网。

7.1.4 复势和复速度

对于不可压缩理想流体的平面有势流动，可同时引入势函数 φ 和流函数 ψ，且已证明两者都是调和函数，满足拉普拉斯方程，即

$$\frac{\partial^2 \varphi}{\partial x^2}+\frac{\partial^2 \varphi}{\partial y^2}=0,\ \frac{\partial^2 \psi}{\partial x^2}+\frac{\partial^2 \psi}{\partial y^2}=0$$

同时又指出两者之间满足柯西－黎曼条件，即式（7.9）。因此，势函数 φ 和流函数 ψ 是互为共轭的调和函数。

将平面势流的势函数 φ 作为某一复变函数的实部，流函数 ψ 作为该复变函数的虚部，即

$$W(z)=\varphi+i\psi \tag{7.10}$$

由于此复变函数的实部和虚部为共轭的调和函数，就必定是一个解析的复变函数，可以用来代表所讨论的平面势流。复变函数 $W(z)$ 称为平面流动的复势，其中的 z 是复数自变量：$z=x+iy$。

反之，如果有一个复变函数是解析的（即其实部和虚部满足柯西－黎曼条件），则其实部代表某一理论上存在的平面势流的势函数，而其虚部代表那个流动的流函数。

将复势 $W(z)$ 对复变量 z 求导，可以得到复速度 V，有

$$\frac{\mathrm{d}W}{\mathrm{d}z}=\frac{\partial \varphi}{\partial x}+i\frac{\partial \psi}{\partial x}=\frac{\partial \psi}{\partial y}-i\frac{\partial \varphi}{\partial y}=u_x-iu_y=V \tag{7.11}$$

复速度的模等于速度的绝对值，即

$$|V|=\left|\frac{\mathrm{d}W}{\mathrm{d}z}\right|=\sqrt{u_x^2+(-u_y)^2}=|v|$$

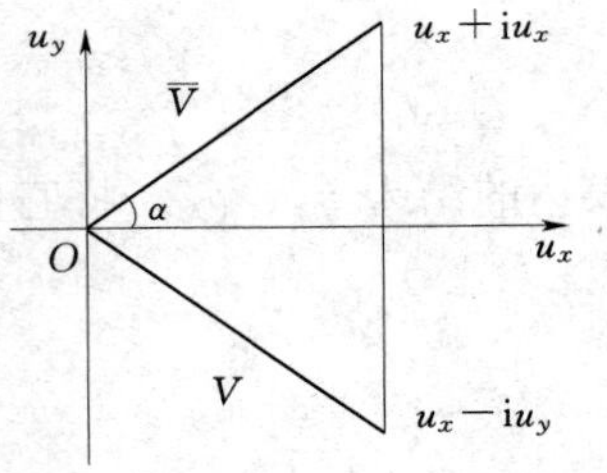

图 7.6 复速度的几何表示

复速度的几何表示如图 7.6 所示，根据复数的表示方法，复速度也可以表示为

$$V=\frac{\mathrm{d}W}{\mathrm{d}z}=|v|(\cos\alpha-i\sin\alpha)=|v|\mathrm{e}^{-i\alpha} \tag{7.12}$$

$\overline{W}$ 为 W 的共轭复变数，即

$$\overline{W}=\varphi-i\psi$$

则

$$\frac{\mathrm{d}\overline{W}}{\mathrm{d}\overline{z}}=\frac{\partial \varphi}{\partial x}-i\frac{\partial \psi}{\partial x}=u_x+iu_y=\overline{V}$$

又

$$\frac{dW}{dz}\frac{d\overline{W}}{d\overline{z}}=(u_x-iu_y)(u_x+iu_y)=u_x^2+u_y^2=|v|^2$$

因此，可以根据共轭复变数的运算求出流场中每一点处的速度 v。

对于平面有势流动可以先求得流场的复势或复速度，继而得到速度场。

7.1.5　平面极坐标下的势函数和流函数

在分析某些平面流动问题时，使用极坐标更方便。在极坐标中，点的位置由 r、θ 两个坐标决定。r 指讨论点到极坐标原点的距离，θ 指从原点出发经过讨论点的射线与极轴夹角，以逆时针方向为正。如果规定 $-\pi<\theta\leqslant\pi$，平面上的点与一对有序数 (r,θ) 显然是一一对应的。平面恒定有势流动的势函数 φ 与流函数 ψ 的极坐标关系式如下：

$$\frac{\partial\varphi}{\partial r}=\frac{1}{r}\frac{\partial\psi}{\partial\theta}=u_r,\frac{1}{r}\frac{\partial\varphi}{\partial\theta}=-\frac{\partial\psi}{\partial r}=u_\theta \tag{7.13}$$

势函数与流函数的全微分成为

$$d\varphi=\frac{\partial\varphi}{\partial r}dr+\frac{\partial\varphi}{\partial\theta}d\theta=u_r dr+ru_\theta d\theta \tag{7.14}$$

$$d\psi=\frac{\partial\psi}{\partial r}dr+\frac{\partial\psi}{\partial\theta}d\theta=-u_\theta dr+ru_r d\theta \tag{7.15}$$

如果平面直角坐标系原点与极坐标系原点重合且平面直角坐标系的 x 轴与极坐标系的极轴重合，一个点的平面直角坐标 (x,y) 与极坐标 (r,θ) 有如下关系：

$$x=r\cos\theta,y=r\sin\theta$$

$$r=\sqrt{x^2+y^2},\theta=\arctan\frac{y}{x}$$

7.2　几种基本平面势流

工程中一些复杂的平面有势流动可以由几个简单的平面势流叠加得到，本节将首先分析一些简单的平面势流，如均匀流、点源（汇）、点涡。

7.2.1　均匀流

平面均匀流指在同一时刻，流场中所有点的速度矢量的大小与方向都相同的平面流动。设流动速度为 u_∞，速度方向与 x 轴正向一致，于是，平面上各点上的速度分量为：$u_x=u_\infty$，$u_y=0$。这一流动显然是有势的，流动的势函数 $\varphi(x,y)$ 满足下式：

$$d\varphi=u_x dx+u_y dy=u_\infty dx$$

积分，得到势函数

$$\varphi=u_\infty x \tag{7.16}$$

流动的流函数 $\psi(x,y)$ 满足下式：

$$d\psi=-u_y dx+u_x dy=u_\infty dy$$

积分，得到流函数

$$\psi=u_\infty y \tag{7.17}$$

令势函数等于一系列常数得到等势线方程，等势线是流动平面上与 y 轴平行的直线

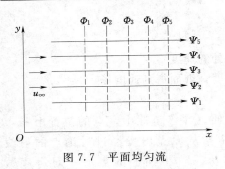

图 7.7 平面均匀流

簇；令流函数等于一系列常数得到流线方程，流线是流动平面上与 x 轴平行的直线簇。这两组直线显然是互相正交的，如图 7.7 所示。

均匀流的复势为

$$W(z)=\varphi+\mathrm{i}\psi=u_{\infty}(x+\mathrm{i}y)=u_{\infty}z \tag{7.18}$$

当均匀流的速度方向与 x 轴的夹角为 α 时，其复势为

$$W(z)=u_{\infty}z\mathrm{e}^{-\mathrm{i}\alpha} \tag{7.19}$$

7.2.2 点源与点汇

如果流体从某点向四周均匀径向流出，这种流动称为点源，这个点称为源点；如果流体从四周往某点呈直线均匀径向流入，这种流动称为点汇，这个点称为汇点。如图 7.8 所示。

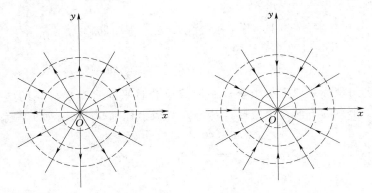

图 7.8 点源与点汇

可以证明，这两种流动都是有势的。

将源点或汇点置于坐标原点，设平面上一点到原点距离为 r，通过这点的一圆心在原点的圆周代表了一单位宽度的柱面，其面积为 $2\pi r$。不可压缩流体通过该柱面的流量应为源或汇的单宽流量 q。柱面上各点的速度矢量与柱面正交，在圆周方向投影 $u_{\theta}=0$，速度矢量在半径方向投影 u_r 在柱面上均匀分布，因此，它与柱面面积乘积应等于通过这一柱面的流量 q，即 $2\pi ru_r=q$。由此得到极坐标系下速度矢量的两个投影：

$$u_r=\pm\frac{q}{2\pi r}$$
$$u_{\theta}=0 \tag{7.20}$$

式中：正、负号分别对应于点源与点汇，流量 q 为点源与点汇的强度。

流动的势函数 $\varphi(r,\theta)$ 的全微分 $\mathrm{d}\varphi$ 满足：

$$\mathrm{d}\varphi=u_r\mathrm{d}r+ru_{\theta}\mathrm{d}\theta=\pm\frac{q}{2\pi r}\mathrm{d}r$$

积分上式，得到流动的势函数：

$$\varphi=\pm\frac{q}{2\pi}\ln r \tag{7.21}$$

流动的流函数 $\varphi(x, y)$ 的全微分 $d\psi$ 满足：

$$d\psi = -u_\theta dr + r u_r d\theta = \pm \frac{q}{2\pi} d\theta \qquad (7.22)$$

积分上式，得到流动的流函数：

$$\psi = \pm \frac{q}{2\pi} \theta \qquad (7.23)$$

令势函数等于一系列常数得到等势线方程，等势线是半径不同的同心圆；令流函数等于一系列常数得到流线方程，流线是通过原点极角不同的射线。显然，等势线与流线在交点处是正交的。

当源点或汇点位于坐标原点处，流动的势函数与流函数的直角坐标系表达式为

$$\varphi = \pm \frac{q}{2\pi} \ln \sqrt{x^2 + y^2} \qquad (7.24)$$

$$\psi = \pm \frac{q}{2\pi} \arctan(y/x) \qquad (7.25)$$

当源点或汇点不在坐标原点而在平面上 (x_0, y_0) 处时，势函数与流函数的直角坐标系为

$$\varphi = \pm \frac{q}{2\pi} \ln \sqrt{(x-x_0)^2 + (y-y_0)^2} \qquad (7.26)$$

$$\psi = \pm \frac{q}{2\pi} \arctan \frac{y - y_0}{x - x_0} \qquad (7.27)$$

点源或点汇的复势为

$$W(z) = \varphi + i\psi = \pm \frac{q}{2\pi} (\ln r + i\theta) = \pm \frac{q}{2\pi} \ln(re^{i\theta})$$

即

$$W(z) = \pm \frac{q}{2\pi} \ln z \qquad (7.28)$$

当源点或汇点不在坐标原点，而在 z_0 点 $(z_0 = x_0 + iy_0)$，其复势为

$$W(z) = \pm \frac{q}{2\pi} \ln(z - z_0) \qquad (7.29)$$

7.2.3 点涡

平面上流体质点绕一固定点作匀速圆周运动，不同半径圆周上质点运动速度反比于圆周半径，这就形成了平面上一点涡，如图 7.9 所示。

将坐标原点置于上述固定点，流体质点绕一半径为 r、圆心在固定点的圆周运动，由于质点速度矢量与圆周相切，因而其径向投影 $u_r = 0$，其圆周方向投影 $u_\theta = \frac{\Gamma}{2\pi r}$。由于 Γ 在任一圆周上是一常数，称为点涡的强度，当 $\Gamma > 0$ 时，表示质点作逆时针转动。极坐标系下，速度分量为

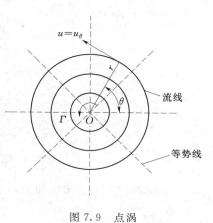

图 7.9 点涡

$$\left.\begin{array}{l} u_r = 0 \\ u_\theta = \dfrac{\Gamma}{2\pi r} \end{array}\right\} \qquad (7.30)$$

可以证明，这一流动是有势的。

流动的势函数 $\varphi(r, \theta)$ 的全微分 $\mathrm{d}\varphi$ 满足：

$$\mathrm{d}\varphi = u_r \mathrm{d}r + r u_\theta \mathrm{d}\theta = \frac{\Gamma}{2\pi}\mathrm{d}\theta$$

积分上式，得到流动的势函数：

$$\varphi = \frac{\Gamma}{2\pi}\theta \qquad (7.31)$$

流动的流函数 $\psi(r, \theta)$ 的全微分 $\mathrm{d}\psi$ 满足：

$$\mathrm{d}\psi = -u_\theta \mathrm{d}r + r u_r \mathrm{d}\theta = -\frac{\Gamma}{2\pi}\frac{1}{r}\mathrm{d}r$$

积分上式，得到流动的流函数：

$$\psi = -\frac{\Gamma}{2\pi}\ln r \qquad (7.32)$$

令势函数与流函数等于常数，得到的等势线是通过原点的极角不同的射线，流线是以坐标原点为圆心的同心圆。

点涡流动的势函数和流函数的平面直角坐标系下表达式为

$$\varphi = \frac{\Gamma}{2\pi}\arctan\left(\frac{y}{x}\right)$$

$$\psi = -\frac{\Gamma}{2\pi}\ln\sqrt{x^2 + y^2} \qquad (7.33)$$

当点涡不在平面直角坐标系的原点而在平面上 (x_0, y_0) 处时，势函数和流函数流动的直角坐标表达式分别为

$$\varphi = \frac{\Gamma}{2\pi}\arctan[(y - y_0)/(x - x_0)]$$

$$\psi = -\frac{\Gamma}{2\pi}\ln\sqrt{(x - x_0)^2 + (y - y_0)^2} \qquad (7.34)$$

点涡的复势为

$$W(z) = \varphi + \mathrm{i}\psi = \frac{\Gamma}{2\pi}(\theta - \mathrm{i}\ln r) = \frac{\Gamma}{2\pi\mathrm{i}}(\ln r + \mathrm{i}\theta) = \frac{\Gamma}{2\pi\mathrm{i}}\ln(r\mathrm{e}^{\mathrm{i}\theta})$$

即

$$W(z) = \frac{\Gamma}{2\pi\mathrm{i}}\ln z \qquad (7.35)$$

当点涡的位置不在坐标原点，而在 z_0 点 $(z_0 = x_0 + \mathrm{i}y_0)$，其复势为

$$W(z) = \frac{\Gamma}{2\pi\mathrm{i}}\ln(z - z_0) \qquad (7.36)$$

7.3 势流的叠加

7.3.1 势流的叠加原理

设想有 n 个简单平面势流，它们的势函数分别为 φ_1，φ_2，$\cdots$，φ_n，流函数分别为 ψ_1，ψ_2，$\cdots$，ψ_n。现将 n 个平面流动叠加得到一个新的平面流动，新的流动仍然是一有势流动，其势函数 φ 可由下式求出：

$$\varphi = \varphi_1 + \varphi_2 + \cdots + \varphi_n$$

同样，叠加后的流函数 ψ 等于

$$\psi = \psi_1 + \psi_2 + \cdots + \psi_n$$

在获得了流动的势函数与流函数后，可求出流场的速度矢量，进一步以伯努利方程求出压强分布，完成流场分析。

势流叠加原理还可以用复势表示：设想流场中有 n 个简单平面势流，它们的复势分别为 W_1，W_2，$\cdots$，W_n，它们的和 $W = W_1 + W_2 + \cdots + W_n$，依然为一解析的复变函数，仍可作为某一有势流动的复势。

7.3.2 点源（汇）与点涡——螺旋流

平面坐标原点有一强度为 q 的点汇和一强度为 Γ 的点涡（$q > 0$，$\Gamma > 0$），如图 7.10 所示。由点汇与点涡叠加后的平面势流的势函数为

$$\varphi = -\frac{q}{2\pi}\ln r + \frac{\Gamma}{2\pi}\theta$$

同样得到叠加后势流的流函数：

$$\psi = -\frac{q}{2\pi}\theta - \frac{\Gamma}{2\pi}\ln r$$

令 $\varphi = C_1$，经计算可以得到 $r = C_1 \mathrm{e}^{\Gamma\theta/q}$，在平面极坐标系下，这一方程代表的等势线是平面对数螺旋线，同样可以得到流线也是平面对数螺旋线 $r = C_2 \mathrm{e}^{(-\varphi\theta/\Gamma)}$。这两条曲线是正交的。

水泵矩形断面蜗壳中的理想流动是点源与点涡叠加的一个例子。

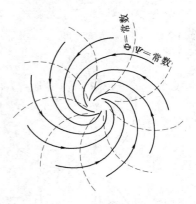

图 7.10　点汇与点涡

7.3.3 偶极子流

在平面直角坐标系的 $(-a, 0)$ 和 $(a, 0)$ 两点处分别设一强度均为 q 的源和汇（$a > 0$，$q > 0$），叠加后的平面势流的势函数和流函数分别为

$$\varphi = \frac{q}{2\pi}\left[\ln \sqrt{(x+a)^2 + y^2} - \ln \sqrt{(x-a)^2 + y^2}\right]$$

$$\psi = \frac{q}{2\pi}\left(\arctan \frac{y}{x+a} - \arctan \frac{y}{x-a}\right)$$

设源点与汇点沿 x 轴无限接近，即令 $2a \to 0$，同时设 q 无限增大，这样就能保证乘积 $2aq$ 始终保持为一常数 M：$M = 2aq$。这一极限状态下，源汇合成的平面流动称为偶极子流，M 称偶极子强度（$M > 0$）。偶极子流动的势函数与流函数为

$$\varphi = \lim_{\substack{a \to 0 \\ q \to \infty}} \frac{2aq}{2\pi} \lim_{a \to 0} \left[\frac{\ln \sqrt{(x+a)^2 + y^2} - \ln \sqrt{(x-a)^2 + y^2}}{2a} \right]$$

$$= \frac{M}{2\pi} \frac{\mathrm{d}}{\mathrm{d}x} \ln \sqrt{x^2 + y^2}$$

$$= \frac{M}{2\pi} \frac{x}{x^2 + y^2} \tag{7.37}$$

$$\psi = \lim_{\substack{a \to 0 \\ q \to \infty}} \frac{2aq}{2\pi} \lim_{a \to 0} \left[\frac{\arctan \dfrac{y}{x+a} - \arctan \dfrac{y}{x-a}}{2a} \right]$$

$$= \frac{M}{2\pi} \frac{\mathrm{d}}{\mathrm{d}x} \arctan \left(\frac{y}{x} \right)$$

$$= -\frac{M}{2\pi} \frac{y}{x^2 + y^2} \tag{7.38}$$

利用平面直角坐标与极坐标的关系，可以得到偶极子流动的势函数与流函数的极坐标表达式：

$$\varphi = \frac{M}{2\pi} \frac{\cos\theta}{r} \tag{7.39}$$

$$\psi = -\frac{M}{2\pi} \frac{\sin\theta}{r} \tag{7.40}$$

下面讨论偶极子流动的等势线和流线的特征。

令式（7.37）等于常数 C，所得方程代表了平面上的等势线。经计算，这一方程可以简化为

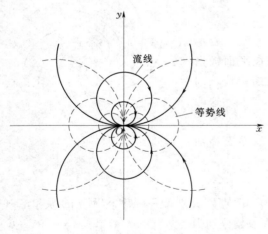

图 7.11　偶极子流

$$\left(x - \frac{M}{4\pi C} \right)^2 + y^2 = \left(\frac{M}{4\pi C} \right)^2$$

这是圆心在 $\left(\dfrac{M}{4\pi C}, \ 0 \right)$，半径为 $\dfrac{M}{4\pi |C|}$，与 y 轴相切于原点的圆，$C > 0$ 时，圆位于 y 轴右侧，否则在 y 轴左侧。

令式（7.38）等于常数 D，方程简化后可以得到流线方程

$$x^2 + \left(y + \frac{M}{4\pi D} \right)^2 = \left(\frac{M}{4\pi D} \right)^2$$

流线是圆心在 $\left(0, \ -\dfrac{M}{4\pi D} \right)$，半径为 $\dfrac{M}{4\pi |D|}$ 的圆，圆与 x 轴相切于原点。当 $D > 0$ 时，圆位于 x 轴下方，否则位于 x 轴上方。

偶极子流等势线与流线如图 7.11 所示。

7.4　圆 柱 体 绕 流

在一流动速度为 u_∞ 的恒定均匀流中设置一半径为 r_0，轴心线与原均匀流流动方向垂

直的无穷长静止直圆柱体,由于圆柱体对原均匀流的干扰,均匀流的流线不再是直线,在距圆柱体越近处这种变化越明显。由于圆柱体无穷长,在每个与圆柱体轴心线垂直的平面上流动是一样的,流动具有平面流动的特征,如图 7.12 所示。

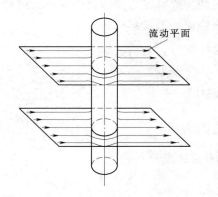

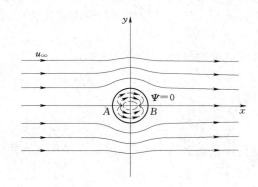

图 7.12　无穷长圆柱体绕流　　　　图 7.13　均匀流绕过圆柱体的无环量绕流

7.4.1　圆柱体无环量绕流

圆柱体静止时,形成无环量绕流。将平面直角坐标系的原点设置在圆柱轴心线与平面交点处,x 轴正向与均匀流流动方向一致。现设想将圆柱体从流场中抽去,然后在坐标原点处设置一强度 $M = 2\pi u_\infty r_0^2$ 的偶极子,如图 7.13 所示。下面分析由均匀流和偶极子流叠加而成的平面流动的流动特征。

1. 势函数与流函数

由平面均匀流与偶极子流合成后的流动仍然是有势的,其势函数与流函数分别等于两个有势流的势函数与流函数的代数和,即

$$\varphi = u_\infty x + \frac{M}{2\pi}\frac{x}{x^2 + y^2} = u_\infty x + \frac{u_\infty r_0^2 x}{x^2 + y^2} \tag{7.41}$$

$$\psi = u_\infty y - \frac{M}{2\pi}\frac{y}{x^2 + y^2} = u_\infty y - \frac{u_\infty r_0^2 y}{x^2 + y^2} \tag{7.42}$$

上面两个函数的极坐标表达式为

$$\varphi = r u_\infty \cos\theta \left(1 + \frac{r_0^2}{r^2}\right) \tag{7.43}$$

$$\psi = r u_\infty \sin\theta \left(1 - \frac{r_0^2}{r^2}\right) \tag{7.44}$$

复势为

$$W = u_\infty z + \frac{M}{2\pi z}$$

$$= r u_\infty \cos\theta \left(1 + \frac{r_0^2}{r^2}\right) + \mathrm{i} r u_\infty \sin\theta \left(1 - \frac{r_0^2}{r^2}\right) \tag{7.45}$$

式 (7.43)、式 (7.44)、式 (7.45) 中 $r_0 \leqslant r$,位于圆柱体外部。

方程 $\psi = 0$ 代表的流线称为零流线,零流线方程为

$$u_\infty y \left(1 - \frac{r_0^2}{x^2 + y^2}\right) = 0$$

由此得到 $y = 0$ 和 $x^2 + y^2 = r_0^2$，这表明，x 轴和一半径为 r_0，圆心位于坐标原点的圆周是两条零流线。流体不可能穿越流线，因而理想的流线可以与固体壁面互换。因此，可以用均匀流与一偶极子叠加后的流动来代替均匀流绕流无穷长圆柱体。

2. 速度分布

绕流速度的极坐标系表达式为

$$u_r = \frac{\partial \varphi}{\partial r} = \frac{1}{r} \frac{\partial \psi}{\partial \theta} = u_\infty \cos\theta \left(1 - \frac{r_0^2}{r^2}\right)$$

$$u_\theta = -\frac{\partial \psi}{\partial r} = \frac{1}{r} \frac{\partial \varphi}{\partial \theta} = -u_\infty \sin\theta \left(1 + \frac{r_0^2}{r^2}\right)$$

圆柱体表面上 $r = r_0$，代入上式，得到圆柱体表面速度分布：

$$u_r = 0 \tag{7.46}$$

$$u_\theta = -2u_\infty \sin\theta \tag{7.47}$$

式（7.46）表明，圆柱体表面上速度矢量没有径向分量，流体不可能穿透或离开圆柱体，符合固壁流动特点。式（7.47）表明，柱面上的速度按正弦曲线规律分布。在 $\theta = 0$（B 点）和 $\theta = 2\pi$（A 点）处，$u_\theta = 0$，A、B 两点是分流点，也称为驻点。在 $\theta = \pm 90°$ 处，u_θ 达到最大值，$|u_\theta| = 2u_\infty$，即等于无穷远处来流速度的 2 倍。

沿柱面的速度环量为

$$\Gamma = \oint u_\theta \mathrm{d}s = -2u_\infty r_0 \int_0^{2\pi} \sin\theta \mathrm{d}\theta = 0$$

均匀流绕过柱面的速度环量等于零，故称为无环量绕流。

3. 柱面压强分布

现将一点取在平面上无穷远点，另一点取在圆柱表面上，列两点的伯努利方程，得到：

$$\frac{p_\infty}{\rho g} + \frac{u_\infty^2}{2g} = \frac{p}{\rho g} + \frac{u_r^2 + u_\theta^2}{2g}$$

或

$$p = p_\infty + \frac{\rho u_\infty^2}{2}(1 - 4\sin^2\theta) \tag{7.48}$$

式（7.48）表明，在圆柱表面的两个驻点处，压强达到最大值，而在圆柱表面 $\theta = \pm 90°$ 处，但压强降到最低。

用压强系数表示流体作用在物体表面上任一点的压强，即

$$C_p = \frac{p - p_\infty}{\frac{1}{2}\rho u_\infty^2} \tag{7.49}$$

将式（7.48）代入式（7.49），得

$$C_p = 1 - 4\sin^2\theta \tag{7.50}$$

上式说明，沿圆柱面的压强系数与圆柱体的半径以及均匀流的速度、压强分布无关。可以将该特点推广到其他形状的物体（例如叶片的叶型等）上去。

4. 柱面合力

在式（7.48）中，以 $-\theta_0$ 代替 θ_0，压强值 p 不变，说明圆柱体表面压强分布对称于 x 轴，圆柱表面压强不产生 y 方向的合力。以 $\pi-\theta_0$ 代替 θ_0，压强值也不变，说明圆柱体表面压强分布对称于 y 轴，圆柱表面压强不产生 x 方向的合力。这样，圆柱表面流体压强的合力为零。

均匀流绕流任一静止翼型时，翼型表面所受到的总作用力与均匀流动方向一致的分量和与均匀流动方向垂直的分量分别称翼型所受的阻力 D 和升力 L。现在可以看到，理想均匀流绕流圆柱体时，圆柱体的阻力 D 和升力 L 都等于零。

7.4.2 圆柱体有环量绕流

在速度大小为 u_∞ 的恒定均匀流中置入一半径为 r_0 的无穷长的圆柱体，这一圆柱体也与均匀流方向垂直，与上面分析不同处在于，圆柱体以等角速度绕其轴心线转动。圆柱体外的流动同样是一有势平面流动。分析中，仍假定将圆柱体从流场中抽出，在坐标原点设置强度 $M=2\pi u_\infty r_0^2$ 的偶极子流，再设置一强度 $\Gamma(\Gamma>0)$ 的涡。下面分析由均匀流、偶极子流和点涡合成的平面流动特性。

1. 势函数与流函数

叠加后的平面流动的势函数和流函数，应为均匀流、偶极子流和点涡的势函数、流函数的代数和，得到

$$\varphi=u_\infty x+\frac{u_\infty r_0^2 x}{x^2+y^2}+\frac{\Gamma}{2\pi}\arctan\frac{y}{x} \tag{7.51}$$

$$\psi=u_\infty y-\frac{u_\infty r_0^2 y}{x^2+y^2}-\frac{\Gamma}{2\pi}\ln\sqrt{x^2+y^2} \tag{7.52}$$

势函数和流函数的极坐标表达式为

$$\varphi=u_\infty r\cos\theta+\frac{u_\infty r_0^2}{r}\cos\theta+\frac{\Gamma}{2\pi}\theta \tag{7.53}$$

$$\psi=u_\infty r\sin\theta-\frac{u_\infty r_0^2}{r}\sin\theta-\frac{\Gamma}{2\pi}\ln r \tag{7.54}$$

复势为

$$W=u_\infty z+\frac{M}{2\pi z}+\frac{\Gamma}{2\pi i}\ln z \tag{7.55}$$

2. 速度分布

绕流速度的极坐标表达式为

$$u_r=\frac{1}{r}\frac{\partial\psi}{\partial\theta}=\frac{\partial\varphi}{\partial r}=u_\infty\cos\theta\left(1-\frac{r_0^2}{r^2}\right) \tag{7.56}$$

$$u_\theta=-\frac{\partial\psi}{\partial r}=\frac{1}{r}\frac{\partial\varphi}{\partial\theta}=-u_\infty\sin\theta\left(1+\frac{r_0^2}{r^2}\right)+\frac{\Gamma}{2\pi}\frac{1}{r} \tag{7.57}$$

圆柱体表面上 $r=r_0$，速度分布为

$$u_r=0,\ u_\theta=-2u_\infty\sin\theta+\frac{\Gamma}{2\pi r_0} \tag{7.58}$$

可以看到，柱面上流体速度没有径向分量，流体只能沿圆周方向流动，可见圆柱表面是一条流线。在圆心处设置一半径为 r_0 的圆柱也有这样的流动效果，这是可以用合成三

个简单平面势流代替绕流旋转圆柱体物理模型的原因。

当柱体作顺时针转动，点涡强度 $\Gamma < 0$ 时，在圆柱体上部环流的速度方向与均匀流的速度方向相同，而在下部则相反。叠加的结果使得上部的速度增加，下部的速度减小，从而破坏了流线关于 x 轴的对称性，使驻点向下移动。为了确定驻点的位置，令柱面速度 $u_\theta = 0$，由式（7.58）得到驻点处的 θ 满足：

$$\sin\theta = \frac{\Gamma}{4\pi u_\infty r_0} \tag{7.59}$$

如果 $|\Gamma| < 4\pi u_\infty r_0$，则 $|\sin\theta| < 1$，驻点出现在圆柱表面的 3、4 界限中并对称于 y 轴，如图 7.14（a）所示。在来流速度保持不变的情况下，A、B 两个驻点随 $|\Gamma|$ 值的增加而向下移动，并互相靠拢。

如果 $|\Gamma| = 4\pi u_\infty r_0$，则 $|\sin\theta| = 1$，两个驻点重合成一点，出现在圆柱表面的最下端，如图 7.14（b）所示。

如果 $|\Gamma| > 4\pi u_\infty r_0$，则 $|\sin\theta| > 1$，柱面上将没有驻点，驻点将脱离圆柱表面沿 y 轴向下移到某一位置，如图 7.14（c）所示。全流场由经过驻点 A 的闭合流线划分为内、外两个区域。外区域是均匀流绕过圆柱体的有环量绕流，而在闭合流线和圆柱面之间的内部区域自成闭合环流，但流线不是圆形的。

当柱体作逆时针转动，驻点的位置沿 y 轴向上移动。

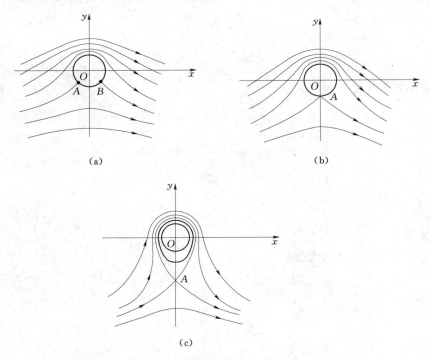

图 7.14　圆柱体有环量绕流的驻点位置

3. 柱面压强分布

列一无穷远点和圆柱表面上一点的伯努利方程，有

$$\frac{u_\infty^2}{2g}+\frac{p_\infty}{\rho g}=\frac{p}{\rho g}+\frac{u_r^2+u_\theta^2}{2g}$$

将式（7.58）代入上式，得到

$$p=p_\infty+\frac{\rho}{2}\left[u_\infty^2-\left(-2u_\infty\sin\theta+\frac{\Gamma}{2\pi r_0}\right)^2\right] \tag{7.60}$$

4. 柱面合力

以 θ_0 和 $\pi-\theta_0$ 代入式（7.60）所得值相等，表明作用在旋转圆柱表面压强关于 y 轴是对称的，流体作用于圆柱表面合力没有 x 方向的分量，阻力 $D=0$。但是，流体作用于旋转圆柱表面压强关于 x 轴并不对称，圆柱体上作用有一与流动方向垂直的升力 L，这一升力可如下分析计算。

在圆柱体表面上取一长为 $r_0 d\theta$ 的微元弧段，该微元弧段代表了一单位高度的微元面积。微元面积上所受压力为 $pr_0 d\theta$，方向与柱面正交即沿半径方向指向圆心，它在 y 轴投影为 $-pr_0\sin\theta d\theta$。流体作用于圆柱表面压力在 y 轴方向投影，即圆柱体所受升力 L 应为

$$L=\int_0^{2\pi}-pr_0\sin\theta d\theta=-\int_0^{2\pi}r_0\sin\theta\left\{p_\infty+\frac{\rho}{2}\left[u_\infty^2-\left(-2u_\infty\sin\theta+\frac{\Gamma}{2\pi r_0}\right)^2\right]\right\}d\theta$$

$$=-\rho u_\infty\Gamma \tag{7.61}$$

上式称为库塔-儒可夫斯基升力公式，式中负号表明圆柱体所受流体升力方向沿 y 轴负向。放置在均匀流中与流动方向垂直单位长度的旋转圆柱体所受升力大小与来流速度 u_∞，流体密度 ρ 和旋转圆柱引起的环量 Γ 成正比，升力方向应将来流方向沿圆柱旋转方向反向旋转 90°，如图 7.15 所示。

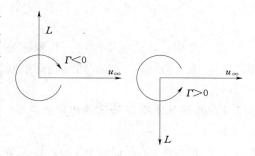

图 7.15　圆柱升力方向

库塔-儒可夫斯基升力公式可以推广应用于理想流体均匀流绕过任何形状有环量无分离的平面流动，例如具有流线型的翼型绕流等，在轴流式水泵、水轮机叶片设计中有重要应用。

7.4.3　卡门涡街

前面分析中指出，当理想均匀流绕流一静止圆柱体时，流体作用于圆柱体的合力为 0，而有黏性的实际流体流动显然不会产生这一结果。实际流体绕流一静止圆柱时，如果来流速度小（即雷诺数很小）时，流线分布和圆柱体表面压强分布与理想流体绕流情况类似，如图 7.16（a）所示。随来流速度增加，流体将在圆柱后半部分边界层分离，来流速度越高，圆柱体上的分离点越向前移，如图 7.16（b）所示。当雷诺数增加到大约 40 时，在圆柱体后面产生一对旋转方向相反的对称旋涡，如图 7.16（c）所示。雷诺数超过 40 后，对称旋涡不断增长并出现摆动，直到 $Re\approx 60$ 时，这对不稳定的对称旋涡分裂，最后形成有规则的、旋转方向相反的交替旋涡，称为卡门涡街，如图

7.16（d）所示。

对有规则的卡门涡街，只能在的范围内观察到，而且在多数情况下，涡街是不稳定的，即受到外界扰动涡街就被破坏了。在自然界中常常可以看到卡门涡街现象，例如水流过桥墩等。由于在物体两侧不断形成新的旋涡，必然耗损流动能量，从而使物体遭受阻力。当旋涡脱落频率接近于物体的固有频率时，共振响应可能会引起结构物的破坏。风吹过电线时发出的嘶鸣声就是由于电线受到涡街作用而产生的振动引起的。

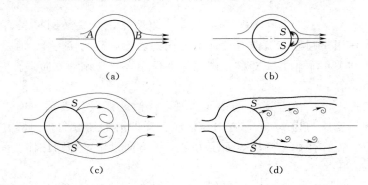

图 7.16　卡门涡街的形成

7.5 空 间 势 流

任一时刻，若流场中的任一物理量是空间三个坐标的函数，这种流动为三维流动，又称空间流动。流体的一般空间流动是很复杂的，这里只讨论最简单的一类空间流动，即轴对称流动。

7.5.1　几种基本空间势流的势函数

1. 空间均匀流

建立直角坐标系 (x, y, z)，设无穷远来流速度 u_∞ 与 z 轴平行，则速度分量为

$$u_x = u_y = 0, u_z = u_\infty$$

势函数为

$$\varphi = \int u_z \mathrm{d}z = u_\infty z \tag{7.62}$$

如换成柱坐标系 (r, θ, z) 和球坐标系 (R, θ, β)，则有

$$\varphi = u_\infty z \tag{7.63}$$

$$\varphi = u_\infty R\cos\theta \tag{7.64}$$

由图 7.17 得到柱坐标系 (r, θ, z) 与直角坐标系 (x, y, z) 的转换关系为

$$x = r\cos\theta \quad y = r\sin\theta \quad z = z$$

由图 7.18 推导出球坐标系 (R, θ, β) 与直角坐标系 (x, y, z) 的转换关系为

$$x = R\sin\theta\cos\beta, y = R\sin\theta\sin\beta, z = R\cos\theta$$

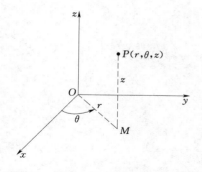 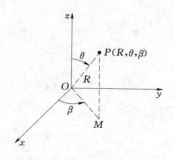

图 7.17 直角坐标和柱坐标的转换   图 7.18 直角坐标和球坐标的转换

2. 空间点源（点汇）

建立球坐标系 (R, θ, β)，若在坐标原点处放置一个空间点源（点汇），流量为 q，则速度分量为

$$u_\theta = u_\beta = 0, \quad u_R = \pm \frac{q}{4\pi R^2}$$

由于球坐标系下势函数的梯度公式为

$$\nabla \varphi = \frac{\partial \varphi}{\partial R} \boldsymbol{e}_R + \frac{1}{R} \frac{\partial \varphi}{\partial \theta} \boldsymbol{e}_\theta + \frac{1}{R\sin\theta} \frac{\partial \varphi}{\partial \beta} \boldsymbol{e}_\beta$$

式中：$\boldsymbol{e}_R$、$\boldsymbol{e}_\theta$、$\boldsymbol{e}_\beta$ 为对应方向上的单位矢量。

由上式得到

$$u_\theta = \frac{1}{R} \frac{\partial \varphi}{\partial \theta} = 0, \quad u_\beta = \frac{1}{R\sin\theta} \frac{\partial \varphi}{\partial \beta} = 0, \quad u_R = \frac{\partial \varphi}{\partial R} = \pm \frac{q}{4\pi R^2}$$

积分后，得到空间空间点源（点汇）的势函数为

$$\varphi = \mp \frac{q}{4\pi R} \tag{7.65}$$

3. 空间偶极子流

类似于平面偶极子流，在空间流动中，等强度的点源和点汇叠加可构成空间偶极子流。

将空间点汇置于 $+z$ 轴上，点源置于 $-z$ 轴上，如图 7.19 所示，流量为 q。依据势流叠加原理势函数为

$$\varphi = -\frac{q}{4\pi R_1} + \frac{q}{4\pi R_2}$$

式中：R_1、R_2 分别为流场中任意点 P 到点源、点汇的距离。

设点源和点汇的距离为 Δl，仿照平面偶极子流势函数的求法，使点源与点汇无限接近，同时使其强度无限增大，即满足

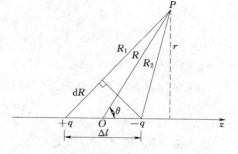

图 7.19 空间偶极子流

$$\lim_{\substack{\Delta l \to 0 \\ q \to \infty}} q\Delta l = M$$

M 为一常数值，这样就可以得到空间偶极子流，M 称为空间偶极子的强度（或偶极矩）。

势函数改写为

$$\varphi = \lim_{\substack{\Delta l \to 0 \\ q \to \infty}} -\frac{q\Delta l}{4\pi}\frac{\dfrac{1}{R_1}-\dfrac{1}{R_2}}{\Delta l} = \lim_{\Delta l \to 0} -\frac{q\Delta l}{4\pi} \lim_{\Delta l \to 0} \frac{\dfrac{1}{R_1}-\dfrac{1}{R_2}}{\Delta l}$$

$$= -\frac{M}{4\pi}\frac{\mathrm{d}}{\mathrm{d}l}\left(\frac{1}{R}\right)$$

从图 7.19 可以看出

$$\frac{\mathrm{d}}{\mathrm{d}l}\left(\frac{1}{R}\right) = -\frac{1}{R^2}\frac{\mathrm{d}R}{\mathrm{d}l} = -\frac{\cos\theta}{R^2}$$

因此，空间偶极子流的势函数为

$$\varphi = \frac{M}{4\pi R^2}\cos\theta \tag{7.66}$$

7.5.2　轴对称流动的流函数

轴对称流动是指流体在过某空间固定轴的所有平面上的运动情况完全相同的流动。因此，只需要研究其中一个平面上的流动就可以知道整个空间内流体的运动情况。常见的轴对称流动有：圆管流动、沿轴向流经回转体的流动、水轮机叶轮内的流动。

1. 柱坐标系 (r, θ, z) 的流函数 $\Psi(r, z)$

把流动的对称轴取作柱坐标系的 z 轴，则流动各参数与坐标 θ 无关，且在许多情况下，$u_\theta = 0$。在柱坐标系中，不可压缩流体轴对称流动的连续性方程为

$$\frac{\partial}{\partial r}(ru_r) + \frac{\partial}{\partial z}(ru_z) = 0$$

定义流函数 $\Psi(r, z)$ 满足：

$$\left.\begin{array}{l} \dfrac{\partial \psi}{\partial r} = ru_z \\[3mm] \dfrac{\partial \psi}{\partial z} = -ru_r \end{array}\right\} \tag{7.67}$$

在轴对称空间流场中，速度可以通过流函数表示，即

$$\left.\begin{array}{l} u_z = \dfrac{\partial \psi}{r\partial r} \\[3mm] u_r = -\dfrac{\partial \psi}{r\partial z} \end{array}\right\} \tag{7.68}$$

2. 球坐标系 (R, θ, β) 的流函数 $\Psi(R, \theta)$

在球坐标系中，不可压缩流体轴对称流动的连续性方程为

$$\frac{\partial(R^2\sin\theta u_R)}{\partial R} + \frac{\partial(R\sin\theta u_\theta)}{\partial \theta} = 0$$

定义流函数 $\Psi(R, \theta)$ 满足：

$$\left.\begin{array}{l} \dfrac{\partial \psi}{\partial R} = -R\sin\theta u_\theta \\[3mm] \dfrac{\partial \psi}{\partial \theta} = R^2\sin\theta u_R \end{array}\right\} \tag{7.69}$$

在轴对称空间流场中，速度可以通过流函数表示，即

$$u_R = \frac{1}{R^2\sin\theta}\frac{\partial \psi}{\partial \theta} \left.\right\}$$
$$u_\theta = -\frac{1}{R\sin\theta}\frac{\partial \psi}{\partial R} \left.\right\} \tag{7.70}$$

3. 流函数的性质

（1）等流函数线就是流线。在柱坐标系中，由流函数 $\psi(r, z)$ 的定义可得

$$\mathrm{d}\psi = \frac{\partial \psi}{\partial r}\mathrm{d}r + \frac{\partial \psi}{\partial z}\mathrm{d}z = ru_z\mathrm{d}r - ru_r\mathrm{d}z$$

对于等流函数线 $\psi = C$，$\mathrm{d}\psi = 0$，得

$$\frac{\mathrm{d}r}{u_r} = \frac{\mathrm{d}z}{u_z}$$

上式正是（r, z）平面内的流线方程，可见等流函数线就是流线。

（2）在通过包含对称轴线的流动平面上，任意两点的流函数值之差的 2π 倍，等于通过这两点间的任意连线的回转面的流量。

如图 7.20 所示，在（r, z）平面上任取 A、B 两点，曲线 AB 是其间的任意连线，曲线 AB 也即使以 z 轴为轴线的某一回转面的母线。通过此回转面的流量为

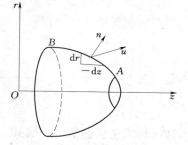

$$Q = \int_A^B \boldsymbol{u}\cdot\boldsymbol{n}\times 2\pi r\mathrm{d}l$$

$$= 2\pi\int_A^B (u_r n_r + u_z n_z)r\mathrm{d}l$$

图 7.20　推导流函数性质（2）用图

由于 $n_r = -\dfrac{\mathrm{d}z}{\mathrm{d}l}, n_z = \dfrac{\mathrm{d}r}{\mathrm{d}l}, u_r = -\dfrac{1}{r}\dfrac{\partial \psi}{\partial z}, u_z = \dfrac{1}{r}\dfrac{\partial \psi}{\partial r}$，所以

$$Q = 2\pi\int_A^B \left(\frac{1}{r}\frac{\partial \psi}{\partial z}\frac{\mathrm{d}z}{\mathrm{d}l} + \frac{1}{r}\frac{\partial \psi}{\partial r}\frac{\mathrm{d}r}{\mathrm{d}l}\right)r\mathrm{d}l = 2\pi\int_A^B \mathrm{d}\psi = 2\pi(\psi_B - \psi_A)$$

说明通过任意曲线为母线的回转面的体积流量，等于该曲线两端点的流函数差值的 2π 倍。

7.5.3　几个基本的轴对称流动的流函数

1. 空间均匀流

有一速度为 u_∞ 的空间均匀流，取 z 轴为流动方向，在球坐标系（R, θ, β）中为一轴对称流动，流动参数与 β 无关。其速度分量为

$$u_R = u_\infty\cos\theta, \quad u_\theta = -u_\infty\sin\theta$$

由球坐标系中流函数的定义式（7.69），得到

$$\frac{\partial \psi}{\partial R} = u_\infty R\sin^2\theta \left.\right\}$$
$$\frac{\partial \psi}{\partial \theta} = u_\infty R^2\sin\theta\cos\theta \left.\right\}$$

积分，得空间均匀流的流函数为

$$\psi = \frac{1}{2}u_\infty R^2\sin^2\theta \tag{7.71}$$

2. 空间点源（点汇）

设在坐标原点有一点源，其强度为 q。空间点 $P(R, \theta, \beta)$ 的速度分量为

$$u_R = \frac{q}{4\pi R^2}, u_\theta = 0$$

由球坐标系中流函数的定义式（7.69），得到

$$\left.\begin{array}{l} \dfrac{\partial \psi}{\partial R} = 0 \\[3mm] \dfrac{\partial \psi}{\partial \theta} = \dfrac{q}{4\pi}\sin\theta \end{array}\right\}$$

积分，得空间点源的流函数为

$$\psi = -\frac{q}{4\pi}\cos\theta \tag{7.72}$$

3. 空间偶极子流

空间偶极子流的势函数为

$$\varphi = \frac{M}{4\pi R^2}\cos\theta$$

于是，有

$$u_R = \frac{\partial \varphi}{\partial R} = -\frac{M}{2\pi R^3}\cos\theta, u_\theta = \frac{\partial \varphi}{R\partial \theta} = -\frac{M}{4\pi R^3}\sin\theta$$

由球坐标系中流函数的定义式（7.69），得到

$$\left.\begin{array}{l} \dfrac{\partial \psi}{\partial R} = \dfrac{M}{4\pi R^2}\sin^2\theta \\[3mm] \dfrac{\partial \psi}{\partial \theta} = -\dfrac{M}{2\pi R}\sin\theta\cos\theta \end{array}\right\}$$

积分，得空间偶极子流的流函数为

$$\psi = -\frac{M}{4\pi R}\sin^2\theta \tag{7.73}$$

7.5.4 圆球绕流

通过将简单势流如均匀流、点源（汇）、偶极子等进行叠加来处理较复杂的势流问题的方法，称为奇点法。下面用奇点法来讨论圆球绕流流场。

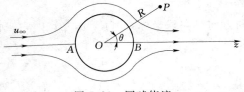

图 7.21 圆球绕流

如图 7.21 所示，在无穷远处有速度为 u_∞ 的均匀来流，绕过放置在坐标原点的圆球，外部绕流流场可视为均匀流和偶极子流叠加的结果。

绕流流场的流函数为

$$\psi = \psi_{均} + \psi_{偶} = \left(\frac{1}{2}u_\infty R^2 - \frac{M}{4\pi R}\right)\sin^2\theta \tag{7.74}$$

$\psi = 0$ 的流线（流面）为零流线（零流面），其方程为

$$\left(\frac{1}{2}u_\infty R^2 - \frac{M}{4\pi R}\right)\sin^2\theta = 0$$

即

$$\left. \begin{array}{l} \dfrac{1}{2}u_\infty R^2 - \dfrac{M}{4\pi R}=0 \\ \theta=0,\pi \end{array} \right\}$$

方程组的第一个式子为球面方程，其标准形式为

$$R^3 - \frac{M}{2\pi u_\infty}=0$$

即零流线（零流面）是半径为 $a=\sqrt[3]{M/2\pi u_\infty}$ 的圆（球）。方程组的第二个式子表示轴也是零流线（零流面）。

因此，若想得到一个均匀流绕一半径为 a 的球的流场，则偶极子的强度应为

$$M=2\pi u_\infty a^3$$

将上式代入式（7.74）得到均匀流绕半径为 a 的球流动的流函数为

$$\psi=\frac{1}{2}u_\infty R^2\left[1-\left(\frac{a}{R}\right)^3\right]\sin^2\theta \tag{7.75}$$

均匀流绕半径为 a 的球流动的势函数应为均匀流势函数和 $M=2\pi u_\infty a^3$ 的偶极子流的势函数之和，即

$$\varphi=\varphi_{均}+\varphi_{偶}=u_\infty R\cos\theta+\frac{2\pi a^3 u_\infty}{4\pi R^2}\cos\theta=u_\infty R\left[1+\frac{1}{2}\left(\frac{a}{R}\right)^3\right]\cos\theta \tag{7.76}$$

流场中任一点的速度为

$$u_R=\frac{\partial\varphi}{\partial R}=u_\infty\left[1-\left(\frac{a}{R}\right)^3\right]\cos\theta$$

$$u_\theta=\frac{\partial\varphi}{R\partial\theta}=-u_\infty\left[1+\frac{1}{2}\left(\frac{a}{R}\right)^3\right]\sin\theta$$

将 $R=a$ 代入上式，得到圆球表面上的速度分布为

$$\left. \begin{array}{l} u_R=0 \\ u_\theta=-\dfrac{3}{2}u_\infty\sin\theta \end{array} \right\} \tag{7.77}$$

当 $\theta=0$、π 时，$u_\theta=0$，即 A、B 两点为驻点。最大速度发生在 $\theta=\pm\pi/2$，$|u_\theta|_{\max}=\dfrac{3}{2}u_\infty$。

可以看出，绕圆球表面的速度最大值不如绕圆柱大，这是因为绕圆球时流体有较宽裕的空间流过物体，故流速增大的程度较小。

圆球表面的压强分布可以由伯努利方程确定，即

$$\frac{p}{\rho_g}+\frac{u^2}{2}=\frac{p_\infty}{\rho_g}+\frac{u_\infty^2}{2}$$

压强系数为

$$C_p=\frac{p-p_\infty}{\frac{1}{2}\rho u_\infty^2}=1-\left(\frac{u}{u_\infty}\right)^2=1-\frac{9}{4}\sin^2\theta \tag{7.78}$$

上式表明，圆球表面上的压强分布是关于水平轴和铅直轴对称的，因而其合力等于零。因此，圆球被均匀流绕过时不受流体合力作用。

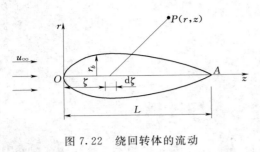

图 7.22 绕回转体的流动

7.5.5 轴对称体（回转体）绕流

轴对称体在均匀来流中的绕流依然可用奇点法来求解。图 7.22 为轴对称体的零攻角绕流，需要寻找适当的基本势流，使之与均匀流叠加后的势函数和流函数能满足物面和无穷远处的边界条件。

设轴对称体的物面方程为

$$r_b = r_b(z)$$

均匀来流速度为 u_∞。建立柱坐标系 (r, θ, z)，在对称轴的 OA 段上连续布置源（汇），设单位长度上的源（汇）强度为 $q(\zeta)$，则微元段 $\mathrm{d}\zeta$ 的强度为

$$\mathrm{d}q = q(\zeta)\mathrm{d}\zeta$$

微元段 $\mathrm{d}\zeta$ 的源（汇）在 P 点处的势函数和流函数分别为

$$\mathrm{d}\varphi_1 = -\frac{q(\zeta)\mathrm{d}\zeta}{4\pi} \frac{1}{\sqrt{r^2 + (z-\zeta)^2}}$$

$$\mathrm{d}\psi_1 = -\frac{q(\zeta)\mathrm{d}\zeta(z-\zeta)}{4\pi} \frac{1}{\sqrt{r^2 + (z-\zeta)^2}}$$

因此，整个 OA 段的源（汇）在 P 点处的势函数和流函数分别为

$$\varphi_1 = -\frac{1}{4\pi}\int_0^l \frac{q(\zeta)\mathrm{d}\zeta}{\sqrt{r^2 + (z-\zeta)^2}}$$

$$\psi_1 = -\frac{1}{4\pi}\int_0^l \frac{q(\zeta)\mathrm{d}\zeta(z-\zeta)}{\sqrt{r^2 + (z-\zeta)^2}}$$

同时，均匀流在 P 点处的势函数和流函数分别为

$$\varphi_2 = u_\infty z$$

$$\varphi_2 = \frac{1}{2}u_\infty r^2$$

均匀流和点源（汇）进行势流叠加后的流场的势函数和流函数分别为

$$\varphi = \varphi_1 + \varphi_2 = u_\infty z - \frac{1}{4\pi}\int_0^l \frac{q(\zeta)\mathrm{d}\zeta}{\sqrt{r^2 + (z-\zeta)^2}}$$

$$\psi = \psi_1 + \psi_2 = \frac{1}{2}u_\infty r^2 - \frac{1}{4\pi}\int_0^l \frac{q(\zeta)\mathrm{d}\zeta(z-\zeta)}{\sqrt{r^2 + (z-\zeta)^2}}$$

现需要确定 $q(\zeta)$ 使得上述函数满足物面和无穷远处的两个边界条件。其中，由于无穷远处源（汇）的速度为零，自动满足无穷远处边界条件，而要满足物面边界条件，需进行计算。有两种计算方法。

1. 方法 1

由于物面上的流函数值等于零，即 $(\psi)_b = 0$，需求解方程：

$$\frac{1}{2}u_\infty r^2 - \frac{1}{4\pi}\int_0^l \frac{q(\zeta)\mathrm{d}\zeta(z-\zeta)}{\sqrt{r^2 + (z-\zeta)^2}} = 0 \tag{7.79}$$

可采用数值方法将上面的积分表达式转换为代数式求近似解。

2. 方法 2

物面上的流体速度分量与物面坐标之间的关系式如下：

$$\left(\frac{u_r}{u_z}\right)_b = \left(\frac{\mathrm{d}r}{\mathrm{d}z}\right)_b \tag{7.80}$$

由于

$$u_r = \frac{\partial \varphi}{\partial r} = \frac{r}{4\pi}\int_0^l \frac{q(\zeta)\mathrm{d}\zeta}{\left[r^2 + (z-\zeta)^2\right]^{\frac{3}{2}}}$$

$$u_z = \frac{\partial \varphi}{\partial z} = u_\infty + \frac{1}{4\pi}\int_0^l \frac{(z-\zeta)q(\zeta)\mathrm{d}\zeta}{\left[r^2 + (z-\zeta)^2\right]^{\frac{3}{2}}}$$

将速度分量代入式（7.80），得到方程：

$$\frac{r_b}{4\pi}\int_0^l \frac{(z-\zeta)q(\zeta)\mathrm{d}\zeta}{\left[r_b^2 + (z-\zeta)^2\right]^{\frac{3}{2}}} = \left\{u_\infty + \frac{1}{4\pi}\int_0^l \frac{(z-\zeta)q(\zeta)\mathrm{d}\zeta}{\left[r^2 + (z-\zeta)^2\right]^{\frac{3}{2}}}\right\}\frac{\mathrm{d}r_b}{\mathrm{d}z}$$

同样运用数值求解方法求上式来确定 $q(\zeta)$。

7.6 理想流体的旋涡运动

在一流场中，如果一个区域内处处旋转角速度矢量 $\boldsymbol{\omega}$ 都为 0，这一区域内的流动是无旋的即有势的。理想流体的流动可以是有势的，也可以是有旋的。但黏性流体的流动一般是有旋的，表明黏性流体的流体微团在随主流作宏观运动的同时还在绕微团内一点旋动。

7.6.1 涡线和涡管

涡线是有旋流场中某一瞬时的一条曲线，曲线上各点处的旋转角速度矢量都与这一曲线相切，如图 7.23 所示。设流场中各点旋转角速度矢量的直角坐标表达式为 $\boldsymbol{\omega} = \omega_x \boldsymbol{i} + \omega_y \boldsymbol{j} + \omega_z \boldsymbol{k}$，与流线方程一样，涡线方程可以表示为

$$\frac{\mathrm{d}x}{\omega_x} = \frac{\mathrm{d}y}{\omega_y} = \frac{\mathrm{d}z}{\omega_z} \tag{7.81}$$

恒定流动中涡线形状不随时间变化。在有旋流场中取一非涡线的闭曲线，通过这一闭曲线上每点处都有一涡线，这些涡线形成了一封闭管状曲面，称为涡管（图 7.24）。恒定流动的涡管不随时间变化。

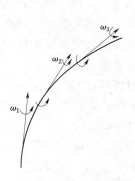

图 7.23 涡线

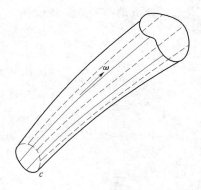

图 7.24 涡管

与涡管垂直的断面称为涡管断面，微小断面的涡管称为微元涡管。涡管内充满着做旋转运动的流体称为涡束，微元涡管中的涡束称为微元涡束。

7.6.2　涡通量

涡通量是指通过任一曲面的旋转角速度矢量的通量的 2 倍。如果把旋转角速度矢量比拟成速度矢量，通过曲面的涡通量与流量相类似。

一曲面面积设为 A，在其上任取一微元面积 $\mathrm{d}A$，$\mathrm{d}A$ 上一点处的单位法向矢量 $\boldsymbol{n}$ 与这点的旋转角速度矢量 $\boldsymbol{\omega}$ 一般不共线，设 $\boldsymbol{\omega}$ 在 $\boldsymbol{n}$ 上投影数量为 ω_n（图 7.25），通过 $\mathrm{d}A$ 的涡通量 $\mathrm{d}J = 2\omega_n\mathrm{d}A$，则通过曲面 A 的涡通量 J 为

$$J = \iint_A 2\omega_n\mathrm{d}A \tag{7.82}$$

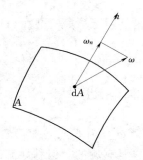

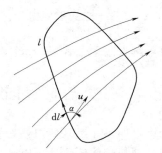

图 7.25　涡通量　　　　　　　　图 7.26　速度环量

7.6.3　速度环量

如图 7.26 所示，在流场中取一闭曲线，并在闭曲线上取一微元线段矢量 $\mathrm{d}\boldsymbol{l}$，平面闭曲线的正向规定为逆时针方向，空间闭曲线的正向由需要确定。$\mathrm{d}\boldsymbol{l}$ 上一流体质点的速度矢量为 $\boldsymbol{u}$，速度矢量在 $\mathrm{d}\boldsymbol{l}$ 上的环量 $\mathrm{d}\Gamma$，$\mathrm{d}\Gamma = \boldsymbol{u}\cdot\mathrm{d}\boldsymbol{l}$，如果速度矢量与 $\mathrm{d}\boldsymbol{l}$ 正向间夹角为 α，那么 $\boldsymbol{u}\cdot\mathrm{d}\boldsymbol{l} = u\mathrm{d}l\cos\alpha$。速度矢量的环量可以是正的或负的，由 α 角是锐角或钝角决定。

沿闭曲线的速度环量 Γ 为

$$\Gamma = \int_l \mathrm{d}\Gamma = \int_l u_x\mathrm{d}x + u_y\mathrm{d}y + u_z\mathrm{d}z \tag{7.83}$$

7.6.4　斯托克斯定理

对于有旋流动，其流动空间既是速度场，又是旋涡场。这两个场之间的关系，这是斯托克斯定理的内容。斯托克斯定理指出：沿有旋流场中一闭曲线由速度矢量产生的环量 Γ 等于该闭曲线内所有涡通量之和。

现就该定理进行证明。在流动平面上取一边长为 $\mathrm{d}x$、$\mathrm{d}y$ 的矩形，矩形的四边分别平行于 x、y 轴，如图 7.27 所示。

四边形四个顶点 A、B、C、D 的坐标分别为 $(x,\ y)$、$(x+\mathrm{d}x,\ y)$、$(x+\mathrm{d}x,\ y+\mathrm{d}y)$、$(x,\ y+\mathrm{d}y)$。$A$ 点处流体质点的速度矢量的两个分量分别

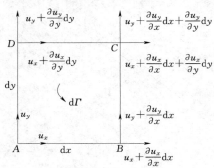

图 7.27　微元矩形边界速度环量

为 u_x、u_y，由二元函数的泰勒级数展开，其余三点处的速度分量如下：

B 点：$u_x + \dfrac{\partial u_x}{\partial x} \mathrm{d}x$，$u_y + \dfrac{\partial u_y}{\partial x} \mathrm{d}x$

C 点：$u_x + \dfrac{\partial u_x}{\partial x} \mathrm{d}x + \dfrac{\partial u_x}{\partial y} \mathrm{d}y$，$u_y + \dfrac{\partial u_y}{\partial x} \mathrm{d}x + \dfrac{\partial u_y}{\partial y} \mathrm{d}y$

D 点：$u_x + \dfrac{\partial u_x}{\partial y} \mathrm{d}y$，$u_y + \dfrac{\partial u_y}{\partial y} \mathrm{d}y$

将每边两端点上的速度投影的平均值作为这一边上各点速度投影值，AB 边上各点水平方向速度 $u_{xAB} = \dfrac{1}{2}\left(2u_x + \dfrac{\partial u_x}{\partial x} \mathrm{d}x\right)$，$BC$ 边上各点垂直方向速度 $u_{yBC} = \dfrac{1}{2}\left(2u_y + 2\dfrac{\partial u_y}{\partial x} \mathrm{d}x + \dfrac{\partial u_y}{\partial y} \mathrm{d}y\right)$，$CD$ 边上各点水平方向速度 $u_{xCD} = \dfrac{1}{2}\left(2u_x + 2\dfrac{\partial u_x}{\partial y} \mathrm{d}y + \dfrac{\partial u_x}{\partial x} \mathrm{d}x\right)$，$DA$ 边上各点垂直方向速度 $u_{yDA} = \dfrac{1}{2}\left(2u_y + \dfrac{\partial u_y}{\partial y} \mathrm{d}y\right)$。

由式（7.83），沿四边形边界逆时针方向速度环量：

$$
\begin{aligned}
\Gamma &= \int_{AB} u_{xAB} \mathrm{d}x + \int_{BC} u_{yBC} \mathrm{d}y - \int_{CD} u_{xCD} \mathrm{d}x - \int_{DA} u_{yDA} \mathrm{d}y \\
&= \frac{1}{2}\left(2u_x + \frac{\partial u_x}{\partial x} \mathrm{d}x\right)\mathrm{d}x + \frac{1}{2}\left(2u_y + 2\frac{\partial u_y}{\partial x} \mathrm{d}x + \frac{\partial u_y}{\partial y} \mathrm{d}y\right)\mathrm{d}y \\
&\quad - \frac{1}{2}\left(2u_x + 2\frac{\partial u_x}{\partial y} \mathrm{d}y + \frac{\partial u_x}{\partial x} \mathrm{d}x\right)\mathrm{d}x - \frac{1}{2}\left(2u_y + \frac{\partial u_y}{\partial y} \mathrm{d}y\right)\mathrm{d}y \\
&= \left(\frac{\partial u_y}{\partial x} - \frac{\partial u_x}{\partial y}\right)\mathrm{d}x\mathrm{d}y
\end{aligned}
$$

在 xoy 平面流动中，任意点处的旋转角速度矢量的两个投影 $\omega_x = \omega_y = 0$，$\omega_z = \dfrac{1}{2}\left(\dfrac{\partial u_y}{\partial x} - \dfrac{\partial u_x}{\partial y}\right)$，在微矩形内各点处 ω_z 相等，$\left(\dfrac{\partial u_y}{\partial x} - \dfrac{\partial u_x}{\partial y}\right)\mathrm{d}x\mathrm{d}y$ 正是通过微元矩形面的涡通量。因此，沿微元矩形边界的速度环量等于通过该微元矩形面的涡通量。这就证明了平面流动中斯托克斯定理对一微元面积的正确性。

在有限大的平面区域中，可以用两组互相垂直的平行线将区域划分成若干微元矩形，然后在每个微矩形应用斯托克斯定理并将结果相加，如图 7.28 所示。在相加环量时，应注意沿两个相邻微元矩形的公共边的速度环量相互抵消，所余正是沿外封闭曲线的速度环量，该环量等于通过各微元矩形面的通量总和，即

$$\Gamma_k = 2\iint_A \omega_n \mathrm{d}A \qquad (7.84)$$

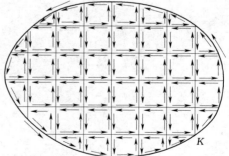

图 7.28 有限单连通域的斯托克斯定理

这就是平面上的有限单连通区域的斯托克斯定理的表达式。它说明沿包围平面上有限单连通域的封闭周线的速度环量等于通过该区域的涡通量。

可将斯托克斯定理推广至空间单连通区域。而对于复连通区域，需要做一些变换。例

如封闭周线内有一固体物（如叶片的叶型），如图 7.29 所示。将区域在 AB 处切开，可将复连通域变成单连通域，其速度环量为

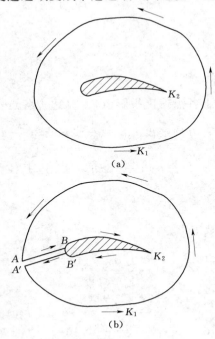

（a）

（b）

图 7.29　将复连通域转换为单连通域

$$\Gamma_{ABK_2B'A'K_1A} = \Gamma_{AB} + \Gamma_{BK_2B'} + \Gamma_{B'A'} + \Gamma_{A'K_1A}$$

由于沿线段 AB 和 $A'B'$ 的切向速度线积分大小相等，方向相反，故 $\Gamma_{AB} + \Gamma_{B'A'} = 0$，而沿内周线的速度环量 $\Gamma_{BK_2B'} = -\Gamma_{K_2}$，沿外周线的速度环量 $\Gamma_{A'K_1A} = \Gamma_{K_1}$。根据斯托克斯定理，有

$$\Gamma_{K_1} - \Gamma_{K_2} = 2\iint_A \omega_n \mathrm{d}A$$

如在外周线内有多个内周线，上式改写为

$$\Gamma_{K_1} - \sum \Gamma_{K_2} = 2\iint_A \omega_n \mathrm{d}A$$

因此，复连通区域的斯托克斯定理可以描述为：通过复连通域的涡通量等于沿这个区域的外周线的速度环量与所有内周线的速度环量总和之差。

【例 7.4】　试证明均匀流的速度环量等于零。

证明：流体以等速度 u_∞ 水平方向流动。首先，求沿如图 7.30（a）所示的矩形封闭曲线的速度环量，有

$$\Gamma_{12341} = \Gamma_{12} + \Gamma_{23} + \Gamma_{34} + \Gamma_{41} = bu_\infty + 0 - bu_\infty + 0 = 0$$

其次，求沿如图 7.30（b）所示的圆周线的速度环量，有

$$\Gamma_K = \oint_K u_\theta r \mathrm{d}\theta = \int_0^{2\pi} u_\infty \sin\theta r \mathrm{d}\theta = u_\infty r \int_0^{2\pi} \sin\theta \mathrm{d}\theta = 0$$

同样，可以证明均匀流沿其他任何形状的封闭曲线的速度环量等于零。

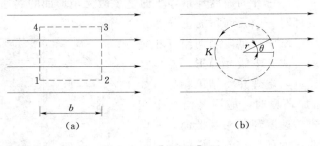

（a）　　　　　　　　　　　　（b）

图 7.30　［例 7.4］图

7.7　理想流体旋涡运动的基本定理

下面几个定理中要涉及流体线这一基本概念。流体线是指由相同流体质点组成的线状体。流体线随主流一起运动，流动中其位置与形状均可能发生变化，但构成它的流体质点始终不变。后面提到的正压流体指密度仅随压强变化的流体，液体可以视为正压流体。

7.7.1　汤姆逊定理

汤姆逊定理可叙述为理想的不可压缩流体在有势质量力作用下沿一封闭流体线的速度环量不随时间变化。

这里不证明这一定理。作用于流体的重力是一有势力，因而在重力场中的理想正压流体将满足汤姆逊定理。

静止理想流体中，沿一闭曲线的速度环量显然为 0，各点处的旋转角速度矢量也显然是零矢量。流体开始运动后的任一时刻，沿相同流体质点构成的流体线的速度环量，根据汤姆逊定理，仍然是 0，由斯托克斯定理，以这一闭曲线为边界的任一曲面的涡通量也为 0，这一曲面上各处旋转角速度矢量等于零矢量，流动仍然是无旋的。这说明，理想流体如果开始作无旋流动，流动将永远是有势的。

7.7.2　亥姆霍兹旋涡定理

亥姆霍兹第一定理：在同一时刻，通过涡管任意涡管断面的涡通量不变。

这一定理可以证明如下：在图 7.31 中，A、B 处是同一涡管的两个涡管断面，在涡管表面取两条无限接近的曲线 AB 和 $A'B'$，于是可以得到一条分布在涡管表面的闭曲线 $ABB'A'A$，由于涡管表面上各点处旋转角速度矢量都与涡管表面相切，因此通过这一闭曲线的涡通量为 0。由斯托克斯定理，沿闭曲线的速度环量也为 0。在 AB 和 $B'A'$ 两曲线上各点速度矢量相同，但两曲线正向相反，在图 7.31 中，曲线 AB、$B'A'$ 的正向分别是从 A 到 B 和从 B' 到 A'。沿两条相邻曲线的速度曲线积分

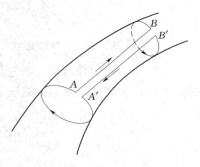

图 7.31　亥姆霍兹第一定理

大小相等，符号相反，互相抵消，于是得到 $\Gamma_{ABB'A'A} = \Gamma_{BB'} + \Gamma_{A'A} = 0$，即 $\Gamma_{BB'} = -\Gamma_{A'A}$ 或 $\Gamma_{AA'} = \Gamma_{BB'}$。由斯托克斯定理，以闭曲线 AA' 和 BB' 为边界的两个涡管断面涡通量相等。

亥姆霍兹第一定理表明，在同一涡管上，涡管断面面积较小的断面上各点处旋转角速度矢量有较大的值，这与沿流管过流断面面积较小处速度矢量有较大值相类似。涡管断面面积不能减小到 0，否则这里的旋转角速度矢量的大小将趋近于无穷大，而这是不可能的。因此，流场中的涡管首尾断面只能终止于液面或固壁处，或者涡管成为环状。

亥姆霍兹第二定理：正压的理想流体在重力作用下，组成涡管的流体质点将始终组成涡管。这一定理表明，涡管在随流流动中可以改变其位置与形状，但涡管内的流体质点不会变化。

这一定理可以证明如下：在图 7.32 的涡管表面取一闭曲线 K，由于涡管表面上各处旋转角速度矢量与涡管表面相切而无与之正交的分量，通过封闭曲线 K 所围涡管表面的涡通量为 0，由斯托克斯定理，速度矢量沿这一闭曲线的环量也为 0。到下一时刻，由汤姆逊定理，沿在新位置由相同流体质点构成的封闭曲线的环量不变化，仍然是 0。沿这一闭曲线为边界的曲面的涡通量也将为 0，表明曲面上旋转角速度矢量没有与曲面正交的分量，处于与曲面相切位置，这一曲面仍然是涡管表面的一部分，即构成涡管表面的流体质点始终构成涡管表面。

亥姆霍兹第三定理：正压的理想流体在重力作用下，涡管强度不随时间而变化。

这一定理可以证明如下：亥姆霍兹第一定理已经证明，在同一时刻，通过一涡管任一涡管断面的涡通量不变，下面说明，这一常数也不随时间变化。在图 7.33 中，在涡管表面取一闭曲线，速度矢量沿这一闭曲线的环量是一确定值。到下一时刻，涡管运动到新位置，涡管壁上由相同流体质点构成的封闭曲线的环量，由汤姆逊定理，是一个不变量，由斯托克斯定理，前后位置涡管内的涡通量也是常数，它们都等于这一不变的环量。

图 7.32 亥姆霍兹第二定理

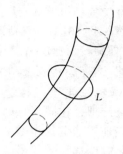

图 7.33 亥姆霍兹第三定理

在使用上述定理时应注意它们的应用条件。工程中实际不存在理想流体，但在短时间内，可以认为流体运动满足这些条件，从而简化研究过程。

7.8 旋 涡 诱 导 速 度

旋涡集中于一条曲线附近的区域，该区域以外流场是无旋的，可认为旋涡集中分布在断面积为 A 的涡管内，涡管外形成诱导速度场。

计算诱导速度可利用涡线与通电导线之间的相似关系，认为涡线相当于通电导线，涡线周围产生的速度场 u，相当于通电导线在其周围感应产生的磁场 B。电流与磁场关系的定律，即毕奥—沙伐尔公式为

$$dB = \frac{I}{4\pi r^2}\sin\theta dl$$

对照上式，强度为 Γ 的任意形状的涡束对于空间点 P 的诱导速度为

$$du = \frac{\Gamma}{4\pi r^2}\sin\theta dl$$

诱导速度的方向由右手法则确定：大拇指表示旋涡转动方向，则诱导速度的方向由其余四指给出。将上式沿涡束积分，得

$$u = \frac{\Gamma}{4\pi}\int_l \frac{\sin\theta}{r^2}dl \tag{7.85}$$

式（7.85）为长度为 l 的任意形状涡束对于任意点 P 的诱导速度公式。

7.8.1 直线涡束的诱导速度

如图 7.34 所示，AB 为一有限长直线涡束，现利用式（7.85）求涡束 AB 对点 P 的诱导速度。设 A、B 两点到点 P 的距离分别为 r_1、r_2，在 AB 上取微小线段 dl，对点 P 的距离为 r，点 P 至涡线的垂直距离为 r_0，由图 7.34 得到以下关系式：

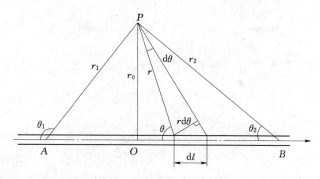

$$\mathrm{d}l\sin\theta = r\mathrm{d}\theta, r\sin\theta = r_0$$

图 7.34　直线涡束的诱导速度

将上述关系式代入式（7.85）得到 AB 对点 P 的诱导速度为

$$u = \frac{\Gamma}{4\pi r_0}\int_{\theta_1}^{\theta_2}\sin\theta\mathrm{d}\theta$$

$$= -\frac{\Gamma}{4\pi r_0}(\cos\theta_2 - \cos\theta_1) \tag{7.86}$$

对于半无限长涡束，$\theta_1 = \dfrac{\pi}{2}$，$\theta_2 = 0$，因此对点 P 的诱导速度为

$$u = \frac{\Gamma}{4\pi r_0}$$

对于无限长涡束，$\theta_1 = \pi$，$\theta_2 = 0$，因此对点 P 的诱导速度为

$$u = \frac{\Gamma}{2\pi r_0}$$

7.8.2　平面涡层的诱导速度

在无限流场中布置一涡列，这一涡列由多个无限长涡束无间隔地直线排列而成，称为涡层，如图 7.35 所示。

设单位长度的旋涡密度为 $\gamma(x')$，则微小线段 $\mathrm{d}x'$ 上的涡通量为

$$\mathrm{d}\Gamma = \gamma(x')\mathrm{d}x'$$

微小线段 $\mathrm{d}x'$ 上的涡通量 $\mathrm{d}\Gamma$ 对点 P 的诱导速度为

$$\mathrm{d}u_x = \frac{\sin\alpha\mathrm{d}\Gamma}{2\pi r_0} = \frac{\gamma(x')}{2\pi}\frac{\sin\alpha\mathrm{d}x'}{r_0}$$

$$= \frac{\gamma(x')}{2\pi}\frac{y\mathrm{d}x'}{(x-x')^2 + y^2}$$

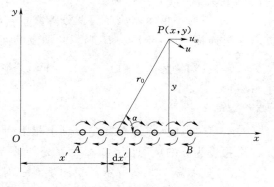

图 7.35　直线涡束的诱导速度

类似，可求出 y 轴方向的速度分量。在整个涡层 AB 上积分可得点 P 的速度为

$$u_x = \frac{1}{2\pi} \int_A^B \frac{\gamma(x')\,y\mathrm{d}x'}{(x-x')^2 + y^2} \Bigg\}$$

$$u_y = -\frac{1}{2\pi} \int_A^B \frac{\gamma(x')\,(x-x')\,\mathrm{d}x'}{(x-x')^2 + y^2} \Bigg\}$$

若 $\gamma(x')$ 为定值，且涡层沿 x 轴伸展到 $\pm\infty$，在涡层表面的诱导速度为

$$u_x = \frac{\gamma}{2\pi} \int_{-\infty}^{+\infty} \frac{y\mathrm{d}x'}{(x-x')^2 + y^2} = \mp \frac{\gamma}{2} \Bigg\}$$

$$u_y = -\frac{\gamma}{2\pi} \int_{-\infty}^{+\infty} \frac{(x-x')\,\mathrm{d}x'}{(x-x')^2 + y^2} = 0 \Bigg\}$$

由上式看到，由于 γ 为负值，在涡层上方其速度为正，下方为负，即当穿过涡层时，切向速度将产生间断（跃变）γ，而法向速度则是连续的。

习　　题

7.1　平面不可压缩流体速度分布为

$$v_x = 4x + 1, \quad v_y = -4y$$

（1）该流动满足连续性方程否？（2）势函数 φ、流函数 ψ 存在否？（3）求 φ、ψ。

7.2　平面不可压缩流体速度分布：

$$v_x = x^2 - y^2 + x, v_y = -(2xy + y).$$

（1）流动满足连续性方程否？（2）势函数 φ、流函数 ψ 存在否？（3）求 φ、ψ。

7.3　平面不可压缩流体速度势函数 $\varphi = x^2 - y^2 - x$，求流场上 $A(-1, -1)$ 及 $B(2, 2)$ 点处的速度值及流函数值。

7.4　已知平面流动流函数 $\psi = x + y$，计算其速度、加速度、线变形率 ε_{xx}，ε_{yy}，求出速度势函数 φ。

7.5　一平面定常流动的流函数为

$$\psi(x, y) = -\sqrt{3}x + y$$

试求速度分布，写出通过 $A(1, 0)$ 和 $B(2, \sqrt{3})$ 两点的流线方程。

7.6　平面不可压缩流体速度势函数 $\varphi = ax(x^2 - 3y^2)$，$a < 0$，试确定流速及流函数，并求通过连接 $A(0, 0)$ 及 $B(1, 1)$ 两点的连线的直线段的流体流量。

7.7　已知复势为：（1）$f(z) = (1+i)z$；（2）$f(z) = (1+i)\ln\left(\dfrac{z+1}{z-4}\right)$；（3）$f(z) = -6iz + i\dfrac{24}{z}$。试分析上述流动的组成。

7.8　已知两个点源布置在 x 轴上相距为 a 的两点，第一个强度为 $2q$ 的点源在原点，第二个强度为 q 的点源位于 $(a, 0)$ 处，求流动的速度分布 $(q > 0)$。

7.9　如习题 7.9 图所示，平面上有一对等强度为 Γ（$\Gamma > 0$）的点涡，其方向相反，分别位于 $(0, h)$，$(0, -h)$ 两固定点处，同时平面上有一无穷远平行于 x 轴的来流 v_∞，试求合成速度在原点的值。

7.10　如习题 7.10 图所示，将速度为 v_∞ 的平行于 x 轴的均匀流和在原点强度为 q 的

点源叠加，求叠加后流场中驻点位置及通过驻点的流线方程。

7.11 一沿 x 轴正向的均匀流，速度 $U=10\mathrm{m/s}$，与一位于原点的点涡相叠加。已知驻点位于点 $(0，-5)$，求：(1) 点涡的强度；(2) 点 $(0，5)$ 的速度；(3) 通过驻点的流线方程。

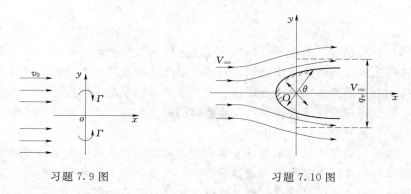

习题 7.9 图   习题 7.10 图

7.12 一平面势流由点源和点汇叠加而成，点源位于点 $(-1，0)$，其强度 $m_1=20\mathrm{m^2/s}$，点汇位于点 $(2，0)$，其强度 $m_2=40\mathrm{m^2/s}$，流体密度 $\rho=1.8\mathrm{kg/m^3}$。已知流场中点 $(0，0)$ 的压强为 0，试求点 $(0，1)$ 和点 $(1，1)$ 的速度和压强。

第 8 章　黏性流体动力学基础

实际流体都具有黏性，而在研究黏性较小的流体的某些流动现象时，可将有黏性的实际流体近似地按无黏性的理想流体处理。例如，黏性小的流体在大雷诺数情况下，其流速和压强分布等均与理想流体理论十分接近。但在研究黏性小的流体的另一些问题时，与实际情况不符，如按照理想流体理论得到绕流物体的阻力为零。产生矛盾的主要原因是未考虑实际流体所具有的黏性对流动的影响。

本章，首先建立黏性流体运动微分方程，并介绍该方程的在特定条件下的求解。由于固体边界对流体与固体的相互作用有重要的影响，本章接着主要介绍边界层的概念、原理和基本的分析方法。本章的最后将讨论黏性流体更普遍的流动形态——湍流时均流场的求解原理及方法，建立湍流运动方程及典型的湍流计算模型。

8.1　纳维-斯托克斯方程

8.1.1　黏性流体的应力

黏性流体的力学性质不同于理想流体，黏性流体在运动时会产生切应力。因此作用于黏性流体的表面应力既有压应力，也有切应力。

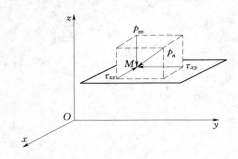

图 8.1　作用于水平面的表面应力

在流场中任取一点 M，过该点作一垂直于 z 轴的水平面，如图 8.1 所示。过 M 点作用于水平面上的表面应力 p_n 在 x、y、z 轴上的分量为一个垂直于水平面的压应力 p_{zz} 和两个与水平面相切的切应力 τ_{zx}、τ_{zy}。压应力和切应力的下标中第一个字母表示作用面的法线方向，第二个字母表示应力的作用方向。显然，通过 M 点在 3 个相互垂直的作用面上的表面应力共有 9 个分量，其中 3 个是压应力 p_{xx}、p_{yy}、p_{zz}，6 个是切应力 τ_{xy}、τ_{xz}、τ_{yx}、τ_{yz}、τ_{zx}、τ_{zy}，将应力分量写成矩阵形式：

$$\begin{bmatrix} p_{xx} & \tau_{xy} & \tau_{xz} \\ \tau_{yx} & p_{yy} & \tau_{yz} \\ \tau_{zx} & \tau_{zy} & p_{zz} \end{bmatrix}$$

9 个应力分量中，由于 $\tau_{xy}=\tau_{yx}$、$\tau_{yz}=\tau_{zy}$、$\tau_{zx}=\tau_{xz}$，黏性流体中任意点的应力分量只有 6 个独立分量，即 τ_{xy}、τ_{yz}、τ_{zx}、p_{xx}、p_{yy}、p_{zz}。

8.1.2　应力形式的运动方程

在黏性流体的流场中，取一以点 M 为中心的微元直角六面体，其边长分别为 dx、

dy、dz。设 M 点的坐标为（x，y，z），流体在 M 点处的速度分量为 u_x、u_y、u_z，密度为 ρ。根据泰勒级数展开，并略去级数中二阶以上的各项，六面体各表面上中心点的应力如图 8.2 所示。六面体很小，各表面上的应力可看作是均匀分布的，各表面力通过相应面的中心。

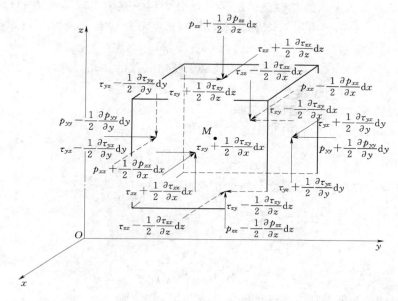

图 8.2　作用于六面体的表面应力

先讨论六面体内流体在 x 轴方向受力和运动情况。作用于六面体的力有质量力和表面力两种，x 方向上的表面力有

$$\left(p_{xx}-\frac{1}{2}\frac{\partial p_{xx}}{\partial x}dx\right)dydz-\left(p_{xx}+\frac{1}{2}\frac{\partial p_{xx}}{\partial x}dx\right)dydz$$

$$\left(\tau_{yx}+\frac{1}{2}\frac{\partial \tau_{yx}}{\partial y}dy\right)dxdz-\left(\tau_{yx}-\frac{1}{2}\frac{\partial \tau_{yx}}{\partial y}dy\right)dxdz$$

$$\left(\tau_{zx}+\frac{1}{2}\frac{\partial \tau_{zx}}{\partial z}dz\right)dxdy-\left(\tau_{zx}-\frac{1}{2}\frac{\partial \tau_{zx}}{\partial z}dz\right)dxdy$$

将三式相加，得

$$-\left(\frac{\partial p_{xx}}{\partial x}-\frac{\partial \tau_{yx}}{\partial y}-\frac{\partial \tau_{zx}}{\partial z}\right)dxdydz$$

设作用于六面体的单位质量力在 x 轴上的分量为 f_x，则 x 方向上作用于六面体的质量力为 $\rho f_x dxdydz$。根据牛顿第二定律有

$$\left(\rho f_x-\frac{\partial p_{xx}}{\partial x}+\frac{\partial \tau_{yx}}{\partial y}+\frac{\partial \tau_{zx}}{\partial z}\right)dxdydz=\rho dxdydz\frac{du_x}{dt} \tag{8.1}$$

化简上式可得

$$f_x+\frac{1}{\rho}\left(-\frac{\partial p_{xx}}{\partial x}+\frac{\partial \tau_{yx}}{\partial y}+\frac{\partial \tau_{zx}}{\partial z}\right)=\frac{du_x}{dt} \tag{8.2a}$$

同理，在 y、z 轴方向上：

$$f_y + \frac{1}{\rho}\left(-\frac{\partial p_{yy}}{\partial y} + \frac{\partial \tau_{xy}}{\partial x} + \frac{\partial \tau_{zy}}{\partial z}\right) = \frac{\mathrm{d}u_y}{\mathrm{d}t} \Bigg\}$$

$$f_z + \frac{1}{\rho}\left(-\frac{\partial p_{zz}}{\partial z} + \frac{\partial \tau_{xz}}{\partial x} + \frac{\partial \tau_{yz}}{\partial y}\right) = \frac{\mathrm{d}u_z}{\mathrm{d}t} \Bigg\} \qquad (8.2b)$$

式（8.2）就是以应力表示的黏性流体的运动微分方程。式中单位质量力的分量 f_x、f_y、f_z 通常是已知的，对于不可压缩均质流体而言，密度 ρ 是常数，所以上式中包含 6 个应力分量和 3 个速度分量，共 9 个未知量。而式（8.2）中只有 3 个方程式，加上连续性微分方程也只有 4 个方程式，无法求解，因此必须找出其他的补充关系式。这些关系式可以从对流体质点的应力分析中得到。

8.1.3　黏性流体应力与变形速度的关系

根据第 1 章讨论过的牛顿内摩擦定律，切应力：

$$\tau = \mu \frac{\mathrm{d}\theta}{\mathrm{d}t} \qquad (8.3)$$

流体微团运动时的角变形速度与纯剪切变形速度的关系为

$$\frac{\mathrm{d}\theta_{xy}}{\mathrm{d}t} = 2\varepsilon_{xy} = \left(\frac{\partial u_y}{\partial x} + \frac{\partial u_x}{\partial y}\right)$$

从而有

$$\tau_{xy} = \tau_{yx} = \mu \frac{\mathrm{d}\theta_{xy}}{\mathrm{d}t} = \mu\left(\frac{\partial u_y}{\partial x} + \frac{\partial u_x}{\partial y}\right)$$

因此，切应力分量与纯剪切变形速度的关系式为

$$\tau_{xy} = \tau_{yx} = 2\mu\varepsilon_{xy} = \mu\left(\frac{\partial u_y}{\partial x} + \frac{\partial u_x}{\partial y}\right) \Bigg\}$$

$$\tau_{yz} = \tau_{zy} = 2\mu\varepsilon_{yz} = \mu\left(\frac{\partial u_z}{\partial y} + \frac{\partial u_y}{\partial z}\right) \Bigg\} \qquad (8.4)$$

$$\tau_{zx} = \tau_{xz} = 2\mu\varepsilon_{zx} = \mu\left(\frac{\partial u_x}{\partial z} + \frac{\partial u_z}{\partial x}\right) \Bigg\}$$

上式即为黏性流体切应力的普遍表达式，称为广义牛顿内摩擦定律。

黏性流体运动时存在切应力，所以压应力的大小与其作用面的方位有关，同一空间点上三个相互垂直方向的压应力一般是不相等的，即 $p_{xx} \neq p_{yy} \neq p_{zz}$。在实际问题中，同一点压应力的各向差异并不很大，可以用平均值 p 作为该点的压应力，即

$$p = \frac{1}{3}(p_{xx} + p_{yy} + p_{zz})$$

这样，黏性流体各个方向的压应力可以为等于这个平均值加上一个附加压应力，即

$$\begin{aligned} p_{xx} &= p + p'_{xx} \\ p_{yy} &= p + p'_{yy} \\ p_{zz} &= p + p'_{zz} \end{aligned} \Bigg\} \qquad (8.5)$$

这些附加压应力可认为是由于黏性所引起的。由于黏性的作用，流体微团除了发生剪切变形外，同时也发生线变形，即在流体微团的法线方向上有线变形速度 $\dfrac{\partial u_x}{\partial x}$、$\dfrac{\partial u_y}{\partial y}$、$\dfrac{\partial u_z}{\partial z}$，从而使压应力的大小有所改变，产生附加压应力。在理论上可以证明，对于不压缩均质流

体，附加压应力与线变形速度之间关系类似式（8.4）。将切应力的广义牛顿内摩定律推广应用，可得附加压应力等于流体的动力黏度与两倍的线变形速度的乘积，得

$$\left.\begin{aligned}
p'_{xx} &= -\mu \times 2\varepsilon_{xx} = -2\mu\frac{\partial u_x}{\partial x} \\
p'_{yy} &= -\mu \times 2\varepsilon_{yy} = -2\mu\frac{\partial u_y}{\partial y} \\
p'_{zz} &= -\mu \times 2\varepsilon_{zz} = -2\mu\frac{\partial u_z}{\partial z}
\end{aligned}\right\} \tag{8.6}$$

上式中的负号是因为当$\dfrac{\partial u_x}{\partial x}$为正值时，流体微团发生伸长变形，周围流体对它作用的是拉力，p'_{xx}应为负值；反之，当$\dfrac{\partial u_x}{\partial x}$为负值时，流体微团发生压缩变形，周围流体对它作用的是压力，p'_{xx}应为正值。因此，压应力与线变形速度的关系式为

$$\left.\begin{aligned}
p_{xx} &= p - 2\mu\frac{\partial u_x}{\partial x} \\
p_{yy} &= p - 2\mu\frac{\partial u_y}{\partial y} \\
p_{zz} &= p - 2\mu\frac{\partial u_z}{\partial z}
\end{aligned}\right\} \tag{8.7}$$

不可压缩均质黏性流体的连续性方程为

$$\frac{\partial u_x}{\partial x} + \frac{\partial u_y}{\partial y} + \frac{\partial u_z}{\partial z} = 0$$

将式（8.7）中三个式子相加后平均，得

$$\frac{1}{3}(p_{xx} + p_{yy} + p_{zz}) = \frac{1}{3}\left[3p - 2\mu\left(\frac{\partial u_x}{\partial x} + \frac{\partial u_y}{\partial y} + \frac{\partial u_z}{\partial z}\right)\right] = p$$

上式正好验证了前述$p = \dfrac{1}{3}(p_{xx} + p_{yy} + p_{zz})$的关系。

根据以上的分析，黏性流体中任一点的应力状态可以由一个压应力p和三个切应力τ_{xy}、τ_{yz}、τ_{zx}来表示。

8.1.4 纳维–斯托克斯方程

将式（8.4）和式（8.7）代入以应力形式表示的黏性流体的运动微分方程式（8.2），写出x方向的方程式为

$$f_x + \frac{1}{\rho}\left[-\frac{\partial}{\partial x}\left(p - 2\mu\frac{\partial u_x}{\partial x}\right) + \mu\frac{\partial}{\partial y}\left(\frac{\partial u_y}{\partial x} + \frac{\partial u_x}{\partial y}\right) + \mu\frac{\partial}{\partial z}\left(\frac{\partial u_x}{\partial z} + \frac{\partial u_z}{\partial x}\right)\right] = \frac{\mathrm{d}u_x}{\mathrm{d}t}$$

整理得到

$$f_x - \frac{1}{\rho}\frac{\partial p}{\partial x} + \frac{\mu}{\rho}\left(\frac{\partial^2 u_x}{\partial x^2} + \frac{\partial^2 u_x}{\partial y^2} + \frac{\partial^2 u_x}{\partial z^2}\right) + \frac{\mu}{\rho}\frac{\partial}{\partial x}\left(\frac{\partial u_x}{\partial x} + \frac{\partial u_y}{\partial y} + \frac{\partial u_z}{\partial z}\right) = \frac{\mathrm{d}u_x}{\mathrm{d}t}$$

因不可压缩均质黏性流体的连续性方程为

$$\frac{\partial u_x}{\partial x} + \frac{\partial u_y}{\partial y} + \frac{\partial u_z}{\partial z} = 0$$

引入拉普拉斯算符：

$$\nabla^2 = \frac{\partial^2}{\partial x^2} + \frac{\partial^2}{\partial y^2} + \frac{\partial^2}{\partial z^2}$$

代入上式，并将加速度项展开，得

$$f_x - \frac{1}{\rho}\frac{\partial p}{\partial x} + \nu\nabla^2 u_x = \frac{\partial u_x}{\partial t} + u_x\frac{\partial u_x}{\partial x} + u_y\frac{\partial u_x}{\partial y} + u_z\frac{\partial u_x}{\partial z} \tag{8.8a}$$

同理，在 y、z 方向可得

$$\left.\begin{aligned}
f_y - \frac{1}{\rho}\frac{\partial p}{\partial y} + \nu\nabla^2 u_y &= \frac{\partial u_y}{\partial t} + u_x\frac{\partial u_y}{\partial x} + u_y\frac{\partial u_y}{\partial y} + u_z\frac{\partial u_y}{\partial z} \\
f_z - \frac{1}{\rho}\frac{\partial p}{\partial z} + \nu\nabla^2 u_z &= \frac{\partial u_z}{\partial t} + u_x\frac{\partial u_z}{\partial x} + u_y\frac{\partial u_z}{\partial y} + u_z\frac{\partial u_z}{\partial z}
\end{aligned}\right\} \tag{8.8b}$$

上式即为不可压缩均质黏性流体的运动微分方程，即纳维—斯托克斯方程，简称 N－S 方程。如果流体是理想流体，上式则成为理想流体的运动微分方程；如果流体为静止流体，上式则成为欧拉平衡微分方程。所以，N－S 方程是不可压缩均质流体的普遍方程。

　　N－S 方程中未知量有 p、u_x、u_y、u_z 四个，加上连续性方程共有四个方程式，从理论上讲，任何不可压缩均质流体的 N－S 方程，在一定的初始和边界条件下，是可以求解的。但是，N－S 方程是二阶非线性偏微分方程组，要进行求解是很困难的，只有在某些简单的或特殊的情况下，才能求得精确解。目前一般采用数值计算方法利用计算机求解，得到近似解，这部分内容可参阅有关计算流体力学的教材或参考书。

　　N－S 方程的精确解，虽然为数不多，但能揭示黏性流体的一些本质特征，其中有些还有重要的实用意义。它可以作为检验和校核其他近似方法的依据，探讨复杂问题和新的理论问题的参照点和出发点。下面介绍求解精确解的例题。

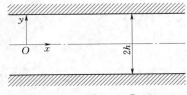

图 8.3　[例 8.1] 图

【例 8.1】　设黏性流体在两无限长的水平平板间作恒定层流流动，上板移动速度为 U_1，下板移动速度为 U_2，如图 8.3 所示。已知两板间距为 $2h$，质量力可忽略不计，试求两平板间的速度分布。

　　解：由题意知，两平板间的流动特点如下：任一点处速度 u 只有 x 轴方向分量，$u_y = u_z = 0$；由于平板很大，速度与坐标 x、z 无关，即 $u_x = u_x(y)$；另外，由于在 y、z 轴方向无流动，压强 p 与 y、z 无关，$p = p(x)$。

　　流体的方程简化为

$$-\frac{1}{\rho}\frac{\mathrm{d}p}{\mathrm{d}x} + \nu\frac{\mathrm{d}^2 u_x}{\mathrm{d}y^2} = 0 \quad \text{或} \quad \frac{\mathrm{d}^2 u_x}{\mathrm{d}y^2} - \frac{1}{\mu}\frac{\mathrm{d}p}{\mathrm{d}x} = 0$$

因为 $\dfrac{\mathrm{d}p}{\mathrm{d}x}$ 是 x 的函数，与 y 无关，上式积分两次得

$$u_x(y) = \frac{1}{2\mu}\frac{\mathrm{d}p}{\mathrm{d}x}y^2 + C_1 y + C_2$$

边界条件为 $y = h$ 时，$u_x = U_1$；$y = -h$ 时，$u_x = U_2$。

得到积分常数 $C_1 = \dfrac{U_1 - U_2}{2h}$，$C_2 = \dfrac{U_1 + U_2}{2} - \dfrac{1}{2\mu}\dfrac{\mathrm{d}p}{\mathrm{d}x}h^2$。

最后，得到速度分布式：

$$u_x = -\frac{h^2}{2\mu}\frac{\mathrm{d}p}{\mathrm{d}x}\left[1-\left(\frac{y}{h}\right)^2\right]+\frac{U_1-U_2}{2}\left(\frac{y}{h}\right)+\frac{U_1+U_2}{2}$$

如果两平板固定不动，$u_x = -\dfrac{h^2}{2\mu}\dfrac{\mathrm{d}p}{\mathrm{d}x}\left[1-\left(\dfrac{y}{h}\right)^2\right]$，这种流动称为二维泊肃叶流动。

8.2 边界层的基本概念

黏性流体的运动微分方程（N-S方程），目前只有对最简单边界条件下的少数问题才能求得精确解。如对于小雷诺数情况，可以略去全部惯性力项，得到简化的线性方程，求得近似解。但是，在实际工程中，大多数是大雷诺数情况，求解很困难，所以必须寻找新的方法。1904年普朗特对此进行研究，结合实验，提出了边界层理论，对解决大雷诺流动问题提供了求解方法。

8.2.1 边界层流动特点

黏性流体流经固体时，固体边界上的流体质点黏附在固体表面边界上，与边界没有相对运动，称为无滑移条件。在固体边界的外法线方向上流速从零迅速增大，在边界附近的流区存在着相当大的速度梯度。在这个流区内黏性作用不能忽略，边界附近的这个流区就称为边界层（或附面层）。边界层以外的流区，黏性的作用可以略去，可看作理想流体。这样，就将大雷诺数流动情况视为由两个性质不同的流动

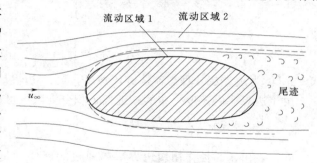

图 8.4　黏性流体绕流

所组成：一是固体边界附近的边界层流动（如图 8.4 的流动区域 1），黏性作用不能忽略；另一个是边界层以外的流动（图 8.4 的流动区域 2），按势流理论来求解，而边界层内的流动，以 N-S 方程为依据，根据问题的物理特点，给予简化处理来求解。

通过一个典型的例子来看边界层内的流动特征。设在速度为 U_0 的二维恒定均匀流场中，放置一块与流动方向平行的厚度极薄光滑的平板，可认为平板不会引起流动的改变，如图 8.5 所示。现讨论平板一侧的情况。由于平板不动，根据无滑移条件和黏性作用，与

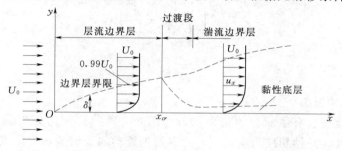

图 8.5　平板边界层

紧贴平板的一层流体质点流速为零，沿平板外法线方向上流体速度迅速增大至来流速度 U_0。从平板前缘开始形成的流速不均匀区域就是边界层。

8.2.2　边界层的厚度

从理论上讲，边界层厚度应该是由平板表面流速为零的地方，沿平板表面外法线方向一直到流速达到外界主流速度 U_0 的地方。严格意义上，流速应在无穷远处才能真正达到 U_0。但是，根据实验观察，在离平板表面一定距离后，流速就非常接近来流速度。一般规定 $u_x = 0.99U_0$ 的地方可看作是边界层外边缘，可以认为边界层厚度（几何厚度）δ 是沿固体表面外法线方向从 $u_x = 0$ 到 $u_x = 0.99U_0$ 的一段距离。从图 8.5 可以看出，在平板的前端，流速为零，边界层的厚度也为零，在流动方向上沿着固体表面，边界层厚度不断增加，边界层厚度 δ 是 x 的函数。

在对边界层流动的分析中，还常用到排挤厚度 δ^* 和动量损失厚度 δ^{**}。

引出排挤厚度的出发点是：在边界层中，由于黏性使在该区域内通过的流量比理想流体所通过的流量减小，即黏性的存在相当于固体壁面向流动内部移动一段距离后理想流体流动所通过的流量，这一移动距离称为排挤厚度 δ^*。根据上述定义写出

$$U_0 \delta^* = \int_0^\delta U_0 \mathrm{d}y - \int_0^\delta u_x \mathrm{d}y$$

即

$$\delta^* = \int_0^\delta \left(1 - \frac{u_x}{U_0}\right) \mathrm{d}y \tag{8.9a}$$

式中：U_0 为边界层外理想流体势流速度；u_x 为边界层内黏性流体速度。

由于边界层内速度分布的渐近性，积分上限也可以取作 ∞，此时：

$$\delta^* = \int_0^\infty \left(1 - \frac{u_x}{U_0}\right) \mathrm{d}y \tag{8.9b}$$

同样，由于黏性作用使边界层内通过的流体动量比流量相同的理想流体通过的动量小，单位时间损失的动量写作

$$\rho U_0^2 (\delta - \delta^*) - \int_0^\delta \rho u_x^2 \mathrm{d}y = \int_0^\delta \rho U_0 u_x \mathrm{d}y - \int_0^\delta \rho u_x^2 \mathrm{d}y$$

损失的动量相当于理想流体以速度 U_0 流过厚度 δ^{**} 的动量，δ^{**} 称为动量损失厚度，有

$$\rho U_0^2 \delta^{**} = \int_0^\delta \rho U_0 u_x \mathrm{d}y - \int_0^\delta \rho u_x^2 \mathrm{d}y$$

即

$$\delta^{**} = \int_0^\delta \frac{u_x}{U_0} \left(1 - \frac{u_x}{U_0}\right) \mathrm{d}y \tag{8.10a}$$

或

$$\delta^{**} = \int_0^\infty \frac{u_x}{U_0} \left(1 - \frac{u_x}{U_0}\right) \mathrm{d}y \tag{8.10b}$$

8.2.3　边界层内的流态

边界层内的流态也有层流和湍流两种，如图 8.5 所示。在边界层的前部，由于 δ 较小，流速梯度很大，黏性切应力也很大，边界层内流动属于层流，为层流边界层。边界层内流动的雷诺数表示为

$$Re_x = \frac{U_0 x}{\nu} \tag{8.11}$$

沿流动方向，随着 x 增加，雷诺数增大，当其达到一定数值后，边界层内流动经过一过渡段后转变为湍流，成为湍流边界层。由层流边界层转变为湍流边界层的点 x_{cr} 设为转捩点，对应的雷诺数称为临界雷诺数 $Re_{x,cr}$。对于光滑平板而言，$Re_{x,cr}$ 的范围为 $3 \times 10^5 \sim 3 \times 10^6$，一般取 5×10^5。

在湍流边界层中，紧贴平板表面亦有一层极薄的黏性底层。

边界层概念也适用于管流和明渠流动，如图 8.6 和图 8.7 所示。由于受壁面阻滞的影响，靠近管壁或渠壁的流体在进口附近形成边界层，其厚度 δ 随离进口的距离的增加而加大。当边界层发展到管轴或渠道自由表面后，流体的运动都处于边界层内，此后流速分布不再变化，形成均匀流动。从进口发展到均匀流的长度，称为进口段长度，用 L' 表示。对于圆管层流，$L' = 0.065 Red$；对于圆管紊流，$L' = (50 \sim 100)d$。

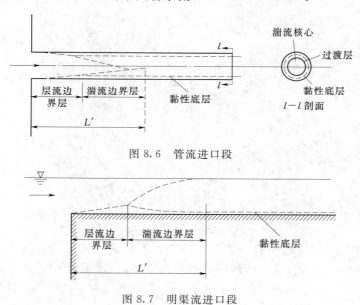

图 8.6　管流进口段

图 8.7　明渠流进口段

8.3　边界层方程组及边界条件

本节采用数量级比较方法化简 N-S 方程，推导出边界层方程组。平面恒定边界层内流动的连续性方程和 N-S 方程如下：

$$\left. \begin{array}{l} \dfrac{\partial u_x}{\partial x} + \dfrac{\partial u_y}{\partial y} = 0 \\[2mm] u_x \dfrac{\partial u_x}{\partial x} + u_y \dfrac{\partial u_x}{\partial y} = -\dfrac{1}{\rho} \dfrac{\partial p}{\partial x} + \nu \left(\dfrac{\partial^2 u_x}{\partial x^2} + \dfrac{\partial^2 u_x}{\partial y^2} \right) \\[2mm] u_x \dfrac{\partial u_y}{\partial x} + u_y \dfrac{\partial u_y}{\partial y} = -\dfrac{1}{\rho} \dfrac{\partial p}{\partial y} + \nu \left(\dfrac{\partial^2 u_y}{\partial x^2} + \dfrac{\partial^2 u_y}{\partial y^2} \right) \end{array} \right\} \tag{8.12}$$

设在坐标 x 处的边界层厚度为 δ，则除在 $x=0$ 附近外，所有各点处的 $\delta \ll x$。即 δ 与该处的 x 相比是个小量。如果将 x 的数量级当作 1，或写作 $x \sim O(1)$，则 $\delta \sim O(\varepsilon)$，$\varepsilon \ll 1$。另外，上面方程中的 u_x、$\partial u_x / \partial x$、$\partial^2 u_x / \partial x^2$ 的数量级和外面势流是相同的，也取为 $O(1)$。现分析上面方程中的所有项的数量级。

由连续性方程可知：

$$\frac{\partial u_x}{\partial x} = -\frac{\partial u_y}{\partial y} \tag{8.13}$$

故可知 $\partial u_y / \partial y \sim O(1)$。在边界层中，$y < \delta$，则 $y \sim O(\varepsilon)$，所以有 $u_y \sim O(\varepsilon)$。

N-S 方程中各项的数量级判断如下：

$$u_x \frac{\partial u_x}{\partial x} \sim O(1), u_y \frac{\partial u_x}{\partial y} \sim O(1), \frac{\partial^2 u_x}{\partial x^2} \sim O(1), \frac{\partial^2 u_x}{\partial y^2} \sim O\left(\frac{1}{\varepsilon^2}\right)$$

$$u_x \frac{\partial u_y}{\partial x} \sim O(\varepsilon), u_y \frac{\partial u_y}{\partial y} \sim O(\varepsilon), \frac{\partial^2 u_y}{\partial x^2} \sim O(\varepsilon), \frac{\partial^2 u_y}{\partial y^2} \sim O\left(\frac{1}{\varepsilon}\right)$$

将各项数量级写在相应各项的下面进行比较：

$$\frac{\partial u_x}{\partial x} + \frac{\partial u_y}{\partial y} = 0$$

$$O(1) \quad O(1)$$

$$u_x \frac{\partial u_x}{\partial x} + u_y \frac{\partial u_x}{\partial y} = -\frac{1}{\rho} \frac{\partial p}{\partial x} + \nu \left(\frac{\partial^2 u_x}{\partial x^2} + \frac{\partial^2 u_x}{\partial y^2} \right)$$

$$O(1) \quad O(1) \quad O(1) \quad O(1/\varepsilon^2)$$

$$u_x \frac{\partial u_y}{\partial x} + u_y \frac{\partial u_y}{\partial y} = -\frac{1}{\rho} \frac{\partial p}{\partial y} + \nu \left(\frac{\partial^2 u_y}{\partial x^2} + \frac{\partial^2 u_y}{\partial y^2} \right)$$

$$O(\varepsilon) \quad O(\varepsilon) \quad O(\varepsilon) \quad O(1/\varepsilon)$$

上面方程组的第二个方程式的右端的黏性项中，$\partial^2 u_x / \partial y^2$ 的数量级比 $\partial^2 u_x / \partial x^2$ 大得多，因此后者可以略去。另外由于方程两边的数量级应该相等，即都应是 $O(1)$，所以有

$$\nu \frac{\partial^2 u_x}{\partial y^2} \sim O(1)$$

由此可以推导出 $\nu \sim O(\varepsilon^2)$。

方程组的第三个方程中，其右端黏性项中的 $\partial^2 u_y / \partial x^2$ 的数量级比 $\partial^2 u_y / \partial y^2$ 小得多，略去不计。因此方程左端的惯性项与右端的黏性项的数量级都是 $O(\varepsilon)$，即 y 方向上的惯性力和黏性力比 x 方向上的力小得多。于是可认为边界层流动速度基本由 x 方向的方程所限定，而与 y 方向的方程无关，第三个方程可以略去。

压强梯度 $\partial p / \partial x$、$\partial p / \partial y$ 的数量级取决于方程中其他项的数量级，即压强梯度项的数量级与同方向上的惯性力数量级相同，即

$$\frac{1}{\rho} \frac{\partial p}{\partial x} \sim O(1), \frac{1}{\rho} \frac{\partial p}{\partial y} \sim O(\varepsilon)$$

可以看出，压强 p 在 y 方向的变化非常小，认为 p 仅随 x 改变，即 $p = p(x)$。说明整个边界层厚度方向压强不变，相同 x 坐标边界层内、外压强相等。

经过上述分析，可将 N-S 方程化简，得到普朗特边界层方程，再加上连续性方程后，得到的边界层方程组如下：

$$\left.\begin{array}{c} \dfrac{\partial u_x}{\partial x}+\dfrac{\partial u_y}{\partial y}=0 \\[2mm] u_x\,\dfrac{\partial u_x}{\partial x}+u_y\,\dfrac{\partial u_x}{\partial y}=-\dfrac{1}{\rho}\dfrac{\mathrm{d}p}{\mathrm{d}x}+\nu\,\dfrac{\partial^2 u_x}{\partial y^2} \end{array}\right\} \tag{8.14}$$

普朗特边界层方程中的压强 p 等于边界层外理想流体势流区域的压强，利用伯努利方程可将此压强与理想流体势流速度 $U_0=U_0(x)$ 建立如下关系：

$$p+\frac{1}{2}\rho U_0^2=\text{const}$$

由此，得到

$$\frac{\mathrm{d}p}{\mathrm{d}x}=-\rho U_0\,\frac{\mathrm{d}U_0}{\mathrm{d}x}$$

将代入边界层方程得到边界层方程组的另一种形式：

$$\left.\begin{array}{c} \dfrac{\partial u_x}{\partial x}+\dfrac{\partial u_y}{\partial y}=0 \\[2mm] u_x\,\dfrac{\partial u_x}{\partial x}+u_y\,\dfrac{\partial u_x}{\partial y}=U_0\,\dfrac{\mathrm{d}U_0}{\mathrm{d}x}+\nu\,\dfrac{\partial^2 u_x}{\partial y^2} \end{array}\right\} \tag{8.15}$$

普朗特边界层方程较 N-S 方程是大大简化了。首先是 y 方向的方程不存在了，只剩下 x 方向的运动方程。此外，在运动方程的黏性项部分舍去了 $\partial^2 u_x/\partial x^2$，只剩下 $\partial^2 u_x/\partial y^2$，所以方程由椭圆方程变成了抛物线方程。问题的求解域由一个二维的无穷域变成了一个半无限的长条域。对于前者必须在封闭的边界上给出边界条件而对于后者下游边界则无须给出。但是边界层方程仍然是非线性的，数学求解依然很困难，只有一些典型情况可求出方程的精确解。

求解边界层方程组所用到的三个边界条件是：当 $y=0$ 时（壁面处），$u_x(x,0)=u_y(x,0)=0$；当 $y=\delta$ 或 $y\rightarrow\infty$ 时，$u_x(x,y)=U_0(x)$。

利用边界层方程可以定性分析得到边界层厚度 δ 和哪些量有关。边界层方程中惯性力 $u_x\,\dfrac{\partial u_x}{\partial x}$ 和黏性力 $\nu\,\dfrac{\partial^2 u_x}{\partial y^2}$ 的数量级相等，由于 u_x 与 U_0 同数量级，y 与 δ 同数量级，得到

$$\frac{U_0^2}{x}\sim\nu\,\frac{U_0}{\delta^2}$$

因此，有

$$\delta\sim\sqrt{\frac{\nu x}{U_0}}=\frac{x}{\sqrt{Re_x}} \tag{8.16}$$

可见边界层厚度 δ 与流动的运动黏度 ν 和边界层所在的位置坐标 x 的平方根成正比，与势流速度 U_0 的平方根成反比。即流体黏度 ν 越大，势流速度 U_0 越小，边界层越厚，而且边界层厚度随 x 增加而不断加厚。

8.4　边界层方程的相似性解

由于边界层方程是非线性的，很难得到解析解，大多数情况下只能得到近似解或数值

解。本节将介绍一类解析解，称为相似性解。这种方法在流体力学及其他非线性方程中的求解也是很有用的。

8.4.1　相似性解的概念

相似性解是边界层研究中一个非常重要的概念。当边界层具有相似性解时，其速度分布具有如下性质：如果把任意 x 断面的流速分布图形 $u_x - y$ 的坐标用相应的尺度均化为无量纲坐标，则任意断面 x 的速度分布图形均相同。具体来说，如果以当地势流速度 $U_0(x)$ 为速度 $u_x(x, y)$ 的尺度因子，取某一函数 $g(x)$ 为坐标 y 的尺度因子，则在无量纲坐标 $y/g(x)$ 上表示的无量纲速度剖面 $u_x(x, y)/U_0(x)$ 对于不同的 x 将完全相同。对于任意两个断面 x_1 和 x_2 的速度剖面的相似性表述为

$$\frac{u_x\left[x_1, \dfrac{y}{g(x_1)}\right]}{U_0(x_1)} = \frac{u_x\left[x_2, \dfrac{y}{g(x_2)}\right]}{U_0(x_2)}$$

对于恒定不可压缩流体二维边界层运动，其控制方程及边界条件为

$$\left.\begin{array}{l}
\dfrac{\partial u_x}{\partial x} + \dfrac{\partial u_y}{\partial y} = 0 \\[2mm]
u_x \dfrac{\partial u_x}{\partial x} + u_y \dfrac{\partial u_x}{\partial y} = U_0 \dfrac{\mathrm{d}U_0}{\mathrm{d}x} + \nu \dfrac{\partial^2 u_x}{\partial y^2} \\[2mm]
u_x(x, 0) = u_y(x, 0) = 0 \\[2mm]
u_x(x, \infty) = U_0(x)
\end{array}\right\} \tag{8.17}$$

按照相似性解的定义，方程的解可以写作

$$\frac{u_x(x, y)}{U_0(x)} = f(\eta) \tag{8.18}$$

式 (8.18) 称为边界层方程的相似性解，η 称为相似性变量，$\eta = y/g(x)$。

8.4.2　相似性解的解法及条件

如果相似性解存在，边界层的偏微分方程就可以简化为常微分方程，这样为求解边界层方程提供了极大的方便。因此寻求相似性解的条件是求解边界层的一个重要问题。

考虑不可压缩流体恒定二维流动的连续性方程，引入流函数 $\psi(x, y)$，有

$$u_x = \frac{\partial \psi}{\partial y}, u_y = -\frac{\partial \psi}{\partial x}$$

将上式代入式 (8.17) 中，普朗特边界层方程及边界条件变为

$$\left.\begin{array}{l}
\dfrac{\partial \psi}{\partial y}\dfrac{\partial^2 \psi}{\partial x \partial y} - \dfrac{\partial \psi}{\partial x}\dfrac{\partial^2 \psi}{\partial y^2} = U_0 \dfrac{\mathrm{d}U_0}{\mathrm{d}x} + \nu \dfrac{\partial^3 \psi}{\partial y^3} \\[2mm]
y = 0, \dfrac{\partial \psi}{\partial x} = \dfrac{\partial \psi}{\partial y} = 0 \\[2mm]
y \rightarrow \infty, \dfrac{\partial \psi}{\partial y} = U_0
\end{array}\right\} \tag{8.19}$$

引入流函数后，可以用一个流函数 $\psi(x, y)$ 代替两个速度分量 $u_x(x, y)$、$u_y(x, y)$，使得两个偏微分方程合并为一个。

令流函数的表达式为

$$\psi(x, y) = U_0(x)g(x)f(\eta) \tag{8.20}$$

式中的 $\eta = y/g(x)$。

因此

$$\frac{\partial \psi}{\partial y} = \frac{\partial \psi}{\partial f}\frac{\partial f}{\partial \eta}\frac{\partial \eta}{\partial y} = U_0 f'$$

$$\frac{\partial \psi}{\partial x} = \frac{\partial U_0}{\partial x}gf + U_0\frac{\partial g}{\partial x}f - \frac{U_0 y}{g}\frac{\partial g}{\partial x}\frac{\partial f}{\partial \eta} = U_0' gf + U_0 g'f - U_0 g'f'\eta$$

依次类推，得到 $\frac{\partial^2 \psi}{\partial y^2}$、$\frac{\partial^3 \psi}{\partial y^3}$、$\frac{\partial^2 \psi}{\partial x \partial y}$ 的表达式，将上述关系式代入式（8.19），化简后为

$$\left.\begin{array}{l} f''' + \alpha ff'' + \beta(1 - f'^2) = 0 \\ \eta = 0, f = f' = 0 \\ \eta \to \infty, f' = 1 \end{array}\right\} \tag{8.21}$$

式（8.21）中

$$\alpha = \frac{g}{\nu}\frac{\mathrm{d}}{\mathrm{d}x}(U_0 g), \beta = \frac{g^2}{\nu}U_0' \tag{8.22}$$

只有当 α 和 β 是常数时，式（8.21）才是 $f(\eta)$ 的常微分方程，这就是相似性解所要求的。

从式（8.22）可以得到

$$2\alpha - \beta = \frac{1}{\nu}\frac{\mathrm{d}}{\mathrm{d}x}(U_0 g^2)$$

如 $2\alpha - \beta \neq 0$，积分上式，并令积分常数等于零，有

$$(2\alpha - \beta)\nu x = U_0^2 \tag{8.23}$$

用式（8.22）中 β 的表达式除式（8.23），得到

$$\frac{1}{U_0}\frac{\mathrm{d}U_0}{\mathrm{d}x} = \frac{\beta}{(2\alpha - \beta)x}$$

积分上式，有

$$U_0(x) = Cx^m \tag{8.24}$$

上式中，指数 $m = \frac{\beta}{2\alpha - \beta}$，$C$ 为常数。因此，只有当边界层外部势流速度为幂函数形式时，边界层方程才有相似性解，边界层偏微分方程才能转化为常微分方程。

此外，由式（8.23）可得 $g(x)$ 的形式如下：

$$g(x) = \sqrt{(2\alpha - \beta)\frac{\nu x}{U_0}} \tag{8.25}$$

8.4.3 平板边界层流动的相似性解

式（8.21）中的系数 $\beta = 0$ 表示流体顺流绕过平板形成平板边界层流动，对应的边界层方程的相似性解最初由德国科学家布拉修斯进行了研究，1980 年他在其博士论文中详细讨论了这个问题，这是第一个应用普朗特边界层理论的具体例子。

设均匀来流以速度 U_0 顺流绕过一静止的极薄平板，在平板两侧形成边界层，如图 8.8 所示。取直角坐标系，原点与平板前缘重合，x 轴沿来流方向，y 轴垂直于平板。

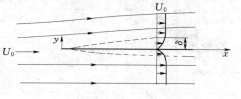

图 8.8 平板边界层

因为平板极薄，可认为对流场没有影响，因此边界层外边界上的速度处处相等，且等于来流速度 U_0。外部势流速度分布为幂函数形式 $U_0 = Cx^m (m=0, C=U_0)$。对于平板绕流 $\beta=0$，$\alpha=0$ 可取 $1/2$，式（8.21）中的常微分方程写作

$$2f''' + ff'' = 0 \tag{8.26}$$

将 $\beta=0$、$\alpha=\dfrac{1}{2}$ 代入式（8.25）得到

$$g(x) = \sqrt{\frac{\nu x}{U_0}} \tag{8.27}$$

则相似变量

$$\eta = y\sqrt{\frac{U_0}{\nu x}} \tag{8.28}$$

根据式（8.20）流函数为

$$\psi(x, y) = U_0 g(x) f(\eta) = \sqrt{\nu x U_0}\, f(\eta) \tag{8.29}$$

因此，速度分布为

$$u_x = \frac{\partial \psi}{\partial y} = U_0 f' \tag{8.30}$$

$$u_y = -\frac{\partial \psi}{\partial x} = U_0 g'(\eta f' - f) = \frac{1}{2}\sqrt{\frac{\nu U_0}{x}}(\eta f' - f) \tag{8.31}$$

$f(\eta)$ 满足的方程式（8.26）是一个非线性的三阶常微分方程，形式虽然简单，但无解析解。布拉修斯当时采用了级数衔接法近似求解出方程的解，而后托柏弗、哥斯丁、豪华斯、哈托利等人分别用数值方法给出了精度不同的解。这里不介绍方程的求解过程，现将精度较高的豪华斯的结果引出，见表 8.1。

表 8.1　　　　　　　　　　　平板边界层豪华斯解的结果

$\eta = y\sqrt{\dfrac{U_0}{\nu x}}$	f	$f' = \dfrac{u_x}{U_0}$	f''	$\eta = y\sqrt{\dfrac{U_0}{\nu x}}$	f	$f' = \dfrac{u_x}{U_0}$	f''
0	0	0	0.33206	1.8	0.52952	0.57477	0.28293
0.2	0.00664	0.06641	0.33199	2.0	0.65003	0.62977	0.26675
0.4	0.02656	0.13277	0.33147	2.2	0.78120	0.68132	0.24835
0.6	0.05974	0.19894	0.33008	2.4	0.92230	0.72988	0.22809
0.8	0.10611	0.26471	0.32739	2.6	1.07252	0.77246	0.20646
1.0	0.16557	0.32979	0.32301	2.8	1.23099	0.81152	0.18401
1.2	0.23795	0.39378	0.31659	3.0	1.39682	0.84605	0.16136
1.4	0.32298	0.45627	0.30787	3.2	1.56911	0.87609	0.13913
1.6	0.42032	0.51676	0.29667	3.4	1.74696	0.90177	0.11788

$\eta=y\sqrt{\dfrac{U_0}{\nu x}}$	f	$f'=\dfrac{u_x}{U_0}$	f''	$\eta=y\sqrt{\dfrac{U_0}{\nu x}}$	f	$f'=\dfrac{u_x}{U_0}$	f''
3.6	1.92954	0.92333	0.09809	5.0	3.28329	0.99155	0.01591
3.8	2.11605	0.94112	0.08013	5.2	3.48189	0.99425	0.01124
4.0	2.30576	0.95552	0.06424	5.4	3.68094	0.99616	0.00793
4.2	2.49806	0.96696	0.05052	5.6	3.88031	0.99748	0.00543
4.4	2.69238	0.97587	0.03897	5.8	4.07990	0.99838	0.00365
4.6	2.88826	0.98269	0.02948	6.0	4.27964	0.99898	0.00240
4.8	3.08534	0.98779	0.02187	7.0	5.29926	0.99992	0.00022

平板上 x 位置的切应力 τ_0 为

$$\tau_0(x)=\mu\left(\frac{\partial u_x}{\partial y}\right)_{y=0}=\mu\left(\frac{\partial^2\psi}{\partial y^2}\right)_{y=0}=\mu\sqrt{\frac{U_0^3}{\nu x}}f''(0)$$

查表 8.1，找到 $f''(0)=0.332$，所以平板表面切应力分布为

$$\tau_0(x)=0.332\mu\sqrt{\frac{U_0^3}{\nu x}}=0.332\sqrt{\frac{\mu\rho U_0^3}{x}}$$

切应力系数 C_τ：

$$C_\tau=\frac{\tau_0}{\frac{1}{2}\rho U_0^2}=0.664\times\sqrt{\frac{\nu}{U_0 x}}=\frac{0.664}{\sqrt{Re_x}} \tag{8.32}$$

因此，平板一侧表面的摩擦阻力为

$$D_f=\int_0^L\tau_0 b\mathrm{d}x=\int_0^L 0.332\sqrt{\frac{\mu\rho U_0^3}{x}}b\mathrm{d}x=0.664b\sqrt{\mu\rho U_0^3 L} \tag{8.33}$$

式中：L 为平板的长度；b 为平板的宽度。

摩擦阻力系数 C_f 为

$$C_f=\frac{D_f}{\frac{1}{2}\rho U_0^2 bL}=\frac{1.32}{\sqrt{Re_L}} \tag{8.34}$$

式中：$Re_L=\dfrac{U_0 L}{\nu}$，Re_L 是为以板长 L 为特征长度的雷诺数。

接下来确定边界层厚度。从表 8.1 中看出，当 $\eta=5.0$ 时，$f'=\dfrac{u_x}{U_0}\approx 0.99$，即认为 $\eta=5.0$ 对应的是边界层的外边界，有

$$\eta=y\sqrt{\frac{U_0}{\nu x}}=5.0$$

因此，得到

$$\delta=5.0\Big/\sqrt{\frac{U_0}{\nu x}}\ 或\ \delta=5.0\,\frac{x}{\sqrt{Re_x}} \tag{8.35}$$

利用前面给出的边界层排挤厚度 δ^* 和动量损失厚度 δ^{**} 的定义公式，还可以求出

$$\delta^* = 1.72 \frac{x}{\sqrt{Re_x}}, \delta^{**} = 0.664 \frac{x}{\sqrt{Re_x}}$$

可见 $\delta^{**} < \delta^* < \delta$。

8.5　边界层动量积分方程

边界层微分方程的精确解，即使对一些特定的典型流动，数学上的求解仍很困难。为此，在工程计算中往往寻求近似方法，以迅速得到具有一定精度的计算结果。边界层的动量积分方程就是这种近似方法。该方法并不要求边界层内所有点的运动参数均满足边界层微分方程式，而只是除必须满足壁面和边界层外边界的边界条件外，在边界层内部只需要满足在整个边界层厚度上对边界层微分方程式积分所得到的动量方程。也就是说可以假定一个边界层内的流速分布来代替真实的流速分布，只要这个假定的流速分布满足边界层动量方程和边界条件。

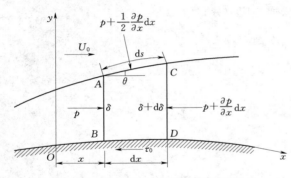

图 8.9　边界层动量积分方程的推导

本节从物理角度出发推导边界层的动量积分方程，而从数学公式出发的推导过程这里不予叙述。

设二维恒定均匀流绕流一固体，如图 8.9 所示。沿固体表面取 x 轴，沿固体表面的外法线方向取 y 轴，在固体表面取单宽微段 $ABCD$ 为控制体，对它建立 x 方向的动量方程。

假设：(1) 不计质量力。

(2) $\mathrm{d}x$ 无限小，所以 BD、AC 可视为直线。

根据动量方程得

$$M_{CD} - M_{AB} - M_{AC} = \sum F_x \tag{8.36}$$

式中：M_{CD}、M_{AB}、M_{AC} 分别为单位时间通过 CD、AB、AC 面的流体动量在 x 轴上的分量；$\sum F_x$ 为作用在控制体 $ABCD$ 上所有外力的合力在 x 轴上的分量。

先讨论通过各面的动量。单位时间通过 AB、CD、AC 面的质量分别为

$$\rho q_{AB} = \int_0^\delta \rho u_x \mathrm{d}y$$

$$\rho q_{CD} = \rho q_{AB} + \frac{\partial(\rho q_{AB})}{\partial x}\mathrm{d}x = \int_0^\delta \rho u_x \mathrm{d}y + \frac{\partial}{\partial x}\left(\int_0^\delta \rho u_x \mathrm{d}y\right)\mathrm{d}x$$

$$\rho q_{AC} = \rho q_{CD} - \rho q_{AB} = \frac{\partial}{\partial x}\left(\int_0^\delta \rho u_x \mathrm{d}y\right)\mathrm{d}x$$

单位时间通过 AB、CD、AC 面的动量分别为

$$M_{AB} = \int_0^\delta \rho u_x^2 \mathrm{d}y \tag{8.37}$$

$$M_{CD} = M_{AB} + \frac{\partial M_{AB}}{\partial x} \mathrm{d}x = \int_0^\delta \rho u_x^2 \mathrm{d}y + \frac{\partial}{\partial x}\left(\int_0^\delta \rho u_x^2 \mathrm{d}y\right)\mathrm{d}x \tag{8.38}$$

$$M_{AC} = \rho q_{AC} U_0 = U_0 \frac{\partial}{\partial x}\left(\int_0^\delta \rho u_x \mathrm{d}y\right)\mathrm{d}x \tag{8.39}$$

式中：U_0 为边界层外边界上的流速在 x 轴上的分量，并认为在 AC 面上各点相等。

其次对控制体进行受力分析。作用在 $ABCD$ 的外力只有表面力。上一节已说明，沿固体表面的外法线方向压强不变，即 $\frac{\partial p}{\partial y} = 0$，因而 AB、CD 面上压强是均匀分布的。设 AB 面上的压强为 p，则作用在 CD 面上的压强，由泰勒级数展开为 $p_{CD} = p + \frac{\partial p}{\partial x}\mathrm{d}x$。作用在 AC 面上的压强是不均匀的，现已知 A 点压强为 p，C 点压强为 $p = p + \frac{\partial p}{\partial x}\mathrm{d}x$，取其平均值为 $p_{AC} = p + \frac{1}{2}\frac{\partial p}{\partial x}\mathrm{d}x$。

设固体表面对流体作用的切应力为 τ_0，那么固体表面的摩擦阻力为 $\tau_0 \mathrm{d}x$。由于边界层外可看作是理想流体，边界层外边界 AC 面上没有切应力。

因此，各表面力在 x 轴方向的分量之和为

$$\sum F_x = p\delta - \left(p + \frac{\partial p}{\partial x}\mathrm{d}x\right)(\delta + \mathrm{d}\delta) + \left(p + \frac{1}{2}\frac{\partial p}{\partial x}\mathrm{d}x\right)\mathrm{d}s \cdot \sin\theta - \tau_0 \mathrm{d}x$$

因为 $\mathrm{d}s \cdot \sin\theta = \mathrm{d}\delta$，所以

$$\sum F_x = -\frac{\partial p}{\partial x}\mathrm{d}x\delta - \frac{1}{2}\frac{\partial p}{\partial x}\mathrm{d}x\mathrm{d}\delta - \tau_0 \mathrm{d}x$$

略去高阶微量，并考虑 $\frac{\partial p}{\partial y} = 0$，即 p 仅仅是 x 的函数，用全微分代替偏微分，则上式为

$$\sum F_x = -\frac{\mathrm{d}p}{\mathrm{d}x}\mathrm{d}x\delta - \tau_0 \mathrm{d}x \tag{8.40}$$

将式（8.37）、式（8.38）、式（8.39）、式（8.40）代入式（8.36），得

$$U_0 \frac{\mathrm{d}}{\mathrm{d}x}\int_0^\delta \rho u_x \mathrm{d}y - \frac{\mathrm{d}}{\mathrm{d}x}\int_0^\delta \rho u_x^2 \mathrm{d}y = \delta \frac{\mathrm{d}p}{\mathrm{d}x} + \tau_0 \tag{8.41}$$

上式即为边界层动量积分方程，也称为卡门动量积分方程。它适用于层流边界层和湍流边界层。

当 ρ 为常数时，式（8.41）有 U_0、p、δ、u_x、τ_0 五个未知量，其中，U_0 可由势流理论得到，p 可由伯努利方程求出，剩下 δ、u_x、τ_0 三个未知量。因此，要求解边界层动量积分方程，还必须补充两个方程。通常是边界层内流速分布关系式 $u_x = u_x(y)$ 和切应力 τ_0 与边界层厚度 δ 的关系式 $\tau_0 = \tau_0(\delta)$。而 $\tau_0 = \tau_0(\delta)$ 可根据边界层内流速分布关系式求得。通常在求解边界层动量积分方程时，先假定 $u_x = u_x(y)$，这个假定越接近实际，所得结果越正确。

下面将应用边界层动量积分方程求解平板边界层的计算问题。

8.6 平板边界层计算

在 8.4 节中已应用边界层微分方程求解了平板边界层的相似性解，由于边界层微分方

程只适用于层流运动，得到的结果很有限。而边界层动量积分方程对层流和湍流均适用，在工程中应用更普遍，现就边界层动量积分方程求解平板边界层流动问题展开详细讨论。此外，许多流体流经物体的绕流问题可看作是流体绕平板的流动，研究平板上的边界层有重要意义。

设有一极薄的静止光滑平板顺流放置在二维恒定均匀流场中，如图 8.8 所示。因为平板极薄，可认为对流场没有影响，因此边界层外边界上的速度 U_0 处处相等，且等于来流速度。根据伯努利方程，由于流速不变，边界层外边界上的压强处处相等，即 $\dfrac{\mathrm{d}p}{\mathrm{d}x}=0$。对于不可压缩均质流体而言，密度 ρ 是常数，可以提到积分符号外，式（8.41）可写成

$$U_0 \frac{\mathrm{d}}{\mathrm{d}x}\int_0^\delta u_x \mathrm{d}y - \frac{\mathrm{d}}{\mathrm{d}x}\int_0^\delta u_x^2 \mathrm{d}y = \frac{\tau_0}{\rho} \tag{8.42}$$

上式为计算平板边界层的基本方程，适用于层流和湍流边界层。下面依次予以介绍。

8.6.1　平板层流边界层

在上一节里已经提到，要求解边界层动量积分方程，首先要补充两个关系式。第一个关系式为边界层内流速分布关系式 $u_x = u_x(y)$。这里假定层流边界层内流速分布和管流中的层流速度分布相同，即

$$u = u_{\max}\left(1 - \frac{r^2}{r_0^2}\right)$$

将其应用于层流边界层，管流中的 r_0 对应于边界层的厚度 δ，r 对应于 $(\delta - y)$，$u_{\max}$ 对应于 U_0，u 对应于 u_x。这样，上式可写为

$$u_x = U_0\left[1 - \frac{(\delta - y)^2}{\delta^2}\right] \tag{8.43}$$

或

$$u_x = \frac{2U_0}{\delta}\left(y - \frac{y^2}{2\delta}\right) \tag{8.44}$$

第二个补充关系式为切应力与边界层厚度的关系式 $\tau_0 = \tau_0(\delta)$。因为是层流，符合牛顿内摩擦定律，求平板上的切应力，令 $y = 0$，得

$$\tau_0 = \mu \left.\frac{\mathrm{d}u_x}{\mathrm{d}y}\right|_{y=0} = -\mu \frac{\mathrm{d}}{\mathrm{d}y}\left[\frac{2U_0}{\delta}\left(y - \frac{y^2}{2\delta}\right)\right]\Bigg|_{y=0}$$

整理简化得到

$$\tau_0 = \mu \frac{2U_0}{\delta} \tag{8.45}$$

将式（8.44）、式（8.45）代入式（8.42），得

$$U_0 \frac{\mathrm{d}}{\mathrm{d}x}\int_0^\delta \frac{2U_0}{\delta}\left(y - \frac{y^2}{2\delta}\right)\mathrm{d}y - \frac{\mathrm{d}}{\mathrm{d}x}\int_0^\delta \left[\frac{2U_0}{\delta}\left(y - \frac{y^2}{2\delta}\right)\right]^2 \mathrm{d}y = \frac{2\mu U_0}{\rho\delta}$$

上式左端边界层厚度 δ 对固定断面是定值，可提到积分符号外，但 δ 沿 x 轴方向是变化的，不能提到对 x 的全导数符号外；U_0 沿 x 轴方向是不变的，可以移到对 x 的全导数符号外。这样，上式简化为

$$\frac{1}{15}U_0 \frac{\mathrm{d}\delta}{\mathrm{d}x} = \frac{\mu}{\rho\delta}$$

积分得

$$\frac{1}{15}\frac{U_0\rho\delta^2}{\mu}\frac{\delta^2}{2}=x+C$$

积分常数 C 由边界条件确定，当 $x=0$ 时，$\delta=0$，得到 $C=0$。代入上式得

$$\frac{1}{15}\frac{U_0\rho\delta^2}{\mu}\frac{\delta^2}{2}=x$$

化简后得到

$$\delta=5.477\sqrt{\frac{\mu x}{\rho U_0}}=5.477\sqrt{\frac{\nu x}{U_0}}=5.477\frac{x}{\sqrt{Re_x}} \tag{8.46}$$

上式即为平板层流边界层厚度沿 x 轴方向的变化关系。

将上式代入式（8.45），化简后可得

$$\tau_0=0.365\sqrt{\frac{\mu\rho U_0^3}{x}} \tag{8.47}$$

上式即为平板层流边界层的切应力沿 x 轴方向的变化关系。

作用在平板上一面的摩擦阻力 D_f 为

$$D_f=\int_0^L\tau_0 b\mathrm{d}x=\int_0^L 0.365\sqrt{\frac{\mu\rho U_0^3}{x}}b\mathrm{d}x=0.73b\sqrt{\mu\rho U_0^3 L} \tag{8.48}$$

如求平板两面的总摩擦阻力时，将上式乘以 2 即可。

通常将绕流摩擦阻力写成如下形式：

$$D_f=C_f\frac{\rho U_0^2}{2}A \tag{8.49}$$

式中：C_f 为摩阻系数；ρ 为流体密度；U_0 为流体的来流速度；A 为切应力作用的面积，这里指平板面积。

由式（8.48）和式（8.49）可得

$$C_f=1.46\sqrt{\frac{\mu}{\rho U_0 L}}=1.46\sqrt{\frac{\nu}{U_0 L}}=\frac{1.46}{\sqrt{Re_L}} \tag{8.50}$$

8.6.2 平板湍流边界层

在实际工程中，遇到的大多数是湍流边界层。一般情况下，只有在边界层开始形成的极短距离内才是层流边界层。对于湍流边界层的计算，同样要补充两个关系式。这里假定从平板首端开始就是湍流边界层，并且不考虑平板壁面粗糙度的影响。

借用圆管湍流水力光滑区的流速分布公式：

$$u=u_{max}\left(\frac{y}{r_0}\right)^{\frac{1}{7}}$$

将其应用于平板湍流边界层，管流中的 r_0 对应于边界层的厚度 δ，u_{max} 对应于 U_0，u 对应于 u_x。这样，上式可写为

$$u_x=U_0\left(\frac{y}{\delta}\right)^{\frac{1}{7}} \tag{8.51}$$

第二个补充关系式为切应力与边界层厚度的关系式 $\tau_0=\tau_0(\delta)$，同样借用管流的关系式：

$$\tau_0 = 0.0225\rho U_0^2 \left(\frac{\nu}{U_0\delta}\right)^{\frac{1}{4}} \tag{8.52}$$

将式（8.51）、式（8.52）代入式（8.42），得

$$U_0\frac{\mathrm{d}}{\mathrm{d}x}\int_0^\delta U_0\left(\frac{y}{\delta}\right)^{\frac{1}{7}}\mathrm{d}y - \frac{\mathrm{d}}{\mathrm{d}x}\int_0^\delta U_0^2\left(\frac{y}{\delta}\right)^{\frac{2}{7}}\mathrm{d}y = \frac{\tau_0}{\rho}$$

积分得到

$$\frac{7}{72}\times\frac{4}{5}\delta^{\frac{5}{4}} = 0.0225\left(\frac{\nu}{U_0}\right)^{\frac{1}{4}}x + C$$

积分常数 C 由边界条件确定，当 $x=0$ 时，$\delta=0$，得到 $C=0$。

化简后得到

$$\delta = 0.37\left(\frac{\nu}{U_0x}\right)^{\frac{1}{5}}x = 0.37\frac{x}{Re_x^{\frac{1}{5}}} \tag{8.53}$$

上式即为平板湍流边界层厚度沿 x 轴方向的变化关系。

将上式代入式（8.52），可得

$$\tau_0 = 0.0296\rho U_0^2\left(\frac{\nu}{U_0x}\right)^{\frac{1}{5}} \tag{8.54}$$

上式即为平板湍流边界层的切应力沿 x 轴方向的变化关系。它说明切应力 τ_0 与 $\left(\frac{1}{x}\right)^{\frac{1}{5}}$ 成正比，在沿长度方向，切应力的减小要比层流边界层慢一些。

作用在平板上一面的摩擦阻力 D_f 为

$$D_f = \int_0^L \tau_0 b\mathrm{d}x = 0.036\rho U_0^2 bL\left(\frac{\nu}{U_0L}\right)^{\frac{1}{5}} \tag{8.55}$$

如果用绕流摩擦阻力的通用形式式（8.49）表示，摩阻系数为

$$C_f = 0.072\left(\frac{\nu}{U_0L}\right)^{\frac{1}{5}} = \frac{0.072}{\sqrt[5]{Re_L}} \tag{8.56}$$

与层流边界层比较，当 Re_L 增加时，湍流的 C_f 要比层流的 C_f 减小得慢些。实验表明，上式中的 0.072 改为 0.074，则与实验的结果符合得更好。

8.6.3　平板混合边界层

前面讨论的是假定整个平板上的边界层都出于湍流状态，但实际上，当雷诺数增加到某一数值后，而且平板长度 $L>x_{cr}$ 时，平板的前部是层流边界层，后部是湍流边界层，在层流和湍流边界层之间还有过渡段。这种边界层称为混合边界层。

由于混合边界层内流动情况很复杂，在进行计算时，作了两个假设：一是层流边界层转变为湍流边界层是在 x_{cr} 处突然发生的，没有过渡段；二是混合边界层的湍流边界层可以看作是从平板首端开始的湍流边界层的一部分。

根据上述假设，整个平板混合边界层的摩擦阻力，由转捩点 x_{cr} 前层流边界层的摩擦阻力和转捩点 x_{cr} 后湍流边界层的摩擦阻力两部分组成，即

$$C_{fm}\frac{\rho U_0^2}{2}bL = C_{ft1}\frac{\rho U_0^2}{2}bL - C_{ft2}\frac{\rho U_0^2}{2}bx_{cr} + C_{fl}\frac{\rho U_0^2}{2}bx_{cr} \tag{8.57}$$

式中：C_{fm}、C_{ft}、C_{fl} 分别为混合边界层、湍流边界层、层流边界层的摩阻系数，这里用 C_{ft1}、C_{ft2} 分别表示整个平板都是湍流边界层和平板首端到转捩点这段距离是湍流边界层的情况。

由上式得

$$C_{fm}=C_{ft1}-(C_{ft2}-C_{fl})\frac{x_{cr}}{L}=C_{ft1}-(C_{ft2}-C_{fl})\frac{Re_{x,cr}}{Re_L} \tag{8.58}$$

将式（8.50）和式（8.56）代入上式，得平板混合边界层的摩阻系数为

$$C_{fm}=\frac{0.074}{\sqrt[5]{Re_L}}-\left(\frac{0.074}{\sqrt[5]{Re_{x,cr}}}-\frac{1.46}{\sqrt{Re_{x,cr}}}\right)\frac{Re_{x,cr}}{Re_L} \tag{8.59a}$$

或

$$C_{fm}=\frac{0.074}{\sqrt[5]{Re_L}}-\frac{A}{Re_L} \tag{8.59b}$$

式中：$A=0.074Re_{x,cr}^{1/5}-1.46Re_{x,cr}^{1/2}$，$A$ 的值列于表 8.2 中。

表 8.2   A 的 取 值

$Re_{x,cr}$	10^5	3×10^5	5×10^5	10^6	3×10^6
A	320	1050	1700	3300	8700

【例 8.2】 设有一平板长 5m，宽 2m，顺流放置在二维恒定匀速流场中。已知水流以 $U_0=0.1$m/s 的速度绕流平板，平板长边与水流方向一致，水的运动黏度 $\nu=1.139\times10^{-6}$ m^2/s，密度 $\rho=999.1$kg/m^3。求：（1）距平板首端 1m 和 4m 处边界层厚度；（2）平板一面所受的摩擦阻力。

解： 首先判别流态。

$$Re_L=\frac{U_0L}{\nu}=\frac{0.1\times5}{1.139\times10^{-6}}=4.39\times10^5<5\times10^5$$

整个平板的边界层为层流边界层。

在 $x=1$m 和 $x=4$m 时，边界层的厚度分别为

$$\delta_1=5.477\sqrt{\frac{\nu x}{U_0}}=5.477\times\sqrt{\frac{1.139\times10^{-6}\times1}{0.1}}=1.85(\text{cm})$$

$$\delta_2=5.477\sqrt{\frac{\nu x}{U_0}}=5.477\times\sqrt{\frac{1.139\times10^{-6}\times4}{0.1}}=3.7(\text{cm})$$

平板一面所受的摩擦阻力为

$$D_f=C_f\frac{\rho U_0^2}{2}bL=\frac{1.46}{\sqrt{Re_L}}\frac{\rho U_0^2}{2}bL=\frac{1.46}{\sqrt{4.39\times10^5}}\times\frac{999.1\times0.1^2}{2}\times10=0.11(\text{N})$$

【例 8.3】 一块面积为 2m×8m 的矩形平板放在速度 $U_0=3$m/s 的水流中，水的运动黏度 $\nu=10^{-6}$ m^2/s，平板放置的方法有两种：以长边顺着流速方向，摩擦阻力为 F_1；以短边顺着流速方向，摩擦阻力为 F_2。试求比值 F_1/F_2。

解： 设定转捩雷诺数 $Re_{x,cr}=5\times10^5$，那么 $x_{cr}=\frac{Re_{x,cr}\nu}{U_0}=\frac{5\times10^5\times10^{-6}}{3}=0.17$（m）

长边顺着流速方向时，$b_1=2$m，$L_1=8$m，$L_1>x_{cr}$，整个平板边界层为混合边界层，

那么摩擦阻力为

$$F_1 = C_{fm1}\frac{\rho U_0^2}{2}b_1 L_1$$

短边顺着流速方向时，$b_2 = 8\text{m}$，$L_2 = 2\text{m}$，$L_2 > x_{cr}$，整个平板边界层也为混合边界层，那么摩擦阻力为

$$F_2 = C_{fm2}\frac{\rho U_0^2}{2}b_2 L_2$$

这里

$$C_{fm1} = \frac{0.074}{\sqrt[5]{Re_{L1}}} - \left(\frac{0.074}{\sqrt[5]{Re_{x,cr}}} - \frac{1.76}{\sqrt{Re_{x,cr}}}\right)\frac{Re_{x,cr}}{Re_{L1}} = 2.56 \times 10^{-5}$$

$$C_{fm2} = \frac{0.074}{\sqrt[5]{Re_{L2}}} - \left(\frac{0.074}{\sqrt[5]{Re_{x,cr}}} - \frac{1.76}{\sqrt{Re_{x,cr}}}\right)\frac{Re_{x,cr}}{Re_{L2}} = 2.81 \times 10^{-5}$$

所以

$$\frac{F_1}{F_2} = \frac{C_{fm1}}{C_{fm2}} = 0.908$$

8.7　边界层的分离及减阻

8.7.1　边界层分离

对于平板边界层，其外部流动沿程没有增速或减速，也不存在压力梯度，这是最简单的情况。如果外部流动有沿程的压力梯度，或者说有正或负的加速度，则边界层的发展会受到影响，可能发生边界层与边壁的脱离，从而改变外部势流的流动图形。如流体绕过非流线型钝头物体时，会脱离物体表面，在物体后部形成尾流区。

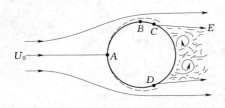

图 8.10　黏性流体绕流圆柱

下面以黏性不可压缩流体绕圆柱的流动来说明边界层的分离现象。设二维恒定均匀流绕光滑表面的静止圆柱流动，如图 8.10 所示。由伯努利方程知，越接近圆柱，流速越小，压强越大，在贴近圆柱表面的 A 点处流速降低为零，压强增加到最大。流速为零，压强最大的点，称为停滞点或驻点。流体质点到达驻点后，便停滞不前了。由于流体不可压缩，继续流来的流体质点，在较圆柱两侧压强为大的驻点的压强作用下，只好将压能部分转变为动能，改变原来的运动方向，沿着圆柱面两侧继续向前流动。观察流线，看到流线在驻点呈分歧现象。

当流体从驻点 A 向两侧面流去时，由于圆柱面的阻滞作用，在圆柱面上产生边界层。从 A 点经过四分之一圆周到达 B 点以前，由于圆柱面外凸，流线趋于密集，边界层内流体处在加速减压的情况，即 $\frac{\partial p}{\partial x} < 0$，这时压能的减小部分还能补偿动能的增加和克服流动阻力所消耗的能量损失，边界层内流体的流速不会为零。但是，过了 B 点以后，由于流线的疏散，边界层内流体处在减速增压的情况，即 $\frac{\partial p}{\partial x} > 0$，这时动能一部分转换为压能，另外一部分转换为用以克服流动阻力所消耗的能量损失。因此，边界层内的流体质点速度

迅速降低，到贴近圆柱面的 C 点，流速将为零。流体质点在 C 点停滞下来，形成新的驻点。由于流体不可压缩，继续流来的流体质点被迫脱离原来的流线，沿着另一条流线流去，如图中的 CE 线，从而使边界层脱离了圆柱面，这种现象即为边界层的分离现象，C 点称为分离点。

边界层分离后，在边界层与圆柱面之间，由于分离点下游的压强大，从而使流体发生反向回流，形成旋涡区。在绕流物体边界层分离点下游形成的旋涡区称为尾流。分离点的位置是不固定的，它和流体所绕物体的形状、粗糙程度、流动的雷诺数等有关。如流体遇到固体表面的锐缘时，分离点就在锐缘处。另外，边界层的分离还与来流和物体的相对方向有关。如前述的流体绕经极薄平板的流动，当平板与来流方向平行放置时，边界层不会发生分离。但当平板与来流方向垂直放置时，则必然在平板两端产生分离，如图 8.11 所示。

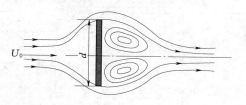

图 8.11　垂直绕流平板

可以这样说，边界层的分离是减速增压 $\dfrac{\partial p}{\partial x} > 0$ 和物面黏性阻滞作用的综合结果。

8.7.2　绕流阻力

黏性流体绕流物体，作用在物体上的力可以分解为绕流阻力 D 和升力 L，如图 8.12 所示。

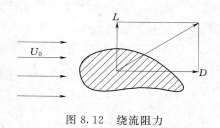

图 8.12　绕流阻力

绕流阻力 D 包括摩擦阻力 D_f 和压差阻力 D_p 两部分，$D = D_f + D_p$。摩擦阻力是由于物体的黏性引起的，可用前述的边界层理论计算。压差阻力对于非流线型物体而言，是由于边界层分离，在物体尾部形成的旋涡区的压强较物体前部的低，因而在流动方向上产生压强差，形成作用于物体上的阻力。压差阻力主要取决于物体的形状，所以又成为形状阻力。

摩擦阻力和压差阻力的计算公式分别为

$$D_f = C_f \frac{\rho U_0^2}{2} A_f \qquad (8.60)$$

$$D_p = C_p \frac{\rho U_0^2}{2} A_p \qquad (8.61)$$

式中：C_f、C_p 分别表示摩擦阻力系数和压差阻力系数；A_f 为切应力作用的面积；A_p 为物体与流速方向垂直的迎流投影面积。

绕流阻力计算公式可写为

$$D = (C_f A_f + C_p A_p) \frac{\rho U_0^2}{2} = C_D \frac{\rho U_0^2}{2} A \qquad (8.62)$$

式中：C_D 为绕流阻力系数，A 与 A_p 一致，即 $A = A_p$。

绕流阻力系数 C_D 主要取决于雷诺数，并和物体的形状、表面粗糙度以及来流的紊动强度度有关。一般而言，C_D 尚无法由理论计算得出，多由实验确定。图 8.13 为圆球、圆盘及无限长圆柱的阻力系数的实验曲线。

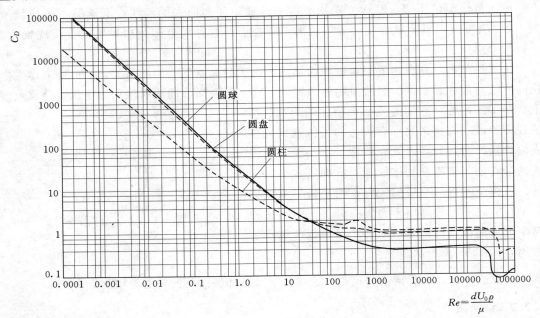

图 8.13　阻力系数实验曲线

接下来，应用绕流阻力的概念分析颗粒在流体中的运动问题。研究一个圆球在静止流体中的运动情况。设直径为 d 的圆球，从静止开始在静止的流体中自由下落。由于重力的作用而加速，而速度的增加受到的阻力随之增大。因此，经过一段时间后，圆球的重量与所受的浮力和阻力达到平衡，圆球作等速沉降，其速度称为自由沉降速度，用 u_f 表示。分析圆球所受的力，方向向上的力有绕流阻力 D 和浮力 B，分别为

$$D = C_D \frac{\rho u_f^2}{2} A = \frac{1}{8} C_D \rho u_f^2 \pi d^2$$

$$B = \frac{1}{6} \pi d^3 \rho g$$

方向向下的力有圆球的重量：

$$G = \frac{1}{6} \pi d^3 \rho_s g$$

式中：ρ_s 为球体的密度；ρ 为流体的密度；C_D 为绕流阻力系数。

圆球所受的力平衡关系为

$$G = B + D$$

即

$$\frac{1}{6} \pi d^3 \rho_s g = \frac{1}{8} C_D \rho u_f^2 \pi d^2 + \frac{1}{6} \pi d^3 \rho g$$

由此求得圆球的自由沉降速度为

$$u_f = \sqrt{\frac{4}{3 C_D} \left(\frac{\rho_s - \rho}{\rho} \right) g\, d} \tag{8.63}$$

式中绕流阻力系数 C_D 与雷诺数 Re 有关，可由图 8.13 查得。也可以根据 Re 的范围，采用下列公式进行近似计算，即

当 $Re < 1$ 时，圆球基本上沿铅垂线下沉，绕流属于层流状态，$C_D = \dfrac{24}{Re}$。

当 $Re = 10 \sim 10^3$ 时，圆球呈摆动状态下沉，绕流属于过渡状态，$C_D \approx \dfrac{13}{\sqrt{Re}}$。

当 $Re = 10^3 \sim 2 \times 10^5$ 时，圆球脱离铅垂线，盘旋下沉，绕流属于湍流状态，$C_D \approx 0.45$。

计算自由沉降速度，因为 u_f 与 Re 有关，而 Re 中又包含待求值 u_f，所以一般要经过多次试算才能求得。在实际计算时，可以先假定 Re 的范围，然后再验算 Re 是否与假定的一致；如果不一致，则需重新假定后计算，直至与假定的一致。

如果圆球被以速度为 u 的垂直上升的流体带走，则圆球的绝对速度 u_s 为

$$u_s = u - u_f$$

当 $u = u_f$ 时，$u_s = 0$，则圆球悬浮在流体中，呈悬浮状态，这时流体上升的速度 u 称为圆球的悬浮速度，它的数值与 u_f 相等，但意义不同。自由沉降速度是圆球自由下降时所能达到的最大速度，而悬浮速度是流体上升速度能使圆球悬浮所需的最小速度。如果流体的上升速度大于圆球的自由沉降速度，圆球将被带走；反之，则必定下降。一般流体中所含的固体颗粒或流体微粒，如水中的泥沙、气体中的尘粒或水滴等，均可按小圆球计算。

【例 8.4】 已知炉膛中烟气流的上升速度 $u = 0.5 \text{m/s}$，烟气的密度 $\rho = 0.2 \text{kg/m}^3$，运动黏度 $\nu = 230 \times 10^{-6} \text{m}^2/\text{s}$。试求烟气中直径 $d = 0.1 \text{mm}$ 的煤粉颗粒是否会沉降，煤的密度 $\rho_s = 1300 \text{kg/m}^3$。

解： 烟气流的雷诺数 $Re = \dfrac{ud}{\nu} = 0.217 < 1$，则 $C_D = \dfrac{24}{Re} = 110.6$

计算自由沉降速度为

$$u_f = \sqrt{\frac{4}{3C_D}\left(\frac{\rho_s - \rho}{\rho}\right)gd} = \sqrt{\frac{4}{3 \times 110.6} \times \left(\frac{1300 - 0.2}{0.2}\right) \times 9.8 \times 0.1 \times 10^{-3}} = 0.278 \, (\text{m/s})$$

因为 $u = 0.5 \text{m/s} > u_f = 0.278 \text{m/s}$，所以煤粉颗粒将被烟气流带走，不会沉降。

8.7.3 减阻措施

绕流阻力中的压差阻力和摩擦阻力的主次取决于雷诺数。对于流体绕流圆柱体，当雷诺数较小时，压差阻力占总阻力的 1/3；当雷诺数增大时，压差阻力占到总阻力的一半；当 $Re = 200$ 时，压差阻力增至总阻力的 75%；当 $Re = 10^4 \sim 10^5$ 时，总阻力主要是压差阻力。

摩擦阻力与边界层的流态有很大的关系。一般来说，层流边界层的摩擦阻力比湍流边界层小，是湍流时的 1/5～1/6。为了减小摩擦阻力，应采用小的物面粗糙度，使物面上的层流边界层尽可能长。

边界层分离形成的压差阻力会使绕流阻力增大，而升力骤减，导致叶片式流体机械的运行效率下降，人们一直在采取各种方法来防止边界层分离，以达到减小阻力的目的。

常见的控制边界层的方法有以下几种：

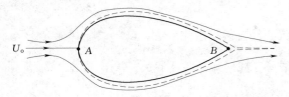

图 8.14　绕流流线型物体

（1）将被绕流物体的外形设计成流线型。压差阻力是由于边界层的分离引起的，与物体的形状关系密切。物体后部曲率越大，分离越早，尾流越粗，压差阻力相应越大；反之，就越小。如图 8.14 所示的流体绕流流线型物体，边界层的分离点接近尾端，可以阻止或推迟边界层的分离，从而达到减小压差阻力的目的。许多叶片式流体机械中的叶片流道就是采用这种设计原则。

（2）边界层加速。有时边界层的升压区因运行工况的改变而不可避免地要向边界层前部移动，如机翼攻角的增大，这时需寻求其他的方法来防止边界层的分离。一种方法是向边界层注入高速流体，使即将滞止的流体质点得到新的能量以继续向升压区流动，已知不分离地流向下游，如图 8.15（a）、（b）所示。图 8.15（a）是在机翼内部设置一喷气气源，将高速射流从边界层将要分离处喷入边界层。图 8.15（b）是在机翼前缘处加设一缝翼，它与机翼之间形成一喷嘴翼。机翼下表面处的高压空气通过喷入边界层以防止它分离。

（3）边界层的吸收。与前一种边界层的控制方法类似，在边界层易分离处设置一窄缝，在机翼内的抽气装置把欲滞止的空气经该缝抽走。这种抽吸作用同样可以迫使边界层内的流体质点克服正向压差的作用而继续向下游流动，从而防止了分离，如图 8.15（c）所示。这种方法还可以使边界层的层流到湍流的转捩点后移，达到减小摩擦阻力的效果。

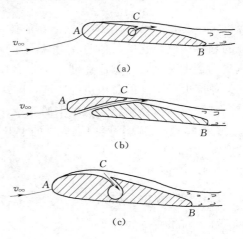

图 8.15　边界层的控制
(a) 设置喷气气源，加速边界层；
(b) 加设缝翼，加速边界层；
(c) 设置抽气装置，吸收边界层

8.8　湍流的基本方程

在第 5 章中已就湍流运动参数的脉动现象及处理湍流问题的时均法作了阐述，在本章的 8.1 节中推导出不可压缩黏性流体的运动方程即 N-S 方程，理论上描述瞬时流动的 N-S 方程同样适用于湍流。但由于湍流运动相当复杂，求解湍流瞬时流动的全部过程，既不必要也不可能。因为湍流是一种随机过程，每一次单独的过程均不完全相同，没有什么意义，有意义的是湍流过程总体的统计特性。最重要的同时也是最简单的统计特征值是平均值。

本节将利用时均方法，建立湍流运动的控制方程，包括连续性方程和运动方程。

8.8.1　时均法的运算法则

在采用平均法处理随机变量时，常会遇到对两个变量的平均运算，令 f 和 g 代表两个变量，根据时均的定义得到对应的运算法则如下：

(1) $\overline{f \pm g} = \overline{f} \pm \overline{g}$。

(2) $\overline{af} = a\overline{f}$（a 为常数）。

(3) $\overline{\overline{f}} = \overline{f}$。

(4) $\overline{f'} = 0$（f' 为脉动值）。

(5) $\overline{\overline{f}\overline{g}} = \overline{f}\,\overline{g}$。

(6) $\overline{\overline{f}g'} = 0$（$g'$ 为脉动值）。

(7) $\overline{fg} = \overline{f}\,\overline{g} + \overline{f'g'}$。

(8) $\overline{\dfrac{\partial^n f}{\partial s^n}} = \dfrac{\partial^n \overline{f}}{\partial s^n}$（$n=1$，$2$，$\cdots$；$s=x$、$y$、$z$、$t$）。

8.8.2　湍流的连续性方程

不可压缩流体的连续性方程为

$$\frac{\partial u_x}{\partial x} + \frac{\partial u_y}{\partial y} + \frac{\partial u_z}{\partial z} = 0$$

将 $u_x = \overline{u}_x + u'_x$、$u_y = \overline{u}_y + u'_y$、$u_z = \overline{u}_z + u'_z$ 代入上式，并取时均，得到

$$\frac{\partial \overline{(\overline{u}_x + u'_x)}}{\partial x} + \frac{\partial \overline{(\overline{u}_y + u'_y)}}{\partial y} + \frac{\partial \overline{(\overline{u}_z + u'_z)}}{\partial z} = 0$$

利用前面的运算法则，化简得到

$$\frac{\partial \overline{u}_x}{\partial x} + \frac{\partial \overline{u}_y}{\partial y} + \frac{\partial \overline{u}_z}{\partial z} = 0 \tag{8.64a}$$

或

$$\frac{\partial u'_x}{\partial x} + \frac{\partial u'_y}{\partial y} + \frac{\partial u'_z}{\partial z} = 0 \tag{8.64b}$$

式（8.64a）和式（8.64b）均为湍流的连续性方程。

8.8.3　湍流的运动方程——雷诺方程

以 x 方向的 N-S 方程为例，推导 x 方向的雷诺方程。x 方向的 N-S 方程为

$$f_x - \frac{1}{\rho}\frac{\partial p}{\partial x} + \nu \nabla^2 u_x = \frac{\partial u_x}{\partial t} + u_x \frac{\partial u_x}{\partial x} + u_y \frac{\partial u_x}{\partial y} + u_z \frac{\partial u_x}{\partial z}$$

将 $u_x = \overline{u}_x + u'_x$、$u_y = \overline{u}_y + u'_y$、$u_z = \overline{u}_z + u'_z$、$p = \overline{p} + p'$ 代入上式，并取时均，得到

$$\overline{f}_x - \frac{1}{\rho}\frac{\partial \overline{p}}{\partial x} + \nu \nabla^2 \overline{u}_x = \frac{\partial \overline{u}_x}{\partial t} + \overline{u_x \frac{\partial u_x}{\partial x} + u_y \frac{\partial u_x}{\partial y} + u_z \frac{\partial u_x}{\partial z}} \tag{8.65}$$

如何处理 $\overline{u_x \dfrac{\partial u_x}{\partial x} + u_y \dfrac{\partial u_x}{\partial y} + u_z \dfrac{\partial u_x}{\partial z}}$ 是关键，可将 $u_x \dfrac{\partial u_x}{\partial x} + u_y \dfrac{\partial u_x}{\partial y} + u_z \dfrac{\partial u_x}{\partial z}$ 展开如下：

$$u_x \frac{\partial u_x}{\partial x} + u_y \frac{\partial u_x}{\partial y} + u_z \frac{\partial u_x}{\partial z} = \frac{\partial (u_x u_x)}{\partial x} - u_x \frac{\partial u_x}{\partial x} + \frac{\partial (u_y u_x)}{\partial y} - u_x \frac{\partial u_y}{\partial y} + \frac{\partial (u_z u_x)}{\partial z} - u_x \frac{\partial u_z}{\partial z}$$

$$= \frac{\partial (u_x u_x)}{\partial x} + \frac{\partial (u_y u_x)}{\partial y} + \frac{\partial (u_z u_x)}{\partial z} - u_x \left(\frac{\partial u_x}{\partial x} + \frac{\partial u_y}{\partial y} + \frac{\partial u_z}{\partial z} \right)$$

$$= \frac{\partial (u_x u_x)}{\partial x} + \frac{\partial (u_y u_x)}{\partial y} + \frac{\partial (u_z u_x)}{\partial z}$$

因此

$$\overline{u_x\frac{\partial u_x}{\partial x}+u_y\frac{\partial u_x}{\partial y}+u_z\frac{\partial u_x}{\partial z}}=\frac{\overline{\partial(u_x u_x)}}{\partial x}+\frac{\overline{\partial(u_y u_x)}}{\partial y}+\frac{\overline{\partial(u_z u_x)}}{\partial z} \tag{8.66}$$

其中：

$$\overline{u_x u_x}=\overline{(\overline{u}_x+u'_x)(\overline{u}_x+u'_x)}=\overline{\overline{u}_x^2+2\overline{u}_x u'_x+u'^2_x}=\overline{u}_x^2+\overline{u'^2_x}$$

$$\overline{u_x u_y}=\overline{(\overline{u}_x+u'_x)(\overline{u}_y+u'_y)}=\overline{\overline{u}_x\overline{u}_y+\overline{u}_x u'_y+\overline{u}_y u'_x+u'_x u'_y}=\overline{u}_x\overline{u}_y+\overline{u'_x u'_y}$$

$$\overline{u_x u_z}=\overline{(\overline{u}_x+u'_x)(\overline{u}_z+u'_z)}=\overline{\overline{u}_x\overline{u}_z+\overline{u}_x u'_z+\overline{u}_z u'_x+u'_x u'_z}=\overline{u}_x\overline{u}_z+\overline{u'_x u'_z}$$

式（8.66）可以改写为

$$\overline{u_x\frac{\partial u_x}{\partial x}+u_y\frac{\partial u_x}{\partial y}+u_z\frac{\partial u_x}{\partial z}}=\frac{\partial(\overline{u}_x\overline{u}_x)}{\partial x}+\frac{\partial(\overline{u}_x\overline{u}_y)}{\partial y}+\frac{\partial(\overline{u}_x\overline{u}_z)}{\partial z}+$$
$$\frac{\partial(\overline{u'_x u'_x})}{\partial x}+\frac{\partial(\overline{u'_x u'_y})}{\partial y}+\frac{\partial(\overline{u'_x u'_z})}{\partial z} \tag{8.67}$$

将式（8.66）、式（8.67）代入式（8.65），可得

$$\frac{\partial\overline{u}_x}{\partial t}+\frac{\partial\overline{u}_x^2}{\partial x}+\frac{\partial(\overline{u}_x\overline{u}_y)}{\partial y}+\frac{\partial(\overline{u}_x\overline{u}_z)}{\partial z}$$
$$=\overline{f}_x-\frac{1}{\rho}\frac{\partial\overline{p}}{\partial x}+\nu\nabla^2\overline{u}_x-\frac{\partial\overline{u'^2_x}}{\partial x}-\frac{\partial(\overline{u'_x u'_y})}{\partial y}-\frac{\partial(\overline{u'_x u'_z})}{\partial z} \tag{8.68}$$

结合时均连续性方程式（8.64a），式（8.68）可转化为

$$\frac{\partial\overline{u}_x}{\partial t}+\overline{u}_x\frac{\partial\overline{u}_x}{\partial x}+\overline{u}_y\frac{\partial\overline{u}_x}{\partial y}+\overline{u}_z\frac{\partial\overline{u}_x}{\partial z}$$
$$=\overline{f}_x-\frac{1}{\rho}\frac{\partial\overline{p}}{\partial x}+\nu\nabla^2\overline{u}_x-\frac{\partial\overline{u'^2_x}}{\partial x}-\frac{\partial(\overline{u'_x u'_y})}{\partial y}-\frac{\partial(\overline{u'_x u'_z})}{\partial z} \tag{8.69}$$

用相同的方法处理 y、z 方向的 N-S 方程，最终得到的三个方向上的雷诺方程为

$$\left.\begin{aligned}
&\rho\left(\frac{\partial\overline{u}_x}{\partial t}+\overline{u}_x\frac{\partial\overline{u}_x}{\partial x}+\overline{u}_y\frac{\partial\overline{u}_x}{\partial y}+\overline{u}_z\frac{\partial\overline{u}_x}{\partial z}\right)\\
&=\rho\overline{f}_x-\frac{\partial\overline{p}}{\partial x}+\mu\nabla^2\overline{u}_x+\frac{\partial}{\partial x}(-\rho\overline{u'^2_x})+\frac{\partial}{\partial y}(-\rho\overline{u'_x u'_y})+\frac{\partial}{\partial z}(-\rho\overline{u'_x u'_z})\\
&\rho\left(\frac{\partial\overline{u}_y}{\partial t}+\overline{u}_x\frac{\partial\overline{u}_y}{\partial x}+\overline{u}_y\frac{\partial\overline{u}_y}{\partial y}+\overline{u}_z\frac{\partial\overline{u}_y}{\partial z}\right)\\
&=\rho\overline{f}_y-\frac{\partial\overline{p}}{\partial y}+\mu\nabla^2\overline{u}_y+\frac{\partial}{\partial x}(-\rho\overline{u'_x u'_y})+\frac{\partial}{\partial y}(-\rho\overline{u'^2_y})+\frac{\partial}{\partial z}(-\rho\overline{u'_y u'_z})\\
&\rho\left(\frac{\partial\overline{u}_z}{\partial t}+\overline{u}_x\frac{\partial\overline{u}_z}{\partial x}+\overline{u}_y\frac{\partial\overline{u}_z}{\partial y}+\overline{u}_z\frac{\partial\overline{u}_z}{\partial z}\right)\\
&=\rho\overline{f}_z-\frac{\partial\overline{p}}{\partial z}+\mu\nabla^2\overline{u}_z+\frac{\partial}{\partial x}(-\rho\overline{u'_x u'_z})+\frac{\partial}{\partial y}(-\rho\overline{u'_y u'_z})+\frac{\partial}{\partial z}(-\rho\overline{u'^2_z})
\end{aligned}\right\} \tag{8.70}$$

将雷诺方程和 N-S 方程比较，发现雷诺方程中增加了 6 个与脉动相关的应力，称为雷诺应力或湍动应力。同黏性应力类似，雷诺应力也可用对称矩阵表示，即

$$\begin{pmatrix} -\rho\overline{u'^2_x} & -\rho\overline{u'_x u'_y} & -\rho\overline{u'_x u'_z} \\ -\rho\overline{u'_x u'_y} & -\rho\overline{u'^2_y} & -\rho\overline{u'_y u'_z} \\ -\rho\overline{u'_x u'_z} & -\rho\overline{u'_y u'_z} & -\rho\overline{u'^2_z} \end{pmatrix}$$

8.8.4 湍流的切应力

从雷诺方程式（8.70）中可以看出，湍流的切应力是由两部分组成的，一部分是由于时均流速梯度的存在产生的黏性切应力，可用牛顿内摩擦定律表示；另一部分是由湍流脉动而产生的湍动切应力。由于湍流的复杂性，研究由于脉动产生的湍动切应力主要依靠湍流的半经验理论。下面讨论湍动切应力的物理意义。

为简便起见，这里讨论恒定二维均匀平行湍流，如图 8.16 所示。此时 $\bar{u}_x = \bar{u}_x(y)$，$\bar{u}_y = \bar{u}_z = 0$，$u_x = \bar{u}_x + u'_x$，$u_y = u'_y$，$u_z = u'_z$。这样只剩下附加切应力 $-\rho \overline{u'_x u'_y}$ 需要确定。在流动中任取一点 A，取包含 A 点并垂直于 y 轴的微小截面 $\mathrm{d}A_y$。设在 A 点的时均速度为 $\bar{u}_x$，沿 x、y 轴的脉动速度分别为 u'_x、u'_y。当在该处发生 $+u'_y$ 时，单位时间就有质量为 $\rho u'_y \mathrm{d}A_y$ 流体从截面的下层流入该截面的上层，与此同时，也将动量带入。反之，当在该处发生 $-u'_y$ 时，就有相应的流体动量从上层带到下层。单位时间内通过截面的 x 轴方向的动量为 $\rho u'_y \mathrm{d}A_y (\bar{u}_x + u'_x)$。

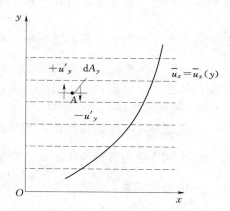

图 8.16　湍动切应力的物理意义

在较长的时间段内，由于流体质点的横向脉动，通过同一截面既有动量带上，又有动量带下，而其时均值为 $\rho \overline{u'_y (\bar{u}_x + u'_x)} \mathrm{d}A_y = \rho \overline{u'_y \bar{u}_x} \mathrm{d}A_y + \rho \overline{u'_y u'_x} \mathrm{d}A_y = \rho \overline{u'_y u'_x} \mathrm{d}A_y$。

根据动量定理，由于脉动产生的 x 轴方向动量交换的结果相当于在截面上有一个 x 轴方向的作用力 $\rho \overline{u'_x u'_y} \mathrm{d}A_y$，如以湍动切应力表示，则其大小为

$$\bar{\tau}_{yx} = \rho \overline{u'_x u'_y} \mathrm{d}A_y \tag{8.71}$$

下面分析这个切应力的方向。如图 8.16 所示，速度梯度是正的。当 u'_y 为正值时，流体质点从下层往上层传递，因下层的时均流速小于上层，有减缓上层流体运动的作用，所以可认为 u'_x 为负值，即 $+u'_y$ 与 $-u'_x$ 相对应；同理，$-u'_y$ 与 $+u'_x$ 相对应。所以，不管流体质点向上还是向下运动，$\overline{u'_x u'_y}$ 值总是一个负值。为了与黏性应力的表示方法相一致，以正值出现，所以在上式前加一负号，即

$$\bar{\tau}_{yx} = -\rho \overline{u'_x u'_y} \tag{8.72}$$

上式即湍动切应力与脉动流速之间的关系式，是雷诺在 1895 年提出的。

8.9　湍　流　模　型

湍流运动的控制方程包括 1 个时均连续性方程式（8.64）和 3 个雷诺方程式（8.70），未知量包括 3 个时均速度分量、1 个时均压强和 6 个雷诺应力，共 10 个，超过了方程的数目，因此方程组不封闭无法求解。

根据湍流的运动规律以寻求附加的条件和关系式，使得方程组封闭可解，就是近年来所形成的各种湍流模型。随着计算机技术的迅速发展，湍流模型已成为解决工程实际问题的一个有效手段。

最初的湍流模型理论是布辛涅斯克（Boussinesq）提出的用涡黏度将雷诺应力和时均速度场联系起来。后来又发展了一系列以普朗特混合长度理论为代表的半经验理论，并得到广泛的应用。这些湍流模型中未引入任何有关脉动量的微分方程，因而被称为零方程模型。之后，又发展了一方程模型、二方程模型和多方程模型等，即除雷诺方程和时均的连续性方程以外，增加了有关脉动量的微分方程。若增加一个关于湍动动能 k（$k = \frac{1}{2}\overline{u_i' u_i'}$）的微分方程，称为 k 方程，进一步再增加一个关于能量耗散率 ε（$\varepsilon = \nu\overline{\dfrac{\partial u_i'}{\partial x_j}\dfrac{\partial u_i'}{\partial x_j}}$）的方程，称为 ε 方程。这样的二方程模型统称为 $k\text{-}\varepsilon$ 模型，近年来应用十分普遍。下面将对重要的湍流模型予以介绍，为利用湍流模型进行数值计算提供理论基础。

8.9.1　涡黏性模型

该模型是布辛涅斯克提出的最早的湍流半经验理论，他把雷诺应力与黏性应力相比较，认为黏性应力既然等于运动黏度与变形率的乘积，即 $\nu\left(\dfrac{\partial \overline{u}_i}{\partial x_j} + \dfrac{\partial \overline{u}_j}{\partial x_i}\right)$，那么雷诺应力也可以用类似的形式表示，即

$$-\overline{u_i' u_j'} = \nu_t\left(\frac{\partial \overline{u}_i}{\partial x_j} + \frac{\partial \overline{u}_j}{\partial x_i}\right) \tag{8.73}$$

式中：ν_t 称为湍动黏度。湍动黏度 ν_t 和黏度 ν 之间有本质的区别：湍动黏度 ν_t 反映湍动特性，与流动状况和边界条件密切相关；黏度 ν 表示的是流体的一种物理属性，其值取决于流体的性质，而与流动状况无关。

在涡黏性模型的基础上发展了许多改进的模型，如接下来将要介绍的混合长度模型、一方程模型和二方程模型。

8.9.2　混合长度模型

该模型是普朗特提出的经验模型。普朗特借用气体分子运动自由行程的概念，设想流体质点在横向脉动过程中，动量保持不变，直到抵达新的位置时，才与周围流体质点相混合，动量才突然改变，并与新位置上原有流体质点所具有的动量一致。

设有一恒定均匀二维平行湍流，流体质点由于横向脉动，在 y 轴方向移动某一距离 l'，在移动过程中该流体质点不与其他质点相碰撞，所具有的属性（如流速、动量）保持不变，l' 称为混合长度。但当移动到新的位置后，则与周围质点相混掺，产生动量交换，立即失去原有的属性，而具有新位置处原有流体质点的属性。如图 10.17（a）所示，对于某一给定点 y，流体质点由 $y - l'$ 和 $y + l'$ 各以随机的时间间隔到达 y 点，流体质点由 $y + l'$ 到达 y 点，它们的时均流速差 $\Delta \overline{u}_{x1}$，可以看做是引起 y 点脉动速度 u'_{x1} 的一种扰动，可表示为

$$\Delta \overline{u}_{x1} = \overline{u}_{x(y+l')} - \overline{u}_{x(y)} = \left(\overline{u}_{x(y)} + \frac{\mathrm{d}\,\overline{u}_x}{\mathrm{d}y}l'\right) - \overline{u}_{x(y)} = \frac{\mathrm{d}\,\overline{u}_x}{\mathrm{d}y}l' \propto u'_{x1}$$

同理，流体质点由 $y - l'$ 到达 y 点，引起 y 点处脉动速度 u'_{x2} 可表示为

$$\Delta \overline{u}_{x2} = \overline{u}_{x(y-l')} - \overline{u}_{x(y)} = \left(\overline{u}_{x(y)} - \frac{\mathrm{d}\,\overline{u}_x}{\mathrm{d}y}l'\right) - \overline{u}_{x(y)} = -\frac{\mathrm{d}\,\overline{u}_x}{\mathrm{d}y}l' \propto u'_{x2}$$

到达 y 点处的流体质点是由它的上、下层流体质点随机运移的，在一段时间内两者

的机会是相等的。假设 y 点处的脉动速度 u'_x 与以上两种扰动幅度的平均值成正比，且是同一数量级，即

$$\overline{|u'_x|} \propto \frac{1}{2}(|\Delta \overline{u}_{x1}| + |\Delta \overline{u}_{x2}|) = \frac{\mathrm{d}\overline{u}_x}{\mathrm{d}y}l'$$

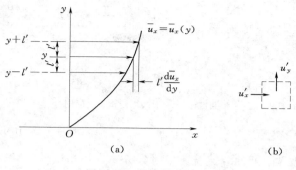

在湍流中，取一封闭边界的里流体块，如图 8.17（b）所示。根据质量守恒关系，横向脉动速度 u'_y 和纵向脉动速度 u'_x 是相关的，大小成比例，且为同一数量级，即

图 8.17 混合长度理论

$$\overline{|u'_y|} \propto \overline{|u'_x|} = \frac{\mathrm{d}\overline{u}_x}{\mathrm{d}y}l'$$

因 $+u'_y$ 与 $-u'_x$ 相对应，$-u'_y$ 与 $+u'_x$ 相对应，$\overline{u'_x u'_y}$ 与 $\overline{|u'_x|}\,\overline{|u'_y|}$ 不等，但可认为两者成正比，且符号相反，有

$$\overline{u'_x u'_y} \propto -\overline{|u'_x|}\,\overline{|u'_y|} = -cl'^2\left(\frac{\mathrm{d}\overline{u}_x}{\mathrm{d}y}\right)^2 = -l^2\left(\frac{\mathrm{d}\overline{u}_x}{\mathrm{d}y}\right)^2$$

式中：c 为比例系数，$cl'^2 = l^2$，l 也称为混合长度

将上式代入式（8.72），得

$$\overline{\tau}_{yx} = -\rho\,\overline{u'_x u'_y} = \rho l^2\left(\frac{\mathrm{d}\overline{u}_x}{\mathrm{d}y}\right)^2 \tag{8.74a}$$

或

$$\overline{\tau}_{yx} = -\rho\,\overline{u'_x u'_y} = \rho l^2\left|\frac{\mathrm{d}\overline{u}_x}{\mathrm{d}y}\right|\frac{\mathrm{d}\overline{u}_x}{\mathrm{d}y} \tag{8.74b}$$

为了使上式能够运用，还需确定混合长度 l。根据实测资料，固定边界附近的流动混合长度 l 的关系式为

$$l = ky \tag{8.75}$$

式中：k 称为卡门常数，实验表明 $k = 0.36 \sim 0.435$，常取 $k = 0.4$；y 为从壁面算起的横向距离。

对于时均恒定二维均匀平行湍流中，两流层间的切应力为

$$\tau = \mu\frac{\mathrm{d}\overline{u}_x}{\mathrm{d}y} + \rho l^2\left(\frac{\mathrm{d}\overline{u}_x}{\mathrm{d}y}\right)^2 \tag{8.76}$$

层流时，流体质点无横向混掺现象，$l = 0$，流层间只有黏性切应力，$\tau = \mu\dfrac{\mathrm{d}\overline{u}_x}{\mathrm{d}y}$；在雷诺数相当大的情况下，$\mu\dfrac{\mathrm{d}\overline{u}_x}{\mathrm{d}y}$ 比 $\rho l^2\left(\dfrac{\mathrm{d}\overline{u}_x}{\mathrm{d}y}\right)^2$ 小得多，可以忽略不计，流层间的切应力只有湍动切应力，$\tau = \rho l^2\left(\dfrac{\mathrm{d}\overline{u}_x}{\mathrm{d}y}\right)^2$。

依据湍动切应力公式式（8.65）、式（8.66），可以推导出边界附近（黏性底层除外）湍流时均速度分布式。假设 τ_0 为边界上的切应力，有

$$\tau_0 = \rho(ky)^2 \left(\frac{\mathrm{d}\,\overline{u}_x}{\mathrm{d}y}\right)^2$$

即

$$\frac{\mathrm{d}\,\overline{u}_x}{\mathrm{d}y} = \frac{1}{ky}\sqrt{\frac{\tau_0}{\rho}} = \frac{v_*}{ky}$$

式中：v_* 为摩阻流速。积分上式，得到

$$\overline{u}_x = \frac{1}{k}v_* \ln y + C \tag{8.77}$$

边界附近的湍流流速成对数分布，根据试验结果，可以将对数分布的速度分布关系扩展至全部湍流流动。

混合长度理论使雷诺方程组封闭，且能结合实验解决一些实际问题，具有重要意义。但由于其属于湍流的半经验理论，有些假设还不是很严格，如，假定流体质点要经过一定距离才发生其他质点相混掺，这与实际混掺是一连续过程不符。

8.9.3　一方程模型——k 方程模型

雷诺方程中的雷诺应力采用涡黏模型，其形式可以改写为

$$-\overline{u_i'u_j'} = \nu_t \left(\frac{\partial \overline{u}_i}{\partial x_j} + \frac{\partial \overline{u}_j}{\partial x_i}\right) - \frac{2}{3}k\delta_{ij} \tag{8.78}$$

式中：δ_{ij} 为克罗内克尔符号，即 $\begin{cases} i=j, & \delta_{ij}=1 \\ i\neq j, & \delta_{ij}=0 \end{cases}$；湍动动能 $k = \frac{1}{2}\overline{u_i'u_i'}$。

采用柯尔莫格罗夫-普朗特表达式将湍动黏度 ν_t 与湍动动能 k 联系起来，即

$$\nu_t = C_\mu' \sqrt{k}L \tag{8.79}$$

式中：C_μ' 为经验常数；L 为特征尺度。

为此，需要补充一个 k 的微分方程，即 k 方程模型。k 方程为

$$\frac{\partial k}{\partial t} + \overline{u}_j\,\frac{\partial k}{\partial x_j} = \frac{\partial}{\partial x_j}\left(\frac{\nu_t}{\sigma_k}\frac{\partial k}{\partial x_j}\right) + \nu_t\left(\frac{\partial \overline{u}_i}{\partial x_j} + \frac{\partial \overline{u}_j}{\partial x_i}\right)\frac{\partial \overline{u}_i}{\partial x_j} - C_D\frac{k^{\frac{3}{2}}}{L}$$

式中：C_D'、σ_k 为经验系数。

至于特征长度，可用类似于混合长度的经验关系。由于 k 方程模型考虑了湍动动能的迁移和扩散的传递以及湍流速度尺度的历史影响，较混合长度模型优越。但应用此模型只限于简单的剪切层，因为复杂的流动，从经验去确定特征长度的分布很困难。

8.9.4　二方程模型——k-ε 方程模型

在 k 方程之外，再加上一个确定特征长度 L 的偏微分方程，即为二方程模型。下面介绍应用最广泛的 k-ε 方程模型。

令 $\varepsilon \propto \dfrac{k^{\frac{3}{2}}}{L}$，$\varepsilon$ 为湍动能量耗散率。由式（8.79）可得

$$\nu_t = C_\mu \frac{k^2}{\varepsilon} \tag{8.80}$$

k-ε 方程如下：

$$\frac{\partial k}{\partial t} + \overline{u}_j\,\frac{\partial k}{\partial x_j} = \frac{\partial}{\partial x_j}\left(\frac{\nu_t}{\sigma_k}\frac{\partial k}{\partial x_j}\right) + \nu_t\left(\frac{\partial \overline{u}_i}{\partial x_j} + \frac{\partial \overline{u}_j}{\partial x_i}\right)\frac{\partial \overline{u}_i}{\partial x_j} - \varepsilon \tag{8.81}$$

$$\frac{\partial \varepsilon}{\partial t} + \overline{u}_j \frac{\partial \varepsilon}{\partial x_j} = \frac{\partial}{\partial x_j}\left(\frac{\nu_t}{\sigma_\varepsilon}\frac{\partial \varepsilon}{\partial x_j}\right) + \left(C_{1\varepsilon}\frac{\pi}{\varepsilon} - C_{2\varepsilon}\right)\frac{\varepsilon^2}{k} \tag{8.82}$$

式中：$\pi = -\overline{u_i' u_j'}\dfrac{\partial \overline{u}_i}{\partial x_j}$，是 k 的产生项；$C_{1\varepsilon}$、$C_{2\varepsilon}$、σ_ε 为经验系数。

$k - \varepsilon$ 模型中的经验常数可由实验求得。表 8.3 列出的数值是朗德尔和史帕丁的建议，可供参考。

表 8.3　　　　　　　　　　　　$k - \varepsilon$ 模型中经验常数的取值

C_μ	$C_{1\varepsilon}$	$C_{2\varepsilon}$	σ_k	σ_ε
0.09	1.44	1.92	1.0	1.3

习　　题

8.1　选择题

（1）汽车高速行驶时所受到的阻力主要来自于（　　　）。

A. 汽车表面的摩擦阻力　　　　　B. 地面的摩擦阻力

C. 空气对头部的碰撞　　　　　　D. 尾部的旋涡

（2）边界层内的流动特点之一是（　　　）。

A. 黏性力比惯性力重要　　　　　B. 黏性力与惯性力量级相等

C. 压强变化可忽略　　　　　　　D. 流动速度比外部势流小

（3）边界层的流动分离发生在（　　　）。

A. 物体后部　　　　　　　　　　B. 零压梯度区

C. 逆压梯度区　　　　　　　　　D. 后驻点

8.2　两平行平板间的泊肃叶流动如习题 8.2 图所示，平板间距为 $2h$，板长为 L 且 $h \ll L$。黏性不可压缩流体在恒定压强差（$p_1 - p_2$）的作用下沿 x 方向流动，求平板间的流体运动速度分布。

8.3　上题中，若下板固定不动，上板以速度 U 沿流动方向运动，求平板间的流体运动速度分布。

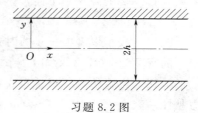

习题 8.2 图

8.4　一长 1.2m、宽 0.6m 的平板，顺流放置于速度为 0.8m/s 的定常水流中，设平板上边界层内的速度分布为

$$\frac{u}{U_0} = \frac{y}{\delta}\left(2 - \frac{y}{\delta}\right)$$

其中，δ 为边界层厚度，y 为至平板的垂直距离。试求：（1）边界层厚度的最大值；（2）作用在平板上的单面阻力。

8.5　设一平板顺流放置于速度为 U_0 的均匀来流中，如已知平板上层流边界层内的速度分布 $u(y)$ 可用 y（y 为该点至板面的距离）的 3 次多项式表示，试证明这一速度分布可表示为

$$\frac{u}{U_0} = \frac{3}{2}\frac{y}{\delta} - \frac{3}{2}\left(\frac{y}{\delta}\right)^3$$

其中，δ 为边界层厚度。

8.6　水以来流速度 $v_0 = 0.2\text{m/s}$ 顺流绕过一块平板。已知水的运动黏度 $\nu = 1.145 \times 10^{-6}\,\text{m}^2/\text{s}$，试求距平板前缘 5m 处的边界层厚度。

8.7　一平板顺流放置于均匀来流中，若将平板的长度增加一倍，试问：平板所受的摩擦阻力将增加几倍？（设平板边界层内的流动为层流）

8.8　流体以速度 $v_0 = 0.8\text{m/s}$ 绕一块长 $L = 2\text{m}$ 的平板流动，如果流体分别是水（$\nu_1 = 10^{-6}\,\text{m}^2/\text{s}$）和油（$\nu_2 = 8 \times 10^{-5}\,\text{m}^2/\text{s}$），试求平板末端的边界层厚度。

8.9　边长为 1m 的正方形平板放在速度 $v_0 = 1\text{m/s}$ 的水流中，求边界层的最大厚度及双面摩擦阻力，分别按全板都是层流或者都是湍流两种情况进行计算，水的运动黏度 $\nu = 10^{-6}\,\text{m}^2/\text{s}$。

8.10　水渠底面是一块长 $L = 30\text{m}$、宽 $b = 3\text{m}$ 的平板，水流速度 $v_0 = 6\text{m/s}$，水的运动黏度 $\nu = 10^{-6}\,\text{m}^2/\text{s}$，试求：（1）平板前面 $x = 3\text{m}$ 一段板面的摩擦阻力；（2）长 $L = 30\text{m}$ 的板面的摩擦阻力

8.11　一块面积为 $2\text{m} \times 8\text{m}$ 的矩形平板放在速度 $v_0 = 3\text{m/s}$ 的水流中，水的运动黏度 $\nu = 10^{-6}\,\text{m}^2/\text{s}$，平板放置的方法有两种：以长边顺着流速方向，摩擦阻力为 F_1；以短边顺着流速方向，摩擦阻力为 F_2。试求比值 F_1/F_2。

8.12　平底船的底面可视为宽 $b = 10\text{m}$、长 $L = 50\text{m}$ 的平板，船速 $v_0 = 4\text{m/s}$，水的运动黏度 $\nu = 10^{-6}\,\text{m}^2/\text{s}$，如果平板边界层转捩临界雷诺数 $Re_{xcr} = 5 \times 10^5$，试求克服边界层阻力所需的功率。

8.13　有 45kN 的重物从飞机上投下，要求落地速度不超过 10m/s，重物挂在一张阻力系数 $C_D = 2$ 的降落伞下面，不计伞重，设空气密度为 $\rho = 1.2\text{kg/m}^3$，求降落伞应有的直径。

8.14　汽车以 80km/h 的时速行驶，其迎风面积为 $A = 2\text{m}^2$，阻力系数为 $C_D = 0.4$，空气的密度为 $\rho = 1.25\text{kg/m}^3$，试求汽车克服空气阻力所消耗的功率。

8.15　炉膛的烟气以速度 $V_0 = 0.5\text{m/s}$ 向上腾升，气体的密度为 $\rho = 0.25\text{kg/m}^3$，动力黏性系数 $\mu = 5 \times 10^{-5}\,\text{N} \cdot \text{s/m}^2$，粉尘的密度 $\rho' = 1200\text{kg/m}^3$，试估算此烟气能带走多大直径的粉尘？

8.16　使小钢球在油中自由沉降以测定油的黏度。已知油的密度 $\rho = 900\text{kg/m}^3$，小钢球的直径 $d = 3\text{mm}$，密度 $\rho' = 7788\text{kg/m}^3$，若测得钢球最终的沉降速度 $v = 12\text{cm/s}$，求油的动力黏度。

第9章 气体动力学基础

在流体力学中，将流体分为可压缩流体和不可压缩流体两种。在前面的章节中，主要讨论的是不可压缩流体的运动，例如，一般状态下的液体运动和流速不高的气体运动。但是，对于高速运动的气体，速度、压强的变化将引起密度发生显著变化，若再按不可压缩流体处理，将会引起较大误差，此时，必须考虑气体的压缩性，按可压缩流体处理。

气体动力学就是研究可压缩气体运动规律及其在工程中应用的科学，本章主要介绍气体动力学的基础知识和基础理论。

9.1 声速与马赫数

9.1.1 声速

声速是微弱扰动波在介质中的传播速度。所谓微弱扰动是指这种扰动所引起的介质状态变化是微弱的。

如图 9.1（a）所示，等直径的长直圆管中充满着静止的可压缩流体，压强、密度和温度分别为 p、ρ、T，圆管左端装有活塞，原处于静止状态。当活塞突然以微小速度 dv 向右运动时，紧贴活塞右侧的这层流体首先被压缩，其压强、密度和温度分别升高微小增量 dp、$d\rho$、dT，同时，这层流体也以速度 dv 向右流动，向右流动的流体又压缩右方相邻的一层流体，使其压强、密度、温度和速度也产生微小增量 dp、$d\rho$、dT、dv。如此继续下去，由活塞运动引起的微弱扰动不断一层一层的向右传播，在圆管内形成两个区域：未受扰动区和受扰动区，两区之间的分界面称为扰动的波面，波面向右传播的速度 c 即为声速。在扰动尚未到达的区域，即未受扰动区，流体的速度为 $v=0$，其压强、密度和温度仍为 p、ρ、T，而在扰动到达的区域，即受扰动区，流体的速度为 dv，压强、密度和温度分别为 $p+dp$、$\rho+d\rho$、$T+dT$。

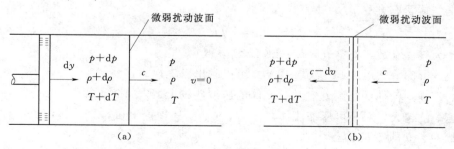

图 9.1 微弱扰动波的传播

为了确定微弱扰动波的传播速度 c，现将参考坐标系固定在扰动波面上。这样，上述非恒定流动便转化为恒定流动。如图 9.1（b）所示，取包围扰动波面的虚线为控制面，波前的流体始终以速度 c 流向控制体，其压强、密度和温度分别为 p、ρ、T，波后的流体始终以速度 $c-\mathrm{d}v$ 流出控制体，其压强、密度和温度分别为 $p+\mathrm{d}p$、$\rho+\mathrm{d}\rho$、$T+\mathrm{d}T$。设管道截面积为 A，由连续性方程可得

$$\rho cA=(\rho+\mathrm{d}\rho)(c-\mathrm{d}v)A$$

忽略二阶微量，经整理得

$$\mathrm{d}v=\frac{c}{\rho}\mathrm{d}\rho \tag{9.1}$$

由动量方程得

$$pA-(p+\mathrm{d}p)A=\rho cA\big[(c-\mathrm{d}v)-c\big]$$

整理后可得

$$\mathrm{d}v=\frac{1}{\rho c}\mathrm{d}p \tag{9.2}$$

由式（9.1）和式（9.2）得

$$c^2=\frac{\mathrm{d}p}{\mathrm{d}\rho}$$

或

$$c=\sqrt{\frac{\mathrm{d}p}{\mathrm{d}\rho}} \tag{9.3}$$

式（9.3）即为声速的计算公式，对液体和气体都适用。

在微弱扰动波的传播过程中，流体的压强、密度和温度变化很小，过程中的热交换和摩擦力都可忽略不计。因此，该传播过程可视为绝热可逆的等熵过程。由热力学可知，等熵过程方程为

$$\frac{p}{\rho^k}=C$$

得

$$\frac{\mathrm{d}p}{\mathrm{d}\rho}=Ck\rho^{k-1}=k\frac{p}{\rho}$$

式中：k 为等熵指数，对空气，$k=1.4$。将上式代入式（9.3），可得

$$c=\sqrt{k\frac{p}{\rho}} \tag{9.4}$$

再将完全气体状态方程 $p/\rho=RT$ 代入上式

$$c=\sqrt{kRT} \tag{9.5}$$

式中：R 为气体常数，对空气，$R=287\mathrm{J/(kg\cdot K)}$。

由式（9.3）、式（9.4）及式（9.5）可以看出以下规律：

（1）声速与流体的压缩性有关。流体的压缩性越大，声速 c 就越小；反之，压缩性越小，声速 c 就越大。对不可压缩流体，声速 $c\to\infty$，从理论上讲，在不可压缩流体中产生的微弱扰动会立即传遍全流场。

（2）声速与状态参数 T 有关，它随气体状态的变化而变化。流场中各点的状态若不同，各点的声速亦不同。与某一时刻某一空间位置的状态相对应的声速称为当地声速。

（3）声速与气体的种类有关，不同的气体声速不同。对于空气，$k=1.4$，$R=$

287J/(kg·K)代入式（9.5），得

$$c = 20.1 \sqrt{T}$$

9.1.2 马赫数

气体流速 v 与当地声速 c 之比，称为马赫数，以 Ma 表示，即

$$Ma = \frac{v}{c} \tag{9.6}$$

马赫数是气体动力学中最重要的相似准数，根据它的大小，可将气体的流动分为

$Ma < 1$，即 $v < c$，亚声速流动；

$Ma = 1$，即 $v = c$，声速流动（$Ma \approx 1$，为跨声速流动）；

$Ma > 1$，即 $v > c$，超声速流动。

$Ma < 1$ 的流场称为亚声速流场，$Ma > 1$ 的流场称为超声速流场，微弱扰动波在不同流场中的传播特点有所不同，下面分别讨论它在静止、亚声速、声速和超声速流场中的传播。

设流场中 o 点处有一固定的扰动源，每隔 1s 发出一次微弱扰动，现在分析前 4s 产生的微弱扰动波在各流场中的传播情况。

（1）静止流场（$v=0$）。在静止流场中，微弱扰动波在 4s 末的传播情况，如图 9.2（a）所示。由于气流速度 $v=0$，微弱扰动波不受气流的影响，以声速 c 向四周传播，形成以 o 点为中心的同心球面波。如果不考虑扰动波在传播过程中的能量损失，随着时间的

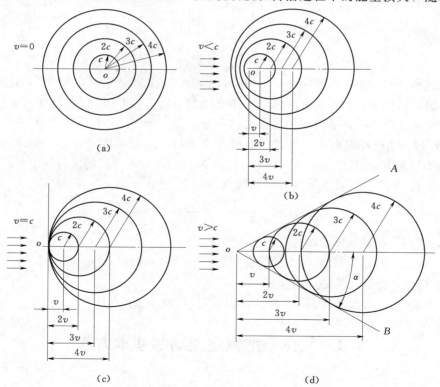

图 9.2 微弱扰动波的传播

延续，扰动必将传遍整个流场。

（2）亚声速流场（$v<c$）。在亚声速流场中，微弱扰动波在 4s 末的传播情况，如图 9.2 (b) 所示。由于气体以速度 v 运动，微弱扰动波受气流影响，在以声速 c 向四周传播的同时，随气流一同以速度 v 向右运动，因此，微弱扰动波在各个方向上传播的绝对速度不再是声速 c，而是这两个速度的矢量和。特殊地，微弱扰动波向下游（流动方向）传播的速度为 $c+v$，向上游传播的速度为 $c-v$，因 $v<c$，所以微弱扰动波仍能逆流向上游传播。如果不考虑微弱扰动波在传播过程中的能量损失，随着时间的延续，扰动波将传遍整个流场。

（3）声速流场（$v=c$）。在声速流场中，微弱扰动波在 4s 末的传播情况，如图 9.2 (c) 所示。由于微弱扰动波向四周传播的速度 c 恰好等于气流速度 v，扰动波面是与扰动源相切的一系列球面，所以，无论时间怎么延续，扰动波都不可能逆流向上游传播，它只能在过 o 点且与来流垂直的平面的右半空间传播，永远不可能传播到平面的左半空间。

（4）超声速流场（$v>c$）。在超声速流场中，微弱扰动波在 4s 末的传播情况，如图 9.2 (d) 所示。由于 $v>c$，所以扰动波不仅不能逆流向上游传播，反而被气流带向扰动源的下游，所有扰动波面是自 o 点出发的圆锥面内的一系列内切球面，这个圆锥面称为马赫锥。随着时间的延续，球面扰动波不断向外扩大，但也只能在马赫锥内传播，永远不可能传播到马赫锥以外的空间。

马赫锥的半顶角，即圆锥的母线与气流速度方向之间的夹角，称为马赫角，用 α 表示。由图 9.2 (d) 可以容易地看出，马赫角 α 与马赫数 Ma 之间存在关系：

$$\sin\alpha=\frac{c}{v}=\frac{1}{Ma} \tag{9.7}$$

或

$$\alpha=\arcsin\left(\frac{1}{Ma}\right)$$

上式表明：Ma 越大，α 越小；Ma 越小，α 越大。当 $Ma=1$ 时，$\alpha=90°$，达到马赫锥的极限位置，如图 9.2 (c) 所示的垂直分界面。当 $Ma<1$ 时，不存在马赫角，所以马赫锥的概念只在超声速、声速流场中才存在。

【例 9.1】 飞机在温度为 20℃ 的静止空气中飞行，测得飞机飞行的马赫角为 40.34°，空气的气体常数 $R=287\text{J}/(\text{kg·K})$，等熵指数 $k=1.4$，试求飞机的飞行速度。

解： 由式（9.7）计算飞机飞行的马赫数：

$$Ma=\frac{1}{\sin\alpha}=\frac{1}{\sin40.34°}=1.54$$

由式（9.5）计算当地声速：

$$c=\sqrt{kRT}=\sqrt{1.4\times287\times(273+20)}=343.11(\text{m/s})$$

由式（9.6）计算飞机的飞行速度：

$$v=Mac=1.54\times343.11=528.39(\text{m/s})$$

9.2　气体一维恒定流动的基本方程

1. 连续性方程

由质量守恒定律：

$$\rho v A = C \tag{9.8}$$

写成微分形式，有

$$\frac{\mathrm{d}\rho}{\rho} + \frac{\mathrm{d}v}{v} + \frac{\mathrm{d}A}{A} = 0 \tag{9.9}$$

2. 运动微分方程

由理想流体伯努利方程可得到：

$$g\,\mathrm{d}z + \frac{1}{\rho}\mathrm{d}p + \mathrm{d}\left(\frac{u^2}{2}\right) = 0$$

由于气体的密度很小，可忽略质量力的影响，取 $g\,\mathrm{d}z = 0$。同时，由气流平均流速 v 代替点流速 u，则上式可简化为

$$\frac{\mathrm{d}p}{\rho} + \mathrm{d}\left(\frac{v^2}{2}\right) = 0 \tag{9.10}$$

3. 能量方程

对运动微分方程式（9.10）积分，就可得到理想气体一维恒定流动的能量方程

$$\int \frac{\mathrm{d}p}{\rho} + \frac{v^2}{2} = C \tag{9.11}$$

通常气体的密度不是常数，而是压强和温度的函数，如要积分式（9.11），需要补充热力过程方程和气体状态方程。

（1）定容过程。定容过程是指比容 $v = 1/\rho$ 保持不变的热力过程，过程方程：$v = C$，即定容过程密度不变。积分式（9.11），得到定容过程的能量方程，

$$\frac{p}{\rho} + \frac{v^2}{2} = C \tag{9.12}$$

（2）等温过程。等温过程是指温度 T 保持不变的热力过程，过程方程：$T = C$。由气体状态方程 $\frac{p}{\rho} = RT$，得 $\rho = \frac{p}{RT}$，代入式（9.11），积分得等温过程的能量方程：

$$\frac{p}{\rho}\ln p + \frac{v^2}{2} = C \tag{9.13}$$

或

$$RT\ln p + \frac{v^2}{2} = C \tag{9.14}$$

（3）等熵过程。可逆的绝热过程或理想气体的绝热过程是等熵过程，过程方程：$\frac{p}{\rho^k} = C$。将 $\rho = p^{\frac{1}{k}}C^{-\frac{1}{k}}$，代入式（9.11），积分等熵过程的能量方程：

$$\frac{k}{k-1}\frac{p}{\rho} + \frac{v^2}{2} = C \tag{9.15}$$

或

$$\frac{kRT}{k-1} + \frac{v^2}{2} = C \tag{9.16}$$

或

$$\frac{c^2}{k-1} + \frac{v^2}{2} = C \tag{9.17}$$

或

$$\frac{1}{k-1}\frac{p}{\rho} + \frac{p}{\rho} + \frac{v^2}{2} = C \tag{9.18}$$

式（9.15）～式（9.18）均为理想气体一维恒定等熵流动的能量方程。

在可压缩等熵流动中考虑到能量转换中有热能参与，故存在内能一项，即为式（9.18）中的 $\dfrac{1}{k-1}\dfrac{p}{\rho}$。式（9.18）表明可压缩气体作等熵流动，单位质量气体具有的内能、压能和动能之和保持不变。

需要注意的是，理想气体一维恒定等熵流动的能量方程不仅适用于可逆的绝热流动，也适用于不可逆的绝热流动。因为在绝热流动过程中，摩擦损失的存在只会导致气流中不同形式能量的重新分配，即一部分机械能不可逆地转化为热能，而绝热流动中的总能量始终保持不变，因而能量方程的形式不变。

【例 9.2】 空气在管道内作恒定等熵流动，已知进口状态参数：$t_1 = 62\text{℃}$，$p_1 = 650\text{kPa}$，$A_1 = 0.001\text{m}^2$。出口状态参数：$p_2 = 452\text{kPa}$，$A_2 = 5.12 \times 10^{-4}\text{m}^2$。试求空气的质量流量 Q_m。

解： 由气体状态方程，得

$$\rho_1 = \frac{p_1}{RT_1} = \frac{650 \times 10^3}{287 \times (273+62)} = 6.76\,(\text{kg/m}^3)$$

由等熵过程方程，得

$$\rho_2 = \rho_1 \left(\frac{p_2}{p_1}\right)^{\frac{1}{k}} = 6.76 \times \left(\frac{452 \times 10^3}{650 \times 10^3}\right)^{\frac{1}{1.4}} = 5.21\,(\text{kg/m}^3)$$

由连续性方程，得

$$v_1 = \frac{\rho_2 A_2 v_2}{\rho_1 A_1} = \frac{5.21 \times 5.12 \times 10^{-4}}{6.76 \times 1 \times 10^{-3}} v_2 = 0.395 v_2$$

由等熵过程能量方程，得

$$\frac{k}{k-1}\frac{p_1}{\rho_1} + \frac{v_1^2}{2} = \frac{k}{k-1}\frac{p_2}{\rho_2} + \frac{v_2^2}{2}$$

$$\frac{1.4}{1.4-1} \times \frac{650 \times 10^3}{6.76} + \frac{(0.395 v_2)^2}{2} = \frac{1.4}{1.4-1} \times \frac{452 \times 10^3}{5.21} + \frac{v_2^2}{2}$$

解得

$$v_2 = 279.19\text{m/s}$$

质量流量：

$$Q_m = \rho_2 A_2 v_2 = 5.21 \times 5.12 \times 10^{-4} \times 279.19 = 0.74\,(\text{kg/s})$$

9.3　气体一维恒定流动的参考状态

在研究气体流动问题时，常以滞止状态、临界状态和极限状态作为参考状态。以参考状态及相应参数来分析和计算气体流动问题往往比较方便。

9.3.1　滞止状态

若气流速度按等熵过程滞止为零，则 $Ma = 0$，此时的状态称为滞止状态，相应的参数称为滞止参数，用下标 0 标识。例如用 p_0、T_0、ρ_0、c_0 分别表示滞止压强（总压）、滞止温度（总温）、滞止密度和滞止声速。当气体从大容积气罐内流出时，气罐内的气体状态可视为滞止状态，相应参数为滞止参数。

按滞止参数的定义，由绝热过程能量方程式（9.15）～式（9.17），可得任意断面的参数与滞止参数之间的关系。

$$\frac{k}{k-1}\frac{p}{\rho}+\frac{v^2}{2}=\frac{k}{k-1}\frac{p_0}{\rho_0}=C \tag{9.19}$$

$$\frac{kRT}{k-1}+\frac{v^2}{2}=\frac{kRT_0}{k-1}=C \tag{9.20}$$

$$\frac{c^2}{k-1}+\frac{v^2}{2}=\frac{c_0^2}{k-1}=C \tag{9.21}$$

为便于分析计算，常将式（9.20）改写为

$$\frac{T_0}{T}=1+\frac{k-1}{2}Ma^2 \tag{9.22}$$

因此，有

$$\frac{c_0}{c}=\left(\frac{T_0}{T}\right)^{\frac{1}{2}}=\left(1+\frac{k-1}{2}Ma^2\right)^{\frac{1}{2}} \tag{9.23}$$

根据等熵过程方程 $\frac{p}{\rho^k}=C$、状态方程 $\frac{p}{\rho}=RT$ 和式（9.22），不难导出：

$$\frac{p_0}{p}=\left(\frac{T_0}{T}\right)^{\frac{k}{k-1}}=\left(1+\frac{k-1}{2}Ma^2\right)^{\frac{k}{k-1}} \tag{9.24}$$

$$\frac{\rho_0}{\rho}=\left(\frac{T_0}{T}\right)^{\frac{1}{k-1}}=\left(1+\frac{k-1}{2}Ma^2\right)^{\frac{1}{k-1}} \tag{9.25}$$

根据上述 4 个公式，在已知滞止参数和马赫数 Ma 时，可求得气流在任意状态下的各参数；在已知气流状态参数时，也可求得滞止参数。其中，式（9.22）和式（9.23）适用于绝热流动，而式（9.24）和式（9.25）仅适用于等熵过程。

9.3.2 临界状态

根据能量方程式（9.21），得

$$\frac{c^2}{k-1}+\frac{v^2}{2}=\frac{c_0^2}{k-1}=C=\frac{v_{max}^2}{2}$$

上式表明，在气体的绝热流动过程中，随着气流速度的增大，当地声速减小，当气流被加速到极限速度 v_{max} 时，当地声速下降到零；而当气流速度被滞止到零时，当地声速则上升到滞止声速 c_0。因此，在气流速度由小变大和当地声速由大变小的过程中，必定会出现气流速度 v 恰好等于当地声速 c，即 $Ma=1$ 的状态，这个状态称为临界状态，相应的参数称为临界参数，用下标 $*$ 标识。例如用 p_*、ρ_*、T_*、c_* 分别表示临界压强、临界密度、临界温度和临界声速。

将 $Ma=1$ 分别代入式（9.22）~式（9.25），可得

$$\frac{T_*}{T_0}=\frac{2}{k+1} \tag{9.26}$$

$$\frac{c_*}{c_0}=\left(\frac{2}{k+1}\right)^{\frac{1}{2}} \tag{9.27}$$

$$\frac{p_*}{p_0}=\left(\frac{2}{k+1}\right)^{\frac{k}{k-1}} \tag{9.28}$$

$$\frac{\rho_*}{\rho_0}=\left(\frac{2}{k+1}\right)^{\frac{1}{k-1}} \tag{9.29}$$

对于 $k=1.4$ 的气体，各临界参数与滞止参数的比值分别为

$$\frac{T_*}{T_0}=0.8333, \frac{c_*}{c_0}=0.9129$$

$$\frac{p_*}{p_0}=0.5283, \frac{\rho_*}{\rho_0}=0.6339$$

9.3.3　极限状态

若气体热力学温度降为零，其能量全部转化为动能，则气流的速度将达到最大值 v_{max}，此时的状态称为极限状态。由能量方程式 (9.21)，得

$$\frac{c^2}{k-1}+\frac{v^2}{2}=\frac{v_{max}^2}{2}=\frac{c_0^2}{k-1}$$

即

$$v_{max}=\sqrt{\frac{2}{k-1}}\,c_0 \tag{9.30}$$

最大速度 v_{max} 是气流所能达到的极限速度。它只是理论上的极限值，实际上是不可能达到的，因为真实气体在达到该速度之前就已经液化了。

9.4　气流参数与通道截面积的关系

由运动微分方程式 (9.10) 和声速公式 (9.3)，可得

$$v\mathrm{d}v=-\frac{\mathrm{d}p}{\rho}=-\frac{\mathrm{d}p}{\mathrm{d}\rho}\frac{\mathrm{d}\rho}{\rho}=-c^2\,\frac{\mathrm{d}\rho}{\rho}$$

则

$$\frac{\mathrm{d}\rho}{\rho}=-\frac{v\mathrm{d}v}{c^2}=-Ma^2\,\frac{\mathrm{d}v}{v} \tag{9.31}$$

将式 (9.31) 代入等熵过程方程的微分式 $\dfrac{\mathrm{d}p}{\mathrm{d}\rho}=k\,\dfrac{p}{\rho}$，得

$$\frac{\mathrm{d}p}{p}=k\,\frac{\mathrm{d}\rho}{\rho}=-kMa^2\,\frac{\mathrm{d}v}{v} \tag{9.32}$$

将完全气体状态方程 $\dfrac{p}{\rho}=RT$ 写成微分式，得

$$\frac{\mathrm{d}p}{p}=\frac{\mathrm{d}\rho}{\rho}+\frac{\mathrm{d}T}{T}$$

再将式 (9.31)、式 (9.32) 代入上式，整理得

$$\frac{\mathrm{d}T}{T}=\frac{\mathrm{d}p}{p}-\frac{\mathrm{d}\rho}{\rho}=-(k-1)Ma^2\,\frac{\mathrm{d}v}{v} \tag{9.33}$$

式 (9.31) ~ 式 (9.33) 表明：气流速度 v 的变化，总是与参数 ρ、p、T 的变化相反。v 沿程增大，ρ、p、T 必沿程减小，v 沿程减小，ρ、p、T 必沿程增大。

为分析流动参数随通道截面积 A 的变化关系，将式 (9.31) 代入连续性方程的微分式 (9.9)，整理得

$$\frac{\mathrm{d}A}{A}=-\frac{\mathrm{d}v}{v}(1-Ma^2) \tag{9.34}$$

$$\frac{\mathrm{d}A}{A}=\frac{\mathrm{d}\rho}{\rho}\left(\frac{1-Ma^2}{Ma^2}\right) \tag{9.35}$$

$$\frac{\mathrm{d}A}{A}=\frac{\mathrm{d}p}{p}\left(\frac{1-Ma^2}{kMa^2}\right) \tag{9.36}$$

$$\frac{\mathrm{d}A}{A}=\frac{\mathrm{d}T}{T}\left[\frac{1-Ma^2}{(k-1)Ma^2}\right] \tag{9.37}$$

由式（9.34）可得出以下结论：

（1）亚声速气流（$Ma<1$）。此时（$1-Ma^2$）>0，$\mathrm{d}A$ 与 $\mathrm{d}v$ 异号，即通道截面积沿程减小，速度将沿程增大；通道截面积沿程增大，速度将沿程减小。由此，亚声速气流的速度随通道截面积变化的趋势与不可压缩流动是一致的，但在量的关系上却不相同。不可压缩流体的速度与通道截面积成反比，而亚声速气流，（$1-Ma^2$）<1，速度绝对值的相对变化大于通道截面积的相对变化，Ma 越接近 1，两者的差别越大。所以在高速的亚声速气流中，通道截面积的微小变化就会导致速度很大的变化。

（2）超声速气流（$Ma>1$）。此时（$1-Ma^2$）<0，$\mathrm{d}A$ 与 $\mathrm{d}v$ 同号，即通道截面积沿程减小，速度将沿程减小；通道截面积沿程增大，速度将沿程增大。由此，超声速气流的速度随通道截面积变化的趋势与亚声速流动的情况正好相反。

表 9.1 给出了亚声速和超声速气流参数随通道截面积变化的关系。

表 9.1　　　气流参数与通道截面积的关系

参数	$Ma<1$	$Ma>1$	减缩渐扩喷管 $Ma<1$ 转 $Ma>1$；减缩渐扩扩压管 $Ma>1$ 转 $Ma<1$
喷管 $\mathrm{d}v>0$，$\mathrm{d}p<0$			$Ma<1$　$Ma=1$　$Ma>1$
扩压管 $\mathrm{d}v<0$，$\mathrm{d}p>0$			$Ma>1$　$Ma=1$　$Ma<1$

（3）声速气流（$Ma=1$）。此时（$1-Ma^2$）$=0$，$\mathrm{d}A=0$，说明声速只能出现在管道的最大或最小断面处。当通道截面积沿程增大时，亚声速气流的速度将沿程减小，在最大断面处不可能达到声速；超声速气流的速度将沿程增大，最大断面处也不可能达到声速。因此，声速流动不可能出现在最大断面处。然而，当通道截面积沿程减小时，亚声速气流的速度将沿程增大，在最小断面处流速达到最大值，在一定的条件下该最大值可能达到声速；超声速气流的速度将沿程减小，在最小断面处流速达到最小值，在一定的条件下该最小值也可能达到声速。因此，声速流动只可能出现在最小断面处。

由以上讨论可知，亚声速气流通过渐缩管段是不可能达到超声速的，要想获得超声速流动必须使亚声速气流先通过渐缩管段并在最小断面处达到声速，然后再在扩张管道中继续加速到超声速。同理，超声速气流通过渐缩管段是不可能达到亚声速的，要想获得亚声速流动必须使超声速气流先通过渐缩管段并在最小断面处达到声速，然后再在扩张管道中继续减速增压到亚声速。

前面定性地讨论了通道截面积对气流参数的影响，下面进一步考虑其定量关系。根据连续性方程，有

$$\rho v A = \rho_* c_* A_*$$

式中：A_* 为临界面积。上式可改写为

$$\frac{A}{A_*} = \frac{\rho_* c_*}{\rho v} = \frac{\rho_*}{\rho_0} \frac{\rho_0}{\rho} \frac{c_*}{c} \frac{c}{v}$$

因

$$\frac{\rho_*}{\rho_0} = \left(\frac{2}{k+1}\right)^{\frac{1}{k-1}}$$

$$\frac{\rho_0}{\rho} = \left(1 + \frac{k-1}{2} Ma^2\right)^{\frac{1}{k-1}}$$

$$\frac{c_*}{c} = \left(\frac{T_*}{T}\right)^{\frac{1}{2}} = \left(\frac{T_*}{T_0} \frac{T_0}{T}\right)^{\frac{1}{2}} = \left[\frac{2}{k+1}\left(1 + \frac{k-1}{2} Ma^2\right)\right]^{\frac{1}{2}}$$

$$\frac{c}{v} = \frac{1}{Ma}$$

代入前式，经整理后得

$$\frac{A}{A_*} = \frac{1}{Ma}\left[\frac{2}{k+1}\left(1 + \frac{k-1}{2} Ma^2\right)\right]^{\frac{k+1}{2(k-1)}} \tag{9.38}$$

对于空气，$k=1.4$，代入上式，得

$$\frac{A}{A_*} = \frac{(1 + 0.2 Ma^2)^3}{1.728 Ma} \tag{9.39}$$

式 (9.38) 和式 (9.39) 为面积比与马赫数的关系式。由某断面的面积与临界面积的比值，可以确定出该断面的马赫数，从而确定出其他流动参数。

9.5　喷　管

喷管是利用其截面积的变化和流体压力的下降而使流体加速的管道。气体和蒸汽通过喷管喷出时流速可达每秒几十米，甚至几百米、上千米，而喷管自身的长度往往有限，只有几厘米或几十厘米。因此，气体流经喷管经历的时间就极短，通常来不及与外界进行热交换，这就是喷管中进行的过程可以视为绝热流动的原因。

如表 9.1 所列，喷管按其外形，可分为三大类：渐缩喷管、渐扩喷管、渐缩渐扩喷管（缩放喷管）。

（1）渐缩喷管：当进入喷管的气流为亚声速流（$Ma<1$）时，为使气流速度增加，在气流流动方向上喷管的截面积必须由大到小变化，这类喷管称为渐缩喷管。

（2）渐扩喷管：当进入喷管的气流为超声速流（$Ma>1$）时，为使气流速度增加，在气流流动方向上喷管的截面积必须由小到大变化，这类喷管称为渐扩喷管。

（3）渐缩渐扩喷管（缩放喷管）：如需将喷管进口的亚声速气流加速到出口的超声速气流，则喷管的截面积需先经渐缩段，再转变为渐扩段，相当于将上述两类喷管连接成一个整体。在喷管的收缩部分，气流在亚音速范围内流动。收缩与扩张之间的最小截面处称为喉部，此处气流速度刚好达到当地声速。这类喷管称为渐缩渐扩喷管，或简称缩放喷管，也称拉伐尔喷管。

　　喷管被广泛应用于蒸汽轮机、燃气轮机等动力设备中，在其他设备中也有广泛的用途，如各类设备中的喷嘴就是一例。

　　下面介绍渐缩喷管和缩放喷管的流量计算。

9.5.1　渐缩喷管

　　假设气流从大容器经渐缩喷管等熵流出，如图9.3所示。由于容器很大，可近似地把容器中的气体看做是静止的，即容器中的气体处于滞止状态，滞止参数分别为 ρ_0、p_0 和 T_0，喷管出口断面（在喷管内）的参数设为 ρ_e、p_e 和 T_e，喷管出口外的气体压强 p_b 称为背压（环境压强）。

　　对大容器内的 $0-0$ 断面和喷管出口 $1-1$ 断面列能量方程，得

$$\frac{kRT_0}{k-1}=\frac{kRT_e}{k-1}+\frac{v_e^2}{2}$$

则

$$v_e=\sqrt{\frac{2k}{k-1}RT_0\left(1-\frac{T_e}{T_0}\right)} \tag{9.40}$$

根据状态方程

$$RT_0=\frac{p_0}{\rho_0}$$

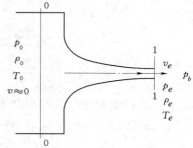

图9.3　渐缩喷管

利用等熵条件：

$$\frac{T_e}{T_0}=\left(\frac{p_e}{p_0}\right)^{\frac{k-1}{k}}$$

因此式（9.40）还可写成

$$v_e=\sqrt{\frac{2k}{k-1}\frac{p_0}{\rho_0}\left[1-\left(\frac{p_e}{p_0}\right)^{\frac{k-1}{k}}\right]} \tag{9.41}$$

则质量流量：

$$Q_m=\rho_e v_e A_e=\rho_0\left(\frac{p_e}{p_0}\right)^{\frac{1}{k}}v_e A_e=\rho_0 A_e\sqrt{\frac{2k}{k-1}\frac{p_0}{\rho_0}\left[\left(\frac{p_e}{p_0}\right)^{\frac{2}{k}}-\left(\frac{p_e}{p_0}\right)^{\frac{k+1}{k}}\right]} \tag{9.42}$$

　　由式（9.42）可知，对于给定的气体，当滞止参数和喷管的出口断面积不变时，喷管的质量流量 Q_m 只随压强比 $\frac{p_e}{p_0}$ 变化。而实际上，Q_m 的变化取决于 $\frac{p_b}{p_0}$，其关系曲线为图9.4中的实线 abc（虚线部分实际上达不到）。

　　下面分几种情况讨论质量流量 Q_m 随压强的变化规律。

　　（1）$p_0=p_b$：由于喷管两端无压差，气体不流动，$Q_m=0$。出口压强 $p_e=p_b$。

　　（2）$p_0>p_b>p_*$：气体经渐缩喷管，压强沿程减小，出口压强 $p_e=p_b>p_*$。流速沿程增大，但在管出口处未能达到声速，$v_e<c$。喷管出口的流速和流量可按式（9.41）和式（9.42）计算。

　　（3）$p_0>p_b=p_*$：气体经渐缩喷管加速后，在出口

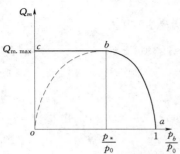

图9.4　流量与压强比关系

达到声速，$v_e = c_*$，即 $Ma = 1$。此时，出口流速达最大值 v_{emax}，流量达最大值 Q_{mmax}。出口压强 $p_e = p_b = p_*$。由式（9.28），得

$$\frac{p_e}{p_0} = \frac{p_*}{p_0} = \left(\frac{2}{k+1}\right)^{\frac{k}{k-1}}$$

将上式代入式（9.41）和式（9.42）中，可得渐缩喷管出口断面的最大流速 v_{emax} 和喷管内的最大质量流量 Q_{mmax}，即

$$v_{emax} = c_* = \sqrt{\frac{2k}{k+1}\frac{p_0}{\rho_0}} \tag{9.43}$$

$$Q_{mmax} = A_e \sqrt{k p_0 \rho_0} \left(\frac{2}{k+1}\right)^{\frac{k+1}{2(k-1)}} \tag{9.44}$$

（4）$p_0 > p_* > p_b$：由于亚声速气流经渐缩喷管不可能达到超声速，故气流在喷管出口处的速度仍为声速，$v_{emax} = c_*$，出口处的压强仍为临界压强，$p_e = p_* > p_b$。此时，因渐缩喷管出口断面处已达临界状态，出口断面外存在的压差扰动不可能向喷管内逆流传播，故气流从出口处的压强 p_* 降至背压 p_b 的过程只能在喷管外完成，这就是质量流量 Q_m 不完全按照式（9.42）变化的根本原因。

综上所述，当容器中的气体压强 p_0 一定时，随着背压的降低，渐缩喷管内的质量流量将增大，当背压下降到临界压强时，喷管内的质量流量达最大值，若再降低背压，流量也不会增加。我们把这种背压小于临界压强时，管内质量流量不再增大的状态称为喷管的壅塞状态。

【例 9.3】 已知大容积空气罐内的压强 $p_0 = 200\text{kPa}$，温度 $T_0 = 300\text{K}$，空气经一个渐缩喷管出流，喷管出口面积 $A_e = 50\text{cm}^2$，试求：环境背压 p_b 分别为 100kPa 和 150kPa 时，喷管的质量流量 Q_m。

解：（1）环境背压为 100kPa 时。

$$\frac{p_b}{p_0} = \frac{100 \times 10^3}{200 \times 10^3} = 0.5 < 0.5283 = \frac{p_*}{p_0}$$

渐缩喷管出口处达到声速，即临界状态，$v_e = c_*$。

$$T_* = 0.8333 T_0 = 0.8333 \times 300 = 249.99(\text{K})$$

$$v_e = c_* = \sqrt{kRT_*} = \sqrt{1.4 \times 287 \times 249.99} = 316.93(\text{m/s})$$

$$\rho_e = \rho_* = \frac{p_*}{RT_*} = \frac{0.5283 \times 200 \times 10^3}{287 \times 249.99} = 1.47(\text{kg/m}^3)$$

$$Q_m = \rho_e v_e A_e = 1.47 \times 316.93 \times 50 \times 10^{-4} = 2.33(\text{kg/s})$$

（2）环境背压为 150kPa 时。

$$\frac{p_b}{p_0} = \frac{150 \times 10^3}{200 \times 10^3} = 0.75 > 0.5283 = \frac{p_*}{p_0}$$

渐缩喷管出口处不可能达到声速，$v_e < c$，$p_e = p_b$。

$$\rho_0 = \frac{p_0}{RT_0} = \frac{200 \times 10^3}{287 \times 300} = 2.32(\text{kg/m}^3)$$

由等熵过程方程，得

$$\rho_e = \rho_0 \left(\frac{p_e}{p_0}\right)^{\frac{1}{k}} = 2.32 \times \left(\frac{150 \times 10^3}{200 \times 10^3}\right)^{\frac{1}{1.4}} = 1.89 (\text{kg/m}^3)$$

由等熵过程能量方程：

$$\frac{k}{k-1}\frac{p_0}{\rho_0} = \frac{k}{k-1}\frac{p_e}{\rho_e} + \frac{v_e^2}{2}$$

$$v_e = \sqrt{\frac{2k}{k-1}\left(\frac{p_0}{\rho_0} - \frac{p_e}{\rho_e}\right)} = \sqrt{\frac{2 \times 1.4}{1.4-1} \times \left(\frac{200 \times 10^3}{2.32} - \frac{150 \times 10^3}{1.89}\right)} = 218.84(\text{m/s})$$

$$Q_m = \rho_e v_e A_e = 1.89 \times 218.84 \times 50 \times 10^{-4} = 2.07 (\text{kg/s})$$

9.5.2 缩放喷管

前已述及，要想得到超声速气流，必须使亚声速气流先经过渐缩喷管加速，使其在最小断面处达到当地声速，再经扩张管道继续加速，才能得到超声速气流。我们把这种先渐缩后扩张的喷管称为缩放喷管（拉伐尔喷管），喷管的最小断面称为喉部，如图9.5所示。缩放喷管是产生超声速流动的必要条件，对一给定的缩放喷管，若改变上下游压强比，喷管内的流动将发生相应的变化。下面讨论大容器内气流总压 p_0 不变，改变背压 p_b 时缩放喷管内的流动情况。

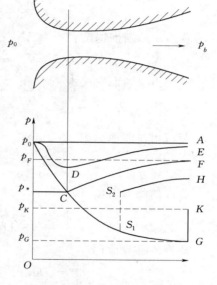

图9.5 缩放喷管中的流动

（1）$p_0 = p_b$：喷管内无流动，喷管中各断面的压强均等于总压 p_0，如图9.6中直线 OA 所示。此时的质量流量 $Q_m = 0$。

（2）$p_0 > p_b > p_F$：喷管中全部是亚声速气流，用于产生超声速气流的缩放喷管变成了普通的文丘里管，如图9.5中曲线 ODE 所示。此时的质量流量完全取决于背压 p_b，可利用式（9.42）计算。

（3）$p_F > p_b > p_K$：此时，在喉部下游的某一断面将出现正激波，气流经过正激波，超声速流动变为亚声速流动，压强发生突跃变化，如图9.5中曲线 OCS_1 和 S_2H 所示。

随着背压增大，扩张段中正激波向喉部移动。当 $p_b = p_F$ 时，正激波刚好移至喉部断面，但此时的激波已退化为一道微弱压缩波，喉部的声速气流受到微弱压缩后变为亚声速气流，除喉部以外其余管段均为亚声速流动，如图9.5中曲线 OCF 所示。

随着背压下降，扩张段中正激波向喷管出口移动。当 $p_b = p_K$ 时，正激波刚好移至出口断面，这时扩张段中全部为超声速流动。超声速气流通过激波后，压强由波前的 p_G 突跃为波后的 p_K，以适应高背压的环境条件，如图9.5中曲线 $OCGK$ 所示。

（4）$p_K > p_b > p_G$：喷管扩张段中全部为超声速流动，压强分布曲线如图9.5中的 OCG 所示。但在出口，压强为 p_G 的超声速气流进入压强大于 p_G 的环境背压中，将受到高背压压缩，在管外形成斜激波，超声速气流经过激波后压强增大，与环境压强相平衡。

（5）$p_b = p_G$：喷管扩张段内超声速气流连续地等熵膨胀，出口断面压强与背压相等，压强分布曲线如图 9.5 中的 OCG 所示。这正是用来产生超声速气流的理想情况，称为设计工况。

（6）$p_G > p_b > 0$：气流压强在缩放喷管中沿喷管轴向的变化规律，如图 9.5 中曲线 OCG 所示。但由于 $p_G > p_b$，喷管出口的超声速气流在出口外还需进一步降压膨胀。

以上（3）～（6）的质量流量均最大，按式（9.44）计算。

【例 9.4】　滞止温度 $T_0 = 773K$ 的过热蒸汽（$k = 1.3$，$R = 462J/kg \cdot K$）流经一个缩放喷管，喷管出口断面的设计参数为：压强 $p_e = 9.8 \times 10^5 Pa$，马赫数 $Ma_e = 1.39$，设计质量流量 $Q_m = 8.5kg/s$，试求：出口断面的温度 T_e、速度 v_e、面积 A_e 以及喉部面积 A_*。

解：蒸汽出口断面温度：

$$T_e = \frac{T_0}{1 + \frac{k-1}{2}Ma_e^2} = \frac{773}{1 + \frac{1.3-1}{2} \times 1.39^2} = 599.31(K)$$

蒸汽出口断面速度：

$$v_e = Ma_e c_e = Ma_e \sqrt{kRT_e} = 1.39 \times \sqrt{1.3 \times 462 \times 599.31} = 833.94(m/s)$$

蒸汽出口断面密度：

$$\rho_e = \frac{p_e}{RT_e} = \frac{980 \times 10^3}{462 \times 599.31} = 3.54(kg/m^3)$$

蒸汽出口断面面积：

$$A_e = \frac{Q_m}{\rho_e v_e} = \frac{8.5}{3.54 \times 833.94} = 28.79(cm^2)$$

蒸汽的临界温度：

$$T_* = \frac{2}{k+1}T_0 = \frac{2}{1.3+1} \times 773 = 672.17(K)$$

蒸汽的临界流速：

$$v_* = c_* = \sqrt{kRT_*} = \sqrt{1.3 \times 462 \times 672.17} = 635.38(m/s)$$

蒸汽的临界密度：

$$\rho_* = \rho_e \left(\frac{T_*}{T_e}\right)^{\frac{1}{k-1}} = 3.54 \times \left(\frac{672.17}{599.31}\right)^{\frac{1}{1.3-1}} = 5.19(kg/m^3)$$

喉部面积：

$$A_* = \frac{Q_m}{\rho_* v_*} = \frac{8.5}{5.19 \times 635.38} = 25.78(cm^2)$$

9.6　扩　压　管

扩压管是利用其截面积的变化和流体流速的下降而使流体压力升高的管道。扩压管有与喷管相类似的性质，流体在扩压管中的流动过程也同样可视为绝热流动过程。

扩压管按其外形，也可分为三大类：渐缩扩压管、渐扩扩压管、渐缩渐扩扩压管，见表 9.1。

（1）渐缩扩压管：当进入扩压管的气流为超声速流（$Ma > 1$）时，为使气流压力增加，在气流流动方向上扩压管的截面积必须由大到小变化，这类扩压管称为渐缩扩压管。在实际生产、生活中难以见到，其出口气流速度最低只能减到当地音速。

（2）渐扩扩压管：当进入扩压管的气流为亚声速流（$Ma<1$）时，为使气流压力增加，在气流流动方向上扩压管的截面积必须由小到大变化，这类扩压管称为渐扩扩压管。此类扩压管在实际生产、生活中十分常见，如离心式压缩机、离心式风机、离心泵等，其出口段管道就是这种渐扩型扩压管。

（3）渐缩渐扩扩压管：如需将扩压管进口的超声速气流降到出口的亚声速气流，则扩压管的截面积需先经过渐缩段，然后转变为渐扩段，这类扩压管称为渐缩渐扩扩压管。此类扩压管在实际生产、生活中难以见到。

与喷管的要求不同，扩压管通常是在已知进口参数、进口速度 v_1 及出口速度 v_2 的情况下，要求计算出口压力。扩压管出口压力 p_2 与进口压力 p_1 的比值 $\dfrac{p_2}{p_1}$ 表示扩压的程度，称为扩压比。由能量方程式（9.16）可得

$$\frac{kRT_1}{k-1}+\frac{v_1^2}{2}=\frac{kRT_2}{k-1}+\frac{v_2^2}{2}$$

整理可得

$$\frac{T_2}{T_1}=1+\frac{(k-1)(v_1^2-v_2^2)}{2kRT_1}$$

则扩压比：
$$\frac{p_2}{p_1}=\left(\frac{T_2}{T_1}\right)^{\frac{k}{k-1}}=\left[1+\frac{(k-1)(v_1^2-v_2^2)}{2kRT_1}\right]^{\frac{k}{k-1}}$$

从上式可知，在一定的进口参数下，扩压管中动能的降低越多，则扩压比越大。

喷管与扩压管除有各自的用途外，在工程实际中，还将两者联合使用组成用途独特的设备——喷射泵或称蒸汽引射器，用来压缩低压气体或将设备抽成具有一定真空度的负压设备。如图 9.6 所示的蒸汽引射器，其工作原理如下：高压（p_1）工作蒸汽进入喷管，在其中进行绝热膨胀而成为低压（p_2）高速气流，将外界低压气体吸入混合室，或使与其相连的设备被抽成具有一定真空度的负压，混合后的低压蒸汽流仍具有较高的速

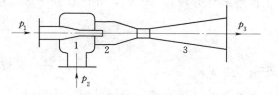

图 9.6 蒸汽引射器示意图
1—喷管；2—混合室；3—扩压管

度，通过扩压管减速增压后将得到具有中间压力（p_3）的蒸汽。三个压力的关系为

$$p_1>p_3>p_2$$

引射器的构造简单，没有转动部件，使用方便，易于保养，各种引射器在工程中得到了广泛的应用，有关引射器的热力计算将在专业书籍中介绍。

9.7 等截面有摩擦的绝热管流

用管道输送气体，在工程中应用极为广泛，如煤气管道、高压蒸汽管道等。由于实际气体有黏性，当其在管道中流动时，会产生摩擦损失，将一部分机械能不可逆地转换成热

能。同时，实际工程中的一些输气管道很短，且有保温措施，可近似将管道内的气体流动看成是绝热过程。因此，讨论有摩擦的绝热管流对解决工程问题具有实际意义。

9.7.1　摩擦对流速变化的影响

在等截面直圆管中取长度为 dx 的微元管段作为控制体，如图 9.7 所示。对控制体内的气流沿运动方向列动量方程，有

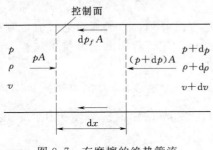

$$pA-(p+dp)A-dp_fA=\rho vA[(v+dv)-v]$$

式中：v 是截面上的平均流速；A 是管道截面积；dp_f 是管段上因摩擦造成的压力损失。

整理上式得

$$vdv+\frac{dp}{\rho}+\frac{dp_f}{\rho}=0 \tag{9.45}$$

若用 λ 表示 dx 管段上的沿程阻力系数，则

$$dp_f=\lambda\frac{dx}{D}\frac{\rho v^2}{2}$$

图 9.7　有摩擦的绝热管流

将上式代入式（9.45），化简得

$$vdv+\frac{dp}{\rho}+\lambda\frac{dx}{D}\frac{v^2}{2}=0 \tag{9.46}$$

式（9.46）即为等截面摩擦管流的运动方程。

对气体状态方程取微分，得

$$dp=R(\rho dT+Td\rho)$$

$$\frac{dp}{\rho}=RdT+RT\frac{d\rho}{\rho}$$

根据连续性方程式（9.9），并注意到等截面管 $dA=0$，得

$$\frac{d\rho}{\rho}+\frac{dv}{v}=0$$

则

$$\frac{dp}{\rho}=RdT-RT\frac{dv}{v} \tag{9.46a}$$

在有摩擦的绝热流动中，仍可应用能量方程，对式（9.16）取微分得

$$\frac{kR}{k-1}dT+vdv=0 \tag{9.46b}$$

联解式（9.46a）、式（9.46b），化简得

$$\frac{dp}{\rho}=-\frac{k-1}{k}vdv-\frac{c^2}{k}\frac{dv}{v}$$

将上式代入式（9.46），整理得

$$(Ma^2-1)\frac{dv}{v}=-\lambda\frac{dx}{D}\frac{kMa^2}{2} \tag{9.47}$$

式（9.47）中 λ、k、Ma^2 和 dx/D 均为正值，故等式右端恒为负值。若 $Ma<1$，则 $dv>0$；若 $Ma>1$，则 $dv<0$；若 $Ma=1$，则 $dv=0$，$dx=0$。由此可以得出结论：在等截面管道的绝热流动中，管壁的摩擦作用将使亚声速气流加速，超声速气流减速。但由于临界状态只可能在管道出口处达到，故亚声速气流不可能连续地加速至超声速，超声速气流不可

能连续地减速至亚声速。

9.7.2 等截面摩擦管流的计算

对 $Ma = \dfrac{v}{c} = \dfrac{v}{\sqrt{kRT}}$ 取对数后微分，得

$$\frac{\mathrm{d}Ma}{Ma} = \frac{\mathrm{d}v}{v} - \frac{1}{2}\frac{\mathrm{d}T}{T} \tag{9.48}$$

将能量方程的微分式（9.46b）除以 $v^2 = Ma^2 kRT$，可得

$$\frac{1}{(k-1)Ma^2}\frac{\mathrm{d}T}{T} + \frac{\mathrm{d}v}{v} = 0 \tag{9.49}$$

联解式（9.48）、式（9.49），整理得

$$\frac{\mathrm{d}v}{v} = \frac{1}{1 + \dfrac{k-1}{2}Ma^2}\frac{\mathrm{d}Ma}{Ma} \tag{9.50}$$

将上式代入式（9.47），整理得

$$\lambda\frac{\mathrm{d}x}{D} = \frac{2(1-Ma^2)\mathrm{d}Ma}{kMa^3\left(1 + \dfrac{k-1}{2}Ma^2\right)} \tag{9.51}$$

设截面 1、2 上的马赫数分别为 Ma_1、Ma_2，两截面间的距离为 L。对上式积分，即

$$\int_0^L \frac{\lambda}{D}\mathrm{d}x = \int_{Ma_1}^{Ma_2} \frac{2(1-Ma^2)}{kMa^3\left(1 + \dfrac{k-1}{2}Ma^2\right)}\mathrm{d}Ma$$

$$\bar{\lambda}\frac{L}{D} = \frac{1}{k}\left(\frac{1}{Ma_1^2} - \frac{1}{Ma_2^2}\right) + \frac{k+1}{2k}\ln\left[\left(\frac{Ma_1}{Ma_2}\right)^2\frac{(k-1)Ma_2^2+2}{(k-1)Ma_1^2+2}\right] \tag{9.52}$$

式中：$\bar{\lambda} = \dfrac{1}{L}\displaystyle\int_0^L \lambda\mathrm{d}x$，是按管长 L 平均的沿程阻力系数。

对式（9.50）积分，并利用等截面管流连续性方程 $\rho_1 v_1 = \rho_2 v_2$，可得截面 1、2 之间的密度比和速度比：

$$\frac{\rho_2}{\rho_1} = \frac{v_1}{v_2} = \frac{Ma_1}{Ma_2}\left[\frac{2+(k-1)Ma_2^2}{2+(k-1)Ma_1^2}\right]^{\frac{1}{2}} \tag{9.53}$$

将式（9.50）代入式（9.49），整理得

$$\frac{\mathrm{d}T}{T} = -\frac{(k-1)Ma}{1 + \dfrac{k-1}{2}Ma^2}\mathrm{d}Ma$$

对上式积分可得截面 1、2 之间的温度比：

$$\frac{T_2}{T_1} = \frac{2+(k-1)Ma_1^2}{2+(k-1)Ma_2^2} \tag{9.54}$$

由气体状态方程可得截面 1、2 之间的压强比：

$$\frac{p_2}{p_1} = \frac{\rho_2}{\rho_1}\frac{T_2}{T_1} = \frac{Ma_1}{Ma_2}\left[\frac{2+(k-1)Ma_1^2}{2+(k-1)Ma_2^2}\right]^{\frac{1}{2}} \tag{9.55}$$

截面 1、2 之间的总压比：

$$\frac{p_{02}}{p_{01}} = \frac{p_{02}}{p_2} \frac{p_2}{p_1} \frac{p_1}{p_{01}}$$

$$= \left(1 + \frac{k-1}{2} Ma_2^2\right)^{\frac{k}{k-1}} \frac{Ma_1}{Ma_2} \left[\frac{2+(k-1)Ma_1^2}{2+(k-1)Ma_2^2}\right]^{\frac{1}{2}} \left(1 + \frac{k-1}{2} Ma_1^2\right)^{\frac{-k}{k-1}}$$

$$= \frac{Ma_1}{Ma_2} \left[\frac{2+(k-1)Ma_2^2}{2+(k-1)Ma_1^2}\right]^{\frac{k+1}{2(k-1)}} \tag{9.56}$$

将式（9.53）、式（9.55）代入熵方程：

$$s_2 - s_1 = \frac{R}{k-1} \ln\left[\frac{T_2}{T_1}\left(\frac{\rho_1}{\rho_2}\right)^{k-1}\right]$$

$$= R\ln\left\{\frac{Ma_2}{Ma_1}\left[\frac{2+(k-1)Ma_1^2}{2+(k-1)Ma_2^2}\right]^{\frac{k+1}{2(k-1)}}\right\} \tag{9.57}$$

联解式（9.56）、式（9.57）得

$$\frac{p_{02}}{p_{01}} = e^{-\frac{s_2-s_1}{R}} \tag{9.58}$$

由于 $s_2 - s_1 > 0$，故 $p_{02} < p_{01}$，说明等截面摩擦管流的总压沿程下降，总压的下降意味着气流的可用机械能减少。

利用上面导出的式（9.53）～式（9.58）可以对等截面有摩擦的绝热管流进行计算。但必须注意，截面 1、2 之间的实际管长 L 不能超过下面要讨论的临界管长。

9.7.3　临界管长

根据上述分析知道，在等截面管道的绝热流动中，管壁的摩擦作用将使亚声速气流加速，超声速气流减速，沿流向气流马赫数总是朝 $Ma=1$ 的临界状态变化。定义由马赫数 Ma 的状态连续变化至临界状态的管道长度称为临界管长，用 L_* 表示。令式（9.52）中的 $Ma_1 = Ma$，$Ma_2 = 1$，相应的 $L = L_*$，则

$$\bar{\lambda}\frac{L_*}{D} = \frac{1}{k}\left(\frac{1}{Ma^2} - 1\right) + \frac{k+1}{2k}\ln\left[\frac{(k+1)Ma^2}{2+(k-1)Ma^2}\right] \tag{9.59}$$

上式表明，给定一个马赫数 Ma 对应有一个确定的临界管长 L_*。

若实际管长 $L = L_*$，则管道出口处气流恰好达到临界状态，通过的流量达最大值。管道出口处的临界参数可利用式（9.53）～式（9.58），令其中的 $Ma_2 = 1$ 进行计算。

若实际管长 $L < L_*$，则管道出口处气流尚未达到临界状态，通过的流量也未达到最大流量。管道出口处的状态参数仍可利用式（9.53）～式（9.58）进行计算。

若实际管长 $L > L_*$，则管道出口处仍保持临界状态，流量不会超过最大流量，而是小于或等于最大流量，这就是摩擦造成的壅塞现象。壅塞导致管内气体的流动十分复杂，这里不再详述。

【例 9.5】 用绝热良好的管道输送空气，管道直径 $D=0.1\text{m}$，平均沿程阻力系数 $\bar{\lambda} = 0.02$，若管道进出口气流的马赫数分别为 $Ma_1 = 0.5$，$Ma_2 = 0.7$，试求所需的管长 L。

解： 根据式（9.59），与 $Ma_1 = 0.5$ 对应的临界管长为

$$L_{*1} = \frac{D}{\bar{\lambda}}\left\{\frac{1}{k}\left(\frac{1}{Ma_1^2} - 1\right) + \frac{k+1}{2k}\ln\left[\frac{(k+1)Ma_1^2}{(k-1)Ma_1^2+2}\right]\right\}$$

$$= \frac{0.1}{0.02} \times \left\{ \frac{1}{1.4} \times \left(\frac{1}{0.5^2} - 1 \right) + \frac{1.4+1}{2 \times 1.4} \ln \left[\frac{(1.4+1) \times 0.5^2}{(1.4-1) \times 0.5^2 + 2} \right] \right\}$$

$$= 5.35 (\mathrm{m})$$

与 $Ma_1 = 0.7$ 对应的临界管长为

$$L_{*2} = \frac{D}{\bar{\lambda}} \left\{ \frac{1}{k} \left(\frac{1}{Ma_2^2} - 1 \right) + \frac{k+1}{2k} \ln \left[\frac{(k+1)Ma_2^2}{(k-1)Ma_2^2 + 2} \right] \right\}$$

$$= \frac{0.1}{0.02} \times \left\{ \frac{1}{1.4} \times \left(\frac{1}{0.7^2} - 1 \right) + \frac{1.4+1}{2 \times 1.4} \ln \left[\frac{(1.4+1) \times 0.7^2}{(1.4-1) \times 0.7^2 + 2} \right] \right\}$$

$$= 1.04 (\mathrm{m})$$

所需管长为

$$L = L_{*1} - L_{*2} = 5.35 - 1.04 = 4.31 (\mathrm{m})$$

【例 9.6】 氮气（$k=1.4$，$R=296.8\mathrm{J/kg \cdot K}$）在直径 $D=0.2\mathrm{m}$ 的等截面管道内作绝热流动，管道进口处压强 $p_1 = 300\mathrm{kPa}$，温度 $T_1 = 313\mathrm{K}$，速度 $v_1 = 550\mathrm{m/s}$。已知平均沿程阻力系数 $\bar{\lambda} = 0.02$，试求：（1）临界管长 L_*；（2）临界断面上的压强 p_2、温度 T_2 和速度 v_2。

解：（1）氮气进口处马赫数：

$$Ma_1 = \frac{v_1}{c_1} = \frac{v_1}{\sqrt{kRT_1}} = \frac{550}{\sqrt{1.4 \times 296.8 \times 313}} = 1.525$$

根据式（9.59），与 $Ma_1 = 1.525$ 对应的临界管长为

$$L_* = \frac{D}{\bar{\lambda}} \left\{ \frac{1}{k} \left(\frac{1}{Ma_1^2} - 1 \right) + \frac{k+1}{2k} \ln \left[\frac{(k+1)Ma_1^2}{(k-1)Ma_1^2 + 2} \right] \right\}$$

$$= \frac{0.2}{0.02} \times \left\{ \frac{1}{1.4} \times \left(\frac{1}{1.525^2} - 1 \right) + \frac{1.4+1}{2 \times 1.4} \ln \left[\frac{(1.4+1) \times 1.525^2}{(1.4-1) \times 1.525^2 + 2} \right] \right\}$$

$$= 1.45 (\mathrm{m})$$

（2）根据式（9.53）、式（9.54）和式（9.55），临界断面上的速度、温度、压强分别为

$$v_2 = v_1 \frac{Ma_2}{Ma_1} \left[\frac{2 + (k-1)Ma_1^2}{2 + (k-1)Ma_2^2} \right]^{\frac{1}{2}}$$

$$= 550 \times \frac{1}{1.525} \times \left[\frac{2 + (1.4-1) \times 1.525^2}{2 + (1.4-1)} \right]^{\frac{1}{2}}$$

$$= 398.51 (\mathrm{m/s})$$

$$T_2 = T_1 \frac{2 + (k-1)Ma_1^2}{2 + (k-1)Ma_2^2}$$

$$= 313 \times \frac{2 + (1.4-1) \times 1.525^2}{2 + (1.4-1)}$$

$$= 382.15 (\mathrm{K})$$

$$p_2 = p_1 \frac{Ma_1}{Ma_2} \left[\frac{2 + (k-1)Ma_1^2}{2 + (k-1)Ma_2^2} \right]^{\frac{1}{2}}$$

$$= 300 \times 10^3 \times 1.525 \times \left[\frac{2 + (1.4-1) \times 1.525^2}{2 + (1.4-1)} \right]^{\frac{1}{2}}$$

$$= 505.52 (\mathrm{kPa})$$

9.8 激 波

可压缩流体力学研究压缩性起主要作用时的流体运动规律。在可压缩流动中，会遇到激波问题。如在拉伐尔喷管的流动中，以及在流体与物体之间的相对运动的速度大于声速的流动中，都能产生激波。激波分两种：与来流方向垂直的正激波和与来流方向非垂直的斜激波。本章将分析激波的形成，介绍正激波和斜激波，为进一步研究流体机械内部流动产生激波时的一些问题打下初步基础。

9.8.1 激波的形成

超声速气流在流过物体时，物体头部附近的气体受到压缩，这种扰动在气流中的传播方式和前面提到的弱扰动的传播规律是不同的。如果按照弱扰动传播规律，物体头部产生的扰动按声速传播，在超声速流场中是无法传到上游的，也就是说，超声速气流将在物体头部驻点处速度直接变为零，这是违反质量守恒定律的。因此，这种情况下产生的扰动不再是弱扰动，而是强扰动。强扰动在气体中以超过声速的速度传播，表现为流体中出现一个参数的间断面，我们称之为激波。经过激波，气体的压强、密度、温度都会突跃升高，速度则突跃下降。利用经过激波密度突变的特性，可以用光学方法把激波拍摄下来，图 9.8 是超声速气流流过楔形体（a）和钝体（b）时用纹影仪所拍摄的流场照片，从照片可见，在楔形体头部有一条呈人字形的激波，在钝体头部附近有一条弓形激波。

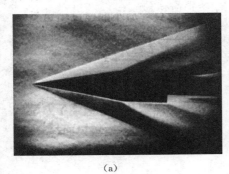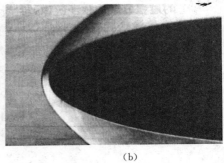

(a)   (b)

图 9.8　纹影仪所拍摄的流场照片
(a) 楔形体；(b) 钝体

从宏观上看激波是没有厚度的，但实际气体有黏性和导热性，这些物理性质使得流动不可能从超声速突然变为亚声速，局部速度梯度（温度梯度）越大，黏性耗散作用就越大，因此从微观上看激波是有厚度的，就是黏性力与惯性力平衡的厚度。理论计算和实际测量表明，在地面上激波的厚度大约是 $1/10\mu m$ 的量级，因此激波可以看成是无限薄。事实上，激波的厚度已经和气体分子的平均自由程是同一个数量级了，气流在这样小的距离内完成压缩过程，其物理变化非常复杂，实际上在激波内部还必须考虑稀薄效应，因为在厚度为几个分子平均自由程的激波内部，连续介质力学已不再成立。本课程范围内，在研究激波时都略去其厚度，认为气流通过激波时参数发生突跃的变化，我们只研究激波前后气流参数间的联系，对于激波内部的情况则不作探讨。

按照激波的形状，可以将激波分成以下几种：

（1）正激波：激波的波面为平面且与来流方向垂直，如图9.9（a）所示。超声速气流经正激波后，速度突跃地变为亚声速，经过激波的气流方向不变。

（2）斜激波：激波的波面为平面但与来流方向不垂直，如图9.9（b）所示。超声速气流经正激波后，速度突跃地降低且气流方向发生改变。当超声速气流流过楔形物体时，在物体前缘往往产生斜激波。

（3）曲面激波：激波的波面为曲面，例如，当超声速气流流过钝头物体时，在物体前面往往产生弓形的曲面激波，如图9.9（c）所示。

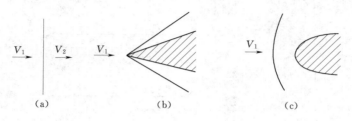

图9.9 激波
(a) 正激波；(b) 斜激波；(c) 曲面激波

下面举一个简单的例子来说明激波的形成过程。

设有一根很长的等截面直管，管中充满着静止气体，在管子左端有一个活塞，活塞向右做加速运动以压缩管内气体，如图9.10（a）所示。为了便于说明问题，设想活塞从静止状态加速到某一速度 V 的过程分解为很多阶段，每一阶段中活塞只有微小的速度增量 ΔV。

当活塞速度从零增加到 ΔV 时，活塞右面附近的气体先受到压缩，压强、温度略有提高，这时在气体中产生一道压缩波并向右传播，因活塞的速度增量 ΔV 很小，可认为该压缩波是弱压缩波，其传播速度是尚未被压缩的气体中的声速 c_1。弱压缩波左面的气体受到一次微弱的压缩，由于活塞在以速度 ΔV 移动，这部分气体被活塞推着也以同样的速度 ΔV 向右移动。弱压缩波右面的气体则未受活塞加速的影响。经历1s后，管内气体压强分布如图9.10（b）所示，压强有微小变化处就是弱压缩波所在的位置。

这时再把活塞移动速度由 ΔV 增加到 $2\Delta V$，在管内气体中便产生第二道弱压缩波。第二道弱压缩波是在经过第一道波压缩后的气体中以当地声速相对于气体传播的，经过第一次压缩后，气体温度升高，声速增大为 c_2。另外，经过第一次压缩的气体，还以速度 ΔV 向右运动，故第二道弱压缩波相对于静止管壁的绝对传播速度应当是 $c_2 + \Delta V$。显然，第二道波的传播速度大于第一道波的传播速度。到第2s末，管内气体的压强分布如图9.10（c）所示。

依次类推，活塞每加速一次，在气体中就多一道弱压缩波 [图9.10（d）、（e）、（f）、（g）]，每道波总是在经过前几次压缩后的气体中以当地声速相对于气体向右传播。气体每压缩一次，声速就增大一次，而且随着活塞速度的增大，活塞附近气体跟随活塞一起向右移动的速度也增加，所以后面产生的弱压缩波的绝对传播速度必定比前面的快。

经过若干次加速，活塞的速度达到 V，在管内形成了若干道弱压缩波，因为后面的波

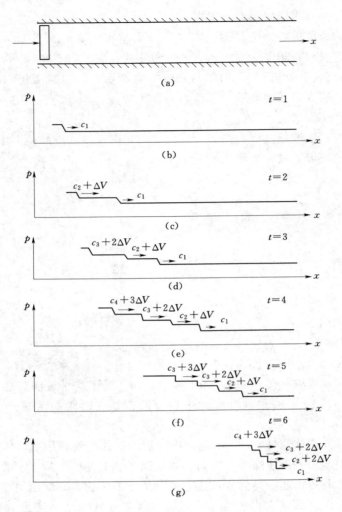

图 9.10　激波的形成过程

比前面的波传播的快，随着时间的推移，波和波之间的距离逐渐减小，到某一时刻，后面的波终于赶上了前面的波，使所有的弱压缩波集聚在一起成为一道波，这道波不再是弱压缩波了，而是强压缩波，也就是激波。以后只要活塞以不变的速度 V 前移，在管内就能维持一个强度不变的激波。

以上讨论说明，气体被压缩而产生的一系列压缩波总有集聚的趋势，当许多弱压缩波集聚到一起时就形成了激波。

9.8.2　正激波

在激波管中，激波管将不同压力的气体用薄膜分开，当薄膜突然破坏后，会产生一道正激波从高压气体端向低压气体端传播。

1. 基本模型及控制方程

一般情况下，激波可以在气体中运动，也可以在气体中固定不动。为了便于分析，我们将坐标系固结在激波上，将正激波看成是静止的平面，这种激波称为驻激波。这时气流穿过激波，气流参数在激波面两侧发生突跃。前面已经提到，激波从微观上是有厚度的，但在考虑一般意义上的宏观流动时，激波可以近似看成没有厚度。我们仅关心远离激波的上游流动状态和下游流动状态。图9.11给出了管内正激波的基本模型，该模型反映的基本假设如下：

（1）流动方向为从左到右，激波上游和下游的参数分别以下标"1""2"表示，并设正激波前后的气流参数分别为 p_1、ρ_1、T_1、V_1 及 p_2、ρ_2、T_2、V_2，激波面的面积为 A（垂直纸面）。

（2）流动是定常的。

（3）激波上下游的气流参数都是均匀的，只在激波所在的极小的距离内发生突跃的变化。

（4）管壁绝热，忽略摩擦及传热。

又在上述基本假设下，该模型的流动所具有的基本物理特征如下：

1）气流穿越驻激波是一个绝能过程，因为激波面虽然对气流有作用力，但驻激波面并无位移，因此驻激波不对气流做功。

2）不能事先假设气流经过激波是等熵过程。

对于上述模型，取控制体如图9.11所示，则可以根据以下4个方程，即连续性方程、动量方程、能量方程和状态方程来建立正激波前后各参数之间的关系。

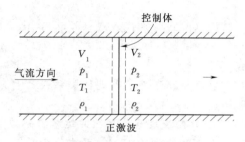

图 9.11 管内正激波的基本模型

连续性方程，即流入激波面的流量等于流出激波面的流量，有

$$\dot{m}=\rho_1 V_1 A=\rho_2 V_2 A=常数$$

或

$$\rho_1 V_1 = \rho_2 V_2 \tag{9.60}$$

动量方程为

$$p_1 A_1 - p_2 A_2 = \dot{m}V_2 - \dot{m}V_1 \tag{9.61}$$

即

$$p_1 - p_2 = -\rho_1 V_1^2 + \rho_2 V_2^2$$

绝热过程的能量方程为

$$h_1 + \frac{V_1^2}{2} = h_2 + \frac{V_2^2}{2} = 常数 \tag{9.62}$$

状态方程为

$$u=u(p,\rho), h=h(p,\rho) \tag{9.63}$$

对于完全气体有

$$p=\rho RT$$

以上4个方程是联系正激波前后压强、密度、温度和速度等流动参数的基本方程组。应用以上方程可以分析正激波前后气流参数间的关系，可以得到关于正激波参数的普朗特（Prandtl）关系式和波前波后气流参数的运算关系式。

2. 普朗特关系式

用动量方程式（9.61）除以连续性方程式（9.60），得到

$$\frac{p_1}{\rho_1 V_1}+V_1=\frac{p_2}{\rho_2 V_2}+V_2$$

即
$$\frac{p_1}{\rho_1}+V_1^2=\left(\frac{p_2}{\rho_2}+V_2^2\right)\frac{V_1}{V_2} \tag{9.64}$$

注意到激波两侧的温度是间断变化的,因此当地声速也是不一致的,但临界声速是不变的,所以可以把能量方程式(9.62)写成

$$\frac{V_1^2}{2}+\frac{k}{k-1}\frac{p_1}{\rho_1}=\frac{V_2^2}{2}+\frac{k}{k-1}\frac{p_2}{\rho_2}=\frac{1}{2}\frac{k+1}{k-1}c_{cr}^2$$

由上式可以分别解出,

$$\frac{p_1}{\rho_1}=\frac{k+1}{2k}c_{cr}^2-\frac{k-1}{2k}V_1^2$$

$$\frac{p_2}{\rho_2}=\frac{k+1}{2k}c_{cr}^2-\frac{k-1}{2k}V_2^2$$

把这两式分别代入式(9.64),化简得到
$$V_1 V_2=c_{cr}^2 \tag{9.65}$$

或
$$\lambda_1\lambda_2=1 \tag{9.66}$$

这就是正激波的普朗特关系式。因 $\lambda_1>1$,故上式表明 $\lambda_2<1$,即正激波后气流总是亚声速的。

3. 波前波后气流参数的运算关系式

下面我们利用以上关系式分析激波的主要特性,并导出便于计算的激波前后气流参数的关系式。

激波是一个绝热过程,因此激波前后的气流总能量不变,即 $T_1^*=T_2^*$,根据总温和静温的关系可以得出激波两侧的静温关系为

$$\frac{T_2}{T_1}=\frac{T_2/T_2^*}{T_1/T_1^*}=\frac{1+\dfrac{k-1}{2}Ma_1^2}{1+\dfrac{k-1}{2}Ma_2^2} \tag{9.67}$$

从式(9.67)出发可以推导出其他物理量之间的关系。

由连续方程式(9.60)和完全气体状态方程式(9.63)可得

$$\frac{p_1}{RT_1}V_1=\frac{p_2}{RT_2}V_2 \tag{9.68}$$

上式两边平方,同除以 k,再变形,得

$$\frac{p_1^2}{T_1 kRT_1}V_1^2=\frac{p_2^2}{T_2 kRT_2}V_2^2 \tag{9.69}$$

考虑到声速的定义式 $c=\sqrt{kRT}$ 及马赫数的定义式 $Ma=V/c$,可得

$$\frac{p_1^2}{T_1}Ma_1^2=\frac{p_2^2}{T_2}Ma_2^2 \tag{9.70}$$

将式(9.67)代入上式,可得

$$\frac{p_2}{p_1}=\frac{Ma_1}{Ma_2}\left(\frac{1+\dfrac{k-1}{2}Ma_2^2}{1+\dfrac{k-1}{2}Ma_1^2}\right) \tag{9.71}$$

另一方面，由马赫数定义及状态方程，可得

$$\rho V^2 = \frac{p}{RT}\frac{V^2}{kRT}kRT = kpMa^2$$

代入动量方程式（9.61），可得

$$p_1 + kp_1Ma_1^2 = p_2 + kp_2Ma_2^2$$

整理得

$$\frac{p_2}{p_1} = \frac{1+kMa_1^2}{1+kMa_2^2} \tag{9.72}$$

联立式（9.71）和式（9.72），可得

$$\frac{Ma_1\left(1+\dfrac{k-1}{2}Ma_1^2\right)^{\frac{1}{2}}}{1+kMa_1^2} = \frac{Ma_2\left(1+\dfrac{k-1}{2}Ma_2^2\right)^{\frac{1}{2}}}{1+kMa_2^2}$$

求解上式可得两个解，分别为

$$Ma_2 = Ma_1 \tag{9.73a}$$

$$Ma_2^2 = \frac{Ma_1^2 + \dfrac{2}{k-1}}{\dfrac{2k}{k-1}Ma_1^2 - 1} \tag{9.73b}$$

显然，有物理意义的解是式（9.73b），到此我们获得了激波两侧马赫数之间的关系式（9.73b）。根据这一关系，可进一步推到出激波前后其他参数之间的关系。结果为

$$\frac{p_2}{p_1} = \frac{2k}{k+1}Ma_1^2 - \frac{k-1}{k+1} \tag{9.74}$$

$$\frac{\rho_2}{\rho_1} = \frac{1}{\dfrac{2}{k+1}\dfrac{1}{Ma_1^2} + \dfrac{k-1}{k+1}} \tag{9.75}$$

$$\frac{T_2}{T_1} = \left(\frac{2k}{k+1}Ma_1^2 - \frac{k-1}{k+1}\right)\left(\frac{2}{k+1}\frac{1}{Ma_1^2} + \frac{k-1}{k+1}\right) \tag{9.76}$$

$$\frac{V_2}{V_1} = \frac{2}{k+1}\frac{1}{Ma_1^2} + \frac{k-1}{k+1} \tag{9.77}$$

$$\frac{c_2}{c_1} = \sqrt{\left(\frac{2k}{k+1}Ma_1^2 - \frac{k-1}{k+1}\right)\left(\frac{2}{k+1}\frac{1}{Ma_1^2} + \frac{k-1}{k+1}\right)} \tag{9.78}$$

式（9.63）～式（9.78）把波前波后参数之比表达为波前马赫数的函数。从上面的关系式可以分析出：

（1）如果波前马赫数无限大，则压强比也是无限大。这意味着，来流越强，激波也越强。可以通过激波实现任意大的压缩。

（2）因为波前马赫数无限大时，密度之比有一个极限，所以通过激波不可能实现无限高密度的压缩。

【例9.7】 正激波波前气流速度为722.4m/s，空气压力是国际标准大气海平面大气压，温度为294.4K。计算激波后的马赫数、压力、温度和速度。

解：由 $V_1 = 722.4\text{m/s}$，$T_1 = 294.4\text{K}$，算出 $c_1 = \sqrt{kRT_1} = 343.9\text{m/s}$，$Ma_1 = V_1/c_1 = $

2.10。又根据正激波前后气流参数关系，得到

$$Ma_2 = \sqrt{\left(Ma_1^2 + \frac{2}{k-1}\right) \Big/ \left(\frac{2k}{k-1}Ma_1^2 - 1\right)} = 0.56128$$

$$\frac{p_2}{p_1} = \frac{2k}{k+1}Ma_1^2 - \frac{k-1}{k+1} = 4.9783$$

$$\frac{T_2}{T_1} = \left(\frac{2k}{k+1}Ma_1^2 - \frac{k-1}{k+1}\right)\left(\frac{2}{k+1}\frac{1}{Ma_1^2} + \frac{k-1}{k+1}\right) = 1.7704$$

$$\frac{V_2}{V_1} = \frac{2}{k+1}\frac{1}{Ma_1^2} + \frac{k-1}{k+1} = 2.819$$

查出 $p_1 = p_a = 1.01325 \times 10^5 \, \text{Pa}$，再计算得

$$p_2 = \frac{p_2}{p_1}p_1 = 5.04426 \times 10^5 \, \text{N/m}^2, \ T_2 = \frac{T_2}{T_1}T_1 = 521.3K, \ V_2 = \frac{V_2}{V_1}V_1 = 256.9\text{m/s}$$

9.8.3　斜激波

在实际工程问题中，正激波是激波的一种特殊形式，更一般的情况是斜激波，超声速气流在遇到楔形体或凹折面时受到压缩产生斜激波。

1. 基本模型及控制方程

图 9.12 表示的是超声气流流过楔形体时产生的斜激波，图中 δ 是楔形体的半顶角，β

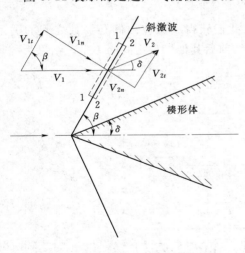

图 9.12　超声气流流过楔形体

是斜激波波面与来流方向的夹角，叫做激波角。气流沿水平方向流动经过斜激波后，气流转折 δ 角，沿和楔形体表面平行的方向流动。我们沿斜激波取控制体 1122。与正激波相同，气流穿越这个驻激波的控制体时，尽管楔形体对气流有作用力，但其相对于气流没有移动，所以气流仍然是经历一个绝能过程。将激波前后气流速度分解为平行于波面的分量 V_{1t}、V_{2t} 和垂直于波面的分量 V_{1n}、V_{2n}，对所取控制体可写出下列基本方程式。

连续方程为

$$\rho_1 V_{1n} = \rho_2 V_{2n} \tag{9.79}$$

切向动量方程，平行于波面方程，即

$$\rho_1 V_{1n}V_{1t} = \rho_2 V_{2n}V_{2t}$$

将连续方程代入上式，可得

$$V_{1t} = V_{2t} = V_t \tag{9.80}$$

法向动量方程，垂直于波面方向，即

$$p_1 + \rho_1 V_{1n}^2 = p_2 + \rho_2 V_{2n}^2 \tag{9.81}$$

绝热流动能量方程为

$$h_1 + \frac{V_1^2}{2} = h_2 + \frac{V_2^2}{2} = 常数 \tag{9.82a}$$

或引用式（9.80）后，上式可写为

$$h_1 + \frac{V_{1n}^2}{2} = h_2 + \frac{V_{2n}^2}{2} = 常数 \tag{9.82b}$$

通过对上述方程进行分析我们可以知道，气流通过斜激波时，只有法向速度分量减小，而切向速度不变。同时气流向波面转折。气流通过斜激波时，法向总焓的值没有变化。因此，可以将斜激波视为以法向分速度为波前速度的正激波。

2. 普朗特关系式

由连续方程式（9.79）和法向动量方程式（9.81）得到

$$V_{1n} - V_{2n} = \frac{p_2}{\rho_2}\frac{1}{V_{2n}} - \frac{p_1}{\rho_1}\frac{1}{V_{1n}} \tag{9.83}$$

而能量方程式（9.82a）又可以写为

$$\frac{V_{1n}^2 + V_{1t}^2}{2} + \frac{k}{k-1}\frac{p_1}{\rho_1} = \frac{V_{2n}^2 + V_{2t}^2}{2} + \frac{k}{k-1}\frac{p_2}{\rho_2} = \frac{1}{2}\frac{k+1}{k-1}c_{cr}^2$$

由上式解出

$$\frac{p_1}{\rho_1} = \frac{k+1}{2k}c_{cr}^2 - \frac{k-1}{2k}(V_{1n}^2 + V_{1t}^2) \tag{9.84}$$

$$\frac{p_2}{\rho_2} = \frac{k+1}{2k}c_{cr}^2 - \frac{k-1}{2k}(V_{2n}^2 + V_{2t}^2) \tag{9.85}$$

将式（9.84）、式（9.85）代入式（9.83）消去其热力学状态变量，使仅含速度变量，整理得到

$$V_{1n}V_{2n} = c_{cr}^2 - \frac{k-1}{k+1}V_t^2 \quad 或 \quad \lambda_{1n}\lambda_{2n} = 1 - \frac{k-1}{k+1}\lambda_t^2 \tag{9.86}$$

这就是斜激波的普朗特关系式。显然，式（9.66）是上式在 $V_t = 0$ 时的特例。

3. 波前波后密度比、压力比、温度比以及马赫数的运算关系式

下面我们利用基本方程组式（9.79）～式（9.82）和普朗特关系式，推导出计算斜激波两侧气流参数关系的很重要的一组运算关系式。由式（9.86）可得

$$V_{1n}V_{2n} = c_{cr}^2 - \frac{k-1}{k+1}V_t^2 = \frac{2}{k+1}c_1^2\left(1 + \frac{k-1}{2}Ma_1^2\right) - \frac{k-1}{k+1}V_t^2$$

$$= \frac{2}{k+1}c_1^2 + \frac{k-1}{k+1}V_1^2 - \frac{k-1}{k+1}V_t^2 = \frac{2}{k+1}c_1^2 + \frac{k-1}{k+1}V_{1n}^2$$

从上式中可解出

$$\frac{V_{2n}}{V_{1n}} = \frac{2}{k+1}\frac{1}{Ma_1^2\sin^2\beta} + \frac{k-1}{k+1} \tag{9.87}$$

代入连续方程式（9.79），可得激波两侧密度关系：

$$\frac{\rho_2}{\rho_1} = \frac{V_{1n}}{V_{2n}} = \frac{1}{\dfrac{2}{k+1}\dfrac{1}{Ma_1^2\sin^2\beta} + \dfrac{k-1}{k+1}} \tag{9.88}$$

由动量方程式（9.81）、连续方程式（9.79）和完全气体状态方程式，可得

$$\frac{p_2}{p_1} = 1 + \frac{\rho_1 V_{1n}^2 - \rho_2 V_{2n}^2}{p_1} = 1 + \frac{\rho_1}{p_1}V_1^2\sin^2\beta\left(1 - \frac{V_{2n}}{V_{1n}}\right) = 1 + kMa_1^2\sin^2\beta\left(1 - \frac{V_{2n}}{V_{1n}}\right)$$

将式（9.87）代入上式，得激波两侧压强关系为

$$\frac{p_2}{p_1}=\frac{2k}{k+1}Ma_1^2\sin^2\beta-\frac{k-1}{k+1} \tag{9.89}$$

由完全气体状态方程式，得

$$\frac{T_2}{T_1}=\frac{p_2}{p_1}\frac{\rho_1}{\rho_2}$$

将密度关系式（9.88）和压强关系式（9.89）代入上式，得激波两侧静温关系为

$$\frac{T_2}{T_1}=\left(\frac{2k}{k+1}Ma_1^2\sin^2\beta-\frac{k-1}{k+1}\right)\left(\frac{2}{k+1}\frac{1}{Ma_1^2\sin^2\beta}+\frac{k-1}{k+1}\right) \tag{9.90}$$

由式（9.88）、式（9.89）和式（9.90）看出，当绝热指数 k 一定时，激波前后的密度比、压强比、温度比只取决于来流的法向马赫数 $Ma_{1n}=Ma_1\sin\beta$，随着来流法向马赫数的增大，激波增强。在来流马赫数 Ma_1 一定时，激波角 β 越接近 $90°$，则激波越强。因此，在同样来流马赫数的条件下，正激波总是比斜激波强。当 $\beta=90°$ 时，斜激波的式（9.88）、式（9.89）和式（9.90）分别成为正激波的式（9.74）、式（9.75）和式（9.76）。

气流通过激波时总温保持不变，因此：

$$\frac{T_2}{T_1}=\frac{T_2/T_2^*}{T_1/T_1^*}=\frac{1+\dfrac{k-1}{2}Ma_1^2}{1+\dfrac{k-1}{2}Ma_2^2}$$

将式（9.90）代入上式，整理可得

$$Ma_2^2=\frac{Ma_1^2+\dfrac{2}{k-1}}{\dfrac{2k}{k-1}Ma_1^2\sin^2\beta-1}+\frac{Ma_1^2-Ma_1^2\sin^2\beta}{\dfrac{k-1}{2}Ma_1^2\sin^2\beta+1} \tag{9.91}$$

当 $\beta=90°$ 时，式（9.91）成为式（9.73）。

不难看出，当来流马赫数 Ma_1 一定时，随着激波角 β 的增大，激波后马赫数 Ma_2 减小。

4. 经过斜激波气流转折角的运算关系式

通过斜激波，气流的方向必有转折，下面导出气流转折角 δ 与其他参数间的关系。由图 9.12 的几何关系，有

$$\frac{\tan(\beta-\delta)}{\tan\beta}=\frac{V_{2n}}{V_{1n}} \tag{9.92}$$

将式（9.87）代入上式，可得

$$\frac{\tan(\beta-\delta)}{\tan\beta}=\frac{2}{k+1}\frac{1}{Ma_1^2\sin^2\beta}+\frac{k-1}{k+1}$$

根据三角关系：

$$\tan(\beta-\delta)=\frac{\tan\beta-\tan\delta}{1+\tan\beta\tan\delta}$$

联立上两式，可得气流转折角 δ 与激波角 β 的关系为

$$\tan\delta=\frac{Ma_1^2\sin^2\beta-1}{\tan\beta\left[\dfrac{k+1}{2}Ma_1^2-(Ma_1^2\sin^2\beta-1)\right]} \tag{9.93}$$

式（9.93）表明，气流转折角 δ 与来流马赫数 Ma_1 和激波角 β 有关，对于如图 9.12 所示的附体斜激波，气流转折角 δ 和楔形体的半顶角相同，而对于更一般的曲线激波，气流转折角 δ 和激波角 β 是激波上某点的当地气流转折角和激波角。

值得指出的是，多解的式（9.93）反映了一个基本事实，气流转折角 δ 与来流马赫数 Ma_1 和激波角 β 的关系不是唯一的，对于已知的 δ 与 Ma_1，存在着有两个不同 β 值的可能性。

9.9 小扰动线化理论

由于在许多实际的气动力问题中，为了减少运动阻力，高速运动的物体一般都是做得很薄，或者是细长体，工作时相对于气流的攻角也很小，例如螺旋桨、机翼、机身和压气机叶片等都是属于这种工作状况，这时物体运动时对周围静止气流扰动很小，在这种小扰动情况下，可以把非线性的速度势偏微分方程加以线性化，得到线性化的小扰动速度势方程。无论是亚声速流动还是超声速流动，这种线性化的速度势方程都比非线性的速度势方程容易求解。尽管这种解法是一种近似解法，但由于它具有一定的准确度，工程上有实用价值，更重要的是，这种方法所求得的解是一种解析解，因而能反映马赫数对气动力性能的影响，因此，小扰动理论在解决可压缩流体流动问题中占有重要的位置。

本章主要简单介绍小扰动线化理论的几个基本原理。

9.9.1 速度势方程的线性化

在前面内容已经介绍过无黏性理想流体定常无旋流动的速度势方程，即

$$\left(1-\frac{\phi_x^2}{c^2}\right)\phi_{xx}+\left(1-\frac{\phi_y^2}{c^2}\right)\phi_{yy}+\left(1-\frac{\phi_z^2}{c^2}\right)\phi_{zz}-2\frac{\phi_x\phi_y}{c^2}\phi_{xy}-2\frac{\phi_y\phi_z}{c^2}\phi_{yz}-2\frac{\phi_z\phi_x}{c^2}\phi_{zx}=0 \quad (9.94)$$

式中声速 c 可利用能量方程将其与流动速度建立联系，即

$$\frac{c^2}{k-1}+\frac{V^2}{2}=\frac{c_\infty^2}{k-1}+\frac{V_\infty^2}{2} \quad (9.95)$$

当速度项以速度势偏导数表示时，则式（9.95）变为

$$\frac{c^2}{k-1}+\frac{1}{2}(\phi_x^2+\phi_y^2+\phi_z^2)=\frac{c_\infty^2}{k-1}+\frac{V_\infty^2}{2} \quad (9.96)$$

当解决具体问题时，要联立方程式（9.94）和式（9.96），这是非常复杂的二阶非线性的偏微分方程组，一般情况下是很难求解的。不过在小扰动条件下，这个非线性的偏微分方程可以加以线性化。下面我们就来介绍线性化的条件以及线性化的方法。

假设有一均匀平行流，它的流动速度在整个流场上都是均匀平行的，并以符号 V_∞ 表示，其对应马赫数为 Ma_∞。其他物理量，如压强、温度、密度和声速等也都是均匀分布的，并分别以 p_∞、T_∞、ρ_∞ 和 c_∞ 表示。如果所选择的坐标系 x 轴与流动速度 V_∞ 一致，如图 9.14（a）所示，则速度场可表示为

$$V_x=V_\infty,V_y=0,V_z=0 \quad (9.97)$$

现将一薄翼型置于此均匀流中，如图 9.14（b）所示，当物体弯度很小，相对于气流的攻角也很小时，物体将对原始均匀平行流产生一个很小的扰动，使流场中各点除具有原

来的未受扰动速度 V_∞ 之外，还存在一个扰动速度 U，其三个分量分别为 U_x、U_y、U_z，并且：

$$\frac{U_x}{V_\infty} \ll 1, \frac{U_y}{V_\infty} \ll 1, \frac{U_z}{V_\infty} \ll 1 \tag{9.98}$$

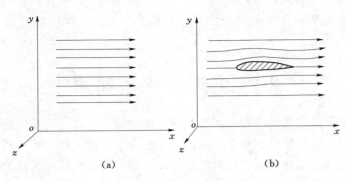

图 9.13　均匀平行流
(a) 均匀流；(b) 翼型绕流

有物体存在时的合成速度场可以从均匀平行速度场叠加扰动速度场而得到，即

$$V_x = V_\infty + U_z, V_y = V_y, V_z = V_z \tag{9.99}$$

设以 ϕ 表示有物体存在的合成速度场的速度势，则该速度势应满足速度势方程式 (9.94)，速度势可对应地分成直匀流部分和扰动部分，直匀流部分为 $V_\infty x$，扰动部分以 φ 表示，则

$$\phi = V_\infty x + \varphi \tag{9.100}$$

现在我们设法把以合成速度势 ϕ 表示的速度势方程转变为以扰动速度势 φ 表示的速度势方程。为此对 ϕ 求导，得到

$$\phi_x = V_\infty + \varphi_x, \phi_y = \varphi_y, \phi_z = \varphi_z \tag{9.101}$$

再对上式求二阶偏导数，则有

$$\left. \begin{aligned} \phi_{xx} &= \varphi_{xx} \\ \phi_{yy} &= \varphi_{yy} \\ \phi_{zz} &= \varphi_{zz} \\ \phi_{xy} &= \varphi_{xy} \\ \phi_{yz} &= \varphi_{yz} \\ \phi_{zx} &= \varphi_{zx} \end{aligned} \right\} \tag{9.102}$$

根据关系式 (9.99)，则有

$$V^2 = (V_\infty + U_x)^2 + U_y^2 + U_z^2$$

把上式代入式 (9.95)，得到

$$c^2 = c_\infty^2 - \frac{k-1}{2}(2V_\infty U_x + U_x^2 + U_y^2 + U_z^2) \tag{9.103}$$

把式 (9.101)、式 (9.102)、式 (9.103) 代入式 (9.94)，整理后得到

$$(1 - Ma_\infty^2)\varphi_{xx} + \varphi_{yy} + \varphi_{zz}$$

$$
\begin{aligned}
= Ma_\infty^2 & \left[(k+1)\frac{U_x}{V_\infty} + \frac{k+1}{2}\frac{U_x^2}{V_\infty^2} + \frac{k-1}{2}\frac{U_y^2+U_z^2}{V_\infty^2} \right]\varphi_{xx} \\
& + Ma_\infty^2\left[(k-1)\frac{U_x}{V_\infty} + \frac{k+1}{2}\frac{U_y^2}{V_\infty^2} + \frac{k-1}{2}\frac{U_z^2+U_x^2}{V_\infty^2} \right]\varphi_{yy} \\
& + Ma_\infty^2\left[(k-1)\frac{U_x}{V_\infty} + \frac{k+1}{2}\frac{U_z^2}{V_\infty^2} + \frac{k-1}{2}\frac{U_x^2+U_y^2}{V_\infty^2} \right]\varphi_{zz} \\
& + Ma_\infty^2\left[\frac{U_y}{V_\infty}\left(1+\frac{U_x}{V_\infty}\right)(\varphi_{xy}+\varphi_{yx}) + \frac{U_z}{V_\infty}\left(1+\frac{U_x}{V_\infty}\right)(\varphi_{zx}+\varphi_{xz}) \right. \\
& \left. + \frac{U_y U_z}{V_\infty^2}(\varphi_{yz}+\varphi_{zy}) \right]
\end{aligned}
\tag{9.104}
$$

上面的方程仍然是精确的速度势方程。在小扰动假设条件下，由于存在关系式 (9.98)，因此，对于 Ma_∞ 不是很大的情况，可认为

$$
Ma_\infty^2\left(\frac{U_x}{V_\infty}\right)^2 \ll 1,\ Ma_\infty^2\left(\frac{U_y}{V_\infty}\right)^2 \ll 1,\ Ma_\infty^2\left(\frac{U_z}{V_\infty}\right)^2 \ll 1
\tag{9.105}
$$

于是式 (9.104) 中含有这些量的项与含有 $Ma_\infty^2\left(\dfrac{U_x}{V_\infty}\right)$、$Ma_\infty^2\left(\dfrac{U_y}{V_\infty}\right)$、$Ma_\infty^2\left(\dfrac{U_z}{V_\infty}\right)$ 项相比为小量，可以略去不计，因此式 (9.104) 可以简化为

$$
\begin{aligned}
(1-Ma_\infty^2)\varphi_{xx} + \varphi_{yy} + \varphi_{zz} = & Ma_\infty^2(k+1)\frac{U_x}{V_\infty}\varphi_{xx} \\
& + Ma_\infty^2(k-1)\frac{U_x}{V_\infty}(\varphi_{yy}+\varphi_{zz}) + Ma_\infty^2\frac{2U_y}{V_\infty}\varphi_{xy} + Ma_\infty^2\frac{2U_z}{V_\infty}\varphi_{xz}
\end{aligned}
\tag{9.106}
$$

这个方程仍然是非线性偏微分方程。方程中 φ_{xx}、φ_{yy}、φ_{zz}、φ_{xy}、φ_{xz} 应该是同一数量级的量，在 Ma_∞ 不太接近于 1 的情况下，由于方程式等号右边各项多乘了一个微量，使它们与等号左边各项比较起来，可以忽略不计。这样式 (9.106) 可以进一步简化为

$$
(1-Ma_\infty^2)\varphi_{xx} + \varphi_{yy} + \varphi_{zz} = 0
\tag{9.107}
$$

式 (9.107) 就是无黏性可压缩流体定常无旋流动的小扰动速度势线化方程。它仅适用于纯亚声速或纯超声速的小扰动无旋流动，而不适用于跨声速流动。这是因为当 Ma_∞ 接近于 1 时，式 (9.106) 等号左边第一项 φ_{xx} 的系数 $(1-Ma_\infty^2)$ 变得很小，等号右边第一项可能变得与它是同一数量级，因此不能忽略，而等号右边其他各项在跨声速流时仍然是高一阶微量，可以略去，故对于跨声速流，扰动速度势方程为

$$
(1-Ma_\infty^2)\varphi_{xx} + \varphi_{yy} + \varphi_{zz} = Ma_\infty^2(k+1)\frac{U_x}{V_\infty}\varphi_{xx}
\tag{9.108}
$$

虽然这个方程仍然是一个非线性方程，但它要比精确的扰动速度势方程简单得多，在研究跨声速流动时经常要用到它。

从关系式 (9.102) 可以看出，式 (9.107) 也适用于合成速度势，即

$$
(1-Ma_\infty^2)\phi_{xx} + \phi_{yy} + \phi_{zz} = 0
\tag{9.109}
$$

在研究气流绕细长旋成体流动时采用圆柱坐标系比较方便。如果旋成体对气流产生的扰动满足小扰动假设，则采用与上述类似的方法也能推导出线性化的小扰动方程，这里不再赘述，只直接给出结果。如果坐标轴 z 与未扰动气流的方向一致，如图 9.14 所示，则

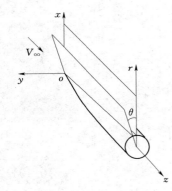

图 9.14　绕细长旋成体流动

线性化小扰动方程为

$$(1-Ma_\infty^2)\varphi_{zz}+\varphi_{rr}+\frac{1}{r^2}\varphi_{\theta\theta}+\frac{1}{r}\varphi_r=0 \qquad (9.110)$$

式（9.110）也只适用于纯亚声速流和纯超声速流，而不适用于跨声速流和高超声速流。

9.9.2　边界条件的线性化

对于无黏性理想流体，固体表面边界条件为流体的流动方向必须与固体表面相切。换言之，速度矢量必须处处与固体表面的法线相垂直。对于静止不动的固体壁面，其数学表达式为

$$(V_x)_b\frac{\partial f}{\partial x}+(V_y)_b\frac{\partial f}{\partial y}+(V_z)_b\frac{\partial f}{\partial z}=0 \qquad (9.111)$$

式中：$(V_x)_b$、$(V_y)_b$、$(V_z)_b$ 分别代表固体表面上流体质点运动速度在三个坐标轴方向上的分量，而

$$f(x,y,z)=0 \qquad (9.112)$$

则为固体表面方程。

根据式（9.99），式（9.111）可改写为

$$(V_\infty+U_x)_b\frac{\partial f}{\partial x}+(U_y)_b\frac{\partial f}{\partial y}+(U_z)_b\frac{\partial f}{\partial z}=0 \qquad (9.113)$$

这是精确的边界条件表达式。当壁面对流动所产生的扰动为小扰动时，式（9.113）可以进行简化。为清楚起见，我们研究二维平面流动，这时 $(U_z)_b=0$，于是式（9.113）变成

$$(V_\infty+U_x)_b\frac{\partial f}{\partial x}+(U_y)_b\frac{\partial f}{\partial y}=0$$

整理后得到

$$\frac{(U_y)_b}{V_\infty+(U_x)_b}=-\frac{\partial f/\partial x}{\partial f/\partial y} \qquad (9.114)$$

假设固体壁面对气流所产生的扰动很小，即 $\dfrac{U_x}{V_\infty}\ll1$，则式（9.114）中 $(U_x)_b$ 与 V_∞ 相比很小，可以略去，故式（9.114）可以改写成

$$\frac{(U_y)_b}{V_\infty}=-\frac{\partial f/\partial x}{\partial f/\partial y} \qquad (9.115)$$

对于二维固体壁面，其壁面方程可改写成

$$f(x,y)=0 \qquad (9.116)$$

对其进行微分，则有

$$\mathrm{d}f=\frac{\partial f}{\partial x}\mathrm{d}x+\frac{\partial f}{\partial y}\mathrm{d}y=0$$

因此有

$$\frac{\partial f/\partial x}{\partial f/\partial y}=-\left(\frac{\mathrm{d}y}{\mathrm{d}x}\right)_b \qquad (9.117)$$

把式（9.117）代入式（9.115），得到

$$\frac{(U_y)_b}{V_\infty} = \left(\frac{\mathrm{d}y}{\mathrm{d}x}\right)_b \tag{9.118}$$

式中：$\dfrac{(U_y)_b}{V_\infty}$ 为壁面上流线的斜率；$\left(\dfrac{\mathrm{d}y}{\mathrm{d}x}\right)_b$ 为固体壁面的斜率。

在小扰动假设条件下，我们还可以对边界条件表达式（9.118）进一步加以简化。由于扰动分速 U_y 是壁面上点位置的函数，即 $U_y = U_y(x, y)$，因此可把 $U_x(x, y)$ 在某一固定的 x 值处展开成 y 的幂级数，即

$$U_y(x, y) = U_y(x, 0) + \left(\frac{\partial U_y}{\partial y}\right)_{y=0} y + \cdots$$

为满足小扰动假设，物体必须很薄，即物面上的坐标 y 接近于零，因此可把上式右边第一项后的所有项都略去，则边界条件简化成

$$U_y(x, 0) = V_\infty \left(\frac{\mathrm{d}y}{\mathrm{d}x}\right)_b \tag{9.119}$$

关系式（9.119）是二维流动固体表面的线化边界条件表达式。

在三维流动中，对于所谓"扁平"体，即物面形状是扁平的，如三维机翼等，这时 $\dfrac{\partial f}{\partial z} = 0$，因此三维流动简化边界条件为

$$U_y(x, 0, z) = V_\infty \left(\frac{\partial y}{\partial x}\right)_b \tag{9.120}$$

对于轴对称细长体，如取圆柱坐标系的 z 轴与对称轴相重合，那么 U_θ 必定与物面相切，所以只要讨论包括 z 轴在内的任意平面上（称之为子午面）的边界条件就行了。设轴对称细长体的母线方程为 $r = r(z)$，那么物面上的边界条件应为

$$\left(\frac{\mathrm{d}r}{\mathrm{d}z}\right)_b = \left(\frac{U_r}{V_\infty + U_z}\right)_b \tag{9.121}$$

根据小扰动假设，$U_z \ll V_\infty$，故上式中分母可近似地用 V_∞ 代替，但分子 $(U_r)_b$ 由于在轴线附近变化快，故不能以轴线上的值来代替。现在我们来研究 U_r 在轴线附近的变化规律。把方程式（9.110）中的第 2 项和第 4 项加以合并，则有

$$\varphi_{rr} + \frac{1}{r}\varphi_r = \frac{1}{r}\frac{\partial}{\partial r}(rU_r)$$

在 Ma_∞ 不是非常大时它应该与第 1 项中的 φ_{zz} 即 $\dfrac{\partial U_z}{\partial z}$ 同一数量级，即

$$\frac{1}{r}\frac{\partial}{\partial r}(rU_r) \sim \frac{\partial U_z}{\partial z}$$

或

$$\frac{\partial}{\partial r}(rU_r) \sim r\frac{\partial U_z}{\partial z}$$

当 $r \to 0$ 时，因 $\dfrac{\partial U_z}{\partial z}$ 为有限值，故 $r\dfrac{\partial U_z}{\partial z} \to 0$，因此

$$rU_r = 常数 = a_0(z)$$

常数 $a_0(z)$ 表示这个数在各截面上是可以不相同的。上式说明，在轴线附近 U_r 变化非常快，但 rU_r 乘积在轴线附近则为一常数。故边界条件式（9.121）可改写成

$$\left(r\frac{\mathrm{d}r}{\mathrm{d}z}\right)_b=\frac{(rU_r)_{r=0}}{V_\infty} \tag{9.122}$$

式（9.122）就是轴对称细长体的简化边界条件。

应该记住，边界条件除了固体表面边界条件外，还有无穷远处边界条件。无穷远处边界条件要求扰动速度为有限值或为零，视具体问题性质而定。

9.9.3　压强系数的线性化

在小扰动假设条件下，由于扰动很小，故流场中任意点处的压强 p 与来流压强 p_∞ 之差很小，作为一级近似，当忽略质量力时存在如下关系式：

$$p-p_\infty=\mathrm{d}p=-\rho\,\mathrm{d}\left(\frac{V^2}{2}\right) \tag{9.123}$$

式中 ρ 与 $\mathrm{d}\left(\dfrac{V^2}{2}\right)$ 可分别近似地表示成

$$\rho=\rho_\infty+\rho'$$

$$\mathrm{d}\left(\frac{V^2}{2}\right)=\frac{1}{2}(V^2-V_\infty^2)=\frac{1}{2}\left[(V_\infty+U_x)^2+U_y^2+U_z^2-V_\infty^2\right]$$

$$=V_\infty U_x+\frac{1}{2}(U_x^2+U_y^2+U_z^2)$$

将它们代入式（9.123），得到

$$p-p_\infty=-(\rho_\infty+\rho')\left[V_\infty U_x+\frac{1}{2}(U_x^2+U_y^2+U_z^2)\right] \tag{9.124}$$

将上式等号右边展开，并忽略二阶以上微量，则

$$p-p_\infty=-\rho_\infty V_\infty U_x \tag{9.125}$$

把式（9.125）代入压强系数的定义式 $C_p=(p-p_\infty)/\left(\dfrac{1}{2}\rho_\infty V_\infty^2\right)$，得到

$$C_p=-2\frac{U_x}{V_\infty} \tag{9.126}$$

这就是线性化压强系数表达式，它表示在小扰动流场中，压强系数与 x 轴扰动速度分量成正比。因此只要扰动速度场确定，就很容易求得压力场。

对于轴对称细长体，式（9.124）中的 $\dfrac{1}{2}(U_y^2+U_z^2)$ 与 $V_\infty U_x$ 相比，有可能是同一数量级，因此不能忽略，故轴对称细长体的压强系数表达式应为

$$C_p=-\left(2\frac{U_x}{V_\infty}+\frac{U_y^2+U_z^2}{V_\infty^2}\right) \tag{9.127}$$

要记住，式（9.127）中直角坐标系的 x 轴是顺来流方向的，如果采用圆柱坐标系并令 z 轴与来流方向一致，则上式可改写为

$$C_p=-\left(\frac{2U_z}{V_\infty}+\frac{V_r^2}{V_\infty^2}\right) \tag{9.128}$$

习　　题

9.1　分析理想气体绝热流动能量方程的各项意义，并与不可压缩流体能量方程作

比较。

9.2　分析理想气体一维恒定流动连续性方程的意义，并与不可压缩流体的连续性方程作比较。

9.3　说明当地速度 v、当地声速 c、滞止声速 c_0、临界声速 c_* 的意义及它们之间的关系。

9.4　为什么亚声速气流的速度随通道截面积的增大而减小，而超声速气流的速度却随通道截面积的增大而增大？

9.5　证明：亚声速气流进入渐缩喷管后，在渐缩喷管内不可能出现超声速流。

9.6　空气从 $p_1=10^5$Pa、$T_1=278$K 等熵地压缩为 $p_2=2\times10^5$Pa、$T_2=388$K，试求：p_{01}/p_{02}。

9.7　氦气 $[k=1.67，R=2077\text{J}/(\text{kg}\cdot\text{K})]$ 作等熵流动，在管道断面 1 处，温度 T_1 $=334$K，速度 $v_1=65$m/s，在管道断面 2 处，速度 $v_2=180$m/s，试求：断面 2 处的 T_2 以及 p_2/p_1 的值。

9.8　大体积空气罐内的压强为 2×10^5Pa，温度为 57℃，空气经一个渐缩喷管出流，喷管出口面积为 12cm²，试求：在喷管外部环境的压强为 1.2×10^5Pa 和 0.8×10^5Pa 两种情况下喷管的质量流量 Q_m。

9.9　空气等熵地流过渐缩喷管，在断面积为 12.1×10^{-4}m² 处，当地流动参数分别为 $p=210$kPa，$T=277$K，$Ma=0.52$。若背压等于 100kPa，试求：出口断面的流动马赫数 Ma、质量流量 Q_m 和出口断面积 A_e。

9.10　氧气（$k=1.4$）在渐缩管内作等熵流动，断面 1 处的马赫数 $Ma_1=0.3$，断面 2 处的马赫数 $Ma_2=0.7$，试求：面积比 A_2/A_1。

9.11　过热蒸汽 $[k=1.33，R=462\text{J}/(\text{kg}\cdot\text{K})]$ 在缩放喷管中流动，入口处的气流速度可忽略不计，其压强为 6×10^6Pa，温度为 743K，测得某断面上的压强为 $p=2\times10^6$Pa，直径为 $d=10$mm，试求：该断面上的速度 v、马赫数 Ma 和质量流量 Q_m。

9.12　空气从气罐经缩放喷管流入背压为 $p_e=0.981\times10^5$Pa 的大气中，气罐内的气体压强 $p_0=7\times10^5$Pa，温度 $T_0=313$K，已知缩放喷管喉部的直径 $d=25$mm，试求：（1）出口马赫数 Ma_2；（2）喷管的质量流量 Q_m；（3）喷管出口断面的直径 d_2。

9.13　压强 $p_1=1.8\times10^5$Pa，温度 $T_1=288.5$K，马赫数 $Ma_1=3$ 的空气，在直径 D $=10$cm 的等截面管道内作绝热流动，离管道入口 1.8m 处 $Ma_2=2$，试求该管道的平均摩擦阻力系数 $\bar{\lambda}$ 及 $Ma_2=2$ 处的气流速度 v_2、温度 T_2 和压强 p_2。

9.14　空气在直径 $D=0.1$m 的等截面管道内作绝热流动，进口处压强 $p_1=3\times10^5$Pa，温度 $T_1=300$K，马赫数 $Ma_1=0.4$。已知平均沿程阻力系数 $\bar{\lambda}=0.02$，试求：（1）临界管长 L_*；（2）临界断面上的压强 p_2 和温度 T_2。

9.15　空气流经某扩压管，已知进口状态 $p_1=0.1$MPa，$T_1=300$K，$v_1=500$m/s。在扩压管中定熵压缩，出口处的气流速度 $v_2=50$m/s。应采用什么形式的扩压管，并求出口压力。

答案：渐缩渐扩扩压管，$p_2=0.3316$MPa

9.16　空气经正激波后，速度从 $V_1=456$m/s 降低到 $V_2=152$m/s。试求 ρ_2/ρ_1、p_2/p_1、

T_2/T_1 以及波前气流马赫数 Ma_1 及波后气流马赫数 Ma_2。

9.17　超声速气流由平面喷管射出，见习题 9.17 图，已知 $Ma_1=1.50$，$p_1=0.7825$ $\times 10^5\,\mathrm{Pa}$，管外大气压强 $p_a=1\times 10^5\,\mathrm{Pa}$。这样空气流射出后必然在管口产生一道激波，使气流经过激波压缩后，把压强提高到与外界大气压强相等，求激波角 β 和气流折射角 δ。

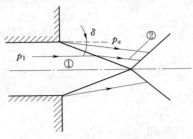

习题 9.17 图

9.18　试证明对于不可压缩理想流体平面流动时线化压强系数为

$$C_p=-2\,\frac{v_x}{V_\infty}$$

第 10 章　机翼理论与叶栅理论基础

本章将用流体力学的原理和方法来建立流体作用在机翼和叶栅上的力的计算方法。叶栅是剖面为翼型的一系列叶片的组合，是流体机械的主要元件，准确计算流体作用在翼型和叶栅上的流体动力，为它们的设计奠定理论基础。本章首先介绍叶栅的基本组成部分，翼型的几何参数和翼型的流体动力特性；接着详细阐述翼型动力特性的流体力学原理，包括保角变换法和奇点分布法；然后讲述叶栅的特征方程；最后介绍平面叶栅流动的保角变换解法和奇点分布解法。

10.1　机　翼　升　力　原　理

"机翼"一词常用于航空工程，也可泛指相对于流体运动的各种升力装置。因此，叶轮机械中的工作轮叶片就是机翼。工程上引用机翼主要是为了获取升力。

由于流体中运动的物体，必然会受到绕流阻力的作用，因此对机翼提出的要求首先就是要尽可能大的升力和尽量小的阻力。第 7 章中讨论理想流体绕流圆柱时，当一均匀流流过圆柱并只当存在围绕圆柱的环量时，圆柱才受升力作用，且升力公式为 $L = -\rho v_\infty \Gamma$。另外，第 8 章的绕流阻力部分介绍了流体绕流时产生的阻力包括黏性摩擦阻力和由于边界层分离形成的压差阻力。

机翼的升力特性取决于其几何形状。机翼的剖面形状称为翼型。翼型通常是由圆弧曲线形状的前缘与又尖又细的后缘的细长流线型构成，其上表面的曲线有较大的曲率，下表面则较平直。当来流方向与

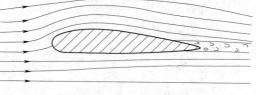

图 10.1　小攻角翼型绕流

翼型弦线的夹角不大时，即为小攻角翼型绕流时对应的流线，如图 10.1 所示。机翼前方的流体在机翼前缘某处分两路绕过上下表面，在其后缘形成一条尾迹。由于流经上表面的流体走过的路径比下表面长，因而其速度较大，压强较小。因此，上下表面上形成的合力是向上的，这就是机翼所受的升力。

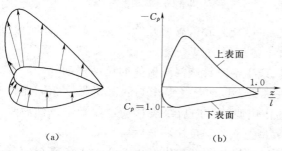

图 10.2　小攻角翼型绕流表面压强分布

(a) 翼型表面压强分布；(b) 翼型上下表面的压强系数

实验证实了升力的存在。图 10.2 为翼型表面上实测的压强分布，上表面的压强系数全为负值，即其压强比无穷远来流的压强小；而下表面上的压强系数为正值，压强比来流压强大，结果造

成一向上的升力。作用在上表面的是吸力，作用在下表面的是压力，且上表面产生的吸力对全部升力的贡献大于下表面的压力贡献。

如果翼型有较大攻角，则对应的流线图如图 10.3 所示。攻角增大会使上表面边界层提前分离，并在分离点后形成一旋涡区，它占表面相当一部分。实测发现旋涡区中的压强是均匀的，大小与来流压强相差不大。在旋涡区后面有一定宽度的尾迹伸向下游，因而升力只能靠旋涡前面的上表面来实现，实测的压强分布曲线如图 10.4 所示。

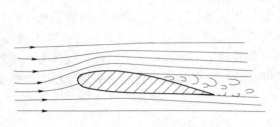

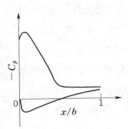

图 10.3　较大攻角翼型绕流　　　　图 10.4　较大攻角翼型绕流表面
　　　　　　　　　　　　　　　　　　　　　压强分布曲线

当来流攻角继续增大，则对应的流线图如图 10.5 所示。它表明在翼型前缘后即出现边界层分离，并在其后先是一个较小的旋涡区，然后流动又贴体，接着出现一较大的且更紊乱的旋涡区，最后是翼型后面的一条很宽的尾迹。

从上述三种翼型绕流形态及实测的表面压强分布可知，流体绕过翼型时要产生升力，是由于翼型上下表面速度不同造成压强分布的不同。将上下翼面速度分布的差异视为均匀的无穷远来流与由翼型形成的有一定环量的环流两者叠加而成，如图 10.6 所示。升力的大小与此环量成正比，且 $L = -\rho v_\infty \Gamma$。

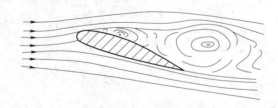

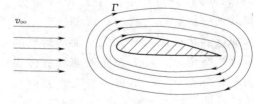

图 10.5　大攻角翼型绕流　　　　　图 10.6　翼型绕流的流动分解

翼型环量的形成过程如下所述：

静止流场中有一翼型，翼型启动前，整个流场无旋；翼型开始启动，此时后缘点处速度达到很大的值，压力很低，机翼下侧面流体绕过后缘点流向驻点，如图 10.7（a）所示；流体从低压流向高压，流动产生分离，产生逆时针旋涡随流体向尾部移动，在尾部脱落，如图 10.7（b）所示；总环量为零，在翼型上同时产生一个与脱落涡强度相同而方向相反的涡，如图 10.7（c）所示。这个涡的作用使驻点向后缘点移动，在沿未达到后缘点时，不断有逆时针旋涡产生并脱落，而在翼型上涡的强度也将继续加强。

不断脱落流向下游的涡称为启动涡，附在翼型上的涡称为附着涡；驻点移至后缘点后，上下两股流动在后缘汇合，不再有涡脱落，附着涡的强度也不再变化，机翼环量值对应均匀直线来流情况下翼型绕流的环量值。

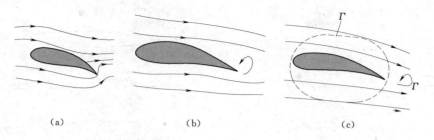

图 10.7 翼型环量的形成

(a) 翼型开始启动；(b) 尾部脱落；(c) 产生涡

　　不同形态的翼型绕流中的环量是不同的。如图 10.2 所示的小攻角绕流有较大环量，因而升力也较大。如图 10.5 所示的大攻角绕流因边界层的分离和旋涡的出现会使环量大大减小，升力往往会完全消失，称为"失速状态"。流体的黏性是上述三种绕流形态不同的根源。黏性除使升力减小外，同时还带来大小不等的流动阻力，该阻力由黏性摩擦阻力和压差阻力组成，前者可用边界层理论求解，后者一般只能根据实验或经验确定。

10.2 翼型的几何参数

10.2.1 翼型的主要几何参数

　　翼型的周线称为型线，翼型的形状一般是圆头尖尾的流线型，翼型的各部分名称如图 10.8 所示。

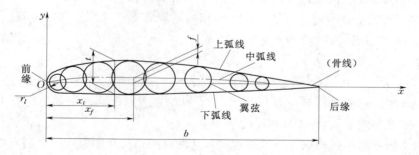

图 10.8 翼型及其几何参数

　　(1) 翼弦：连接翼型前后缘直线，弦长用 b 表示。

　　(2) 翼型中弧线：轮廓线的内切圆之圆心连线，也称为翼型的骨线或中线。

　　(3) 翼型的（最大）弯度：中弧线的最大纵坐标，用 f 表示，弯度也称为拱度。最大相对弯度 $\bar{f}=f/b$，最大弯度的相对位置 $\bar{x}_f=x_f/b$。

　　(4) 翼型的（最大）厚度：翼型的各垂线被翼型上下表面型线所截的最大者，用 t 表示。最大相对厚度 $\bar{t}=t/b$，最大厚度的相对位置 $\bar{x}_t=x_t/b$。

　　(5) 前后缘半径：翼型的前后缘圆角半径，用 r_l 和 r_t 表示。

　　若 $f=0$，即翼弦与中弧线重合，叫作对称翼型，除了对称翼型外，还有双凸翼型、平凸翼型、凹凸翼型和 S 形翼型。图 10.9 为工程中常用的一些翼型。

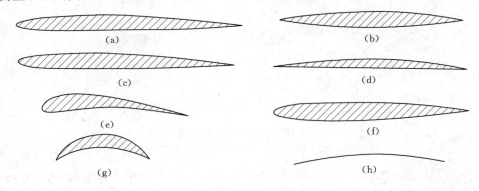

图 10.9　工程中常见的翼型

(a) 空气螺旋桨；(b) 超音速飞机机翼；(c) 低速飞机机翼；(d) 水中螺旋桨、水翼；

(e) 反动式汽轮机；(f) 舵（对称）；(g) 冲动式汽轮机；(h) 扫雷展开器

　　完整地描述一个翼型形状，必须知道其上、下表面的翼型坐标 $y_0(x)$ 和 $y_0(x)$，但它们也可以通过其弯度分布 $y_f(x)$ 和厚度分布 $y_t(x)$ 来表示。以前缘为原点，翼弦为 x 轴，y 轴垂直于翼弦建立坐标系，翼型上下表面坐标 $y_{0,1}(x)$ 与弯度坐标 $y_f(x)$ 和厚度坐标 $y_t(x)$ 的关系式为

$$y_{0,1}(x) = y_f(x) \pm y_t(x) \tag{10.1}$$

式中：$y_f(x)$ 为中弧线的坐标；$y_t(x)$ 为局部厚度的一半。

10.2.2　NACA 翼型

　　NACA 翼型是美国国家航空咨询委员会（National Advisory Committee for Aeronautics，NACA）所发表的翼型系列，有以下常用的系列翼型：

　　1. NACA 四位数字翼型

　　局部厚度方程为

$$y_t(x) = t(1.4845\sqrt{x} - 0.6300x - 1.7580x^2 + 1.4215x^3 - 0.5075x^4)$$

最大厚度 t 均在离前缘 30% 弦长处。式中，t 为翼型最大厚度，取不同值便有不同厚度的翼型。该模型的前缘半径：$r_t(x) = 1.109t^2$。

　　四位数字翼型的中弧线取为两段抛物线，这两段抛物线在中弧线的最高点相切：

$$y_f = \frac{f}{x_f^2}(2x_f x - x^2) \qquad (x \leqslant x_f)$$

$$y_f = \frac{f}{(1-x_f)^2}\left[(1-2x_f) + 2x_f x - x^2\right] \qquad (x > x_f)$$

式中：f 为中弧线最高点的纵坐标，即最大弯度。

　　NACA 四位数字所表示的含义举例说明如下：

　　NACA2412 翼型，第一位数字表示最大弯度 f 是弦长的百分之几，即 $\bar{f}=2\%$；第二位数字表示最大弯度 f 位置离前缘是弦长的十分之几，即 $\bar{x}_f=40\%$；末尾两位数字表示最大厚度是弦长的百分之几，即 $\bar{t}=12\%$。

修改后的 NACA 四位数字翼型，用附加二位数字表示，例如 NACA2412－84，前四位数字的意义同前，附加的两位数字的第一位表示前缘半径的修改："8"表示其前缘半径为原四位数字翼型的 1/4；"0"表示其前缘半径为零；"6"表示其前缘半径未变（为原四位数字翼型的前缘半径）；"9"表示其前缘半径为原半径的三倍。附加的第二位数字表示最大厚度在弦向位置的十分之几，即 $\overline{x}_t = 40\%$。

2. NACA 五位数字翼型

五位数字翼型的厚度分布与四位数字翼型相同，不同的是其中弧线的最高点相对位置 $\overline{x}_f$ 较小。NACA 五位数字所表示的含义举例说明，如 NACA23012，第一位数字表示最大弯度 f 是弦长的百分之几，即 $\overline{f} = 2\%$；第二、第三位数字表示最大弯度 f 的相对位置的百分数的两倍，即 $2\overline{x}_f = 30\%$；末尾两位数字表示最大厚度是弦长的百分之几，即 $\overline{t} = 12\%$。

3. NACA 层流翼型

该类翼型设计是使得翼面上最低压力点位置尽可能后移，以延长顺压梯度段长度，努力使其边界层为层流状态，降低翼型的摩擦阻力。NACA 层流翼型应用较多的是 6 系列。例如 NACA64－208 即为一种 NACA 层流翼型。其中第一位数字"6"表示 6 系列层流翼型；第二个数字"4"表示最低压力点离前缘位置在弦长的 0.4 处；横线后的第一位数字"2"是代表设计升力系数的十分之几；横线后最后两位数字"08"表示最大相对厚度，即 $\overline{t} = 8\%$。

常见的 NACA 层流翼型的基本形状及最小压力点位置，如图 10.10 所示。

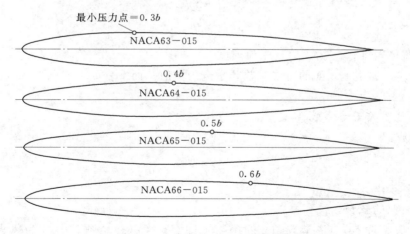

图 10.10 常见的 NACA 层流翼型

翼型是构成机翼的基础，除 NACA 翼型以外，苏联的 ЦАГИ 翼型，德国 Gottingen 翼型、英国的 R·A·F 翼型或 R·A·E 翼型等的翼型坐标和流体动力性能都有数据可查。

10.3 翼型的流体动力特性

翼型的流体动力特性主要包括翼型压力分布特性、升力特性、阻力特性、俯仰力矩特性等。这些特性与机翼攻角（冲角）有关。攻角是指翼弦与无穷远来流方向的夹角，用 α 表示，如图 10.11 所示。

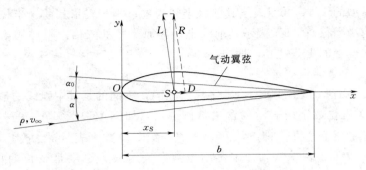

图 10.11　攻角、零攻角和气动攻角

对于任意一个翼型，会在某一攻角时，其升力等于零，此时的来流方向称为零升力方向。零升力方向与翼弦的夹角称为零攻角，用 α_0 表示。来流速度 v_∞ 与零升力方向的夹角 α_a 称为气动攻角（流体动力攻角），$\alpha_a = \alpha - \alpha_0$，$\alpha_0$ 一般为负值。

流体对翼型的总作用力 R 可以分解为两个相互垂直的分力，分别是平行于来流方向的阻力 D 和垂直于来流方向的升力 L。压力中心点 S，距前缘位置为 x_s。

1. 压强系数及分布特性

压强系数：

$$C_p = \frac{p - p_\infty}{\frac{1}{2}\rho v_\infty^2} \tag{10.2}$$

式中：ρ 为流体密度；v_∞ 为无穷远来流速度。

如前所述，翼型上表面的压强系数几乎全为负值；而下表面上的压强系数为正值，结果造成一向上的升力。

2. 升力系数及升力系数曲线

升力系数：

$$C_L = \frac{L}{\frac{1}{2}\rho v_\infty^2 b} \tag{10.3}$$

式中：b 为翼弦的弦长。

对同一翼型而言，C_L 是攻角 α 的函数，即 $C_L = C_L(\alpha)$。图 10.12 为风洞实验所测出的升力系数曲线。随着攻角 α 增大，升力系数 C_L 呈线性增加；到攻角增大至 15° 左右，升力系数 C_L 最大（$C_{L\max}$），此时的攻角称为临界攻角，用 α_{cr} 表示；之后若攻角 α 继续增大，升力系数 C_L 伴随阻力系数 C_D 突增而突减，这种现象称为"失速"。机翼失速是由于边界层分离造成的，失速时的攻角称为失速角，一般由实验确定，通常在 10°～20° 之间。

图 10.11 的零攻角 $\alpha_0 \approx -5°$，多数翼型的零攻角与最大相对弯度之间的关系式为 $\alpha_0 \approx -\bar{f}\%$。

翼型最大升力系数 $C_{L\max}$ 主要与翼弦雷诺数 Re、翼型最大相对厚度 $\bar{t}$、最大相对弯度 $\bar{f}$ 及表面粗糙度有关，下面逐一进行讨论。

（1）最大升力系数 $C_{L\max}$ 与最大相对弯度 $\bar{f}$ 的关系。图 10.13 为两个弯度不同的翼型的升力系数曲线，可以看出随着最大相对弯度的增加，升力曲线平行上移，而对应的临界攻角 α_{cr} 保持不变。

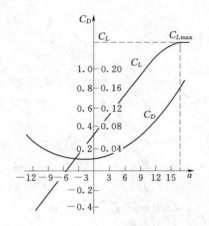

图 10.12 气动系数曲线

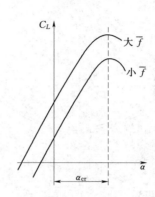

图 10.13 不同弯度翼型的 C_L-α 曲线

（2）最大升力系数 $C_{L\max}$ 与最大相对厚度 $\bar{t}$ 的关系。图 10.14 为不同相对厚度的翼型的升力系数曲线，在 $\bar{t}=12\%\sim15\%$ 时，最大升力系数 $C_{L\max}$ 达到最大。

（3）最大升力系数 $C_{L\max}$ 与雷诺数 Re 的关系。图 10.15 为 NACA4415 和 NACA0009 两种翼型的升力系数在不同雷诺数 Re 下的变化曲线，可以看出随着 Re 的增大，$C_{L\max}$ 增加。可以解释为增大雷诺数，可以推迟边界层的分离，从而使得升力增大。

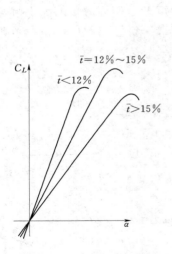

图 10.14 不同厚度翼
型的 C_L-α 曲线

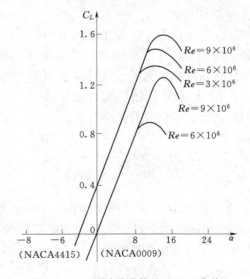

图 10.15 不同雷诺数的 C_L-α 曲线

综上所述，发现，通常 $\bar{\tau} = 12\% \sim 15\%$ ，$C_{L\max}$ 值最大，并随 $\bar{f}$ 或 Re 的增大而增加。接近前缘的表面粗糙度对 $C_{L\max}$ 的影响很敏感，随粗糙度增加将 $C_{L\max}$ 减小。因此，为获得较大的升力系数，翼型头部应采用光滑曲面。

3. 阻力系数及阻力系数曲线

阻力系数：

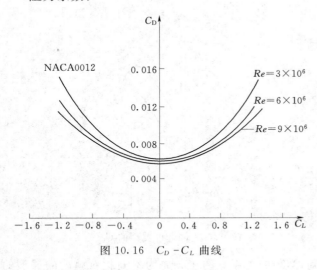

图 10.16　C_D-C_L 曲线

$$C_D = \frac{D}{\frac{1}{2}\rho v_\infty^2 b} \tag{10.4}$$

翼型阻力包括表面摩擦阻力和压差阻力，翼型阻力大小与翼型几何参数、攻角大小、Re 有密切关系。

图 10.16 为 NACA0012 翼型 C_D-C_L 曲线。升力系数 C_L 从一负值逐渐增大时，阻力系数 C_D 随之减小，当 $C_L = 0$ 时，阻力系数 C_D 达到最小，随着升力系数 C_L 继续增大，阻力系数 C_D 逐渐增加。此外，随着雷诺数 Re 的增大，阻力系数 C_D 将减小。

为提高流动性能，需特别重视翼型阻力的最小值。实验表明，$\bar{\tau} = 6\%$ 左右时，其翼型阻力最小。由于攻角对翼型阻力的影响很大，因此欲设计获得一定升力系数而阻力最小的话，应考虑使用有弯度的翼型。用弯度来提高升力系数所引起的阻力增加，比用攻角获得同一升力系数所引起的阻力增加量要小。

4. 俯仰力矩系数

由升力和阻力合成的总动力 R 的力矩称为俯仰力矩 M。俯仰力矩的大小与所选取的力矩的参考点有关。参考点通常有两种取法：取翼型前缘为参考点和取离前缘为 1/4 弦长处为参考点。前者用 M_0 表示，相应的力矩系数为 C_{m0}；后者用 $M_{1/4}$ 表示，相应的力矩系数为 $C_{m1/4}$。

力矩系数：

$$C_{m0} = \frac{M_0}{\frac{1}{2}\rho v_\infty^2 b} \tag{10.5}$$

图 10.17 为 NACA 对称翼型的俯仰力矩曲线，根据俯仰力矩曲线，结合其升力和阻力曲线，将可求出流体合力与翼型线交点的位置，即压力中心位置。如图 10.17 所示的一个 NACA 对称翼型的俯仰力矩曲线，它在该翼型失速前 $C_{m1/4}$ 恒等于零，并与攻角和升力系数无关。这就是说，对

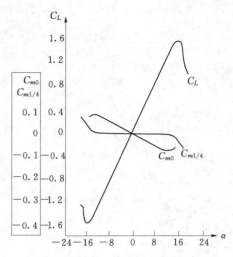

图 10.17　俯仰力矩曲线图

于这样的对称翼型，其压力中心的位置恒为离前缘 1/4 弦长处。

10.4 儒可夫斯基翼型与保角变换法

10.4.1 保角变换法求解平面势流

在第 7 章中给出了理想流体绕流圆柱体的复势。如果把圆柱所在的平面作为复平面 ζ（$\zeta=\xi+i\eta$），并且可以找到一个合适的关于 ζ 解析的复变函数 $z=f(\zeta)$，则通过该函数可以将 ζ 平面上的圆域变换成 z 平面上某个和实用翼型相类似的封闭曲线包围的域。

保角变换过程中，同一点两个线段的夹角在变换过程中保持不变。如图 10.18 所示，z 平面上一点，为 z_0 线段 $(dz)_1$、$(dz)_2$ 的交点，ζ 平面上一点 ζ_0 为线段 $(d\zeta)_1$、$(d\zeta)_2$ 的交点，满足以下关系式：

$$\frac{(d\zeta)_1}{(dz)_1}=\frac{(d\zeta)_2}{(dz)_2}=f'(\zeta_0)$$

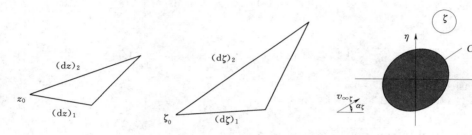

图 10.18 保角变换定义　　　　图 10.19 复平面的保角变换

1. 复势在保角变换中的变化

如图 10.19 所示，如果在 ζ 平面（辅助平面）上边界轮廓线为 C_ζ 的物体的平面势流的速度势函数 $\varphi(\xi,\eta)$ 和流函数 $\psi(\xi,\eta)$ 已知，则必有

$$\frac{\partial^2\varphi}{\partial\xi^2}+\frac{\partial^2\varphi}{\partial\eta^2}=0$$

$$\frac{\partial^2\psi}{\partial\xi^2}+\frac{\partial^2\psi}{\partial\eta^2}=0$$

设解析函数 $z=f(\zeta)$ 可使 ζ 平面上的周线 C_ζ 变换成 z 平面（物理平面）上的某一封闭周线 C_z。现将 ζ 平面流动的复势 $W(\zeta)=\varphi(\xi,\eta)+i\psi(\xi,\eta)$ 中的复变量 ζ 用变换函数 $z=f(\zeta)$ 所给的关系换成 z，从而得

$$W(z)=\varphi(x,y)+i\psi(x,y)$$

可证明所得到的 $W(z)$ 完全代表某一流动绕过边界 C_z 为柱体流动的复势，即 $W(z)$ 的实部和虚部分别代表流动的势函数和流函数。同时还可以证明得到，变换得到的 $W(z)$ 是唯一的。

2. 复速度在保角变换时的变化

设在 ζ 平面上的复势为 $W(\zeta)$，则该平面上某点 ζ 处的复速度为 $V(\zeta)=dW/d\zeta$。在作保角变换时 $W(\zeta)$ 通过 $z=f(\zeta)$ 变换为 $W(z)$，且 $W(z)$ 是 z 平面上的流动复势，于

是有

$$V(\zeta) = \frac{dW}{d\zeta} = \frac{dW}{dz}\frac{dz}{d\zeta} = V(z)\frac{dz}{d\zeta} \tag{10.6}$$

或

$$V(\zeta) = \left|\frac{dz}{d\zeta}\right| e^{i\arg(dz/d\zeta)} V(z) \tag{10.7}$$

从式 (10.7) 可知在两平面上相应点的复速度不相等，$V(\zeta)$ 的模比 $V(z)$ 的模大 $|dz/d\zeta|$ 倍，方向要转 arg $(dz/d\zeta)$ 大小的角。因此，ζ 平面上无穷远来流复速度是 $V(\zeta) = v_\infty e^{-i\alpha_\zeta}$，$z$ 平面上相应点的复速度即为

$$V(z)\left(\frac{dz}{d\zeta}\right)_{\zeta\to\infty} = v_\infty e^{-i\alpha_\zeta}$$

3. 流动奇点强度在保角变换中的变化

设在 ζ 平面上的点涡总强度为 Γ_ζ，源（汇）总强度为 q_ζ。根据点涡强度（环量）以及源（汇）强度的定义，有

$$\Gamma_\zeta = \oint_{C_\zeta} \boldsymbol{v}\cdot d\boldsymbol{l} = \oint_{C_\zeta}(v_\xi d\xi + v_\eta d\eta),\quad q_\zeta = \oint_{C_\zeta} v_n dl = \oint_{C_\zeta}(v_\xi d\eta - v_\eta d\xi)$$

作一复数，即

$$\Gamma_\zeta + iq_\zeta = \oint_{C_\zeta}(v_\xi - iv_\eta)d\xi + (v_\eta + iv_\xi)d\eta = \oint_{C_\zeta} V(\zeta)d\zeta$$

在物理平面上同样有

$$\Gamma_z + iq_z = \oint_{C_z} V(z)dz$$

因此，根据两平面上复速度的关系可写出

$$\Gamma_z + iq_z = \oint_{C_z} V(z)dz = \oint_{C_\zeta} V(\zeta)\frac{d\zeta}{dz}dz = \oint_{C_\zeta} V(\zeta)d\zeta = \Gamma_\zeta + iq_\zeta$$

即可推断出

$$\Gamma_z = \Gamma_\zeta,\; q_z = q_\zeta \tag{10.8}$$

上式说明，在作保角变换时两流动平面上奇点的强度保持不变。

总结上述三点可知平面势流保角变换解法如下：当某平面上绕某物体的流动复势已知时，可通过一解析函数作流动变换。在变换平面上的绕流复势可直接将变换函数代入已知复势，两平面上相应点的复速度不相等，按式 (10.7) 计算。两流动平面上的流动奇点的强度保持不变。

10.4.2　儒可夫斯基变换

儒可夫斯基变换中所用的解析变换函数 $z = f(\zeta)$ 是

$$z = \zeta + \frac{c^2}{\zeta} \tag{10.9}$$

式中：c 为一正的实常数。

此变化函数可将 ζ 平面上的圆域变换成 z 平面上一些和实用翼型很类似的域。因为在 ζ 平面绕圆的势流解是已知的，故用前述的保角变换原理即可求得 z 平面的流动解。

1. 儒可夫斯基变换的特点

（1）ζ 平面上无穷远点和原点都变换成 z 平面上的无穷远点。因为 $z = \zeta + c^2/\zeta$，当 ζ

$=0$ 时，$z \to \infty$；当 $\zeta \to \infty$ 时，$z \to \infty$。即两平面无穷远处不变。

（2）在变换平面上有两个无保角性的变换奇点 $\zeta = \pm c$。将变换函数求导得 $\mathrm{d}z/\mathrm{d}\zeta =$ $1 - c^2/\zeta^2$。当 $\zeta = \pm c$ 时，$\mathrm{d}z/\mathrm{d}\zeta = 0$，即 $\zeta = \pm c$ 为变换奇点。过该两点之一的某条平滑曲线在变换到 z 平面上时已不再是过 $z = \pm 2c$ 相应点的一条平滑曲线，而是有一定夹角的两条曲线。现分析这个夹角有多大，为此先分别在两平面上任取一对相应点 z 与 ζ，将它们分别与 $z = \pm 2c$ 点与 $\zeta = \pm c$ 相连接，连接线长度和与实轴的夹角如图 10.20 所示。

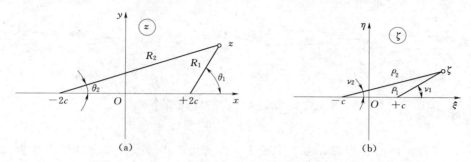

图 10.20 儒可夫斯基变换的变换奇点

（a）z 平面；（b）ζ 平面

由变化函数式可得

$$z + 2c = \frac{(\zeta+c)^2}{\zeta}, \quad z - 2c = \frac{(\zeta-c)^2}{\zeta}$$

有

$$\frac{z-2c}{z+2c} = \left(\frac{\zeta-c}{\zeta+c}\right)^2$$

或

$$\frac{R_1 \mathrm{e}^{\mathrm{i}\theta_1}}{R_2 \mathrm{e}^{\mathrm{i}\theta_2}} = \left(\frac{\rho_1 \mathrm{e}^{\mathrm{i}\nu_1}}{\rho_2 \mathrm{e}^{\mathrm{i}\nu_2}}\right)^2, \quad \frac{R_1}{R_2}\mathrm{e}^{\mathrm{i}(\theta_1-\theta_2)} = \left(\frac{\rho_1}{\rho_2}\right)^2 \mathrm{e}^{\mathrm{i}2(\nu_1-\nu_2)}$$

故

$$\frac{R_1}{R_2} = \left(\frac{\rho_1}{\rho_2}\right)^2, \quad \theta_1 - \theta_2 = 2(\nu_1 - \nu_2) \tag{10.10}$$

有了上式之后再来观察一段过点 $\zeta = +c$ 的很短的平滑曲线 $\overline{\zeta_1\zeta_2}$，如图 10.21 所示，因为 $\overline{\zeta_1\zeta_2}$ 很短，可以近似地当作两段直线看待。设 $\overline{\zeta_1 c}$ 与实轴的夹角为 ν_1'，则 $\overline{\zeta_2 c}$ 与实轴的夹角为 $\pi + \nu_1' = \nu_1''$。点 ζ_1、ζ_2 与点 $\zeta = -c$ 的连线与实轴夹角 ν_2'、ν_2'' 分别近似为 0 与 2π。再来观察 z 平面，设 z_1 与 z_2 分别是 ζ_1 与 ζ_2 的对应点，z_1 与点 $z = 2c$ 的连线与实轴的夹角为 θ_1'，z_2 的为 θ_1''。因 ζ_1、ζ_2 两点与点 $\zeta = c$ 无限接近，故 z_1、z_2 离点 $z = 2c$ 也非常近。于是 z_1、z_2 与点 $z = -2c$ 的连线和实轴的夹角、分别近似为 0，2π。由式（10.10）有

$$\theta_1' - \theta_2' = 2(\nu_1' - \nu_2'), \theta_1'' - \theta_2'' = 2(\nu_1'' - \nu_2'')$$

或

$$\theta_1' = 2\nu_1', \quad \theta_1'' = 2\pi + 2[(\pi + \nu_1') - 2\pi] = 2\nu_1'$$

即

$$\theta'_1 - \theta''_1 = 0$$

上式说明，点 z_1、z_2 与点 $z=2c$ 的连线是同一条，因此，ζ 平面上过点 $\zeta=c$ 的平滑曲线经变换后在 z 平面上则成为过点 $z=2c$ 的两条夹角为零的曲线，或是说它是夹角为零的尖角。

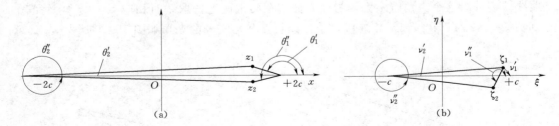

图 10.21　儒可夫斯基变换的不保角点

(a) z 平面；(b) ζ 平面

（3）ζ 平面上圆心在坐标原点，半径为 c 的圆周变换成 z 平面上实轴上长为 $4c$ 的线段。在 ζ 平面上该圆周上任一点为 $\zeta=c\mathrm{e}^{\mathrm{i}\nu}$，则由变换函数可求出 z 平面上对应的变换点为

$$z = c\mathrm{e}^{\mathrm{i}\nu} + \frac{c^2}{c\mathrm{e}^{\mathrm{i}\nu}} = c(\mathrm{e}^{\mathrm{i}\nu} + \mathrm{e}^{-\mathrm{i}\nu}) = 2c\cos\nu$$

即

$$x = 2c\cos\nu, \quad y = 0$$

上式代表实轴上一根长为 $4c$ 的直线。ζ 平面上该圆周的内域和外域都变成 z 平面全平面域，因此儒可夫斯基变换是多值的。不过这对下面将要讨论的流动变换不会造成混乱，因为后面只考虑圆外的流动。

（4）两平面上的无穷远处点的流动相同。两平面上相应点处复速度间的关系式为

$$V(\zeta) = V(z)\frac{\mathrm{d}z}{\mathrm{d}\zeta} = V(z)\left(1 - \frac{c^2}{\zeta^2}\right)$$

当 $\zeta \to \infty$（$z \to \infty$）时，得到

$$V(\zeta)_{\zeta\to\infty} = V(z)_{z\to\infty} \times 1 = V(z)_{z\to\infty} \tag{10.11}$$

即在两平面上的无穷远来流速度的大小与方向都相同。

2. 绕椭圆柱体的势流

在 ζ 平面上圆心位于坐标原点，半径 $a>c$ 的圆变换为 z 平面上长半轴为 $a+c^2/a$（位于实轴），短半轴为 $a-c^2/a$ 的椭圆，如图 10.22 所示。

在圆周上任取一点 $\zeta=a\mathrm{e}^{\mathrm{i}\nu}$，它在 z 平面的对应点是

$$z = a\mathrm{e}^{\mathrm{i}\nu} + \frac{c^2}{a\mathrm{e}^{\mathrm{i}\nu}} = \left(a+\frac{c^2}{a}\right)\cos\nu + \mathrm{i}\left(a-\frac{c^2}{a}\right)\sin\nu$$

即

$$x = \left(a+\frac{c^2}{a}\right)\cos\nu, \quad y = \left(a-\frac{c^2}{a}\right)\sin\nu$$

消去参数 ν 后，得到

$$\frac{x^2}{\left(a+\dfrac{c^2}{a}\right)^2} + \frac{y^2}{\left(a-\dfrac{c^2}{a}\right)^2} = 1 \tag{10.12}$$

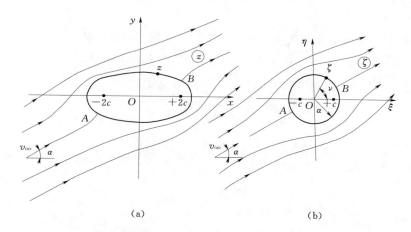

图 10.22 椭圆柱体绕流

(a) z 平面；(b) ζ 平面

上式表示 z 平面上的一个长半轴为 $a+c^2/a$（在实轴上），短半轴为 $a-c^2/a$（在虚轴上）的椭圆。

在 z 平面上绕流流场的复势可根据保角变换原理用的 ζ 平面绕圆柱的复势求出。在 ζ 平面上当来流速度沿实轴方向时，绕圆柱的流动复势为

$$W(\zeta)=v_\infty\zeta+\frac{v_\infty a^2}{\zeta}=v_\infty\left(\zeta+\frac{a^2}{\zeta}\right)$$

当来流速度与实轴夹角为 α 时，绕圆柱的复势为

$$W(\zeta)=v_\infty\left(\zeta e^{-i\alpha}+\frac{a^2}{\zeta}e^{i\alpha}\right) \tag{10.13}$$

写出儒可夫斯基变换函数的反函数：

$$\zeta=\frac{z}{2}+\sqrt{\left(\frac{z}{2}\right)^2-c^2} \tag{10.14}$$

这里只取了根号前为正号的结果，是因为如果为负号就不满足 $\zeta\to\infty$ 时 $z\to\infty$ 的条件。于是 z 平面上的绕椭圆柱流动的复势为

$$W(z)=W[f^{-1}(z)]=v_\infty\left\{\left[\frac{z}{2}+\sqrt{\left(\frac{z}{2}\right)^2-c^2}\right]e^{-i\alpha}+\frac{a^2 e^{i\alpha}}{\frac{z}{2}+\sqrt{\left(\frac{z}{2}\right)^2-c^2}}\right\} \tag{10.15}$$

绕椭圆柱流动的前后驻点是

$$z_{A,B}=\mp a e^{i\alpha}\mp\frac{c^2}{a}e^{-i\alpha}=\mp\left(a+\frac{c^2}{a}\right)\cos\alpha\mp\left(a-\frac{c^2}{a}\right)\sin\alpha$$

即

$$x_{A,B}=\mp\left(a+\frac{c^2}{a}\right)\cos\alpha,y_{A,B}=\mp\left(a-\frac{c^2}{a}\right)\sin\alpha \tag{10.16}$$

3. 平板绕流及库达-恰布雷金假设

前面已提到 ζ 平面上圆心在坐标原点，半径为 c 的圆周变换成 z 平面上实轴上长为 $4c$ 的线段。此线段可以视为一极薄的平板。如果 ζ 平面上有一速度为 v_∞，攻角 α 为无穷远来流绕过所说的圆，则

$$W(\zeta) = v_\infty \left(\zeta e^{-i\alpha} + \frac{c^2}{\zeta} e^{i\alpha} \right)$$

将 $\zeta = \dfrac{z}{2} + \sqrt{\left(\dfrac{z}{2}\right)^2 - c^2}$ 代入上式，得到 z 平面上绕平板流动的复势：

$$W(z) = v_\infty \left\{ \left[\frac{z}{2} + \sqrt{\left(\frac{z}{2}\right)^2 - c^2} \right] e^{-i\alpha} + \frac{c^2 e^{i\alpha}}{\dfrac{z}{2} + \sqrt{\left(\dfrac{z}{2}\right)^2 - c^2}} \right\} \tag{10.17}$$

绕流流谱如图 10.23 所示。因为在 ζ 平面上为圆柱无环量绕流，故在 z 平面上的平板绕流也应是无环量的，其两驻点为

$$x_{A,B} = \mp 2c\cos\alpha, \quad y_{A,B} = 0 \tag{10.18}$$

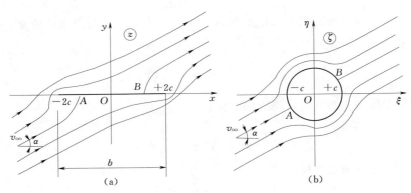

图 10.23 平板无环量绕流

(a) z 平面；(b) ζ 平面

前驻点 A 在平板的下方，后驻点 B 在平板的上方。在平板前缘流体沿平板绕 $-180°$ 的尖角从平板的下表面流到上表面，在平板的后缘则相反。这时在平板前后缘将出现无穷大的速度，这在物理上是不可能的。通过实验观察发现，在平板后缘处流体并不绕过尾缘而在上表面形成驻点，而是与上表面上的流动一起从尾缘处流下平板，即后驻点实际上是在尾缘处。在平板的前缘流体仍要绕过尖角，但并不突然转 $-180°$ 角，而是产生一小区域的脱流，形成一有限曲率的流线，然后再重新贴在平板上并沿平面流向尾缘，如图 10.24 所示。

库达和恰布雷金以此事实出发，假设流体流过带尖锐后缘的物体时，其后缘必定是流动的后驻点。

因此，要在 z 平面上得到这样的流动，在 ζ 平面上绕圆柱流动的后驻点 B 就必须在 $\zeta = c$ 处。这种流动显然是有环量的，且环量为 $\Gamma = -4\pi v_\infty c\sin\alpha$。于是绕平板流动的复势可

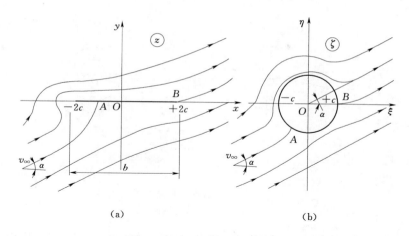

图 10.24　平板的实际绕流

(a) z 平面；(b) ζ 平面

由 ζ 平面上圆柱有环量绕流复势通过变量代换得到。在 ζ 平面上流动复势为

$$W(\zeta)=v_\infty\left(\zeta e^{-i\alpha}+\frac{c^2}{\zeta}e^{i\alpha}\right)-\frac{i\Gamma}{2\pi}\ln\frac{\zeta}{c}=v_\infty\left(\zeta e^{-i\alpha}+\frac{c^2}{\zeta}e^{i\alpha}\right)+i2v_\infty c\sin\alpha\ln\frac{\zeta}{c}$$

将 $\zeta=\dfrac{z}{2}+\sqrt{\left(\dfrac{z}{2}\right)^2-c^2}$ 代入上式，得到 z 平面上绕平板流动的复势：

$$W(z)=v_\infty\left\{\left[\frac{z}{2}+\sqrt{\left(\frac{z}{2}\right)^2-c^2}\right]e^{-i\alpha}+\frac{c^2e^{i\alpha}}{\dfrac{z}{2}+\sqrt{\left(\dfrac{z}{2}\right)^2-c^2}}+i2c\sin\alpha\ln\frac{\dfrac{z}{2}+\sqrt{\left(\dfrac{z}{2}\right)^2-c^2}}{c}\right\}$$

$$\tag{10.19}$$

式中：c 可由平板的弦长 b 确定，即 $c=b/4$。

平板的升力 L 可用儒可夫斯基升力公式求出，即

$$\Gamma=-\rho v_\infty\Gamma=4\pi\rho v_\infty^2 c\sin\alpha=\pi\rho v_\infty^2 b\sin\alpha \tag{10.20}$$

升力系数为

$$C_L=\frac{L}{\dfrac{1}{2}\rho v_\infty^2 b}=2\pi\sin\alpha \tag{10.21}$$

当攻角不大时 $\sin\alpha\approx\alpha$，故 $C_L=2\pi\alpha$，此升力系数与平板绕流风洞实验结果很接近，同时也说明库达－恰布雷金假设的合理性。

4. 儒可夫斯基对称翼型的绕流

ζ 平面上有一圆心位于坐标原点左面的实轴上，而圆周过点 $\zeta=c$ 的圆，如图 10.25 所示，被速度为 v_∞，攻角 α 均匀来流绕过，现分析经过儒可夫斯基变换后，在 z 平面上是绕何种边界的流动。

设在 ζ 平面上的圆的圆心离原点距离为 $m\ll c$，故其半径为 $a=c+m=c(1+\varepsilon)$，式中 $\varepsilon=m/c\ll1$。此时圆周只过一个变换奇点 $\zeta=c$。在 z 平面上其对应点 $z=2c$ 处不保角，故

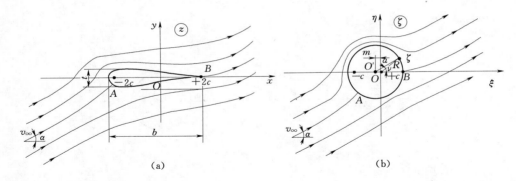

图 10.25　对称翼型绕流

（a）z 平面；（b）ζ 平面

圆弧变换成一夹角为零的尖角。与圆周上其他各点相应的点在 z 平面上将构成一平滑曲线，它与负实轴的交点是

$$z=-c(1+2\varepsilon)+\frac{c^2}{-c(1+2\varepsilon)}=-c(1+2\varepsilon)-c[1-2\varepsilon+O(\varepsilon^2)]\approx-2c$$

上式中，$O(\varepsilon^2)$ 表示其后面的各量的数量级都小于 ε^2，可略去。上式表明，在计算中只保留 ε 的一次方量级的各项时，z 平面上的变换曲线的弦长为 $b\approx4c$。

现来求此变换曲线方程，设 $\zeta=Re^{i\nu}$ 为 ζ 平面圆周上任一点，则在 z 平面相对应的点为

$$z=Re^{i\nu}+\frac{c^2}{R}e^{-i\nu} \tag{10.22}$$

由余弦定理可知

$$a^2=R^2+m^2+2Rm\cos\nu \ \text{或}\ (c+m)^2=R^2\left(1+\frac{m^2}{R^2}+2\,\frac{m}{R}\cos\nu\right)$$

将上面第二式右端的二阶微量 m^2/R^2 省去，可得

$$c+m=c(1+\varepsilon)=R\left(1+2\,\frac{m}{R}\cos\nu\right)^{\frac{1}{2}}=R\left[1+\frac{m}{R}\cos\nu+O(\varepsilon^2)\right]$$

$$=R+m\cos\nu=R+c\varepsilon\cos\nu$$

因此，有

$$R=c[1+\varepsilon(1-\cos\nu)] \tag{10.23}$$

将式（10.23）代入式（10.22），可得

$$z=c[1+\varepsilon(1-\cos\nu)]e^{i\nu}+\frac{c}{[1+\varepsilon(1-\cos\nu)]}e^{-i\nu}$$

$$=c[2\cos\nu+i2\varepsilon(1-\cos\nu)\sin\nu+O(\varepsilon^2)]$$

略去高阶小量后即得 z 平面上变换曲线的参数方程，有

$$x=2c\cos\nu,y=2c\varepsilon(1-\cos\nu)\sin\nu \tag{10.24}$$

消去参数 ν 后，得到变换曲线的方程为

$$y=\pm2c\varepsilon\left(1-\frac{x}{2c}\right)\sqrt{1-\left(\frac{x}{2c}\right)^2} \tag{10.25}$$

变换曲线如图 10.25 所示，为一上下表面轮廓形状一样的带尖锐尾缘的对称翼型。由式 (10.25) 可求出其最大厚度 $t = 2y_{max} = 3\sqrt{3}c\varepsilon$ 及其所在的位置 $x_t = -c$。反之，若已知对称翼型的弦长及最大厚度时，则在 ζ 平面上应取

$$\varepsilon = \frac{4}{3\sqrt{3}}\frac{t}{b} = 0.77\,\bar{t}, \quad c = \frac{b}{4}$$

则翼型表面方程可写成

$$y = \pm 0.385t\left(1 - \frac{2x}{b}\right)\sqrt{1 - \left(\frac{2x}{b}\right)^2} \tag{10.26}$$

对称翼型绕流的复势可由 ζ 平面的复势作变量代换得到。在 ζ 平面上因圆心不在坐标原点，故复势为

$$W(\zeta) = v_\infty\left[(\zeta + m)e^{-i\alpha} + \frac{a^2}{\zeta + m}e^{i\alpha}\right] - \frac{i\Gamma}{2\pi}\ln\frac{\zeta + m}{a} \tag{10.27}$$

圆柱为有环量绕流的根据是库达-恰布雷金假设，即在 ζ 平面上与对称翼型尾缘点对应的 $\zeta = c$ 必须是后驻点。环量应为

$$\Gamma = -4\pi v_\infty a \quad \sin\alpha = -4\pi v_\infty c(1 + \varepsilon)\sin\alpha \tag{10.28}$$

将 $\zeta = \frac{z}{2} + \sqrt{\left(\frac{z}{2}\right)^2 - c^2}$ 代入 $W(\zeta)$ 的表达式，并注意到

$$a = c(1 + \varepsilon) = \left(1 + 0.77\frac{t}{b}\right)\frac{b}{4} = \frac{b}{4} + 0.194t$$

$$m = c\varepsilon = \frac{b}{4} \times 0.77\frac{t}{b} = 0.194t$$

$$\Gamma = -4\pi v_\infty c(1 + \varepsilon)\sin\alpha = -\pi v_\infty b\left(1 + 0.77\frac{t}{b}\right)\sin\alpha$$

即可得到 z 平面上绕对称翼型流动的复势 $W(z)$。

对称翼型的升力 L 为

$$L = -\rho v_\infty\Gamma = \pi\rho v_\infty^2 b\left(1 + 0.77\frac{t}{b}\right)\sin\alpha \tag{10.29}$$

升力系数为

$$C_L = \frac{L}{\frac{1}{2}\rho v_\infty^2 b} = 2\pi\left(1 + 0.77\frac{t}{b}\right)\sin\alpha \tag{10.30}$$

将上式与平板绕流的升力系数公式比较发现，有了厚度 t 后可使升力系数增大。但为增大升力系数不能无限制的加大翼型的厚度，否则翼型将变成钝头体，易使边界层分离，反而导致升力系数下降。

5. 圆弧翼型的绕流

ζ 平面上有一圆心 O' 位于虚轴上，半径为 a 的圆，圆心离原点距离为 $m \ll c$，如图 10.26 所示，被速度为 v_∞，攻角 α 均匀来流绕过，现分析经过儒可夫斯基变换后，在 z 平面上是绕何种边界的流动。

设 $\zeta = Re^{i\nu}$ 为 ζ 平面圆周上任一点，则在 z 平面相对应的点为

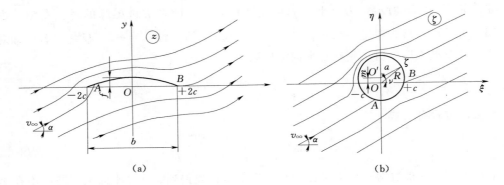

图 10.26　圆弧翼型绕流

(a) z 平面；(b) ζ 平面

$$z = R\mathrm{e}^{\mathrm{i}\nu} + \frac{c^2}{R}\mathrm{e}^{-\mathrm{i}\nu} = \left(R + \frac{c^2}{R}\right)\cos\nu + \mathrm{i}\left(R - \frac{c^2}{R}\right)\sin\nu \tag{10.31a}$$

得 z 平面上变换曲线的参数方程，有

$$x = \left(R + \frac{c^2}{R}\right)\cos\nu, \quad y = \left(R - \frac{c^2}{R}\right)\sin\nu \tag{10.31b}$$

从参数方程中消去 R 后，得

$$x^2\sin^2\nu - y^2\cos^2\nu = 4c^2\sin^2\nu\cos^2\nu \tag{10.31c}$$

由余弦定理可知

$$a^2 = R^2 + m^2 - 2Rm\cos\left(\frac{\pi}{2} - \nu\right) \text{ 或 } c^2 + m^2 = R^2 + m^2 - 2Rm\sin\nu$$

故有

$$\sin\nu = \frac{R^2 - c^2}{2Rm} = \frac{1}{2m}\left(R - \frac{c^2}{R}\right) = \frac{y}{2m\sin\nu}$$

于是

$$\sin^2\nu = \frac{y}{2m}, \quad \cos^2\nu = 1 - \frac{y}{2m} \tag{10.31d}$$

将式（10.31d）代入式（10.31c），得

$$x^2\,\frac{y}{2m} - y^2\left(1 - \frac{y}{2m}\right) = 4c^2\,\frac{y}{2m}\left(1 - \frac{y}{2m}\right)$$

整理后，得到

$$x^2 + y^2 + 2\left(\frac{c^2}{m} - m\right)y = 4c^2 \tag{10.31e}$$

略去高阶微量得到

$$x^2 + \left(y + \frac{c^2}{m}\right)^2 = c^2\left(4 + \frac{c^2}{m^2}\right) \tag{10.32}$$

上式即为 z 平面上变换曲线的方程，表示一半径为 $c\sqrt{4 + \dfrac{c^2}{m^2}}$，圆心在虚轴上距原点为 $\dfrac{c^2}{m}$ 的圆。即变换曲线是弦长 $b = 4c$ 的一段圆弧（无厚度），如图 10.26 所示，或称为圆弧翼

型。其弯度即为此圆弧段顶点 y 坐标，它应是和 $\nu=\dfrac{\pi}{2}$ 相应的 y。由式（10.31d）可知：

$$f=y\left(\frac{\pi}{2}\right)=(2m\sin^2\nu)_{\nu=\pi/2}=2m \tag{10.33}$$

如果用圆弧翼型的几何参数 b 与 f 来表示其方程，则式（10.32）为

$$y=-\frac{b^2}{8f}+\sqrt{\frac{b^2}{4}\left(1+\frac{b^2}{16f^2}\right)-x^2} \tag{10.34}$$

因此 ζ 平面上绕坐标原点上方偏置的圆的流动，变换成 z 平面上以同样来流绕一个只有弯度无厚度的一段圆弧翼型的流动，而且其后缘点 $z=2c$ 必须是驻点。

圆弧翼型绕流的复势可由 ζ 平面的复势作变量代换得到。在 ζ 平面上为一有环量的圆柱绕流，其复势为

$$W(\zeta)=v_\infty\left[(\zeta-\mathrm{i}m)\mathrm{e}^{-\mathrm{i}\alpha}+\frac{a^2}{\zeta-\mathrm{i}m}\mathrm{e}^{\mathrm{i}\alpha}\right]-\frac{\mathrm{i}\Gamma}{2\pi}\ln\frac{\zeta-\mathrm{i}m}{a} \tag{10.35}$$

将 $\zeta=\dfrac{z}{2}+\sqrt{\left(\dfrac{z}{2}\right)^2-c^2}$ 代入 $W(\zeta)$ 的表达式，并注意到

$$c=\frac{b}{4},m=\frac{f}{2},a=\sqrt{c^2+m^2}=\sqrt{\frac{b^2}{16}+\frac{f^2}{4}}\approx\frac{b}{4}$$

$$\Gamma=-4\pi v_\infty a\sin\left(\alpha+\arctan\frac{m}{c}\right)=-4\pi v_\infty\frac{b\sin\ (\alpha+2f/b)}{4}=-\pi v_\infty b\sin\ (\alpha+2f/b)$$

即可得到 z 平面上绕圆弧翼型流动的复势 $W(z)$。

圆弧翼型的升力 L 为

$$L=-\rho v_\infty\Gamma=\pi\rho v_\infty^2 b\sin\left(\alpha+\frac{2f}{b}\right) \tag{10.36}$$

升力系数为

$$C_L=\frac{L}{\frac{1}{2}\rho v_\infty^2 b}=2\pi\sin\left(\alpha+\frac{2f}{b}\right) \tag{10.37}$$

将上式与平板绕流的升力系数公式比较发现，有了弯度 f 后可使升力系数增大。

6. 儒可夫斯基翼型的绕流

ζ 平面上的圆的圆心 O' 位于第二象限，离原点距离为 $m\ll c$，且与实轴的夹角为 δ，如图 10.27 所示，被速度为 v_∞，攻角 α 均匀来流绕过。该圆通过点 $\zeta=c$，经过儒可夫斯基变换后，在 z 平面上可得一带尖角后缘的变换曲线，即如图 10.27 所示的儒可夫斯基翼型。

根据前面对称翼型和圆弧翼型绕流的变换可知，在 ζ 平面上的圆作上述偏置后在 z 平面上形成一个既有厚度又有弯度且有尖锐后缘的封闭变换曲线，其厚度 t 应与 $|m\cos\delta|$ 有关，其弯度 f 应与 $|m\sin\delta|$ 有关。当 $m\ll c$ 时，z 平面上的翼型曲线方程即可近似地用对称翼型和圆弧翼型的方程叠加而成，即

$$y=-\frac{b^2}{8f}+\sqrt{\frac{b^2}{4}\left(1+\frac{b^2}{16f^2}\right)-x^2}\pm0.385t\left(1-\frac{2x}{b}\right)\sqrt{1-\left(\frac{2x}{b}\right)^2} \tag{10.38}$$

此翼型的中弧线即为圆心向上偏置 $|m\sin\delta|$ 所形成的一段圆弧，而圆心又向左偏置

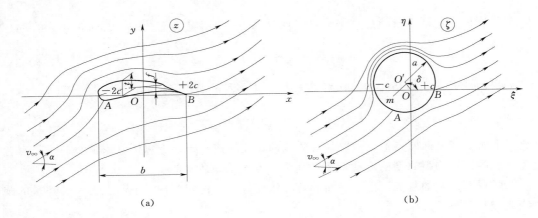

图 10.27　儒可夫斯基翼型绕流

(a) z 平面；(b) ζ 平面

$|m\cos\delta|$，使翼型有了关于此中弧线对称的厚度。

翼型绕流的复势可由 ζ 平面的复势作变量代换得到。在 ζ 平面上为均匀流绕一圆心向第二象限偏置的有环量绕流，其复势为

$$W(\zeta)=v_\infty\left[(\zeta-m\mathrm{e}^{\mathrm{i}\delta})\mathrm{e}^{-\mathrm{i}a}+\frac{a^2}{\zeta-m\mathrm{e}^{\mathrm{i}\delta}}\mathrm{e}^{\mathrm{i}a}\right]-\frac{\mathrm{i}\Gamma}{2\pi}\ln\frac{\zeta-m\mathrm{e}^{\mathrm{i}\delta}}{a} \tag{10.39}$$

将 $\zeta=\dfrac{z}{2}+\sqrt{\left(\dfrac{z}{2}\right)^2-c^2}$ 代入 $W(\zeta)$ 的表达式，并注意到

$$c=\frac{b}{4},\quad m\sin\delta=\frac{f}{2},\quad m\cos\delta=-0.77\frac{tc}{b},\quad a=\frac{b}{4}+0.193t$$

$$\Gamma=-4\pi v_\infty a\sin\left(\alpha+\frac{2f}{b}\right)=-\pi v_\infty b\left(1+0.77\frac{t}{b}\right)\sin\left(\alpha+\frac{2f}{b}\right)$$

即可得到 z 平面上绕儒可夫斯基翼型流动的复势 $W(z)$。

升力系数为

$$C_L=\frac{L}{\dfrac{1}{2}\rho v_\infty^2 b}=2\pi\left(1+0.77\frac{t}{b}\right)\sin\left(\alpha+\frac{2f}{b}\right) \tag{10.40}$$

即儒可夫斯基翼型的升力系数是由攻角、厚度和弯度所形成的。如前所述，增大翼型的厚度和弯度后正如增大攻角一样可使升力系数增大，但应以不使流动产生分离为限度，超过此限度反而会使升力系数急剧下降，造成"失速"现象。

采用儒可夫斯基变换可借助辅助平面上已知的圆柱绕流求出物理平面上绕一个实用翼型很相似的封闭型线的绕流——儒可夫斯基理论翼型的绕流。这种翼型绕流的复势及其主要流体动力特性与翼型几何参数之间的关系已经理论上推导出来。虽然理论翼型和实用翼型不是一回事，但它们的差别只是几何量上的。所以从理论翼型上推出的流体动力特性与几何参数的相互关系，从本质上讲完全可用于实用翼型上。

10.5 奇 点 分 布 法

　　当流体冲向翼型绕流时，由于翼型的存在产生对来流的扰动，改变了来流的性态。它一方面使流动顺翼型表面偏折，并沿翼型表面形成一条流线，另一方面使流速值在翼型两侧产生跃变，出现了速度差。由于翼型的扰动作用，恰可以沿翼型适当分布的涡、源（奇点）来代替，所以在计算绕翼型流场时，常代之以均匀来流和沿翼型分布的奇点之诱导流二者叠加的流场的计算。这一类计算绕流的方法，就叫奇点分布法。

　　奇点分布法的主要思想可简述如下：首先建立简单的、对应于均匀流、源流、汇流、点涡、偶极子流等基本流动的调和函数，而后将这些基本的调和函数——速度势以适当的方式叠加起来，叠加后所得的仍为调和函数。奇点分布法可解决下述两类流动问题：一是当翼型几何特性已知时要根据无穷远来流寻求取代该翼型的奇点分布，接着用流场叠加法求出流动复势及翼型的气动性能；二是要获得有一定特性的流场寻求翼型应具有的几何特性。前者称为翼型绕流的正问题，而后者叫反问题。奇点分布法的优点是简便，物理概念清晰，利用它可以解决一批工程实际感兴趣的无黏性不可压缩流体无旋运动问题。本节以较为简单的小攻角小弯度薄翼的绕流解法进行讨论。

10.5.1　薄翼的简化气动模型

　　如图 10.28 所示为一弯度不大且厚度很小的翼型被一小攻角的无穷远均匀来流绕过。因为翼型薄，所以它可用无厚度的中弧线代替。它在均匀流场中所形成的扰动相当于连续分布在中弧线上的一系列涡所起的作用。因翼型弯度小，此涡系可被近似地认为是分布在弦线上。作如此简化的涡系在均匀流场中引起的扰动和原翼的作用近似相等。

　　设翼型中弧线的方程为 $y=y(x)$，由此方程以及已知的无穷远来流设法求出在弦上的涡系强度分布规律 $\gamma(x)$，就可求出绕流流场的解。

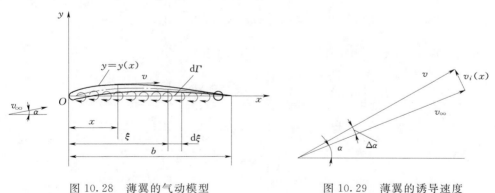

　　　　图 10.28　薄翼的气动模型　　　　　　　　图 10.29　薄翼的诱导速度

10.5.2　求解涡系强度分布的积分方程

　　涡系在薄翼表面 x 处诱导的速度 $v_i(x)$ 和均匀来流速度 v_∞ 叠加后的合成速度应与翼型表面相切，即翼面应是流线。小攻角下此两速度的合成如图 10.29 所示，合成速度 v 的方向应与翼面在该处的切线方向一致，即

$$\frac{v_\infty \sin\alpha + v_{iy}}{v_\infty \cos\alpha} = \frac{\mathrm{d}y}{\mathrm{d}x}$$

式中：v_{iy} 为涡系诱导速度的 y 轴分量。

小攻角时上式可写成

$$\alpha + \frac{v_i(x)}{v_\infty} = \frac{\mathrm{d}y}{\mathrm{d}x} \tag{10.41}$$

涡系在薄翼表面 x 处诱导的速度为（图 10.28）

$$v_i(x) = \int_0^b \frac{\gamma(\xi)\mathrm{d}\xi}{2\pi(\xi - x)}$$

式中积分上限 b 为薄翼的弦长。将上式代入式（10.41）得

$$\alpha + \frac{1}{2\pi v_\infty} \int_0^b \frac{\gamma(\xi)\mathrm{d}\xi}{\xi - x} = \frac{\mathrm{d}x}{\mathrm{d}y} \tag{10.42}$$

此方程即为求解位于积分号下的未知涡系强度分布 $\gamma(x)$ 的积分方程。为解此方程，采用调和分析方法。先作如下变量代换，用新变量 θ、ν 取代 x、ξ。

$$x = \frac{b}{2}(1 - \cos\theta), \xi = \frac{b}{2}(1 - \cos\nu)$$

当 $0 \leqslant x$、$\xi \leqslant b$ 时有 $0 \leqslant \theta$、$\nu \leqslant \pi$。于是 $\gamma(x)$、$\gamma(\xi)$ 即变成 θ、ν 的函数 $\gamma(\theta)$、$\gamma(\nu)$。再将未知的 γ 写成傅里叶级数形式，即

$$\gamma(\theta) = 2v_\infty \left(A_0 \cot\frac{\theta}{2} + \sum_{n=1}^\infty A_n \sin n\theta \right) \tag{10.43}$$

诸傅里叶系数 A_0、A_1、A_2、$\cdots$ 是待定的。将式（10.42）左端积分号下各项写成新变量 θ、ν 的形式，即

$$\gamma(\xi) = \gamma(\nu), \mathrm{d}\xi = \frac{b}{2}\sin\nu\mathrm{d}\nu, \xi - x = \frac{b}{2}(\cos\theta - \cos\nu)$$

将它们代入积分方程（10.42）后得

$$\alpha + \frac{1}{2\pi v_\infty} \int_0^\pi \frac{\gamma(\nu)\sin\nu}{\cos\theta - \cos\nu}\mathrm{d}\nu = \frac{\mathrm{d}y}{\mathrm{d}x} \tag{10.44}$$

但

$$\gamma(\nu)\sin\nu = 2v_\infty \left(A_0 \cot\frac{\nu}{2} + \sum_{n=1}^\infty A_n \sin n\nu \right)\sin\nu$$

$$= 2v_\infty \left[A_0(1 + \cos\nu) + \sum_{n=1}^\infty A_n \frac{\cos(n-1)\nu - \cos(n+1)\nu}{2} \right]$$

所以

$$\frac{1}{2\pi v_\infty} \int_0^\pi \frac{\gamma(\nu)\sin\nu}{\cos\theta - \cos\nu}\mathrm{d}\nu = \frac{1}{\pi} \int_0^\pi \frac{A_0\mathrm{d}\nu}{\cos\theta - \cos\nu} + \frac{1}{\pi} \int_0^\pi \frac{A_0\cos\nu\mathrm{d}\nu}{\cos\theta - \cos\nu} +$$

$$\frac{1}{2\pi} \int_0^\pi \sum_{n=1}^\infty A_n \frac{\cos(n-1)\nu - \cos(n+1)\nu}{\cos\theta - \cos\nu}\mathrm{d}\nu$$

但

$$\int_0^\pi \frac{\mathrm{d}\nu}{\cos\theta - \cos\nu} = 0, \quad \int_0^\pi \frac{\cos\nu\mathrm{d}\nu}{\cos\theta - \cos\nu} = -\pi, \quad \int_0^\pi \frac{\cos n\nu}{\cos\theta - \cos\nu}\mathrm{d}\nu = -\pi\frac{\sin n\theta}{\sin\theta}$$

因此，前式经三角函数运算后变为

$$\frac{1}{2\pi v_\infty} \int_0^\pi \frac{\gamma(\nu)\sin\nu}{\cos\theta - \cos\nu}\mathrm{d}\nu = -A_0 + \sum_{n=1}^\infty A_n\cos n\theta$$

于是积分方程变为

$$\alpha - A_0 + \sum_{n=1}^{\infty} A_n \cos n\theta = \frac{\mathrm{d}y}{\mathrm{d}x}$$

式中：α 为攻角，是常数；$\mathrm{d}y/\mathrm{d}x$ 为 x 或 θ 的已知函数。

按上式即可用调和分析方法确定出傅里叶系数，即

$$A_0 = \alpha - \frac{1}{\pi} \int_0^\pi \frac{\mathrm{d}y}{\mathrm{d}x} \mathrm{d}\theta, \quad A_n = \frac{2}{\pi} \int_0^\pi \frac{\mathrm{d}y}{\mathrm{d}x} \cos n\theta \mathrm{d}\theta \tag{10.45}$$

傅里叶系数确定后可计算出任一点 x 处诱导速度 $v_i(x)$。再与来流 v_∞ 作矢量叠加得该处流速，进而用伯努利方程求出各处的压强，再积分求出翼型所受升力。另外也可按式 (10.43) 算出涡系强度分布 $\gamma(x)$，再根据儒可夫斯基升力定理求作用于薄翼的升力 L，即

$$L = \int \rho v_\infty \, \mathrm{d}\Gamma = \int_0^b \rho v_\infty \gamma(x) \mathrm{d}x$$

$$= \rho v_\infty^2 b \int_0^\pi \left[A_0 (1 + \cos\theta) + \sum_{n=1}^{\infty} A_n \sin n\theta \sin\theta \right] \mathrm{d}\theta = \rho v_\infty^2 b\pi \left(A_0 + \frac{A_1}{2} \right)$$

升力系数 C_l 为

$$C_l = \frac{L}{\frac{1}{2}\rho v_\infty^2 b} = 2\pi \left(A_0 + \frac{A_1}{2} \right) \tag{10.46}$$

气动力对翼型前缘的力矩 M_0 为

$$M_0 = -\int_0^b x \mathrm{d}L = -\int_0^b x\rho v_\infty \mathrm{d}\Gamma = -\rho v_\infty \int_0^b \gamma(x) x \mathrm{d}x$$

$$= -\rho v_\infty 2 v_\infty \int_0^\pi \left[A_0 \cot\frac{\theta}{2} + \sum_{n=1}^{\infty} A_n \sin n\theta \right] \frac{b}{2}(1 - \cos\theta) \frac{b}{2} \sin\theta \mathrm{d}\theta$$

经三角函数运算后求出上式右端积分，最后得

$$M_0 = -\frac{\rho v_\infty^2 b^2}{2} \left(A_0 \frac{\pi}{2} + A_1 \frac{\pi}{2} - A_2 \frac{\pi}{4} \right)$$

$$= -\frac{1}{4}\pi \rho v_\infty^2 b^2 \left(A_0 + A_1 - \frac{A_2}{2} \right)$$

力矩系数为

$$C_m = \frac{M_0}{\frac{1}{2}\rho v_\infty^2 b^2} = -\frac{\pi}{2} \left(A_0 + A_1 - \frac{A_2}{2} \right) \tag{10.47}$$

10.5.3 小攻角平板绕流

设一长为 b 的平板被一小攻角 α 的均匀来流 v_∞ 绕过，如图 10.30 所示。现在用上述的薄翼理论求其表面上的速度分布、升力系数及力矩系数。

平板表面方程为 $y = 0$（$0 \leqslant x \leqslant b$），故 $\mathrm{d}y/\mathrm{d}x = 0$。由式（10.45）得

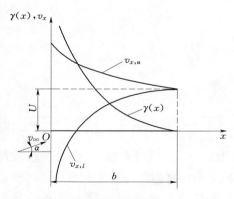

图 10.30　小攻角平板绕流及其气动特性

$$A_0 = \alpha - \frac{1}{\pi}\int_0^\pi \frac{\mathrm{d}y}{\mathrm{d}x}\mathrm{d}\theta = \alpha,\quad A_n = 0(n \geqslant 1)$$

由式（10.43）得

$$\gamma(\theta) = 2v_\infty\alpha\cot\frac{\theta}{2} \tag{10.48}$$

可见当 $x=0$ 或 $\theta=0$ 时 $\gamma\to\infty$，而当 $x=b$ 时或 $\theta=\pi$ 时 $\gamma=0$，即在平板翼型的前缘处涡系强度趋于无穷大，在后缘处则为零，涡系强度分布曲线 $\gamma(x)$ 如图 10.29 所示。

涡系在平板表面某处 x 所诱导的速度 $v_i(x)$ 可用式（10.41a）求。先求 v_{iy}，当 α 很小时有

$$v_{iy} = v_i(x) = \int_0^b \frac{\gamma(\xi)\mathrm{d}\xi}{2\pi(\xi-x)}$$

$$= \frac{1}{2\pi}\int_0^\pi \frac{2v_\infty\alpha\cot\frac{\nu}{2}\sin\nu\mathrm{d}\nu}{\cos\theta - \cos\nu} = \frac{v_\infty\alpha}{\pi}\int_0^\pi \frac{(1+\cos\nu)\mathrm{d}\nu}{\cos\theta - \cos\nu} = \frac{v_\infty\alpha}{\pi}(0-\pi) = -v_\infty\alpha$$

它与来流速度 v_∞ 的 y 轴分量 $v_\infty\sin\alpha \approx v_\infty\alpha$ 合成后为零。这说明平板表面为一流线。再求涡系诱导速度的 x 轴分量 v_{ix}，即

$$v_{ix} = \pm\frac{\gamma(\theta)}{2} = \pm v_\infty\alpha\cot\frac{\theta}{2}$$

式中正号属平板上表面、负号属下表面。该速度与来流速度 v_∞ 的 x 轴分量 $v_\infty\cos\alpha \approx v_\infty$ 合成后即为平板上下表面的速度：

$$v_x = v_\infty\left(1 \pm \alpha\cot\frac{\theta}{2}\right) \tag{10.49}$$

从式（10.49）可知，当 $x=0(\theta=0)$ 时 $v_x\to\infty$，即平板前缘处的速度为无穷大，为一流动奇点。在平板后缘（$x=b$ 或 $\theta=\pi$）处 $v_x = v_\infty$，并且上表面处的速度比下表面处的大，如图 10.30 所示。

小攻角平板绕流的升力系数可由式（10.46）获得

$$C_l = 2\pi\left(A_0 + \frac{A_1}{2}\right) = 2\pi\alpha \tag{10.50}$$

这与用保角变换法所得结论式完全一样（当 α 很小时 $\sin\alpha \approx \alpha$）。

小攻角平板绕流的前缘力矩系数可用式（10.47）求出，即

$$C_m = -\frac{\pi}{2}\left(A_0 + A_1 - \frac{A_2}{2}\right) = -\frac{\pi\alpha}{2} \tag{10.51}$$

10.6　叶栅及叶栅特征方程

叶片式水力机械的转轮、导叶轮都由若干个相同的叶片或翼型按相互等距离排列组成，叶片或翼型之间将彼此相互影响。按照一定规律排列起来而又相互影响的叶片或翼型的组合，叫作翼栅或叶栅。

叶栅理论的目的在于寻找叶栅与流体之间相互作用的运动学和动力学规律，以及影响这些规律的各种因素，是叶片式水力机械水动力学计算的理论基础。

10.6.1 叶栅的主要类型

按流体流经叶栅流道的流动是平面流动还是空间流动，可将叶栅分为平面叶栅和空间叶栅。平面叶栅有轴流式涡轮机械（图 10.31）的转轮和导叶，径流式涡轮机械（水轮机、水泵及压缩机）（图 10.32）的转轮和导叶。混流式涡轮机械的转轮（图 10.33）中的流动是先径向流入转轮，在流经叶栅流道时逐渐转为轴向，即为空间叶栅。

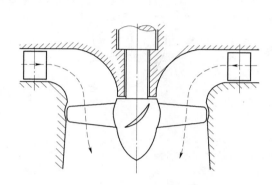

图 10.31　轴流式涡轮机械　　　　　图 10.32　径流式涡轮机械

在轴流式涡轮机械中的流动都平行于转轴，所以其叶栅中的流动可用同心圆柱状流面分成许多圆环柱状流层。将此圆柱流面展开成平面后即可得一直列的平面叶栅，如图 10.34 所示。径流式机械中的流动都位于与转轴垂直的各平面内，在此流面上各叶片即组成一环列平面叶栅，如图 10.32 所示。

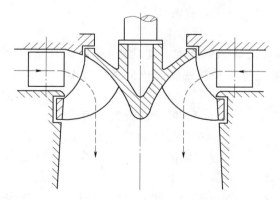
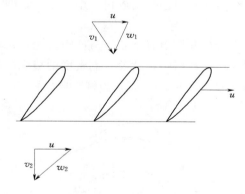

图 10.33　混流式涡轮机械　　　　　图 10.34　直列平面叶栅

空间叶栅中的流动比较复杂，这里着重讨论平面叶栅中的流动。平面叶栅可以是不动的，如涡轮中的导叶；也可以是运动的，如转轮。

为使叶栅流动简化，可以把坐标系固定在叶栅上，这样将流动视为恒定流。叶栅中各点的速度（相对速度）应是流动在固定于机座上的绝对坐标系中的速度（绝对速度）减去转动运动所形成的速度（牵连速度），如图 10.34 所示。例如，叶栅的进口速度 $w_1 = v_1 -$

u_1，出口速度 $w_2 = v_2 - u_2$。w 为相对速度，v 为绝对速度，u 为牵连速度。

10.6.2　叶栅的主要几何参数

1. 列线

叶栅中各翼型相应点的连线称为叶栅的列线，通常以叶片前后缘点的连线表示列线。列线的类型有直线型和圆周型，如图 10.35 所示。

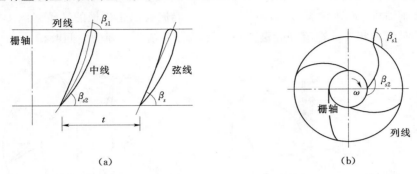

（a）　　　　　　　　　　　　　　（b）

图 10.35　叶栅的几何参数

（a）平面直列叶栅；（b）环列平面叶栅

2. 栅轴

垂直于列线的直线称为栅轴，对环列叶栅的栅轴应是转轴。

3. 栅距

直列叶栅中相邻两翼型上相应点之间的距离称为栅距，用 t 表示。

4. 安放角

翼型的弦线与列线之间的夹角称为安放角，用 β_s 表示。中弧线在前缘点处的切线与列线的夹角叫进口安放角，用 β_{s1} 表示。同样可定义出口安放角 β_{s2}。

5. 稠密度

直列叶栅中翼型弦长与栅距之比 b/t 叫做叶栅的稠密度，其倒数 t/b 叫相对栅距。环列叶栅没有栅距，就没有稠密度的概念。叶栅可以按稠密度进行分类，当 $b/t < 1$ 时，为稀叶栅；当 $b/t > 1$ 时，为稠叶栅。

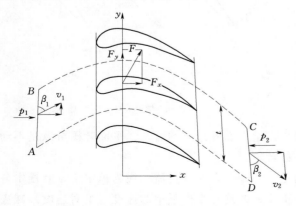

图 10.36　翼型的攻角及进、出气角

10.6.3　叶栅的升力定理

对于孤立翼型，无穷远来流速度与翼弦之间的夹角 α 称为攻角。规定攻角在翼弦以下的为正，以上的为负。流体在叶栅进口的速度 v_1 与列线之间的夹角 β_1 称为进气角；出口速度 v_2 与列线之间的夹角 β_2 称为出气角，如图 10.36 所示。

讨论理想不可压缩流体绕流平面直列叶栅的作用力。选取控制体 $ABCD$，该控制体是由两条平行于叶栅列线、长

度等于 t 的线段 AB、CD 和两条相同的流线 AD、BC 组成。线段 AB 和 CD 远离叶栅，可以认为线段上的速度和压强均匀分布。同时，假设叶栅中围绕每个翼型的流动是完全相同的，因此，AD、BC 两条流线上的压强分布也是相同的。因此，对于控制体 $ABCD$ 而言，两条流线上的压强作用可相互抵消。

假设 F_x、F_y 是流体对翼型的作用力，则控制体内流体受到的作用力为

$$\left.\begin{array}{l} R_x = -F_x + (p_1 - p_2)t \\ R_y = -F_y \end{array}\right\} \tag{10.52a}$$

根据连续性方程，可得

$$v_{1x} = v_{2x} = v \tag{10.52b}$$

对控制体列动量方程，得

$$\left.\begin{array}{l} R_x = \rho v_x t(v_{2x} - v_{1x}) = 0 \\ R_y = \rho v_x t(v_{2y} - v_{1y}) \end{array}\right\} \tag{10.52c}$$

即

$$\left.\begin{array}{l} F_x = (p_1 - p_2)t \\ F_y = \rho v_x t(v_{1y} - v_{2y}) \end{array}\right\} \tag{10.53}$$

下面求控制体封闭曲线的速度环量。

由于上、下两根流线的速度环量相互抵消，因此沿 $ABCDA$ 的速度环量为

$$\Gamma_{ADCBA} = \Gamma_{DC} + \Gamma_{BA} = t(v_{2y} - v_{1y}) \tag{10.54a}$$

为了分析问题方便，引入几何平均速度 $v = \dfrac{1}{2}(v_1 + v_2)$，则其分量为

$$\left.\begin{array}{l} v_x = \dfrac{1}{2}(v_{1x} + v_{2x}) = v_{1x} = v_{2x} \\ v_y = \dfrac{1}{2}(v_{1y} + v_{2y}) \end{array}\right\} \tag{10.54b}$$

根据理想不可压缩流体的伯努利方程，在忽略质量力的情况下，有

$$p_1 - p_2 = \frac{1}{2}\rho(v_2^2 - v_1^2) = \frac{1}{2}\rho(v_{2y}^2 - v_{1y}^2) = \rho(v_{2y} - v_{1y})v_y \tag{10.54c}$$

将式（10.54a）代入上式，得

$$p_1 - p_2 = \frac{\rho \Gamma v_y}{t} \tag{10.54d}$$

由式（10.53）、式（10.54a）、式（10.54d），得

$$F_x = \rho \Gamma v_y, \quad F_y = -\rho \Gamma v_x \tag{10.55}$$

因此

$$F = \sqrt{F_x^2 + F_y^2} = \rho \Gamma v \tag{10.56}$$

上式即为叶栅的升力定理。表明流体作用在叶栅每个翼型上的合力大小等于流体密度、平均速度以及绕翼型的速度环量的乘积。

10.6.4 等价叶栅

如果两个由不同翼型组成的栅距相同的叶栅在任何来流情况下升力相同，则称为两叶栅等价。任何叶栅都存在它等价的叶栅，且等价叶栅的叶型可以任意。特别是任何叶栅都

能找到与它等价的平板叶栅。

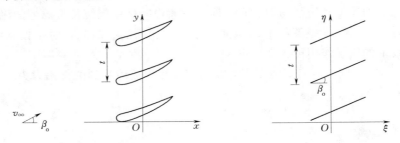

图 10.37　任意叶栅与其等价平板叶栅

图 10.37 为原叶栅和与之相应的等价平板叶栅，应满足以下条件：

（1）平板叶栅与原叶栅的栅距 t 相等。

（2）平板叶栅的安放角等于原叶栅的无环量绕流角 β_0（即零升力方向）。

（3）弦长满足：$b_\zeta = (C_{Lz}/C_{L\zeta})b_z$，$b_\zeta$、$b_z$ 分别为平板叶栅和原叶栅的弦长，$C_{L\zeta}$、C_{Lz} 分别为平板叶栅和原叶栅的升力系数。

10.6.5　叶栅绕流问题的解法

叶栅绕流的求解分为正命题和反命题。

（1）正命题。正命题实际上是叶栅的流动分析问题：给定叶栅和翼型的几何参数，叶栅进流速度矢量，求解叶栅内的流动参数，包括叶面上的速度分布和压强分布。

（2）反命题。反命题实际上是叶栅的设计问题：给出叶栅进、出流速度矢量，以及叶面上的速度分布或压强分布，要求解出满足这种流动的叶栅和翼型的几何参数。

求解叶栅绕流的正、反命题的手段有理论分析法、实验法和数值计算法。这里讨论其中的理论分析法，主要包括流线法、保角变换法和奇点法。

（1）流线法。从流线下手进行流动分析与叶栅设计，主要求解叶栅的空间绕流，其优点是公式、程序较简单，但缺点是引入的假设较多，计算精度较低。

（2）保角变换法。用来解算由弯度不大的叶栅或由理论翼型所组成的平面叶栅绕流的正、反命题。该方法理论上严格，不需要经验数据进行修正，通常用于轴流式转轮叶栅设计计算。基本思想是应用保角变换，把给定的叶栅平面变换到某一辅助平面，使在辅助平面上的绕流是已知的或容易求解的。这样，在叶栅平面上的流动就可以逆变换关系求出。

（3）奇点法。用来解任意叶栅正、反命题的现代方法之一。其实质是在有势流场中置入的点源系与点涡系替代叶栅中的翼型，以确定流场受叶栅干扰后的流动。奇点法成功地解决了环列叶栅绕流的计算和直列叶栅汽蚀绕流的计算。

10.6.6　叶栅特征方程

当叶栅前方的来流速度和攻角已知时，绕流过叶栅后的流动将由特定的叶栅完全确定下来。叶栅能够决定栅后流动的性能称为叶栅的动力特性。表征叶栅动力特性的方程，称为叶栅特征方程。

1. 静止叶栅的特征方程

首先推导静止直列叶栅的特征方程。

如图 10.38 所示，假设有两个绕流静止直列叶栅的平面有势流动，且这两个流动不相

似，它们在叶栅前、后的速度分别为

$$\left.\begin{array}{c} v_1'(v_{1x}',v_{1y}') \\ v_1''(v_{1x}'',v_{1y}'') \end{array}\right\} \text{和} \left.\begin{array}{c} v_2'(v_{2x}',v_{2y}') \\ v_2''(v_{2x}'',v_{2y}'') \end{array}\right\}$$

依据连续性条件，$v_{1x}'=v_{1x}''=v_{1x}$，$v_{2x}'=v_{2x}''=v_{2x}$

$$(10.57a)$$

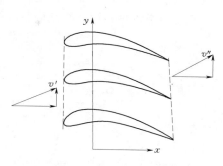

图 10.38　静止直列叶栅的绕流

由势流叠加原理，上述两势流可以确定另一势流，其速度表达式为

$$v'=av_1'+bv_2' \qquad (10.57b)$$

式中：a、b 是常数。对应的栅后速度表达式为

$$v''=av_1''+bv_2'' \qquad (10.57c)$$

将式（10.57b）、式（10.57c）改写成标量形式，如下

$$\begin{cases} v_x=av_{1x}+bv_{2x} \\ v_y'=av_{1y}'+bv_{2y}' \\ v_y''=av_{1y}''+bv_{2y}'' \end{cases} \qquad (10.57d)$$

将式（10.57d）的前两式求解，得到

$$a=\frac{v_x v_{2y}'-v_{2x}v_y'}{v_{1x}v_{2y}'-v_{2x}v_{1y}'},b=\frac{v_x v_{1y}'-v_{1x}v_y'}{v_{2x}v_{1y}'-v_{1x}v_{2y}'}$$

将 a、b 的计算式代入式（10.57d）的第三式，得到

$$v_y''=Kv_y'+mv_x \qquad (10.58)$$

式中，系数 K、m 的表达式如下：

$$K=\frac{v_{1x}v_{2y}''-v_{2x}v_{1y}''}{v_{1x}v_{2y}'-v_{2x}v_{1y}'}, \qquad m=\frac{v_{2y}'v_{1y}''-v_{1y}'v_{2y}''}{v_{1x}v_{2y}'-v_{2x}v_{1y}'} \qquad (10.59)$$

为了进一步明确系数 m 的物理意义，引入一个新系数 i_0：

$$i_0=\frac{m}{1-K} \qquad (10.60)$$

于是，式（10.58）可改写为

$$v_y''=Kv_y'+(1-K)i_0 v_x \qquad (10.61)$$

假设图 10.38 中的平面直列叶栅是由轴流式叶轮中半径为 r 的单位厚度圆柱流层展开得到的，用列线长度 $2\pi r$ 乘以式两边，得

$$2\pi r v_y''=2\pi r K v_y'+2\pi r(1-K)i_0 v_x$$

注意到 y 轴是沿列线的方向，则叶栅前、后的速度环量为 $\Gamma'=2\pi r v_y'$、$\Gamma''=2\pi r v_y''$，而流过单位厚度圆柱流层的流量为 $Q=2\pi r v_x$，于是得到

$$\Gamma''=K\Gamma'+(1-K)i_0 Q \qquad (10.62)$$

式中：Γ'' 为圆柱流面出口处的速度环量；Γ' 为进口处的速度环量；Q 为两径向距离为 1 的圆柱流面间的流量。

式（10.62）即为静止直列叶栅前、后流动的特征方程。

式（10.62）中的系数 K、i_0 可以通过测量给定叶栅的两个绕流速度得到。实际上，这些系数都依赖于叶栅的几何特征，对不同的叶栅具有不同的数值，因此成为叶栅的特征

系数。接下来，讨论特征系数的物理意义。

假设两个流量相同、绕流同一叶栅的不同流动，它们的特征方程为

$$\Gamma_1'' = K\Gamma_1' + (1-K)i_0 Q$$
$$\Gamma_2'' = K\Gamma_2' + (1-K)i_0 Q$$

将两式相减，得到

$$\Delta\Gamma'' = K(\Gamma_1' - \Gamma_2') = \Delta\Gamma'$$

所以

$$K = \frac{\Delta\Gamma''}{\Delta\Gamma'} \tag{10.63}$$

上式说明，系数 K 为流量不变条件下，叶栅后的环量和叶栅前的环量的相对变化率。

当叶栅无限稠密（即叶栅的稠密度为无穷大）时，可以认为叶片无限多、无限薄，叶栅中的流体将完全被叶片所挟持。不管叶栅前的来流沿什么方向，叶栅后的流动将始终沿叶片出口的切线方向。也就是说，叶栅后的速度环量将没有变化，因此 $K=0$。

当叶栅无限稀疏（即叶栅的稠密度为无穷小）时，相当于只有一个叶片的情况，则叶栅前后的流动始终是一样的。也就是说，叶栅前后的速度环量的变化是相同的，因此 $K=1$。

把系数 K 称为叶栅的穿透系数，其取值范围是 $0 \leqslant K \leqslant 1$。

现考察一种叶栅流动，在该流动中栅前与栅后具有相同的速度矢量，这种流动使翼型不受升力作用，称为零向来流。它的特征方程为

$$\Gamma_0'' = K\Gamma_0' + (1-K)i_0 Q_0$$

解得

$$i_0 = \frac{\Gamma_0}{Q_0} = \frac{2\pi r v_{y0}}{2\pi r v_x} = \frac{v_{y0}}{v_x} = \tan\beta_0 \tag{10.64}$$

i_0 表示零向来流角 β_0 的正切，称为零向系数。

对于静止的环列叶栅也可以导出类似的特征方程。这里不再赘述。

2. 运动叶栅的特征方程

以等角速度 ω 旋转的轴流式涡轮，将距轴 r 的圆柱流层展开成平面直列叶栅时，得到的是以速度 $u = r\omega$ 沿列线方向等速移动的直列叶栅。

对于流场中的任意点，其绝对速度是随时间变化的，即是非恒定的。但是如果将坐标系固定在叶轮上，则相对运动是恒定的。此外由于绝对运动是有势的，牵连运动是平移的，也是有势的，因而相对运动也是有势的。因此，相对于与叶栅一起移动的坐标系，流动是恒定有势的。对于此相对运动，可以引用静止叶栅的特征方程

$$w_y'' = Kw_y' + (1-K)i_0 w_x \tag{10.65}$$

上式中，速度为相对速度。

绝对速度、相对速度和牵连速度之间的关系为

$$\left.\begin{array}{l} w_y'' = v_y'' - u \\ w_y' = v_y' - u \\ w_x = v_x \end{array}\right\}$$

将上式代入式（10.65），得

$$v''_y = Kv'_y + (1-K)u + (1-K)i_0 w_x \tag{10.66}$$

注意到 $u = r\omega$，将上式两边同乘以 $2\pi r$，得

$$\Gamma'' = K\Gamma' + (1-K)i_0 Q + (1-K) \times 2\pi r^2 \omega \tag{10.67}$$

上式即为运动直列叶栅的特征方程。

转动的环列叶栅的特征方程经推导为

$$\Gamma'' = K\Gamma' + (1-K)i_0 Q + (1-K)2\pi r_a^2 \omega \tag{10.68}$$

式中：系数 K、i_0 的意义同前；r_a 为有效半径，均由实验确定。

10.7 保角变换法解平面叶栅流动

当不可压缩流体绕过平面直列叶栅，且流动为有势时，则其流场可用一解析的复变函数来描述。为寻找绕流的复势，常利用保角变换的办法。此法解题思想如前所述，把一个绕复杂图形系统的流动，变成一个绕简单图形系统或简单图形的辅助流动。而后者是经过详尽研究、并已经掌握了其复势的流动。再经由保角变换函数，便可求出原绕叶栅流动的复势。

实用上为便于计算并保证一定精确度起见，对稀疏叶栅常采取多叶半平面，单个圆或带状域为辅助流场，对稠密叶栅则多以绕圆柱叶栅或平板叶栅的流动作为辅助流场。下面仅以单个圆为例说明这类方法的解题过程。

类似于理论翼型时所讨论过的情况，人们发现：有一类周期解析函数，它可以把平面直栅变成单位圆。所以对这类保角变换的方法，较易得出它的理论解。

应用保角变换方法，可以得到叶栅绕流的理论解。其关键是寻找到合适的变换函数，将复杂的物体外形变换为简单的外形。

10.7.1 叶栅流动的保角变换法概述

叶栅流动也是势流，且呈现周期性。图 10.39 中，z 平面上一叶栅，参数为 b、t、δ，栅前、后速度及与栅轴夹角为 w_1、w_2 和 δ_1、δ_2。在 $y = \pm(t/2)\cos\delta$ 处作平行于 Ox 轴的两条直线 MN 与 $M'N'$，则直线间的流动在叶栅中重复。

MN 与 $M'N'$ 内的流动可由解析的变换函数 $\tau = f(z)$ 变换为如图 10.39 所示的 τ 全平面，再由 $\zeta = f(\tau)$ 变换为 ζ 平面的绕圆流动。变换函数 $\tau = f(z)$ 如下：

$$\tau = K e^{\frac{2\pi}{t}ze^{-i\delta}}$$

ζ 平面的绕圆流动复势为

$$W(\zeta) = \frac{q_1 - i\Gamma_1}{2\pi}\ln(\zeta + a^*) + \frac{q_1 + i\Gamma_1}{2\pi}\ln(\zeta + a) - \frac{q_1 + i\Gamma_2}{2\pi}\ln(\zeta - a^*) - \frac{q_1 - i\Gamma_2}{2\pi}\ln(\zeta - a) \text{ 且}$$

$W(\zeta) = W(z)$。

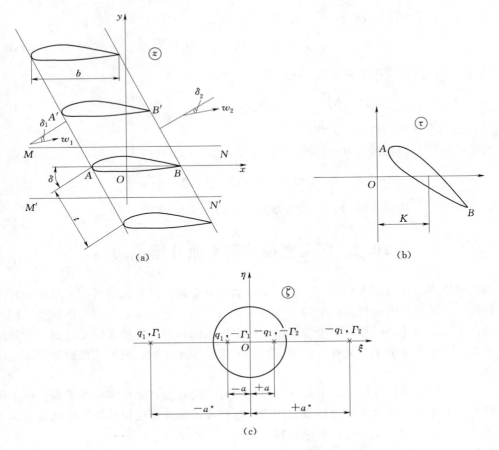

图 10.39 叶栅流动的保角变换

10.7.2 几个绕平板叶栅的特殊流动

1. 平板叶栅无环量平行绕流

如图 10.40 所示平板叶栅，栅距 t、弦长 b、安放角 $\pi/2-\beta$，来流平行于平板，且 $w_1=1$。将其周期性一条流动区域变成 ζ 平面上绕一单位圆流动，且

$$q_1=\int_0^t w_x\,\mathrm{d}y=\int_0^t \cos\beta\,\mathrm{d}y=t\cos\beta$$

$$\Gamma_1=\int_0^t w_y\,\mathrm{d}y=\int_0^t \sin\beta\,\mathrm{d}y=t\sin\beta$$

z 平面复势为

$$W(z)=z\mathrm{e}^{-\mathrm{i}\beta}$$

上式表示速度为 1 的均匀流复势。

将 z 平面均匀流变换为 ζ 平面为 $\zeta=\pm R$ 处相应放置点源、点汇和点涡的绕圆流动，其复势为

$$W(\zeta)=\frac{q_1-\mathrm{i}\Gamma_1}{2\pi}\ln(\zeta+R)+\frac{q_1+\mathrm{i}\Gamma_1}{2\pi}\ln\left(\zeta+\frac{1}{R}\right)-\frac{q_1+\mathrm{i}\Gamma_1}{2\pi}\ln\left(\zeta-\frac{1}{R}\right)-\frac{q_1-\mathrm{i}\Gamma_1}{2\pi}\ln(\zeta-R)$$

上式中代入 q_1 和 Γ_1 的表达式，得到

$$W(\zeta)=\frac{t}{2\pi}\left(\mathrm{e}^{-i\beta}\ln\frac{\zeta+R}{\zeta-R}-\mathrm{e}^{i\beta}\ln\frac{\zeta-1/R}{\zeta+1/R}\right) \tag{10.69}$$

因为 $W(\zeta)=W(z)$，得到变换函数：

$$z=\frac{t}{2\pi}\left(\ln\frac{\zeta+R}{\zeta-R}-\mathrm{e}^{i2\beta}\ln\frac{\zeta-1/R}{\zeta+1/R}\right) \tag{10.70}$$

此变换函数中待定实数 R 应由平面叶栅的几何参数来确定，经推算得

$$\frac{b}{t}=\frac{1}{\pi}\left[\cos\beta\ln\frac{1+R^2+2R\cos\alpha_0}{1+R^2-2R\cos\alpha_0}+2\sin\beta\arctan\frac{2R\sin\alpha_0}{R^2-1}\right]\tan\alpha_0=\frac{R^2-1}{R^2+1}\tan\beta \tag{10.71}$$

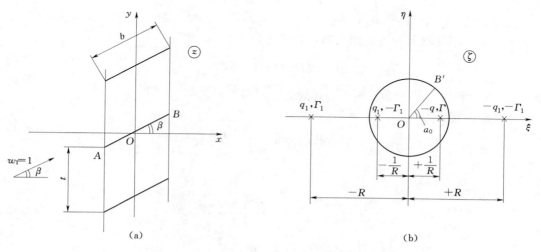

图 10.40 平板叶栅无环量平行绕流

(a) z 平面；(b) ζ 平面

2. 平板叶栅无环量垂直绕流

如图 10.41 所示，来流垂直于平板，且 $w_1=1$。此时环量仍为零。依然将其周期性一条流动区域变成 ζ 平面上绕一单位圆流动，区别仅在于栅前、后的流动奇点强度不同，即

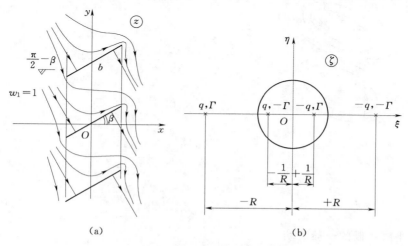

图 10.41 平板叶栅无环量垂直绕流

(a) z 平面；(b) ζ 平面

$$q = t\sin\beta, \quad \Gamma = -t\cos\beta$$

ζ 平面流动复势与前面一致，代入 q_1 和 Γ_1 的表达式，得到

$$W(\zeta) = \frac{\mathrm{i}t}{2\pi}\left(\mathrm{e}^{-\mathrm{i}\beta}\ln\frac{\zeta+R}{\zeta-R} - \mathrm{e}^{\mathrm{i}\beta}\ln\frac{\zeta+1/R}{\zeta-1/R}\right) \tag{10.72}$$

3. 平板叶栅的纯环量绕流

如图 10.42 所示，栅前、后的速度 w 只有列线方向的分量，且 $w_{1y} = -w_{2y}$，称为纯环量绕流。环量表达式为

$$\Gamma_c = (w_{2y} - w_{1y})t$$

设 $\Gamma_c = 1$，且 $w_{1y} = -w_{2y}$，有 $w_{1y} = -1/(2t)$，$w_{2y} = 1/(2t)$。可见，z 平面上前、后无穷远处有一等强度且同方向的点涡，其强度为

$$\Gamma = \Gamma_1 = \Gamma_2 = \int_0^t w_{1y}\mathrm{d}y = -\frac{1}{2}$$

因 $w_{1x} = w_{2x} = 0$，故在栅前、后无穷远处无点源和点汇。

ζ 平面的复势为

$$W(\zeta) = -\frac{\mathrm{i}\Gamma}{2\pi}\ln(\zeta+R) + \frac{\mathrm{i}\Gamma}{2\pi}\ln\left(\zeta+\frac{1}{R}\right) + \frac{\mathrm{i}\Gamma}{2\pi}\ln\left(\zeta-\frac{1}{R}\right) - \frac{\mathrm{i}\Gamma}{2\pi}\ln(\zeta-R)$$

代入 $\Gamma = -\dfrac{1}{2}$，得到

$$W(\zeta) = \frac{\mathrm{i}}{4\pi}\ln\frac{(\zeta+R)(\zeta-R)}{(\zeta+1/R)(\zeta-1/R)} \tag{10.73}$$

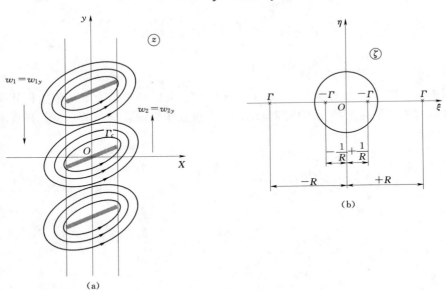

图 10.42　平板叶栅纯环量垂直绕流

(a) z 平面；(b) ζ 平面

10.7.3　绕平板叶栅的一般流动

有了上述不同类型绕流的分析后即可获得平板叶栅一般绕流的解。在图 10.43 中给出

了一几何参数 (b, t, β) 已知的平板叶栅之栅前与栅后的速度 w_1、w_2 及绕一翼型的环量 Γ_c。这时该叶栅绕流的复势 $W(z)$ 即可根据势流叠加原理用前面三种叶栅流动相加来求解。

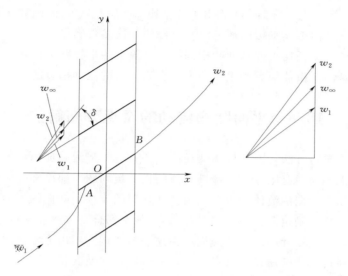

图 10.43 平板叶栅的任意绕流

ζ 平面复势可以用前述三种叶栅流动相加得到：

$$W(\zeta)=\frac{w_m t}{2\pi}\left[\mathrm{e}^{-i\delta}\mathrm{e}^{-i\beta}\ln\frac{\zeta+R}{\zeta-R}+\mathrm{e}^{i\delta}\mathrm{e}^{i\beta}\ln\frac{\zeta+1/R}{\zeta-1/R}+\frac{i\Gamma_c}{2w_m t}\ln\frac{(\zeta+R)(\zeta-R)}{(\zeta+1/R)(\zeta-1/R)}\right]$$

$$(10.74)$$

式中：$w_m=\dfrac{w_1+w_2}{2}$ 为叶栅无穷远平均速度。

将上式中 ζ 用变换函数（10.70）换成 z 后，即得 z 平面上的平板叶栅一般流动的复势 $W(z)$。

平板叶栅一般流动中环量的确定依据是孤立翼型绕流中的库塔-恰布雷金假设。叶栅中翼型尾缘点 B 必然是后驻点。

经换算得

$$\Gamma_c=-\frac{4w_m tR\sin\delta\cos\alpha_0}{(R^2+1)\cos\beta} \qquad (10.75)$$

可见，平板的环量 Γ_c 取决于平均来流速度 w_m、栅距 t、攻角 δ、弦长 b 及平板的安放角 β。

根据保角变换法求出的环量为 $\Gamma_i=-\pi b w_\infty\sin\alpha$，若将 w_∞ 换成 w_m，α 换成 δ 即为 $\Gamma_i=-\pi b w_m\sin\delta$，这时有

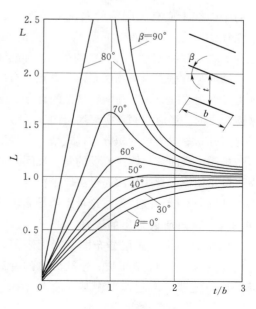

图 10.44 平板叶栅环量曲线

255

$$L = \frac{\Gamma_c}{\Gamma_i} = \frac{4tR\cos\alpha_0}{\pi b(R^2+1)\cos\beta} \tag{10.76}$$

式中：L 称为环量比，即在同样来流时平板叶栅中平板的环量与孤立平板环量之比。可见该比值只与 t/b 及 β 有关。图 10.44 绘出了环量比 $L = L(t/b, \beta)$ 的函数曲线，有此曲线后叶栅中的平板环量可由孤立平板的环量以及叶栅的几何参数确定。

在前面已论证过，任何平面直列叶栅都有与之等价的平板叶栅存在。既然平板叶栅的流动在此已解出，因而由任何翼型组成的平面直列叶栅的流动也有解了。

10.8　平面叶栅流动的奇点分布解法

平面叶栅绕流解析方法，除去保角变换法，还有基于势流叠加原理的奇点分布法。这类方法可用来解无限薄及有限厚叶型叶栅绕流的正、反问题。即已知叶栅的几何参数和栅前来流，求此流场及叶栅的流体动力，或为获取预想的流场和叶栅的流体动力特性而设计出与之相适应的叶栅（确定叶栅的几何参数）。在很多场合奇点法表现得相当简洁和有效，故在水轮机、水泵产品设计中均有所应用。在这一节我们介绍由无限薄翼型组成的叶栅绕流反问题解法，通过这一解法说明奇点分布法的解题路线及其特点。

10.8.1　平面直列叶栅的旋涡系模型及诱导速度

一平面直列叶栅，其栅距为 t，弦长为 b，安放角为 βs，栅前来流速度为 w_∞。先建立一坐标系，其横轴 Ou 取列线方向，纵轴 Oz 取栅轴方向。将这个流动的物理平面定义为 ω 平面。在平面上任一点 $\omega_0 = u_0 + iz_0$ 处的速度应是无穷远均匀来流速度与叶栅各翼型在该点的扰动速度的合成速度。后者可用与叶栅等价的一个旋涡系在该点的诱导速度取代。该旋涡系由相距为 t、沿翼型中弧线连续分布的涡层所组成的一无穷涡列构成。在每个翼型的中弧线上应有相同的旋涡密度分布 $\gamma(s)$，s 为沿中弧线的曲线坐标，且 $s=0$ 点位于中弧线的中点处。此 $\gamma(s)$ 显然与叶栅的几何参数及无穷远来流速度有关。这样一个由相距为 t 的、旋涡密度为 $\gamma(s)$ 的无穷个涡层所组成的旋涡系即为叶栅的流体动力模型

薄叶型叶栅奇点分布法是薄翼奇点分布法的直接推广。完全类似，想象地把叶栅从流场里抽去，而用连续分布于栅中叶型上的奇点（点涡）代替叶栅。代替后的奇点诱导流场与无穷远来流合成的流场应与原真实流场全同。根据原流场中栅中叶型应为一条流线的条件，则可作出以奇点分布规律为核的积分方程式来。在解正问题时，根据边界条件来解积分方程。求出奇点分布规律，从而获得绕流流场的解。反问题则是根据对叶栅的要求和经验统计资料，预先给定奇点分布规律，运用逐次逼近法以求符合要求绕流条件的叶栅。解正、反问题均以奇点诱导流场的计算为基础。故拟先讨论奇点诱导流场问题，然后讨论解叶栅绕流问题。

10.8.2　奇点所诱导出的流场

图 10.45 为一涡层分布图，对无限薄叶型栅格，类似薄翼，每一栅型均可以用按某一定规律 $\gamma(s)$ 沿叶型弧长 s 连续分布的旋涡层来代替它。为计算这些涡层在平面上任一点处的诱导流速，取定栅型中某一个基本参考叶型，其他叶型则分别标以…，-1，-2 和 1，2，…。

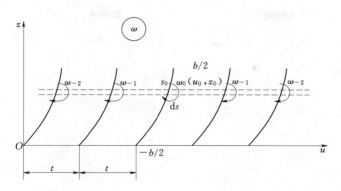

图 10.45 涡层分布图

1. 诱导流场的复势

基本叶型 0 之中点取为沿叶型弧的曲线坐标原点。设叶型 0 弧上任一点 s_0，它的复坐标为 ω_0，包含此点有一段微弧为 ds。并设 s_0 点处旋涡密度为 $\gamma(s_0)$，则微弧旋涡在平面上任一点 ω 的复势为 $\dfrac{\gamma(s_0)ds_0\omega}{2\pi i}\ln(\omega-\omega_0)$。其他叶型上与点 ω_0 相应的为 $\omega_{-j}=\omega_0-jt$，$\omega_j=\omega_0+jt$ $(j=1，2，\cdots)$。这些点处相应微弧上旋涡在 ω 点处的复势则应为 $\dfrac{\gamma(s_0)ds_0\omega}{2\pi i}\ln(\omega-\omega_{\pm j})$。根据势流叠加原理，这些微弧旋涡形成一个平行 u 轴的无穷涡列，它在平面上 ω 点处的复势应为

$$dW(z)=\frac{\gamma(s_0)ds_0}{2\pi i}\ln\sin\frac{\pi}{t}(\omega-\omega_0)$$

从而，沿叶型所有涡在 ω 的复位势可写成

$$W(\omega)=\int_{-b/2}^{b/2}\frac{\gamma(s_0)ds_0}{2\pi i}\ln\sin\frac{\pi}{t}(\omega-\omega_0)ds_0 \tag{10.77}$$

$W(\omega)$ 为平面上任一点 ω 处诱导流场的复势，积分沿基本叶型 0 进行，s_0 为叶型 0 上动点，$\gamma(s_0)$ 为 s_0 处旋涡密度，而 ω_0 则为点的复坐标。

把 $W(\omega)$ 实部与虚部分开可得势函数与流函数。为计算方便引用记号：

$$a+ib=\frac{\pi}{t}(\omega-\omega_0)$$

$$a=\frac{\pi}{t}(u-u_0)，\quad b=\frac{\pi}{t}(z-z_0)$$

因此

$$\sin\frac{\pi}{t}(\omega-\omega_0)=\sin(a+ib)$$
$$=\sin a\cos ib+\cos a\sin ib$$
$$=\sin a\,\mathrm{ch}\,b+i\cos a\,\mathrm{sh}\,b$$

从而

$$\left|\sin\frac{\pi}{t}(\omega-\omega_0)\right|=\sqrt{(\sin a\,\mathrm{ch}\,b)^2+(\cos a\,\mathrm{sh}\,b)^2}$$

但由于

$$\mathrm{ch}^2 b-\mathrm{sh}^2 b=1$$

257

故

$$\left| \sin \frac{\pi}{t} (\omega - \omega_0) \right| = \sqrt{\sin^2 a + \operatorname{sh}^2 b}$$

$$= \left[\sin^2 \frac{\pi(u - u_0)}{t} + \operatorname{sh}^2 \frac{\pi(z - z_0)}{t} \right]^{1/2}$$

$$\operatorname{argsin} \frac{\pi}{t} (\omega - \omega_0) = \tan^{-1} \frac{\cos a \operatorname{sh} b}{\sin a \operatorname{ch} b} = \tan^{-1} \frac{\tan b}{\tan a}$$

$$= \tan^{-1} \frac{\tan \dfrac{\pi}{t} (z - z_0)}{\tan \dfrac{\pi}{t} (u - u_0)}$$

那么

$$\ln \sin \frac{\pi}{t} (\omega - \omega_0) = \ln \left[\sin^2 \frac{\pi}{t} (u - u_0) + \operatorname{sh}^2 \frac{\pi}{t} (z - z_0) \right]^{1/2} + i \tan^{-1} \frac{\tan \dfrac{\pi}{t} (z - z_0)}{\tan \dfrac{\pi}{t} (u - u_0)}$$

把这个结果代入式（10.77），并分开实部和虚部即可得到势函数和流函数如下：

$$\varphi(u, z) = \frac{1}{2\pi} \int_{-b/2}^{b/2} \gamma(s_0) \tan^{-1} \frac{\tan \dfrac{\pi}{t} (z - z_0)}{\tan \dfrac{\pi}{t} (u - u_0)} \mathrm{d}s_0 \tag{10.78}$$

$$\psi(u, z) = -\frac{1}{2\pi} \int_{-b/2}^{b/2} \gamma(s_0) \ln \left[\sin^2 \frac{\pi(u - u_0)}{t} + \operatorname{sh}^2 \frac{\pi(z - z_0)}{t} \right]^{1/2} \mathrm{d}s_0 \tag{10.79}$$

2. 诱导速度

单一涡列的诱导速度为

$$\mathrm{d}v_u = \frac{\gamma(s_0) \mathrm{d}s_0}{2t} \frac{\operatorname{sh} \dfrac{2\pi}{t} (z - z_0)}{\operatorname{ch} \dfrac{2\pi}{t} (z - z_0) - \cos \dfrac{2\pi}{t} (u - u_0)}$$

$$\mathrm{d}v_z = -\frac{\gamma(s_0) \mathrm{d}s_0}{2t} \frac{\sin \dfrac{2\pi}{t} (z - z_0)}{\operatorname{ch} \dfrac{2\pi}{t} (z - z_0) - \cos \dfrac{2\pi}{t} (u - u_0)}$$

沿叶型分布的涡层所形成的全部涡列，在平面上任一点 (u, z) 的诱导速度为

$$v_u = \frac{1}{2t} \int_{-b/2}^{b/2} \gamma(s_0) \frac{\operatorname{sh} \dfrac{2\pi}{t} (z - z_0)}{\operatorname{ch} \dfrac{2\pi}{t} (z - z_0) - \cos \dfrac{2\pi}{t} (u - u_0)} \mathrm{d}s_0$$

$$v_z = -\frac{1}{2t} \int_{-b/2}^{b/2} \gamma(s_0) \frac{\sin \dfrac{2\pi}{t} (z - z_0)}{\operatorname{ch} \dfrac{2\pi}{t} (z - z_0) - \cos \dfrac{2\pi}{t} (u - u_0)} \mathrm{d}s_0 \tag{10.80}$$

10.8.3 薄翼型叶栅绕流的奇点分布解法

在上述旋涡诱导流场的计算基础上，可以进而讨论叶栅绕流的问题了。苏联学者沃兹涅辛斯基根据绕流无限薄翼型叶栅时，流函数所应满足的绕流条件，建立了包含旋涡分布

规律为核的积分方程式。由此关系式出发可解绕流正问题。培根通过解上方程，找到绕流由圆弧叶型组成叶栅的正问题的解。并在解正问题的基础上，还建立了设计圆弧叶栅的方法（沃兹涅辛斯基-培根法）。列索兴发展了沃兹涅辛斯基的思想，他导出了速度所满足的边界条件，建立了与上述类似的积分方程式。西蒙诺夫曾用此关系式求出无穷薄、小曲率翼型叶栅绕流正问题的解。西蒙诺夫用了逐次逼近的方法，还曾给出了设计薄叶型栅的方法（列索兴-西蒙诺夫法）。

1. 解反问题的列索兴-西蒙诺夫法

叶栅流动的反问题是已知栅前来流速度 w_∞ 及叶栅的部分几何参数，寻求能给定环量 Γ_c 的薄翼型的几何形状及其安放角 β_s。确定翼型几何形状的根据是：翼型表面必须是流线，确定安放角的根据是翼型应处于较优的来流攻角之下，如果 β 是翼型表面某点的切线与列线的夹角，则应有

$$\tan\beta=\frac{w_z}{w_u}=\frac{w_{\infty z}+v_{1z}+v_{2z}}{w_{\infty u}+v_{1u}+v_{2u}} \tag{10.81}$$

所以只要算出上式中右端的 v_{1z}、v_{2z}、v_{1u}、v_{2u}，即可求得角 β，因而翼型几何形状即可确定。但要计算上述各速度分量必须先知道翼型中弧线的形状及沿它的环量密度分布 $\gamma(s)$。解此类问题只能用逐次逼近法，即任先给一个简单形状的薄翼叶栅，比如说一平板叶栅，并给出一合理的环量密度分布 $\gamma(s)$。然后按式（10.81）求翼型各处的 β 角，并用此角修正第一次任给的翼型形状。利用此修正过的中弧线形状重复上述步骤的计算，直到计算收敛为止。只要在翼型上给定足够数目的计算点，则计算肯定会收敛。实际上只经少数几次修正（一般为 2～3 次）所得翼型已可足够精确地满足式（10.81）的要求。

这里将详细说明绕流无限薄叶型的反问题的列索兴-西蒙诺夫法解法，按以下 4 步进行。

（1）选定旋涡分布规律 $\gamma(s)$。环量密度分布 $\gamma(s)$ 可根据问题已知的环量 Γ_c 来给定。在环量密度分布的傅里叶级数展开式中，如果只取前两项，有

$$\gamma(s)=A_0\sqrt{\frac{1+\dfrac{2s}{b}}{1-\dfrac{2s}{b}}}+A_1\sqrt{1-\left(\frac{2s}{b}\right)^2} \tag{10.82}$$

只要适当取系数 A_0、A_1 的值，则既可保证翼型的一定环量，也可获得性能良好翼型。式（10.81）的第一项代表绕平板的有攻角流动，第二项则代表有弯度薄翼型的无攻角流动。在保持 Γ 一定的前提下，相对地取大 A_0 则得攻角大、弯度小的曲线栅型绕流；反之 A_0 取小则可得攻角角小而弯度大的曲线栅型绕流。所以，适当调整 A_0、A_1 仍可既保证环量的一定大小，并取得最有利的弧线形状。

（2）确定叶型安放角 β_s。安放角 β_s 可近似地按板栅确定。图 10.46 为水轮机叶栅的安放角与来流方向的关系。

$$\beta_s=\beta_\infty-\alpha \tag{10.83}$$

式中：α 为攻角。

在板栅中，攻角 α 的平板环量为

$$\Gamma_c=\pi b w_\infty L\sin\alpha \tag{10.84a}$$

式中：$L=L(b/t,\beta_s)$ 为史列罕什修正系数，即环量比。

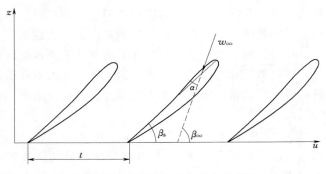

图 10.46　安放角与来流方向的关系

对于板栅，环量还可以表成下式：

$$\Gamma_c = \frac{\pi b}{2} A_0 \tag{10.84b}$$

比较 Γ_c 的两个表达式，则不难看出：

$$\frac{A_0}{2 w_\infty L} = \sin\alpha \approx \alpha（对小攻角 \ \alpha = 8° \sim 10°）$$

由此导出 β_s

$$\beta_s = \beta_\infty - \frac{A_0}{2 w_\infty L} \tag{10.85}$$

实际上，由于要查环量比 L 时 β_s 尚属未知，所以计算无法一次完成，须采用逐次逼近法。通常作为第一次近似取 $\beta_s^{(1)} = \beta_\infty$，查取 L 代入式 (10.85) 求 $\beta_s^{(2)}$。再由 $\beta_s^{(2)}$ 查 L，代入式 (10.85) 求 $\beta_s^{(3)}$，依此类推。

这样确定的安放角 β_s，使栅板能提供预期的环量值 Γ_c。但对设计的叶栅，除了环量之外是有更多要求的。为了能满足其他要求，我们最终要得到的是曲线栅 [与所选的 $\gamma(s)$ 对应]。此时，在上面所确定的安放角 β_s 之下，曲线栅将达不到 Γ_c 值，其差值将由适当选择 $\gamma(s)$ 之第二项系数 A_1 予以补足。A_1 的表达式为

$$A_1 = \frac{2\Gamma_c}{\pi w_\infty b} - A_0 = \frac{2\Gamma_c}{\pi w_\infty b} - \alpha L \tag{10.86}$$

(3) 计算诱导速度。

1) 根据式 (10.80)，求基本叶型上一点的速度。若令待求速度点坐标为 (u_0, z_0)，则诱导速度计算公式：

$$v_u = \frac{1}{2t} \int_{-b/2}^{b/2} \frac{\mathrm{sh}\dfrac{2\pi}{t}(z - z_0)}{\mathrm{ch}\dfrac{2\pi}{t}(z - z_0) - \cos\dfrac{2\pi}{t}(u - u_0)} \gamma(s)\,\mathrm{d}s$$

$$v_z = \frac{-1}{2t} \int_{-b/2}^{b/2} \gamma(s) \frac{\sin\dfrac{2\pi}{t}(z - z_0)}{\mathrm{ch}\dfrac{2\pi}{t}(z - z_0) - \cos\dfrac{2\pi}{t}(u - u_0)}\,\mathrm{d}s \tag{10.87}$$

2) 求计算基本叶型上各点速度。由式 (10.87) 看出：当积分动点 (u, z) 取过求速度点 (u_0, z_0) 时，被积函数成为 $\dfrac{0}{0}$。为消除这种困难，可采取下述办法；把诱导速度

分成两项来算，一为基本叶型上的涡层在基本叶型各点处之诱导速度（v_{1u}, v_{1z}），即

$$v_u = v_{1u} + v_{2u}, \quad v_z = v_{1z} + v_{2z}$$

而

$$v_{1u} = \frac{1}{2\pi} \int_{-b/2}^{b/2} \frac{(z-z_0)}{(u-u_0)^2 + (z-z_0)^2} \gamma(s) \mathrm{d}s$$

$$v_{1z} = \frac{-1}{2\pi} \int_{-b/2}^{b/2} \frac{(u-u_0)}{(u-u_0)^2 + (z-z_0)^2} \gamma(s) \mathrm{d}s$$

$$v_{2u} = v_u - v_{1u} = \frac{1}{t} \int_{-b/2}^{b/2} a(s_0, s) \gamma(s) \mathrm{d}s$$

$$v_{2z} = v_z - v_{2u} = \frac{1}{t} \int_{-b/2}^{b/2} b(s_0, s) \gamma(s) \mathrm{d}s \tag{10.88}$$

被积函数 $a(s_0, s)$、$b(s_0, s)$ 为

$$a(s_0, s) = \frac{1}{2} \frac{\mathrm{sh}\dfrac{2\pi}{t}(z-z_0)}{\mathrm{ch}\dfrac{2\pi}{t}(z-z_0) - \cos\dfrac{2\pi}{t}(u-u_0)} - \frac{t}{2\pi} \frac{(z-z_0)}{(u-u_0)^2 + (z-z_0)^2}$$

$$b(s_0, s) = -\frac{1}{2} \frac{\sin\dfrac{2\pi}{t}(z-z_0)}{\mathrm{ch}\dfrac{2\pi}{t}(z-z_0) - \cos\dfrac{2\pi}{t}(u-u_0)} + \frac{t}{2\pi} \frac{(u-u_0)}{(u-u_0)^2 + (z-z_0)^2} \tag{10.89}$$

3）基本叶型上涡层在其自身上的诱导速度坐标分量，并不直接去算。考虑到水机叶型只有微弯，则沿叶型切线与法线之速度为

$$v_{1s} = 0$$

$$v_{1n} = \frac{1}{2\pi} \int_{-b/2}^{b/2} \frac{\gamma(s)}{s_0 - s} \mathrm{d}s$$

把 $\gamma(s)$ 代入求积：

$$v_{1n} = -\frac{1}{2} \left(A_0 - A_1 \frac{2s_0}{b} \right)$$

由此计算出 v_{1u}, v_{1z} 如下：

$$v_{1u} = -v_{1n} \sin\beta_s = -\left(\frac{A_0}{2} - A_1 \frac{s_0}{b} \right) \sin\beta_s$$

$$v_{1z} = -v_{1n} \cos\beta_s = -\left(\frac{A_0}{2} - A_1 \frac{s_0}{b} \right) \cos\beta_s \tag{10.90}$$

4）计算基本叶型外涡层在基本叶型上点 $s_0(u_0, z_0)$ 的诱导速度，把 $\gamma(s)$ 代入 v_{2u}、v_{2z} 求积则

$$v_{2u} = \frac{1}{2t} \int_{-b}^{b} a(\bar{s_0}, \bar{s}) \left[A_0(1+\bar{s}) + A_1(1-\bar{s}^2) \right] / \sqrt{1 - \bar{s}^2} \, \mathrm{d}\bar{s}$$

$$v_{2z} = \frac{1}{2t}\int_{-b}^{b} b(\overline{s_0},\overline{s})[A_0(1+\overline{s}) + A_1(1-\overline{s}^2)]/\sqrt{1-\overline{s}^2}\,\mathrm{d}\overline{s}$$

上式积分变量进行了替换，二者关系如下：

$$\overline{s} = \frac{2s}{b}$$

对上式积分，由于被积函数的复杂性，难以用解析方法求积。令对其施用数值积分

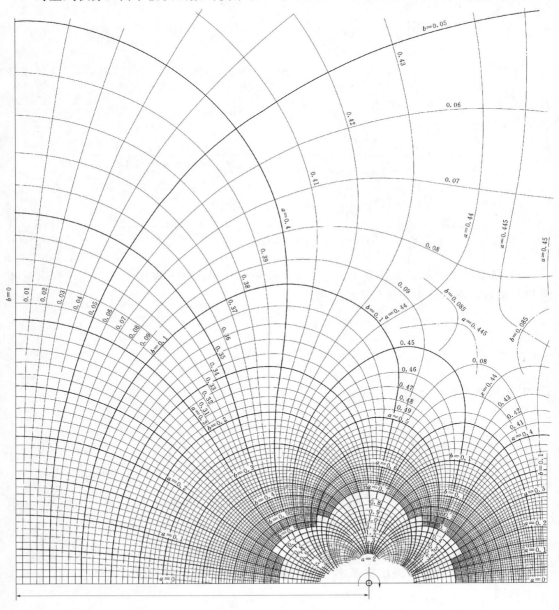

图 10.47　$a(\overline{s_0},\overline{s}),b(\overline{s_0},\overline{s})$ 诺模图

法，求取近似值。在进入计算之前，我们利用聂泊姆让雪这种类型积分的一个数值计算公式：

$$\int_{-1}^{+1} \frac{f(x)\,\mathrm{d}x}{\sqrt{1-x^2}} = \frac{\pi}{1280}\left[167f(-1)+378f\left(-\frac{2}{3}\right)-135f\left(-\frac{1}{3}\right)+460f(0)-135f\left(\frac{1}{3}\right)\right.$$

$$\left.+378f\left(\frac{2}{3}\right)+167f(1)\right]$$

用上述公式计算 v_{2u}、v_{2z} 则可得如下算式：

$$v_{2u}=\frac{\pi bA_0}{2560t}\left[126a\left(\overline{s_0},-\frac{2}{3}\right)-90a\left(\overline{s_0},-\frac{1}{3}\right)+460a(\overline{s_0},0)-180a\left(\overline{s_0},\frac{1}{3}\right)+630a\left(\overline{s_0},\frac{2}{3}\right)+334a(\overline{s_0},1)\right]$$

$$+\frac{\pi bA_0}{2560t}\left[210a\left(\overline{s_0},-\frac{2}{3}\right)-120a\left(\overline{s_0},-\frac{1}{3}\right)+460a(\overline{s_0},0)-120a\left(\overline{s_0},\frac{1}{3}\right)+210a\left(\overline{s_0},\frac{2}{3}\right)\right]$$

$$v_{2z}=\frac{\pi bA_0}{2560t}\left[126b\left(\overline{s_0},-\frac{2}{3}\right)-90b\left(\overline{s_0},-\frac{1}{3}\right)+460b(\overline{s_0},0)-180b\left(\overline{s_0},\frac{1}{3}\right)+630b\left(\overline{s_0},\frac{2}{3}\right)+334b(\overline{s_0},1)\right]$$

$$+\frac{\pi bA_0}{2560t}\left[210b\left(\overline{s_0},-\frac{2}{3}\right)-120b\left(\overline{s_0},-\frac{1}{3}\right)+460b(\overline{s_0},0)-120b\left(\overline{s_0},\frac{1}{3}\right)+210b\left(\overline{s_0},\frac{2}{3}\right)\right] \quad (10.91)$$

式（10.91）中 $a(\overline{s_0},\overline{s})$、$b(\overline{s_0},\overline{s})$ 表示了 $\overline{s}$ 处涡列对 $\overline{s_0}$ 处的诱导速度的作用因子。它虽可由之前的 $a(\overline{s_0},\overline{s})$、$b(\overline{s_0},\overline{s})$ 式来算，但实用上常借用西蒙诺夫之诺模图（图 10.47）来确定 $a(\overline{s_0},\overline{s})$、$b(\overline{s_0},\overline{s})$ 在各点之值：把实际栅距缩成诺模图上之栅距 t，把按同样比例被缩小后的叶片上之 $\overline{s}$ 点，放在圆之原点（涡点）上，并使列线与图上横轴平行，则 $\overline{s_0}$ 处的值即为所求的 $a(\overline{s_0},\overline{s})$、$b(\overline{s_0},\overline{s})$ 值。如遇到把 $\overline{s}$ 放在原点时，$\overline{s_0}$ 已越出图线范围，则可把图转过 $180°$，$\overline{s_0}$ 所落点处查取 a、b 值，但须改变符号。

（4）确定叶型曲线。上面导出了求定叶型曲线上任一点的 v_{1u}、v_{1z} 与 v_{2u}、v_{2z} 的算式，由式（10.81）可计算叶型曲线上的任一点的曲线方向，并由此绘出栅型曲线。

具体步骤分述如下：

1）取第（2）步确定的安放角 β_b 放置的一段直线 b 作为叶型的第一次近似。

2）如图 10.48 所示，用点 0，1，2，3，4，$\cdots$，n 等分直线成 n 段，每段长 b/n。

3）按照式（10.90）、（10.91）算各点的诱导速度，并由式（10.81）定出各点处叶型的切向角 β_i（ 表示第 i 个点）。

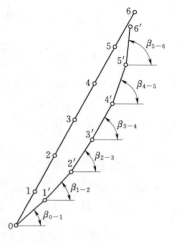

4）算出下列各值：$\beta_{0-1}=\frac{1}{2}(\beta_0+\beta_1)$，$\beta_{1-2}=\frac{1}{2}(\beta_1+\beta_2)$，$\beta_{2-3}=\frac{1}{2}(\beta_2+\beta_3)$，$\cdots$，$\beta_{(n-1)-m}=\frac{1}{2}(\beta_{n-1}+\beta_n)$。

5）过 0 点按 β_{0-1} 作直线，其长度为 $b_{0-1'}=\frac{b}{n}$ 得 $1'$ 点。

再过 $1'$ 点按 $\beta_{1'-2'}$ 作直线其长度为 $b_{1'-2'}=\frac{b}{n}$ 得点 $2'$。依次作下去可得一折线 $0-1'-2'-3'-\cdots-n'$。

图 10.48　叶栅反问题解法用图

6) 作折线 $0-1'-2'-3'\cdots n'$ 的内切曲线，且应切于折线各边的中点。所得的内切曲线即作为叶型的第二次近似曲线。

在第二次近似曲线的基础上，重复类似步骤，可求取第三、第四、……次近似，知道满意为止。

2. 解正问题的西蒙诺夫方法

在前述反问题解法的基础上，我们来简述一下解无限薄叶型叶栅绕流正问题的西蒙诺夫方法。此时问题的提法是：栅距 t，叶型弦长为 b，安放角为 β_s、弧线形状与来流 w_∞ 都已给定，要求叶栅绕流的解——比如沿栅中叶型的环量。

问题可归结为求定替换叶型弧线的蜗层分布密度 $\gamma(s)$，$\gamma(s)$ 可展成级数，所以只要确定展开各项的系数，而各系数则可根据绕流条件来确定。$\gamma(s)$ 定出后便可计算绕流流场；仅就叶型环量的确定来说则只需定出 $\gamma(s)$ 展式中的两个系数即可。以下就来说明系数的确定步骤。

（1）根据实际所需要的精度，取定 $\gamma(s)$ 展开式中项数。比如可取五个组成项：

$$\gamma(s)=A_0\sqrt{\frac{1+s}{1-s}}+A_1\sqrt{1-s^2}+A_2 2s\sqrt{1-s^2}+A_3(4s^2-1)\sqrt{1-s^2}+A_4 4s(2s^2-1)\sqrt{1-s^2}$$

（2）在叶型弧线上一点 s_0，计算该处的速度 v_{1n}、v_{2u} 与 v_{2z}。

$$v_{1n}=\frac{1}{2\pi}\int_{-1}^{+1}\frac{\gamma(\bar{s})\mathrm{d}\bar{s}}{s_0-\bar{s}}$$

$$=-\frac{1}{2}A_0+\frac{1}{2}A_1\bar{s_0}+\frac{1}{2}(2\bar{s_0^2}-1)A_2+\frac{1}{2}(4\bar{s_0^3}-3\bar{s_0})A_3+\frac{1}{2}(8\bar{s_0^4}-8\bar{s_0^2}+1)A_4$$

$$v_{2u}=\frac{1}{2t}\int_{-1}^{+1}a(\bar{s_0},\bar{s})\gamma(s)\mathrm{d}\bar{s}$$

$$=\frac{\pi b}{2560t}\Big[334A_0 a(\bar{s_0},1)+(630A_0+210A_1+280A_2+163.3A_3-62.2A_4)a\Big(\bar{s_0},\frac{2}{3}\Big)$$

$$+(-180A_0-120A_1-80A_2+66.7A_3+124.4A_4)a\Big(\bar{s_0},\frac{1}{3}\Big)+(460A_0+460A_1$$

$$-460A_3)a(\bar{s_0},0)+(-90A_0-120A_1+80A_2+66.7A_3-124.4A_4)a\Big(\bar{s_0},-\frac{1}{3}\Big)$$

$$+(126A_0+210A_1-280A_2+163.3A_3+62.2A_4)a\Big(\bar{s_0},-\frac{1}{3}\Big)\Big]$$

把上式中 $a(\bar{s_0},\bar{s})$ 换成 $b(\bar{s_0},\bar{s})$ 就得到 v_{2z} 的计算公式。

（3）把上述 v_{1n}、v_{2u}、v_{2z} 代入根据绕流条件（所有速度在弧线任一点法向方向投影之和应为零）建立的方程：

$$w_\infty\sin(\beta_\infty-\beta)+v_{1n}+v_{2u}\sin\beta-v_{2z}\cos\beta=0$$

则得到包含五个未知数 A_0、A_1、A_2、A_3、A_4 的线性随代数方程。

沿叶型弧线取五个不同的点（从而 s_0 有五个不同的相应值），则可得五个代数方程。

（4）解上面所得到的、由五个线性代数方程组成的方程组，则系数 A_0、A_1、A_2、A_3、A_4 可被确定，从而 $\gamma(s)$ 被求出。再根据环量算式 $\Gamma_c=\frac{\pi b}{2}\Big(A_0+\frac{A_1}{2}\Big)$，就可算出任意来流绕叶栅时叶型的环量 Γ_c。

奇点分布法也可用以计算有限厚度叶型栅的绕流。只是此时，除沿骨线（无流体穿流的叶型中曲线）总强度等于叶型环量的旋涡外，在骨线上尚须安置总强度为零的源、汇系。这样，这些奇点所引起的流动与平行流叠加，必在骨线周围形成一条封闭流线。只要奇点分布选择得当，就可使此封闭流线形状与有厚栅型相同，并且二者绕流流场也相同。

列索兴曾发展了上述无厚叶片栅的设计方法，给出了有限厚叶型叶栅的设计方法。虽说前述方法较为简便，但后一方法则更完善，它可计算设计叶栅的汽蚀性能。尽管如此，但如叶栅设计任务中，主要在于保证给定的功率及转速而对汽蚀性能要求不高的话，用前述列—西法也可得出满意结果。所以无厚叶栅计算方法至今仍有其应用价值。

10.9 叶栅三元流动解法简述

10.9.1 三元流动理论概述

水力机械中的叶轮和导叶内的流体流动是非常复杂的，一般说来，流动都具有空间中三元的性质。为了了解叶轮中流动的情况，一种方法是可以对叶轮中的流动参数进行测量，但要想对转动的叶轮中流动进行参数测量是谈何容易的事；另一方法是对叶轮中流动进行理论解析，但又由于控制方程为非线性的、并且边界条件也很复杂，致使理论解析遭遇到难以克服的数学困难。随着大型计算机的发展，叶轮中三元流动的求解找到了新的途径——数值计算解法。

叶轮中三元流动的数值解法，大多建立在吴仲华教授提出的两类相对流面理论的基础上。这是早在 20 世纪 50 年代初，为了提高可压缩流体叶轮机械（如燃气轮机、压气机等）的性能，就由吴教授提出来的求解叶轮中三元流动的一个理论，但只是由于近年来计算数学和高速电子计算技术的发展，才使基于这个理论的三元流动的复杂计算成为可能。目前，三元流动计算在可压缩流体叶轮机械中不仅继续是科研对象，而且已发展成为实际工程设计的常规方法了。在水力机械中对三元理论的研究较晚，约开始于 60 年代大型可逆式水泵水轮机的研制。而研究的总的趋势也只是将可压缩叶轮机械的三元流动理论成果，应用于水力机械的计算和设计中。在水力机械中应用了三元理论的计算方法后，可以预估转轮在不同工况下的能量和汽蚀性能，这使得有可能用理论计算的方法设计出性能良好的叶轮来。

对叶轮中的流动，即使作了理想流体、定常流动和流场是连续的简化假设后，要获得真正的三元解仍然是困难的。1952 年吴仲华教授提出降低流动元的方法来简化计算，把叶轮中实际上的三元流动化成两个相关的二元流动问题来求解，这就是有名的两类相对流面（S_1 流面和 S_2 流面）理论。

水力机械中的叶轮内的流动可近似地看作由两类流面（即 S_1 流面和 S_2 流面）分隔成的流场，如图 10.49 所示。图 10.49（a）与图 10.49（b）分别表示轴流式与径流式叶轮叶栅中两相邻叶片间的流道。在此流道中 S_1 与 S_2 流面是如下定义的：

（1）S_1 流面。在叶栅进口某半径处取一点 M，过该点作圆心位于转轴处的圆弧 ab。由圆弧 ab 上各点从进口到出口的各流线所组成的流面，就定义为第一类相对流面 S_1。S_1 即为图 10.49 上所画出的，以 $aMbb'M'a'$ 为周边的空间曲面。一般情况下它并非一圆柱面

或由流线 MM' 回转成的旋成面，亦即曲线 $a'b'$ 已非圆弧。当在不同半径处取点 M 时，即可得一系列这样的 S_1 流面，它们将两叶片间的流道按径向（对轴流转轮而言）或轴向（对径流转轮而言）分成许多流层。

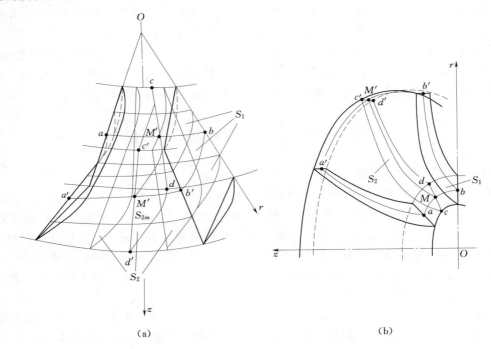

图 10.49　转轮流道内的两类流面
（a）轴流式叶轮叶栅；（b）径流式叶轮叶栅

（2）S_2 流面。还是在叶栅进口取一点 M，过它作一径向线 cMd。由该径向线上各点从进口到出口的流线所组成的流面就定义为第二类相对流面 S_2。它即为如图 10.49 所示的以 $cMdd'M'c'$ 为周边的空间曲线。同样，在一般情况下它并非由一系列径向线构成的曲面，即 $c'M'd'$ 已不是一径向线。如果在圆弧 ab 上取不同位置处的 M 点，则可得不同的 S_2 流面，它们将叶片间流道沿圆周方向分成许多流层。

将叶片间流道划分成两组流面后，在此两类流面上分别求解其上的二元流动的数值解。为使流动计算不过于复杂，常对 S_1 和 S_2 流面作近似假设。因为开始时并不知道两类流面的形状及其上的准确流动参数分布，故一开始可近似给定它们的形状与位置。然后在此两流面上进行反复迭代的流动计算，最后将收敛到正确的流面形状和位置以及其上的正确流动参数。作为零次近似，S_1 流面可取为一旋成面，S_2 流面可取为两叶片中间的，与叶片中弧面形状相同的曲面 S_{2m}。

10.9.2　准正交曲线坐标系

为进行 S_2 流面上的流动计算，先将此流面向子午面或轴面上作旋转投影。于是 S_2 上的流动即变成轴面上的流动，S_2 流面上的各流线即变成轴面上的流线。因而 S_2 流面上的流动计算即转变为轴面上的流动计算。

在轴面流动中常用的坐标系是由轴面流线及其法线构成的曲线坐标系，叫流线坐标系。作轴面流动计算时的计算网格就是由轴面流线与其法线所组成的网格。但在流场迭代计算中流线的位置总在不断作修正而改变，因而使其法线也须相应改变。这样就造成坐标系发生变化，使计算发生困难。但若采用一个所谓的准正交的曲线坐标系即可克服此障碍。

现取一组与全部 jj 根轴面流线近似正交的任意轴面曲线族 q 来取代流线的法线族，并称作准正交线。它们在 S_2 流面上的相应曲线族用 s 表示。曲线族 q 如图 10.50 所示。在流动计算过程中不要求它准确垂直不断改变的流线族，所以它是固定不变的。准正交线 q 的每一条的编号为 i，从流道进口到出口共有 ii 条。由准正交线 q、轴面流线 m 和转轮轴转角 θ 形成圆周曲线所组成的曲线坐标系就是准正交坐标系。在混流转轮叶栅中约定 m 坐标的正方向为从低压到高压方向，q 坐标的正方向为从上冠到下环，θ 的正向为转轮的旋转方向。

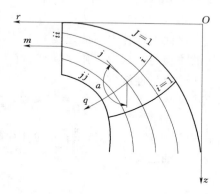

图 10.50　叶栅流道中的准正交坐标系

10.9.3　流动计算所需的方程

为在流场迭代计算最后获得准确的速度分布 $w(r，\theta，z)$ 或 $w(q，m，\theta)$，必须根据流体力学基本方程，即动量方程及连续方程在两流面上进行流动计算。在零次流场近似的基础上，根据由基本方程给出的必要方程逐次进行速度场 w 的计算，并且逐次修正每次在两流面上的近似流线，直到最终收敛为一足够精确的速度分布 w 及流线位置与形状。这里直接给出其结果。

1. 沿准正交线的速度梯度方程

$$\frac{\mathrm{d}w}{\mathrm{d}q}=wA+(B-D_1)+\frac{1}{w}(C+D_2) \tag{10.92}$$

式中

$$A=\left(\frac{\cos^2\beta\cos\alpha}{r_c}-\frac{\sin^2\beta}{r}\right)\frac{\mathrm{d}r}{\mathrm{d}q}+\cos\beta\sin\beta\sin\alpha\,\frac{\mathrm{d}\theta}{\mathrm{d}q}-\frac{\cos^2\beta\sin\alpha}{r_c}\frac{\mathrm{d}z}{\mathrm{d}q}$$

$$B=-\left\{\left(\cos\beta\sin\alpha\,\frac{\mathrm{d}w_m}{\mathrm{d}m}-2\omega\sin\beta\right)\frac{\mathrm{d}r}{\mathrm{d}q}+\left[r\cos\beta\left(\frac{\mathrm{d}w_u}{\mathrm{d}m}+2\omega\sin\alpha\right)\right]\frac{\mathrm{d}\theta}{\mathrm{d}q}\right.$$

$$\left.+\cos\beta\cos\alpha\,\frac{\mathrm{d}w_m}{\mathrm{d}m}\frac{\mathrm{d}z}{\mathrm{d}q}\right\}$$

$$C=\frac{\mathrm{d}H_e}{\mathrm{d}q}-\omega\,\frac{\mathrm{d}\lambda_e}{\mathrm{d}q}$$

$$D_1=-\omega\left[\frac{r}{\eta_{hc}^2}\frac{\mathrm{d}\eta_{hc}}{\mathrm{d}q}+\left(1-\frac{1}{\eta_{hc}}\right)\frac{\mathrm{d}r}{\mathrm{d}q}\right]\sin\beta$$

$$D_2=-\omega\left[\frac{r^2\omega-\lambda_e}{\eta_{hc}^2}\frac{\mathrm{d}\eta_{hc}}{\mathrm{d}q}+\left(1-\frac{1}{\eta_{hc}}\right)\left(2r\omega\,\frac{\mathrm{d}r}{\mathrm{d}q}+r\,\frac{\mathrm{d}w_u}{\mathrm{d}q}\right)-\frac{\mathrm{d}\lambda_e}{\mathrm{d}q}\right]$$

在速度梯度方程中有许多参数。这里给出它们的定义：β 为速度 w 与其轴面投影之间的夹角；α 为轴面流线之切线与 z 轴（转轴）之夹角；r_c 为轴面流线的曲率半径；r 为径向坐标；z 为轴向坐标；θ 为角坐标；ω 为叶栅转动角速度；w_u 为速度的圆周分量；H_e 为转轮进口单位能量；λ_e 为转轮进口预旋；η_{hc} 为水力效率。

在每次迭代计算前诸系数 A、B、C、D_1、D_2 都应根据上次迭代结果计算出来。有了速度梯度 $\mathrm{d}w/\mathrm{d}q$ 后即可作为当次的流场的数值计算。

2. 连续性方程

在流面上计算出新的速度分布后，它还应满足连续性。如果不满足，则就应重新修改流线的位置与形状，以使之满足。有了新的流线网格，即可进行下一次流动计算求 w。

所给流量连续方程的形式为

$$G_B = n\int_0^{q_{jj,i}} w\cos\beta\sin(\alpha - \gamma)\left(\frac{2\pi r}{n} - \delta\right)\mathrm{d}q \qquad (10.93)$$

式中：G_B 为转轮的总流量；n 为叶片数目；δ 为叶片的圆周方向的厚度；γ 为准正交线之切线与 z 轴之夹角。

习　题

10.1　翼型的流体动力特性包括有哪些特性？

10.2　简述翼型阻力的组成、产生的原因？

10.3　升力曲线中的最大升力系数 C_{lmax} 主要与哪些因素有关？

10.4　简述为什么在翼型设计时，为达到一定的升力，既要考虑冲角的影响，也要考虑翼型的弯度的影响？

10.5　简述 NACA23012 翼型各参数的含义。

10.6　简述什么是失速以及临界冲角？翼型产生失速后有什么后果？

10.7　简述什么是等价叶栅？

10.8　简述什么是库达-恰布雷金假设？

10.9　简述什么是叶栅绕流求解的正命题、反命题？常用的求解正命题、反命题的方法？

10.10　简述采用逐次逼近法解叶栅反问题的具体求解步骤。

10.11　简要说明奇点分布法的具体思路。

10.12　简要写出儒可夫斯基翼型绕流的变换过程。

10.13　用二元风洞作翼型吹风试验可求其升力系数 C_l。若已知来流速度 $v_\infty = 50\mathrm{m/s}$，空气密度 $\rho = 1.18\mathrm{kg/m^3}$，翼型攻角 $\alpha = 6°$，弦长 $b = 0.25\mathrm{m}$，展长 $l = 1.0\mathrm{m}$，所测得的机翼升力 $L = 14.1\mathrm{N}$。试求此翼型的升力系数。

10.14　根据儒可夫斯基变换函数 $z = \zeta + \dfrac{c^2}{\zeta}$，试将 ζ 平面上的下列封闭曲线，变换成 z 平面上的某种形状的封闭曲线，并在坐标纸上作图。

1）$\zeta^2 + (\eta - f)^2 = a^2 + f^2$

2）$(\zeta + d)^2 + \eta^2 = (a + d)^2$

3）$(\zeta+d\cos\beta)^2+(\eta-f-d\sin\beta)^2=(\sqrt{a^2+f^2}+d)^2$

在上面各式中，$z=x+iy$，$\zeta=\xi+i\eta$，$a=25\text{mm}$，$d=6\text{mm}$，$f=4\text{mm}$，$\beta=5°$

10.15　若已知一个二元薄翼在小攻角下的环量密度沿翼弦的分布是 $\gamma(\theta)=A_1\sin\theta$，$A_1$ 为一常数。试用薄翼理论求该翼型中弧线的方程及其升力系数与攻角的关系。

10.16　设在 ζ 平面有一圆心在原点，半径为 $a=c$ 的圆，无穷远来流速度大小为 v_∞，其方向与实轴夹角为 α，如习题 10.16 图所示。试求其在物理平面 z 上的真实的流动。

10.17　设在 ζ 平面有一圆心在坐标原点左面的实轴上，圆周过 $\zeta=c$ 的圆，无穷远来流速度大小为 v_∞，其方向与实轴夹角为 α，如习题 10.17 图所示。试求其在物理平面 z 上的流动边界（设 $m\ll c$）。

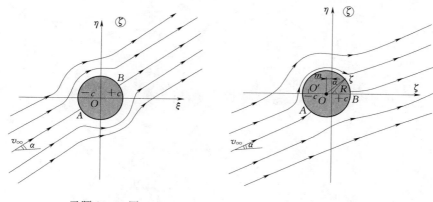

习题 10.16 图　　　　　　　　　习题 10.17 图

10.18　已知一平板叶栅之栅距为 t，弦长为 b 及安放角为 β_s（$\beta=\pi/2-\beta_s$）。它在物理平面上的流动可用下列函数变换成辅助平面上单位圆的绕流，即

$$z=\frac{t}{2\pi}\left(\ln\frac{\zeta-R}{\zeta+R}-e^{2i\beta}\ln\frac{\zeta-1/R}{\zeta+1/R}\right)$$

根据平板尾缘必须是后驻点这一条件证明以下关系式，即

$$\tan\alpha_0=\frac{R^2-1}{R^2+1}\tan\beta$$

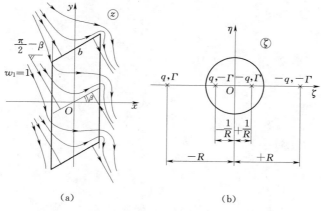

（a）　　　　　　　　　　　（b）

习题 10.20 图

10.19　已知栅前来流速度为 5.0m/s，其方向与栅轴之夹角为 30°。试用奇点分布法设计一个有 200mm 弦长和 0.5 稠密度的、有较优流体动力性能的平面直列叶栅。

10.20　一栅距为 t，弦长为 b，安放角为 $\pi/2-\beta$ 的平板平面叶栅，如习题 10.20 图所示。设 z 平面上栅前速度大小为 1m/s，其方向垂直平板，求其绕流复势。

第11章 流体机械概述

泵、水轮机、汽轮机、风力机、通风机、压缩机、液力耦合器、液力变矩器、风动工具等都属于流体机械，与人们的生活有着密不可分的关系。自来水和管道煤气需要用水泵和压缩机加压以便输送到千家万户；在汽车上用燃料泵来输送燃油，液力变矩器用于变速系统，散热器冷却泵和风机用于冷却系统；在发电厂中，流体机械更是必不可少的机械，如水电站中的水轮机，风电厂中的风力机，火电厂中的泵、风机和汽轮机，核电站中的冷却泵等；在日常生活用品和食品工业中，各种各样的流体机械被用于压送、干燥、冷却和除尘过程中。此外，在高新技术领域中也广泛地使用流体机械，如人工心脏泵、液体火箭燃料泵等。因此，作为工程技术人员，掌握流体机械的有关基础知识是非常必要的。

11.1 流体机械的定义及分类

11.1.1 流体机械的定义

所谓流体机械，是指以流体（液体或气体）为工作介质与能量载体的机械设备。流体机械的工作过程，是流体的能量与机械的机械能相互转换或不同能量的流体之间能量传递的过程。由于在几乎所有的技术和生活领域中都需要借助于流体进行能量转换或需要输送流体介质，因此流体机械是一类应用极为广泛的机械设备。

各种不同的应用场合下，流体机械的结构型式和工作特点有很大的差别。为了便于研究，应对其进行分类。

11.1.2 流体机械的分类

1. 按能量传递方向分类

根据能量传递的方向不同，流体机械可以分成原动机和工作机。原动机将流体的能量转换为机械能用于驱动其他的机械设备，例如水轮机、汽轮机、燃气轮机、风力机、各种液压马达和各种气动工具等。工作机则将机械能转换为流体的能量，以便将流体输送到高处或有更高压力的空间或克服管路阻力将流体输送到远处，例如各种泵、风机和压缩机等。

2. 按工作介质分类

根据工作介质的性质，可将流体机械分为以液体为工作介质的水力机械和以气体为工作介质的气体机械（热力机械）。两种介质的主要区别在于，在一般的应用场合下，液体可以认为是不可压缩的，而气体一般是可压缩的。当可压缩介质的体积发生变化时，必然伴随着功的传递及介质内能的变化。应该指出，可压缩性是一个相对的概念，当压力变化极大时（例如在水锤过程中），必须考虑液体的可压缩性。而当压力变化很小的时候（例如在通风机中），也可以不考虑空气的可压缩性。

表 11.1 为流体机械根据其能量传递方向和工作介质进行的分类。

表 11.1　　　　　　　　　　　　　流 体 机 械 分 类

能量传递方向			液体		气体
工作机	机械→流体		泵		压缩机 风机 真空泵
	流体→流体		射流泵、水锤泵		喷射器
原动机	流体→流体		水轮机		蒸汽轮机 燃气轮机 气动机
		液动机	往复式液压缸		
			液压马达		
		流量计	涡轮式		
			容积式		
兼用机	流体↔机械		可逆式水轮机		
复合机	机械→流体→机械		液力偶合器、液力变矩器、 液力传动装置		气压传动装置
	流体→机械→流体		水轮泵		

连接原动机和工作机，用以传递轴功率的机械为流体传动装置，液（或气）压传动装置、液力偶合器和液力变矩器都属于此种类型。

3. 按工作方式分类

根据流体与机械相互作用的方式，可将流体机械分成容积式和叶片式流体机械。容积式流体机械中，工作介质处于一个或多个封闭的工作腔中，工作腔的容积是变化的，机械与流体之间的相互作用力主要是静压力。例如往复活塞式流体机械，如图 11.1 所示，活塞与缸体形成一个封闭工作腔，介质与机械间的相互作用力为活塞表面的压力。当介质推动活塞运动时，是原动机，当活塞推动介质流动时，是工作机。

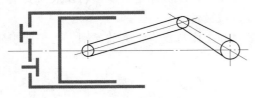

图 11.1　往复活塞式流体机械

在容积式流体机械中，根据运动方式的不同，还可以分成往复式和回转式两类，这些内容在后面章节进行详细讨论。

叶片式流体机械中，能量转换是在带有叶片的转子及连续绕流叶片的介质之间进行的。叶片与流体的相互作用力是惯性力。叶片使介质的速度（方向或大小）发生变化，由于介质的惯性作用引起作用于叶片的力。该力作用于转动的叶片而产生功率。叶片式流体机械的最简单例子是风力机（图 11.2），当叶片转动时，空气连续绕流叶片。空气流过叶片后，速度的大小和方向都发生了改变。当流动的空气（风）推动叶片转动时，是原动机（风力机），如果是叶片推动空气流动，就是工作机（风扇）了。

叶片式流体机械根据流体在叶轮内压力和速度的变化，可以分成反击式和冲击式两类。在反击式流体机械的叶轮中，流体的压力和速度都发生变化，流体与叶片交换的能量既有压力能（势能）也有动能；而在冲击式流体机械的叶轮中，流体的压力不变，流体与叶片交换的能量只有动能。在这两种机器中，还可以根据流体在叶轮中流动方向的不同进一步细分，如图 11.3 所示。

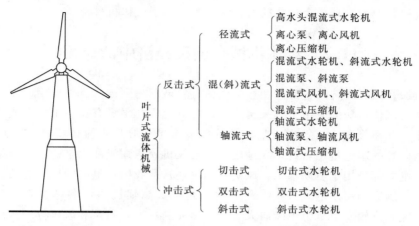

图 11.2　风力机　　　　　图 11.3　叶片式流体机械分类

容积式和叶片式流体机械的效率较高，是应用最为广泛的流体机械，本书将只限于讨论这两类流体机械。但应该指出，还有一些不属于这两类的流体机械，在这些流体机械中，能量主要是在两种具有不同的能量的流体之间进行传递，例如在射流泵（图 11.4）中，高压流体（液体或气体）

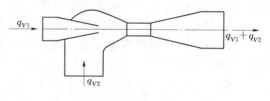

图 11.4　射流泵

与低压流体（液体或气体）在喷嘴后混合，通过动量交换使压力与速度趋于相同，达到输送低压流体的目的。属于这一类的流体机械还有水锤泵、内燃泵等。

表 11.2 为流体机械根据其工作方式进行的分类。

表 11.2　　　　　　　　　　　　**流体机械的工作方式**

作为媒介的力		工作方式
表面力	压力	容积式：往复式、回转式 叶片式：离心式、斜流式、轴流式、混流式等 其他：非定常式、差压式
	剪切力	摩擦式 湍流式：涡流式、射流式
体积力	重力	浮力式
	电磁力	电磁式、磁流体式

表 11.2 中，作为媒介的力即在流体机械中，流体能量和机械功之间的转换是通过作

用在流体上的力来进行的，而作用在流体上的力有表面力（压力，剪切力）和体积力（重力、电磁力）。

提问：是不是有流体参与工作的机械装置都是流体机械？答案是否定的。例如：①一台水泵是流体机械，但一个闸门，虽然有的也是庞然大物，但不能称之为流体机械；②一台锅炉，虽然也是大型装置，工作中又离不开水、蒸汽等流体物质，加热过程中还包含有能量交换过程，但是它是一个热能动力装置，也不属于流体机械范畴。

11.2　流体机械在国民经济中的应用

流体机械在国民经济的各部门和社会生活各领域都得到极广泛的应用，而且随着技术的高速发展，流体机械的应用也越来越广泛。可以说，几乎没有哪一个经济或生活领域没有流体机械。在现代电力工业中，绝大部分发电量是由叶片式流体机械（汽轮机和水轮机）承担的，总的用电量中，约 1/3 是用于驱动风机、压缩机和水泵。火电站与核电站的厂用电的绝大部分用于驱动水泵、风机等辅机，目前我国热电站的厂用电约占发电量的12%，而发达国家的厂用电只占 4%～4.5%。可见提高辅机的效率对于节能有重要的意义。同时，随着汽轮发电机组不断向大容量、单元制发展，对泵和风机等辅机的可靠性与主机有同样的要求。水轮机是一种将河流中蕴藏的水能转换成旋转机械能的原动机。水流流过水轮机时，通过主轴带动发电机将旋转机械能转换成电能。水轮机作为水力发电的主要设备，在电力工业中占有特殊的地位。由于煤、石油、天然气等燃料的资源有限，又由于大量使用化石燃料对环境有很大的破坏作用，所以今后的电力工业将向清洁、低碳、高效可持续的方向发展，优先规划建设水电、风电、太阳能发电、核电及其他可再生能源发电，根据用电增长需要，优化发展火电，增加天然气发电比重，优化电源结构，提高能效，降低成本，以减少温室气体排放。在目前，水力资源是唯一可以大规模开发的清洁可再生能源，而且开发水力资源还能收到防洪、灌溉、航运、水产养殖和旅游等综合利用的效益。我国是世界上水电能资源最丰富的国家之一。根据最新的水能资源普查结果，我国江河水能理论蕴藏量 6.94 亿 kW、年理论发电量 6.08 万亿 kW·h，水能理论蕴藏量居世界第一位；我国水能资源的技术可开发量为 5.42 亿 kW、年发电量 2.47 万亿 kW·h，经济可开发量为 4.02 亿 kW、年发电量 1.75 万亿 kW·h，均名列世界第一。今后，国家将更加优先开发水力资源。目前，长江三峡工程是世界上最大的水电站，也是我国迄今所进行的最大的工程项目。

流体机械的应用领域十分广泛，除了在电力工业的应用，还广泛应用于化学工业、石油工业、钢铁工业、环境工程、动力工程及生物医学工程、航天技术等一些高新技术领域。流体机械的重要应用不胜枚举，可以说，在所有的技术领域中，凡是需要有气态和液态的物质流动的地方，都需要有泵、风机和压缩机等。

习　　题

11.1　分析流体具有的能量有哪些？

11.2　什么是流体机械？举例说明流体机械的广泛应用。

11.3　试说明流体机械的分类；流体机械根据什么分为了叶片式流体机械和容积式流体机械？叶片式流体机械包括哪些？

第 12 章 叶片式流体机械的工作原理

12.1 叶片式流体机械的工作过程

流体机械的工作过程，是流体的能量与机械的机械能相互转换或不同能量的流体之间能量传递的过程。流体和机械之间机械能的传递是通过作用在流体上的力来传递的。叶片式流体机械中的能量转换，是在带有叶片的转子及连续绕流叶片的流体介质之间进行的。叶片与介质的相互作用力是惯性力，该力作用在转动的叶片上，因而产生了功，此功即为介质和机器之间的能量转换量。显然，叶片与介质间能量转换的速率（功率）等于作用于叶片上的力对叶轮轴心线的矩（力矩）与叶轮转动角速度的乘积。

叶片式流体机械中，该带有叶片的转子在泵、风机和压缩机中习惯称为叶轮，而在水轮机中则习惯称为转轮，也称为涡轮。因此叶片式流体机械也称为叶轮机械、涡轮机或透平机。叶片式流体机械的主要特征：①具有一个带有叶片的转子（叶轮或转轮）；②工作时介质对叶片连续绕流；③介质作用于叶片的力是惯性力。

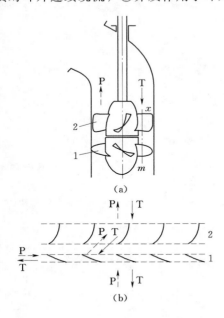

图 12.1 轴流式流体机械简图
1—动叶（叶轮）；2—静叶（导叶）；
T—原动机；P—工作机

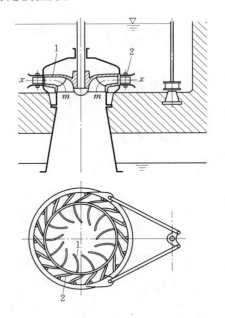

图 12.2 径流式流体机械简图
1—动叶（叶轮）；2—静叶（导叶）

叶片式流体机械最简单的例子是风车（原动机）和电风扇（工作机）。在这两个例子中，转子叶片都在自由空间中转动。经过叶轮的介质，由于叶片力矩的作用而具有一个圆周方向的速度分量。根据动量矩守恒定律，该圆周方向的速度分量对应着一个力矩，引起了能量损失。为消除这个损失，在大多数流体机械中，将叶轮（转轮）置于一个封闭的壳体中，其来流和出流均在管道或特制的流道中流动。在壳体中，还引入一个静止的叶栅，用以消除介质的圆周分速度。这样的流体机械，除了具备上述三个特征外，还具有第 4 个特征即具有一个静止的叶栅。

转动的叶片称为动叶，也简称为叶片。而静止的叶栅称为静叶，也称为导叶或导向器。图 12.1 和图 12.2 以水力机械为例表示了叶轮、导叶及壳体之间的关系。图 12.1 中流体在叶轮及导叶中的流动方向 $m-x$ 是平行于轴线的，称为轴流式。将以 $m-x$ 线为母线的回转面展开，可得如图 12.1（b）所示的两个直列叶栅，一个运动，一个静止。图中用箭头表示了在原动机（T）和工作机（P）中叶片和介质运动的方向。在原动机中，介质从上方沿轴向进入导叶，导叶使介质的速度方向和大小发生改变，一部分压力能转换为圆周方向速度所对应的动能，介质以图中箭头所示的方向进入转轮，由于转轮叶片的作用，使介质速度方向又变为轴向方向。当速度方向发生变化时，由于惯性作用而引起作用于叶片的力矩使转轮旋转。流出转轮的介质将不再有圆周方向的运动。在工作机中，介质和叶片的运动方向正好相反，介质从轴向进入叶轮，从叶轮流入带有圆周方向的速度分量，然后在导叶的作用下又回到轴向方向。

由上面的讨论可知，介质速度的圆周分量的变化，亦即叶轮前后介质动量矩的变化与能量转换过程密切相关。而介质在进入流体机械之前和流出之后，其速度通常都没有圆周方向的分量，即对转轮轴线的动量矩为零。通过动叶和静叶的联合作用，可以使介质在进出流体机械时动量矩均为零的条件下，在叶轮内部产生动量矩的变化。

图 12.2 中，流线 $m-x$ 在叶轮外径处为径向，而在叶片内径处转为轴向，但在叶片内基本上是径向，所以这种叶轮称为径流式。在 $m-x$ 剖面的水平投影图上，可看到两个环列叶栅，其作用原理与直列叶栅相同。如果 $m-x$ 流线中轴向部分更多一些，或者如图 12.3 所示的叶轮那样，流线 $m-x$ 既不平行、也不垂直于轴线，则称为混流式。应该指出，在径流式和混流式叶轮中，动量矩的变化不仅体现在流体质点的圆周速度的变化上，而且也体现在流体质点距轴线的距离的变化上。

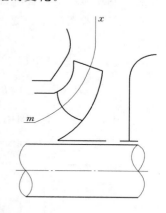

图 12.3 混流式流体
机械简图

此外，在原动机中，介质经过导叶后，速度增加，压力降低，一部分压力能转换为动能。在动叶中，介质的压能和动能都转变成机械能，压力和速度进一步降低。这种叶轮机械称为反击式或反动式；在工作机中，介质流动方向和压力、速度的变化过程正好相反。如果原动机导叶出口处压力已降到零，则介质在动叶中将只有速度的变化而无压力的变化，这种叶轮机械则称为冲击式叶轮机械，其具体工作过程可参见相关书籍。

12.2　叶片式流体机械的主要工作参数

流量、效率等是表示流体机械性能的主要性能参数。不同类型的叶轮机械，其性能参数（工作参数）有所差别，表达形式也不尽相同，但其基本的物理意义是相同的。

12.2.1　流量

单位时间内通过机器的流体介质的量（体积或者质量）称为流量。体积流量 Q 的单位为 m^3/s、m^3/h 或 L/s。质量流量 Q_m 的单位为 kg/s、kg/min 或 kg/h。根据质量守恒定律，若忽略机器内部的泄漏，机器运行在稳定工况时，则通过机器各个过流断面的质量流量是相同的。如果介质是不可压缩的，那么体积流量也将保持不变。对于可压缩介质则不同。在通风机中，体积流量也称为风量。

12.2.2　水头、扬程、压力、能量头

1. 水头和扬程

介质在通过动叶时与机器交换能量，单位质量的介质与叶轮所交换的能量值是叶轮机械最重要的参数之一。这个参数可以用通过机器进出口断面的单位质量介质所具有的能量差值来表示。在不同的叶轮机械中，为便于考虑，采用的名称和表达方式均不同。但"机器进、出口断面单位数量介质的能量差值"这个概念是共同的。这里将不可压缩介质的情况做一介绍。

水轮机和泵是典型的叶片式流体机械，其工作介质为液体。为便于研究，以液柱高度表示单位重力液体的能量。这个以液柱高度表示的进、出口断面单位重力液体的能量差值在水轮机中称为水头，在叶片泵中称为扬程，均用 H 表示，单位是 m。对于不可压缩介质，则不需要考虑内能的变化，所以能量差值用机器进、出口断面宏观的位能、压力能和动能表示。

图 12.4 中，若以角标 1 表示机器进口断面，角标 2 表示出口断面，则有

$$H=\pm\left((z_2-z_1)+\frac{p_2-p_1}{\rho g}+\frac{v_2^2-v_1^2}{2g}\right) \tag{12.1}$$

上式中，"±"号分别用于泵和水轮机。

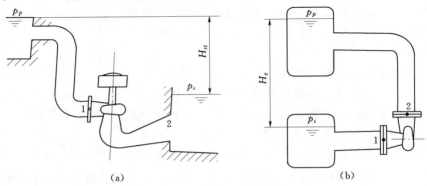

图 12.4　水头与扬程的定义

（a）水电站；（b）泵装置

1—进口截面；2—出口截面；p—上游水面；s—下游水面

2. 电站水头

对于图 12.4（a）中的电站装置而言，上下游水位差 H_{st} 称为电站净水头。由于上下游水面均为大气压，且水库水面和下游河道的流速均很低，所以电站水头：

$$H' = (z_p - z_s) + \frac{p_p - p_s}{\rho g} + \frac{v_p^2 - v_s^2}{2g} \approx H_{st}$$

考虑引水管路的损失，则水轮机水头与电站水头的关系为

$$H = H_{st} - \Delta H \tag{12.2}$$

式中：ΔH 为引水管路中的水力损失。

3. 装置扬程

对于泵装置，定义装置扬程为

$$H_G = (z_p - z_s) + \frac{p_p - p_s}{\rho g} + \frac{v_p^2 - v_s^2}{2g} + \Delta H \tag{12.3}$$

式中：ΔH 为全部管路损失的总和。

泵的装置扬程表示泵将单位重力液体介质从下游容器抽送到上游容器时所做的功。显然，在系统处于稳定状态时，装置扬程等于泵的扬程。

4. 能量头

H 具有很直观的物理意义，广泛应用于水力机械。对于同一台机器，在相同条件下工作时，其 H 值与重力加速度 g 有关；而在不同的重力条件下，H 值将不同。在失重的环境下，H 值也将没有意义。

如果用质量作为液体量的度量，则可以得到一个与重力无关的能量指标，称为能量头。即能量头为机器进、出口截面单位质量液体所具有的能量差值，用 h 表示，单位是 $\mathrm{m^2/s^2}$（$\mathrm{N \cdot m/kg = m^2/s^2}$），即

$$h = \pm \left(g(z_2 - z_1) + \frac{p_2 - p_1}{g} + \frac{v_2^2 - v_1^2}{2g} \right) = gH \tag{12.4}$$

12.2.3 转速

转速 n 是水轮机转轮或泵叶轮的旋转速度，单位常用 $\mathrm{r/min}$。

12.2.4 功率

功率对工作机而言是指机器的输入功率，对原动机而言则指输出功率，记为 P，单位为 kW。在流体机械中，为了表示能量转换效率，还需要引入流体功率的概念，它指单位时间内通过机器的介质的能量变化总量。由水头（扬程或压升）的定义可知，单位时间内通过机器的介质的能量变化总量（流体有效功率）可以表示为

$$P_f = \rho g Q H \tag{12.5}$$

对于工作机，功率 P_f 是有效功率，也常用 P_e 表示。

12.2.5 效率

能量转换中不可避免地会产生损失。由于能量损失的存在，机器功率与流体功率之间有一差值 ΔP。用效率 η 来衡量能量损失的大小。则有

对于原动机 $\qquad\qquad\qquad \eta_T = P/P_f$

对于工作机 $\qquad\qquad\qquad \eta_P = P_f/P$ $\qquad\qquad$ (12.6)

上式中给出的是整机的总效率，总损失包括了机器各部分的各种能量损失。后面章节将具体介绍衡量某一部件或某一类损失的大小而给出的相对应的效率。

12.3　水流在叶轮中的运动分析

12.3.1　叶轮流道（叶片）投影图及主要尺寸

流体机械的叶片表面一般是空间曲面，流体在叶轮中的运动是十分复杂的流动。为了便于研究流体质点在叶轮中的运动，必须用适当的方法描述叶片的空间形状。由于叶轮是绕定轴旋转的，故用圆柱坐标系 (θ, r, z) 描述叶轮及叶片的形状比较方便。图 12.5 为叶轮的坐标系，取 z 轴与叶轮轴线重合，r 沿半径方向，θ 为圆周方向。该坐标系下，叶片表面可以表达成一个曲面方程：

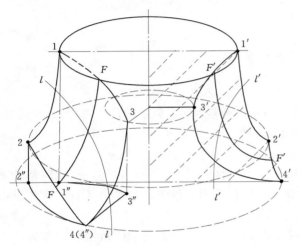

图 12.5　叶片的轴面与平面投影

$$\theta = \theta(r, z) \qquad (12.7)$$

叶片上任一点 A 的空间位置，可以用坐标 (r_a, θ_a, z_a) 表示。实际上，一般不可能获得式 (12.7) 的解析表达式，工程上都是用图形来表示叶片的形状。为了与圆柱坐标系相适应，工程上用"轴面投图"和"平面投影图"来确定叶片的形状。平面投影图的作法与一般机械图的作法相同，是将叶片投影到与转轴垂直的平面（也称为径向面，方程为 $z = c$）上而得。所谓轴面（也称子午面），是指通过叶轮轴线的平面。轴面投影图的作法不同于一般投影图的作法，它是将每一点绕轴线旋转一定角度到同一轴面而成。为了便于看图，该轴面应取为图纸平面。

图 12.5 中，叶片上的点 1、2、3、4 的轴面投影为 $1'2'3'4'$，平面投影为 $1''2''3''4''$。对于叶片上任意一点（例如点 1），由轴面投影图可以得到坐标值 (r_1, z_1)。从平面图上可得到 (r_1, θ_1)。于是由这两个图即可得到该点在空间中的位置。

图 12.6 给出了几种常见的叶轮轴面投影图，图中还标出了几个重要的尺寸，这些尺寸决定了轴面投影图的总体形状，对叶片式机械的性能参数有决定性的影响。在实践中，习惯于用脚标 1 代表叶片的进口边，脚标 2 代表叶片出口边，脚标 0 代表进口前的某处，脚标 3 代表出口后的某处。在工作机和原动机中，由于流动方向刚好相反，即工作机叶轮进口边 1 是原动机的出口边 2，故为了统一描述，通常用脚标 p 代表高压边，即泵、风机和压缩机的出口边及水轮机、汽轮机的进口边；用脚标 s 代表低压边，即工作机的进口边和原动机的出口边。

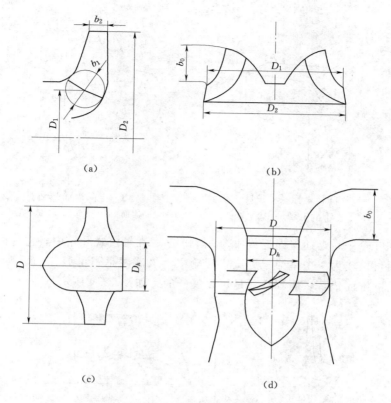

图 12.6 叶片的轴面投影图

12.3.2 叶轮中的流动速度

圆柱坐标系中，任意速度矢量都可用其在三个方向上的分量表示。图 12.7 中，速度矢量v分解成了圆周、径向与轴向三个分量：

$$v = v_r + v_z + v_u \tag{12.8}$$

其中圆周分量v_u沿圆周方向，与轴面垂直，该分量对叶轮与流体之间的能量转换有决定性作用。径向速度v_r和轴向速度v_z的合成：

$$v_m = v_r + v_z \tag{12.9}$$

v_m位于轴面内，称为轴面速度。该分量与流量有密切的关系，故一般情况下只研究速度矢量的两个分量：

$$v = v_m + v_u$$

由于各分量均为正交，故有

$$v = \sqrt{v_u^2 + v_m^2} = \sqrt{v_r^2 + v_z^2 + v_u^2} \tag{12.10}$$

叶轮内的流线是空间曲线，若假定流动是轴对称的，则空间流线绕轴旋转一周所形成的回转面即为流面。该回转面与轴面的交线也就是流线的轴面投影，称为轴面流线，如图 12.8 所示。

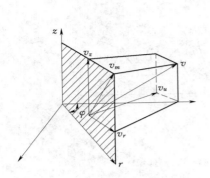

图 12.7　圆柱坐标系中速度
矢量的分解

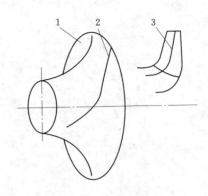

图 12.8　空间流线与轴面流线
1—空间流面；2—空间流线；3—轴面流线

在径流式叶轮中，上述流面近似成为一个平面。在轴流式叶轮中，它近似成为一个圆柱面，展开后可以成为一个平面。混流式叶轮中，该流面是不可展开的，为了便于研究，常用一近似的圆锥面代替，而圆锥面是可以展开的，如图 12.9 所示。

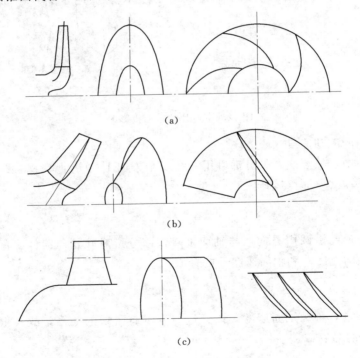

(a)

(b)

(c)

图 12.9　空间流面的展开
(a) 径流式；(b) 混流式；(c) 轴流式

在轴面图上做出若干轴面流线，即可描绘出叶轮内的轴面速度的分布。如果仅仅考虑叶轮中速度矢量的轴面分速度，即可利用这样的轴面流线。当不考虑流动的圆周分量时，我们即获得轴面流动。在轴面图上作一曲线与所有的轴面流线都正交，该线绕轴旋转一周而成的回转面称为轴面流动的过流断面，如图 12.10 所示。该断面的面积

决定了轴曲速度的平均值，其面积为

$$A = 2\pi R_c b \qquad (12.11)$$

式中：R_c 为过流断面线的重心至轴线的距离；b 为过流断面线的长度。

显然在轴流式机器中，轴面流动的过流断面为一圆环面，在径流式机器中，则为一圆柱面。这两种情况下，其面积都是易于计算的。

图 12.10　轴面流动的过流断面
1—轴面流线；2—过流断面

12.3.3　绝对运动与相对运动

由于叶轮是旋转的，流体质点进入转轮后的流动是一种复合运动。流体质点沿叶片的运动称为相对运动，相应的速度称为相对速度，用符号 w 表示；流体质点随叶轮的旋转运动称为牵连运动，相应的速度称为牵连速度（或圆周速度），用符号 u 表示；流体质点相对于大地的运动称为绝对运动，相应的速度称为绝对速度用 v 表示；图 12.11 为一径流式叶轮的叶片中流体的运动情况。a 为叶轮不动时流体在叶片中的流线，b 为叶轮转动时叶片上固体质点运动的轨迹，c 为叶轮中流体绝对运动的流线。图 12.12 则是轴流式叶轮内的相对运动与绝对运动，图中各符号意义同前。根据速度合成定律，绝对运动是相对运动与牵连运动的矢量和：

$$v = u + w \qquad (12.12)$$

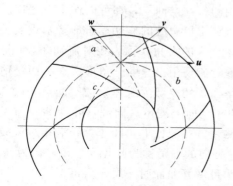

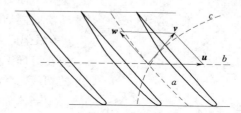

图 12.11　径流式叶轮中的相对运动与　　　　图 12.12　轴流式叶轮中的相对运动与
　　　　　　绝对运动　　　　　　　　　　　　　　　　　　绝对运动

由于 v、u 及 w 在叶轮内不同的点上是不同的，因此应用式（12.12）时应注意三个量必须是同一空间点上的数值。图 12.13 为混流式水轮机内绝对运动与相对运动轨迹，由图中可看到，在静止的部件内两种运动是一致的。

式（12.12）的关系可用一个封闭三角形表示，称为速度三角形（图 12.14），v 和 w 两个矢量都可以分解为圆周分量与轴面分量。由图 12.14 可知：

$$v_m = w_m$$
$$u = v_u - w_u \qquad (12.13)$$

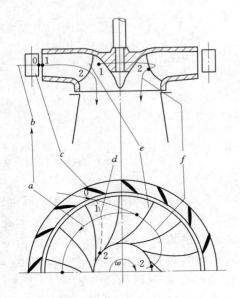

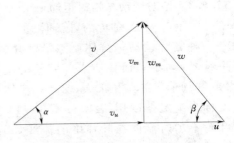

图 12.13　混流式叶轮中的相对运动与绝对运动
0—导叶出口；1—转轮进口；2—转轮出口；
a—点的轴面投影；b—轴面流线；c—导叶；
d—相对运动轨迹；e—转轮叶片；f—绝对运动轨迹

图 12.14　速度三角形

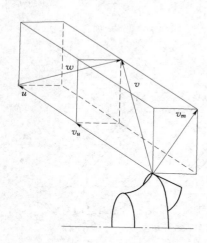

图 12.15　速度三角形在
空间中的位置

对叶轮内的每一空间点，都可以作出上述速度三角形，但叶片进、出口边处的速度三角形特别重要。速度三角形中 w 和 $-u$ 的夹角 β 称为相对流动角，v 与 u 的夹角 α 称为绝对流动角。速度三角形所在平面是前述回转流面的切平面，切点即为所考察的空间点。v、w、α、β 等量都必须在流面上测量。同理，叶片的几何尺寸也应在流面上测量。在流面上，叶片骨线沿相对流线方向的切线与 $-u$ 方向的夹角称为叶片安放角，记为 β_b。

当流面为可展开曲面时，展开后可得一直列（轴流式）或环列（纯径流式）叶栅。当流面为不可展曲面时，也可用近似圆锥面代替，展开成环列叶栅。上述速度三角形及叶片角都可以在展开面上度量。若不加说明，以后所有的讨论均在这些展开向上进行。

图 12.15 表示了以上讨论的各量在空间的位置。

12.3.4　进出口速度三角形

为了研究叶片与介质交换的能量，应研究叶片进出口处的流动情况，为此，需先作进出口处的速度三角形。为简单计，以图 12.16 所示的纯径向叶轮为例，但以下的讨论适合任何形状的叶轮。设转速 n 及进口处体积流量 q_v 为已知。下面分别对工作机的进、出口速度三角形进行介绍。

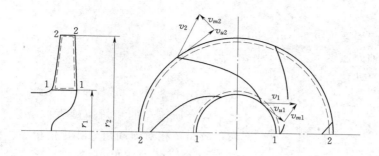

图 12.16　径向叶轮投影图

1. 工作机的进、出口速度三角形

在叶轮进口，作速度三角形的已知条件如下：

（1）进口边圆周速度 $u_1 = \pi n r / 30$。

（2）设进口处轴面流动过流断面 $A_1 = 2\pi r_1 b_1$，由此可求得进口处的轴面速度。

$$v_{m1} = \frac{q_{v1}}{A_1} = \frac{q_{m1}}{A_1 \rho_1} \tag{12.14}$$

实际上，由于叶片厚度以及焊接或铆接叶片的折边等占据了一定的过流面积，过流面积将小于上述 A_1 值，则 v_{m1} 的数值将比式（12.14）所求得值的大。引入排挤系数的概念：

$$\tau = \frac{A_1'}{A_1} \tag{12.15}$$

式中：τ 为叶片厚度对流体排挤程度的系数；A_1' 为实际过流面积；A_1 为按式（12.11）计算的过流面积。

于是

$$v_{m1} = \frac{q_{v1}}{A_1 \tau_1} = \frac{q_{m1}}{A_1 \rho_1 \tau_1} \tag{12.16}$$

τ 的数值可在叶片设计时确定。

（3）v_{u1}（或 α_1）的数值取决于吸入室的类型及叶轮前是否有导流器。在没有导流器的情况下，对锥管形、弯管形、环形等吸入室，可认为 $v_{u1} = 0$，而对半螺旋形吸入室或有进口导流器的情况下，v_{u1} 的数值可根据吸入室的几何尺寸或导流叶片的角度确定，这里认为是已知的。也就是说，介质进入叶轮时的流动方向取决于吸入室或导流器。

由 u_1、v_{m1}、v_{u1} 三个量，可作出进口速度三角形如图 12.17 所示，图中实线为 $v_{u1} = 0$ 的情况，虚线为 $v_{u1} \neq 0$ 的情况。由图可见，相对流动角 β_1 是随 u_1、v_{m1}、v_{u1} 等参数的变化而变化的。如果这些参数的组合使得相对流动角与叶片安放角相等（$\beta_1 = \beta_{b1}$），则流体进入叶片的流动是最平顺的，没有冲击损失，这种情况称为无冲击进口。

在叶轮出口，绘制速度三角形的已知条件

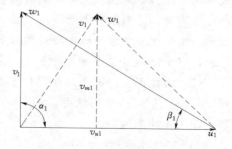

图 12.17　工作机进口速度三角形

如下：

(1) 出口圆周速度 $u_2 = \pi n r_2 / 30$。

(2) 出口轴面速度 $v_{m2} = q_{v2}/A_2 \tau_2 = q_{m2}/A_2 \rho_2 \tau_2$。

(3) 出口流动角 $\beta_2 = \beta_{b2}$。

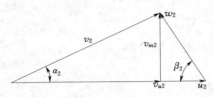

图 12.18　工作机出口速度三角形

这里第三个条件不同于进口，因为在无限叶片数假定下，介质流动的相对速度方向一定与叶片表面相切，故出口相对流动角与叶片角相等。根据 u_2、v_{m2}、β_2 三个条件可以作出出口速度三角形（图 12.18）。将出口与进口的情况作一对比，在进口处，流动方向由叶轮前的通流部件决定，因此绝对流动角 α_1 是已知的，在 v_{m1} 已定的条件下，v_{u1} 也就确定了，而在出口处，流动方向由叶轮叶片决定。由于叶轮是旋转的，叶片决定的是相对流动角 β_2，在 v_{m2} 已定的情况下，v_{u2} 也就决定了。以后将会看到，这两条对叶片式流体机械的能量特性有着决定性的影响。需要指出的是，对于可压缩介质，叶轮的计算程序和不可压缩介质不同。

2. 原动机的进、出口速度三角形

对于原动机的进出口速度三角形，其分析方法与工作机相同。例如，反击式水轮机，其进口速度三角形类似于前述泵的情况，已知条件：①进口圆周速度 $u_1 = \pi n r_1 / 30$；②$v_{m1} = \dfrac{q_{v1}}{A_1 \tau_1}$；③$\alpha_1$ 或者 v_{u1} 为已知。

根据这三个条件可作出反击式水轮机的进口速度三角形（图 12.19）。而对于出口速度三角形，则与泵完全相同，这里不再做详细介绍。对于其他类型原动机的进出口速度三角形均可按相似方法去分析。

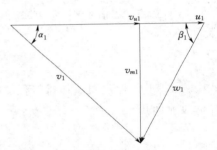

图 12.19　反击式水轮机进口速度三角形

12.3.5　变工况下的流动分析

流体机械的工况即由流体机械的一组工作参数 q_v、H、n、α_0 及介质的物性参数 R、κ、p_{in}、T_{in} 等所决定的一种工作状况。当各参数值都为设计值时，称为设计工况。当机器的效率最高时，称为最优工况。当机器工作在其他工况时，称非设计工况（非最优工况）或偏离工况。非最优工况下，机器的效率会下降，严重偏离最优工况时，还会出现振动、空化等现象，甚至根本不能运行。以下将借助于速度三角形，说明不同工况下机器性能的变化。用速度三角形分析水流运动的方法是研究叶轮速度场的重要方法。

1. 不同工况下工作机内的流动（泵、风机、压缩机）

(1) 设计工况。工作机在设计工况下的进口速度三角形如图 12.20 中实线所示。图 12.20 (a) 为 $v_{u1} = 0$ 的情况，图 12.20 (b) 为 $v_{u1} \neq 0$ 的情况。在最优工况下，有 $\beta_1 = \beta_{b1}$，即为无冲击进口。

v_{u1} 称为预旋，当 v_{u1} 与 u_1 方向一致时，称为正预旋，反之为负预旋。预旋值对叶轮内的能量转换有直接的影响。多数情况下，泵、风机和压缩机叶轮进口没有预旋或只有很小

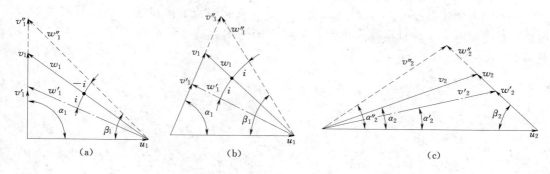

图 12.20　流量变化时的速度三角形

(a) 进口 $v_{u1}=0$；(b) 进口 $v_{u1}\neq 0$；(c) 出口

的预旋。利用导流器改变预旋是调节工况的方法之一。

最优工况下的出口速度三角形如图 12.20 (c) 中实线所示，其中 $\beta_2 = \beta_{b2}$（叶片数无限多）。在最优工况下，压水室或叶片式扩压器的叶片进满足无冲击进口条件。

当进、出口速度三角形确定以后，由欧拉方程式可确定扬程或能量头（见下节内容），故 q_v、n 确定以后，机器的工况就确定了。

应该指出，对于可压缩介质，介质质量体积与压力和温度有关，需根据不同情况进行详细分析。

(2) 当 q_v 变化时。H、n 保持不变，当 q_v 变化时，进、出口速度三角形亦如图 12.20 所示。虚线表示大流量工况，点划线表示小流量工况。具体的，当 q_v 变化时，α_1 不变（由吸入室或导流器决定）。β_1 相应发生变化，不再满足无冲击进口条件，因而发生冲击损失。叶片角与液流角的差值 $i = \beta_{b1} - \beta_1$，称为冲角。由图 12.20 可见，大流量工况为负冲角，小流量工况为正冲角。

在出口速度三角形中，$\beta_2 = \beta_{b2}$ 保持不变（叶片数无限多），v_{m2} 与 q_v 成正比，故当 q_v 增大时，α_2 增大，v_{u2} 减小。反之亦然。但当 $\beta_{b2}>90°$ 时，v_{u2} 的变化方向相反。

对于一些轴流式、斜流式机器，其叶轮的叶片可以绕自身的轴线转动（可调），从而改变 β_{b2} 及 β_{b1} 的大小，进而改变冲角值，改善液流入口条件，避免压水室和扩压器内的冲击损失。故转动叶片可以扩大机器的高效工作范围。图 12.21 为叶片可调时变工况下的出口速度三角形。

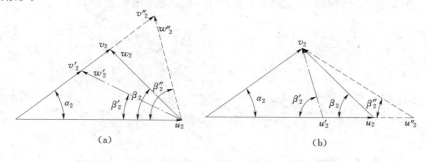

图 12.21　叶片可调时变工况出口速度三角形

(a) 流量变化时；(b) 转速变化时

（3）当 n 变化时。q_v、φ、H 保持不变，当 n 变化时进、出口速度三角形如图 12.22 所示。各参数的变化及对机器工作的影响的方法同前，叶片转动的情况如图 12.21（b）所示。

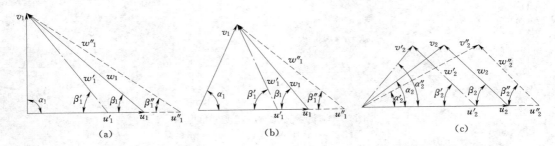

图 12.22　变转速时的速度三角形

（a）进口 $v_{u1}=0$；（b）进口 $v_{u1}\neq0$；（c）出口

2. 不同工况下原动机内的流动（水轮机）

由于水轮机导水机构的转动（控制导叶开度），可以在 H、n 不变的条件下改变流量，因而水轮机比泵、风机和压缩机多一个决定工况的参数（导叶开度 α_0）。

（1）设计工况。设计工况下水轮机的进出口速度三角形如图 12.23 中实线所示。在进口处，α_1 的数值取决于导叶的出流角 α_0，在导叶的出口，有

$$v_{m0}=\frac{q_V}{2\pi r_0 b_0},\ v_{u0}=v_{m0}\cot\alpha_0$$

从导叶出口到转轮进口，水流是自由流动，故

$$v_{u1}=\frac{q_V\cot\alpha_0}{2\pi b_0 r_1}$$

又由于 $v_{m1}=q_V/A_1$

故

$$\tan\alpha_1=\frac{v_{m1}}{v_{u1}}=\frac{2\pi b_0 r_1}{A_1}\tan\alpha_0 \tag{12.17}$$

上式表明，转轮叶片进口的绝对液流角直接由导叶出口液流角决定。由于 A_1 与 r_1 的关系不同，当 α_0 和 b_0 相同时，不同型式的叶轮进口液流角的数值也不同。

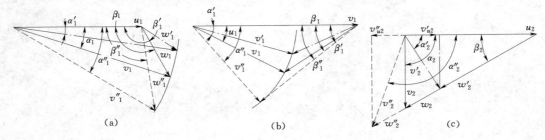

图 12.23　流量变化时水轮机的速度三角形

（a）高水头时进口速度三角形；（b）低水头时进口速度三角形；（c）出口

（2）当 α_0 变化时。在 H、n 保持不变时，流量随导叶开度的变化而变化。导叶转动时，转轮进口水流的方向 α_1 变，进口绝对速 v_1 变化不大，即流量变化主要是因为 α_1 的变化改变了 v_{m1}。为便于讨论，当水头不变时，假定 v_1 的绝对值近似不变，其矢端将沿着一个圆弧移动，如图 12.23 所示。由图 12.23（a）和（b）可见，两种情况下 β_1 的变化方向正好相反，二者在非设计工况下都会出现进口冲击损失。在水轮机中，将进口冲角定义为

$$i = \beta_1 - \beta_{b1} \tag{12.18}$$

其符号与泵和风机的规定相反。

在出口，当 q_v 改变时，β_2 不变，v_{u2} 与 q_v 呈相反方向的变化。绝对值随流量偏离最优工况程度的增大而增大，故在非设计工况下，尾水管的损失将会增加［图 12.23（c）］。

图 12.24（a）为轴流、斜流转桨式水轮机流量变化时的速度三角形。由于叶片的转动使得 β_2 相应变化。由流量调节方程可见，当 α_0 不变时，β_2 的变化同样使流量变化。这个变化只能是改变 v_1 的绝对值的结果，所以其进口速度三角形与混流式不同，流量变化时，v_1 的大小和方向同时发生变化。叶片的转动，可以减小或消除进口冲击损失。

另外，在转轮出口，通过转动叶片，可以在流量变化时保持法向出口，减小尾水管内的损失。

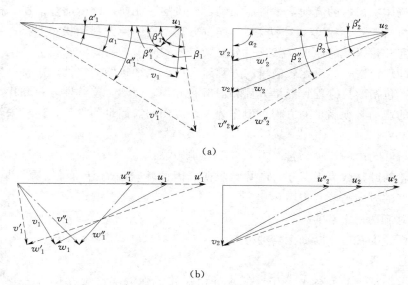

图 12.24　转桨式水轮机的变工况速度三角形
（a）流量变化；（b）流速变化

（3）当 n 变化时。当 α_0、φ、H 保持不变，n 的变化使 u_1、u_2 发生相应的变化，故其进、出口速度三角形如图 12.25 所示。

（4）当 H 变化时。当 α_0、φ、及 n 保持不变时，n 的变化使 u_1、u_2 发生相应的变化，故其进、出口速度三角形如图 12.26 所示。

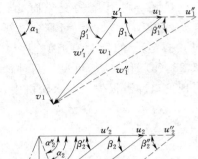

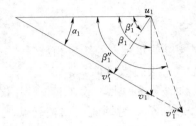

图 12.25　转速变化时的速度三角形　　　图 12.26　水头变化时的进口
速度三角形

12.4　叶片式流体机械的基本方程

叶片式流体机械内的流动，是可压缩黏性介质的三元非定常运动，描述这样的流动的基本方程组包括运动方程（N－S 方程）、能量方程、连续性方程和状态方程，利用这样的方程组来研究叶轮机械的原理显然是过分复杂了。实际上，研究叶轮机械的基本原理通常采用一元流动理论法，导出比较简单的方程组，用以描述机器的特性，这就是流体机械的基本方程式，包括欧拉方程、能量方程和伯努利方程。当然，连续性方程和状态方程也是叶轮机械中的流动必须满足的方程，但作为一切流动均需满足的方程，这里未将其列入叶轮机械的基本方程之内。

为了分析叶轮内的流动，暂时引入以下基本假设：

（1）叶轮的叶片数为无穷多，叶片无限薄。因此叶轮内的流动可以看作是轴对称的，并且相对速度的方向与叶片表面相切。

（2）相对流动是定常的。

（3）轴面速度在过流断面上均匀分布。

12.4.1　欧拉方程

在第 4 章的动量矩方程一节中已经推导出涡轮机械的动量矩方程，这里将其展开详述。根据动量矩定理，单位时间内流体质量对机器主轴的动量矩变化应等于作用在该质量上全部外力对同一轴的力矩总和。即

$$M = \frac{\mathrm{d}L}{\mathrm{d}t} = q_m(v_{up}r_p - v_{us}r_s) \tag{12.19}$$

式中：M 为作用力矩。该式为工作机和原动机的统一形式。

该力矩的功率为

$$M\omega = q_m\omega(v_{up}r_p - v_{us}r_s) = q_m(u_p v_{up} - u_s v_{us})$$

在不考虑损失时，该功率即为流体从叶片获得的功率，又因

$$P_f = hq_m = \rho g q_v H = q_v p_{tF}$$

则有

$$q_m g H_{th} = q_m h_{th} = q_v p_{th} = M\omega = q_m (u_p v_{up} - u_s v_{us})$$

最后得

$$gH_{th} = h_{th} = \frac{p_{th}}{\rho} = u_p v_{up} - u_s v_{us} \tag{12.20}$$

上式即叶片式流体机械的欧拉方程。在实际应用中，对工作机和原动机分别写成

$$gH_{th} = h_{th} = \frac{p_{th}}{\rho} = u_2 v_{u2} - u_1 v_{u1}（工作机）$$

$$gH_{th} = h_{th} = \frac{p_{th}}{\rho} = u_1 v_{u1} - u_2 v_{u2}（原动机） \tag{12.21}$$

式中，H_{th}、h_{th} 和 p_{th} 分别被称为理论扬程（水头）、理论能量头和理论全压，是指在没有损失的情况下每单位量（重力、质量、体积）流体从叶片所获得的能量或者传递给叶片的能量。显然，在有损失的情况下，工作机中流体实际获得的有用能量将比理论值小，而原动机中流体实际付出的能量将比理论值大。对于 $\alpha_s = 90°$（$v_{us} = 0$）的情况（法向出口或进口），有

$$gH_{th} = h_{th} = \frac{p_{th}}{\rho} = u_p v_{up} \tag{12.22}$$

欧拉方程也常用速度环量来表示，此时有

$$gH_{th} = h_{th} = p_{th}\rho = \frac{\omega(\Gamma_p - \Gamma_s)}{2\pi} = \frac{\omega Z \Gamma_b}{2\pi} \tag{12.23}$$

式中：$\Gamma_p = 2\pi r_p v_{up}$、$\Gamma_s = 2\pi r_s v_{us}$ 为叶轮高压边与低压边的速度环量；Z 为叶片数；Γ_b 为绕单个叶片的环量。

式（12.20）～式（12.23）是欧拉方程的几种等价形式。该方程式是从动量矩定理导出的，因而是普遍适用的。推导过程引入了无穷叶片数的假定，v_m 在过水断面上均匀分布的假定，并且是针对纯径向叶轮进行的。但实际上欧拉方程式与以上假定均无关，以上假定都是为了便于计算进出口处的速度三角形而引入的。因为在这种情况下，u_1、v_{u1} 在进口边上是常量，u_2、v_{u2} 在出口边上也是常量。一般情况下，叶片进出口处的 v_u 及 u 的值均是变化的。对混流式或轴流式叶轮，进、出口边均不与轴线平行，故 r_1、r_2 的值均是变化的，u_1、u_2 值亦随之变化。v_m 沿过流断面的分布实际上并不均匀，而且进出口边也不一定在同一过流断面上，所以 v_m 在进出口边的不同点上有不同的值。为了在这种一般性的情况下应用欧拉方程，可以对不同的轴面流线分别计算 u_1、v_{u1}、u_2，v_{u2} 后代入欧拉方程，也可利用进出口边上的平均值进行计算。

在无穷叶片数的假定下，出口相对流动角与叶片出口角相等，因此出口速度三角形易于求得。而实际上叶片数是有限的，出口流动角与叶片角也有一定的差异。

由欧拉方程可见，动叶片与单位量流体交换的能量，取决于叶片进、出口处速度矩的差值与角速度的乘积 $\omega(r_p v_{up} - r_s v_{us}) = u_p v_{up} - u_s v_{us}$。为了有效转换能量，在径流和混流式机器中，当然希望有 $r_p > r_s$，所以工作机多为离心流动，而原动机则为向心流动。

欧拉方程还可以利用相对速度表示。在速度三角形中利用余弦定理，有

$$h_{th} = \frac{v_p^2 - v_s^2}{2} + \frac{u_p^2 - u_s^2}{2} + \frac{w_s^2 - w_p^2}{2} \tag{12.24}$$

式（12.24）为欧拉方程的一个常用的形式，称为第二欧拉方程。此式除在一些场合应用比较方便以外，其主要意义在于将能量头分成了两部分。式子右端第一项显然表示介质通过叶轮后动能的变化量，而后两项则表示介质的静压能或焓的变化量。

叶片式流体机械的欧拉方程式给定了叶片与介质之间传递能量的大小，建立了叶轮设计计算的基础。当然实际计算时还应该考虑到能量损失以及有限叶片数的影响等因素，关于这些因素的定量的计算，将在随后的章节中详细讨论，未涉及到的可以参考相关书籍。

12.4.2　能量方程与伯努利方程

叶轮叶片对介质所做的功（正或负），将改变介质所具有的能量，包括内能和宏观的动能、势能。能量方程建立了介质的能量与叶片功的关系，这个关系就是热力学第一定律的解析表达式。

$$q = h_2 - h_1 + \frac{v_2^2 - v_1^2}{2} + g(Z_2 - Z_1) + w_s$$

在具体应用上式时，常根据具体情况采用相应的表达式。

除了带有内冷却的压缩机以外，通常忽略介质通过机壳与外界交换的热量，即认为 $q=0$。对叶轮而言，有 $w_s = \pm h_{th}$，对固定元件，则有 $w_s = 0$，于是对叶轮而言，能量方程为

$$h_{th} \pm \left[h_2 - h_1 + \frac{v_2^2 - v_1^2}{2} + g(Z_2 - Z_1) \right] \tag{12.25}$$

对于固定元件而言，能量方程为

$$h_2 - h_1 + \frac{v_2^2 - v_1^2}{2} + g(Z_2 - Z_1) = 0 \tag{12.26}$$

实际上，对于可压缩介质，通常不考虑重力的作用，上两式分别成为

$$h_{th} = \pm \left[h_2 - h_1 + \frac{v_2^2 - v_1^2}{2} \right] \tag{12.27}$$

和

$$h_2 - h_1 + \frac{v_2^2 - v_1^2}{2} - 0 \tag{12.28}$$

由于对不可压缩介质不考虑内能的变化，所以能量方程主要应用于可压缩介质。式（12.27）和式（12.28）两式对于有损失的流动也是成立的，因为流动损失所消耗的能量最终会变成热量，从而使介质的温度升高。而介质温度的变化，会反映到焓的变化中，仍在方程的考虑之中。

但应特别指出，这里式（12.27）中的 h_{th} 应理解为整个叶轮对介质所做的功。实际上，叶轮的泄漏损失和圆盘损失等能量损失也是叶轮与介质之间传递的能量，但这些能量不是通过叶片与介质的相互作用进行传递的，所以并未包括在欧拉方程式的 h_{th} 之中。

对于叶片式机械的设计计算，压力是一个重要的参数。但能量方程中没有直接出现压力值，在需要压力值的时候，可将焓的变化量与技术功相联系并将损失视为外加于介质的

热量。对叶轮和固定元件分别得到

$$h_{th} = \pm \left[\int_1^2 v \mathrm{d}p + \frac{c_2^2 - c_1^2}{2} + g(Z_2 - Z_1) + \Delta h \right] \tag{12.29}$$

$$\int_1^2 v \mathrm{d}p + \frac{c_2^2 - c_1^2}{2} + g(Z_2 - Z_1) + \Delta h = 0 \tag{12.30}$$

对于不可压缩介质，由于 $\int_1^2 v \mathrm{d}p = (p_2 - p_1)/\rho$，所以以上两式分别成为

$$h_{th} = \pm \left[\frac{p_2 - p_1}{\rho} + \frac{c_2^2 - c_1^2}{2} + g(Z_2 - Z_1) + \Delta h \right] \tag{12.31}$$

和

$$\frac{p_2 - p_1}{\rho} + \frac{c_2^2 - c_1^2}{2} + g(Z_2 - Z_1) + \Delta h = 0 \tag{12.32}$$

式（12.29）～式（12.32）均为伯努利方程的不同形式，可视需要选用。

12.5　叶片式流体机械的效率

流体机械的能量转换过程不可避免地伴随着能量损失，在叶片式流体机械中，其能量损失主要包括水力损失（流动损失）、容积损失（泄露损失）和机械损失这三类。各类能量损失的大小用相应的效率来衡量。

12.5.1　流动损失

流动损失，也称水力损失 ΔH（或 Δh、Δp），是指具有黏性的介质在流过流体机械的过程中引起的损失。包括摩擦损失、冲击损失、分离损失、二次流损失等。实际上，这些分类并不是严格的，因为它们之间又相互关联着，故不能截然分开。另外，还有一种损失，称叶端损失（图 12.27），也属于流动损失，是指在轴流、斜流等型式的叶（转）轮和开式、半

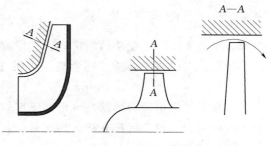

图 12.27　叶端损失

开式径流式叶（转）轮中，部分介质通过叶片与壳体之间的间隙从压力较高的工作面流到压力较低的背面，这股流动通过间隙会产生能量损失，同时因其对主流的扰动也会引起更大的损失。这两种损失合称叶端损失。

显然，产生流动损失的根本原因是介质的黏性。但是不同的流道形状和各种不同的流动条件下，流动的微观结构各不相同，所以流动损失可以有很多分类。流动损失是叶片式流体机械中最重要的损失，如果能够对流动损失进行定量的理论计算，就可在此基础上建立优化的设计方法。但是目前，对流动损失的计算还是采用半理论半经验的估算方法，依靠很多实验和经验数据去修正理论计算结果，而不能对其进行精确的计算。下面对叶片式流体机械中最常见、最重要的几种流动损失作一简单的分析。

1. 摩擦损失

摩擦损失属于水力学中的沿程损失，在整个流道中都存在摩擦损失。由管路沿程损失的计算公式有

$$g\Delta H_f = \Delta h_f = \lambda \frac{l}{d}\frac{v^2}{2} \qquad (12.33)$$

式中：ΔH_f 为水头损失，m；Δh_f 为能量头损失，$\mathrm{m^2/s^2}$。

阻力系数 λ 是雷诺数 Re 和管壁相对粗糙度的函数，当 $Re > Re_{cr}$ 时，λ 只是 Δ/d 的函数。在叶片式流体机械中，多数情况下 λ 与雷诺数无关或关系不大（即 $Re > Re_{cr}$），所以减小流道壁面的粗糙度对提高效率有很大的意义。

若将式（12.33）用于流体机械的流道，可将式中的 d 视为水力直径，将 v 视为流道中的特征速度，那么关键就是阻力系数 λ 的计算了，而 λ 的计算只能依靠经验公式解决。

2. 分离损失

分离损失主要发生在沿流动方向压力升高（逆向压力梯度）的情况下，当边界层发生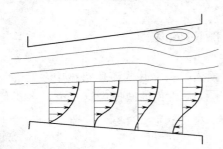分离时，则损失会明显增加，故称之为分离损失。如水轮机的尾水管以及泵、风机与压缩机的扩压元件（压水室）中，这时分离损失也称为扩散损失。图 12.28 为扩压管中速度分布及边界层分离的示意图。沿流动方向主流速度不断降低，因而压力逐渐增加。在主流区中，流体减速引起的惯性力与逆压梯度相平衡。但在边界层中，由于速度本来就低，减速后就可能使速度成为负值。此时边界层内的流体质点向后倒流，于是造成分离。

图 12.28　扩压管中的速度分布与分离

为减小分离损失，就要控制扩散管的扩散程度。对于圆锥或其他规则的扩散管，应控制其扩散角。对可压缩介质，通常要求扩散角 $\theta < 6° \sim 7°$，对不可压介质，通常要求 $\theta < 8° \sim 12°$。

对于复杂的流道截面形状，可根据流道的进、出口面积和长度计算当量扩散角。也可用扩压度的概念，对不可压介质，用流道的出口与进口面积之比 A_2/A_1 表示扩压度，对可压缩介质，考虑到密度的变化，用进、出口的速度比 $\omega_1/\omega_2 = A_2\rho_2/A_1\rho_1$ 表示。对叶轮而言，通常要求 $\omega_1/\omega_2 \leqslant 1.6 \sim 1.8$。还可以用扩散（扩压）因子表示流道的扩散程度，对叶轮而言，扩散因子的定义为

$$D = \frac{w_{smax} - w_{s2}}{w_{s1}} \qquad (12.34)$$

式中：w_{smax}、w_{s2}、w_{s1} 分别表示叶片背面（低压面）的最大出口和进口速度。

除了尾水管和扩压器外，泵、风机与压缩机叶轮的叶间流道也是扩散的，也易于产生分离。不过叶轮内产生的分离不是单纯的扩散作用，而是与二次流有很大的关系。另外，流道中的转弯、面积突变等很多因素也都可能造成流动分离。

3. 冲击损失

在叶片式流体机械叶轮中，当液流的进口流动角 β_1 和叶片安放角 β_{b1} 不同时，则有冲

角产生，并产生冲击损失。当出现进口冲角时，将引起叶片表面的流动分离，如图 12.29 所示，所以冲击损失也是一种分离损失。将液流进口速度矢量 w_1 分解成两个分量，一个分量 w_{10} 与无冲击进口的来流方向相同，另一个 w_{1sh} 沿圆周方向，称为冲击速度。此速度表示冲击损失大小，故 w_{1sh} 的大小和 $v_{m0}-v_{mopt}$ 成正比，即和流量差 q_v-q_{vopt} 成正比（脚标 opt 代表叶片式流体机械的最优运行工况）。w_{1sh} 反映了冲击现象的严重程度，冲击损失可表示为

$$\Delta H_{sh}=\zeta_{sh}\frac{w_{1sh}^2}{2g} \text{或} \Delta h_{sh}=\zeta_{sh}\frac{w_{1sh}^2}{2} \qquad (12.35)$$

式中：ζ_{sh} 的值与冲角的正负有很大的关系，取决于流体介质进入叶栅后是加速还是减速。

另外，应该指出，冲击损失不仅仅发生在叶片的进口，也可发生在其他的过流部件，如作为扩压元件的蜗壳。

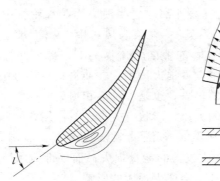 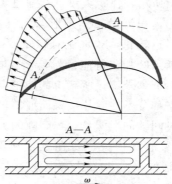

图 12.29　进口冲角与流动分离　　　　图 12.30　离心叶轮内的二次流

4. 二次流损失

几乎所有的过流通道中速度和压力的分布都是不均匀的，压力分布的不均匀使流体质点受到一个指向压力梯度相反方向的作用力。在主流区中，液体叶片弯曲造成离心力和压力相平衡，但在边界层内，压力和主流区相同，但速度小很多，不能和主流流动形成的压力梯度相平衡，这使得边界层内的流动质点向压力梯度相反方向流动，此流动方向大致和主流流动的方向垂直，故称为二次流。图 12.30 表示了离心式叶轮中二次流的形成，在两叶片间通道的截面上，叶片工作面压力高，速度低，而背面正好相反，此压力梯度将使流体质点受到一个指向叶片背面的力。在主流区中，此力与质点的圆周运动以及叶片的弯曲形成的离心力相平衡，但叶片表面和两侧板的边界层内的流体质点的惯性力不能与此压差平衡，因此产生了截面图中所示的二次流。这个二次流将叶片工作面和侧板的边界层内低速的流体质点搬移到了叶片背面，使那里的边界层增厚从而导致分离、产生损失。二次流改变了主流的结构，使叶轮出口处的速度分布形成图中所示的射流-尾迹结构。

二次流是黏性流体流动中一种普遍的现象，除了少数几种特殊的均匀压力分布（如直圆管内的流动）情况外，都伴随着二次流的产生。二次流除直接引起损失外，还使主流流场发生畸变而引起损失。

5. 其他流动损失

除以上讨论的四种类型以外，流动损失还有其他类型。例如，除直锥形吸入室外，其他各种吸入室都不能向叶轮提供完全均匀轴对称的入流条件，这将使叶轮内的流动成为周期性变化的。一方面，这种非定常的相对运动本身会引起损失，另一方面，周期变化的入流条件必然使进口冲角不断变化而不能保持无冲击进口。又例如，由于从叶片中流出的流体的速度是不均匀的，所以导叶或扩压器叶片进口同样有着周期变化的入流条件。再例如，在有一定厚度的叶片尾部，流体流出叶片后，通道面积将突然扩大，从而引起损失等等。

12.5.2　容积损失

容积损失，也称泄漏损失 Δq_v 或 Δq_m，是由于通过间隙的泄漏而引起的流量损失。这些间隙是由于机器结构的原因，使得转子部件和壳体之间必然存在间隙。

如图 12.31 所示，体积流量 Δq_{v1} 通过轮盖（前盖板、下环）密封部位的间隙从高压区泄漏到低压区，体积流量 Δq_{v2} 则泄漏到机器外部。这些损失，在水轮机中，是水流流过水轮机，但没经过转轮，故水流对转轮没做功；在泵与风机中，一部分流量 Δq_{v1} 在内部不断循环，不断从叶片获得能量然后消耗在间隙的节流损失上。另一部分流量 Δq_{v2} 则从叶轮获得能量后流到外部，所获得的能量也就损失掉了。在冲击式水轮机中，在非设计工况下，射流的一部分不与叶片接触而射向机壳，也是一种容积损失。

显然，通过间歇的泄漏量，与间隙的大小、形状有关，也与作用在间隙两端的压力差有关。为了减少泄漏损失，要在发生泄漏的部位设置密封装置。泄漏包括内部泄漏（Δq_{v1}）和外部泄漏（Δq_{v2}）。内部泄漏造成较大的能量损失；而外部泄漏所占能量损失比重虽然不大，但其可能对整机的安全和环境会产生很大的影响。

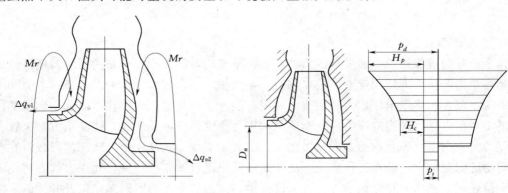

图 12.31　容积损失和圆盘损失　　　　图 12.32　离心泵泵腔中的压力变化

（1）间隙泄漏量大小与间隙两端的压力差也有关。下面以离心泵叶轮为例进行说明。如图 12.32 所示，图中右边是叶轮与壳体之间的水流的压力分布，沿半径呈抛物线状。当忽略流经此空间的泄漏流量的影响时，可认为水流的旋转角速度为叶轮转速的一半。但实际上，由于泄漏流量的影响，其中水流的运动是很复杂的。在叶轮出口直径处压力 $p_p = H_p + p_s$（H_p 为叶轮的静扬程，p_s 为吸入压力）。作用于间隙两端的压力差 H_c(m) 应等于 H_p 减去由旋转引起的压力降。当泄漏量很小时，可用下式计算：

$$H_c = H_p - \frac{1}{4} \frac{u_2^2 - u_n^2}{2g} \tag{12.36}$$

另外，图 12.32 中，由于前、后盖板的承压面积不同，压力分布也可能不同（因为通过的泄漏量不同），因而作用在叶轮上两个方向的总压力不同。作用在整个叶轮上的总轴向作用力称为轴向力，设法消除（平衡）或使用轴承承受该力是泵设计时必须做出的选择。

（2）设计密封装置时，应该在既定的压差下使泄漏量最小。介质、压力的不同，则密封装置也不同。

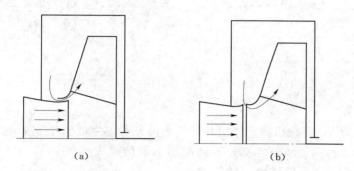

(a)　　　　　　　　　　　　(b)

图 12.33　通风机的密封间隙
（a）套口形式（径向间隙）；（b）对口形式（轴向间隙）

图 12.33 为离心式和混流式通风机常用的密封结构。其中，对口形式泄漏流量沿与主流垂直的方向流入叶轮，对主流是一种干扰，且该处恰好是容易发生流动分离的地方，因此应尽量避免采用对口形式。为减小泄漏量，在结构与工艺条件许可的条件下，间隙值越小越好。通常取为叶轮直径的 0.5% ～1%。

在泵和水轮机中，出于强度的考虑，通常在密封处设置一环形间隙（图 12.34）。一般可借用水力学中有关的公式计算通过环形间隙的泄漏量。将泄漏看作是孔口出流，则有 Δq_V（m/s）。

$$\Delta q_V = \varphi \pi D s \sqrt{2g H_c} \tag{12.37}$$

式中：φ 为流量系数；D 为密封环直径，m；s 为间隙宽度，m；H_c 为压力差，m。

光滑的环形缝隙中的阻力损失包括进口、出口及沿程损失三部分。设其阻力系数分别为 ζ_1、ζ_2 和 ζ_3，则

$$\varphi = \frac{1}{\sqrt{\zeta_1 + \zeta_2 + \zeta_3}} \tag{12.38}$$

阻力系数的具体数值，可利用水力学中圆管公式计算。但由于流动条件与圆管差别很大，因此计算精度不高，若欲精确求得泄漏量，则应进行实验研究。

对于 H 很高而 q_V 很小的机器，容积损失在总损失中占很大比重。为了提高机器效率，通常采用更复杂一些的密封结构，如图 12.35 所示。

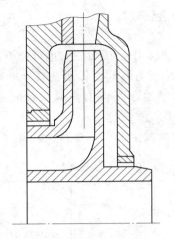

图 12.34 密封环的结构

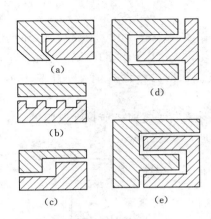

图 12.35 各种形式的密封环

12.5.3 机械损失

机械损失 (ΔP)，是指机械摩擦引起的功率损失，认为和水力参数无关。机械损失可分为两种，一种是轴承、轴封等部位固体摩擦引起的损失 ΔP_m；另一种是叶轮旋转时，其盖板外侧及外缘与介质摩擦引起的损失 ΔP_r，称为圆盘损失（也称轮盘损失或轮阻损失）。ΔP_r 虽然仍是介质从叶轮获得的能量，但不是通过叶片获得的，与叶片内的流动状况无关，因此不应属于流动（水力）损失。下面重点介绍圆盘损失。

圆盘损失在径流式叶轮中占有很大的比重。叶轮的旋转带动壳体与叶轮之间的介质旋转，而壳体则阻止介质的旋转。叶轮与壳体之间的介质速度的分布与壳体及叶轮的形状，表面状况及流过其中的泄漏量有关，难以精确计算。圆盘摩擦功率有专门的测量装置。假定介质与圆盘相对运动的速度等于圆盘旋转速度的一半，则圆盘摩擦损失的总功率可由下式计算：

$$\Delta P_r = 2M_r\omega = \frac{\pi}{10}c_r\rho u_2^3 D_2^2 = K\rho u_2^3 D_2^2 \tag{12.39}$$

式中：M_r 为作用在圆盘一个侧面的摩擦力矩；u_2 为圆盘外缘的速度；D_2 为圆盘外径；系数 K 的数值通过实验确定，图 12.36 为实验结果，由该图可见，K 值与雷诺数 Re、箱体尺寸及圆盘的粗糙度有关。

12.5.4 流体机械的效率

接下来具体讨论原动机和工作机的效率。水轮机、泵和通风机的工作介质为不可压缩的，图 12.37 是它们的能量流向图。左图为泵和通风机，右图为水轮机。

（1）对水轮机而言，输入功率为流体功率

$$P_f = \rho gQH$$

实际上，进入转轮的流量为 $Q_{th} = Q - \sum q$（除去泄漏量 $\sum q$），Q_{th} 表示流经转轮理论体积流量；除去水力损失 $\sum h$，$H_{th} = H - \sum h$，H_{th} 为理论水头，即流经转轮的单位重量流体与叶片交换的能量。故在转轮得到的机械功率为

$$P_{th} = \rho gQ_{th}H_{th} \tag{12.40}$$

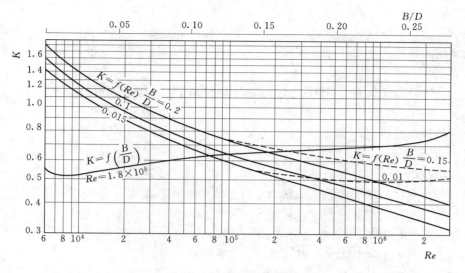

图 12.36　圆盘损失系数

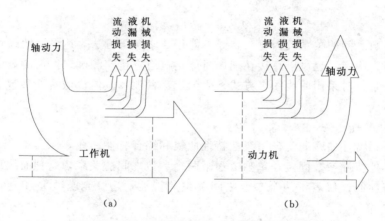

图 12.37　原动机与工作机的能量流向

扣除机械损失 ΔP_m 和圆盘损失 ΔP_r，则传递给电动机的输出功率为

$$P = P_{th} - \Delta P_m - \Delta P_r \tag{12.41}$$

（2）对泵和风机而言，输入功率 P 是由原动机传到轴上的功率。同理，扣除机械损失 ΔP_m 和圆盘损失 ΔP_r，实际传给叶片的功率为

$$P_{th} = P - \Delta P_m - \Delta P_r = \rho g Q_{th} H_{th} \tag{12.42}$$

除去流动过程中的水力损失 $\sum h$，出口处流体实际具有的能量（扬程）$H = H_{th} - \sum h$；除去泄漏量 $\sum q$，出口处的实际流量为 $Q = Q_{th} - \sum q$。故可得出口出水流的功率为

$$P_f = \rho g Q H$$

对于风机，出口处气流的功率为

$$P_f = Q P_{tF} \tag{12.43}$$

（3）引入机械效率 η_m、水力效率 η_h 和容积效率 η_v 分别衡量各对应损失的大小。机器

的总效率定义为

$$\eta = \eta_m \eta_h \eta_v \qquad (12.44)$$

以上各式适用于不可压缩介质情况，对于可压缩介质，可参考相关书籍。

12.6　叶片式流体机械特性与特性曲线

12.6.1　特性曲线概述

1. 特性曲线定义

流体机械的特性可以用一些特性参数来表示。这些参数可以分为以下三类：

（1）流体机械的结构参数。如活动导叶（或喷嘴）开度 α_0、转桨式叶片转角 φ 等。

（2）流体机械的工作参数。如转速 n、流量 Q、水头 H（或扬程 H、全压 p）、功率 P、效率 η 及空化系数 σ（或空化余员 Δh_r）等。

（3）工作介质的物性参数。如密度 ρ、绝热指数 k 等。

对某一选定的流体机械，假设物性参数不变，以上参数之间的关系可以用广义函数来表示：

$$P, Q, \eta, \sigma = f(\alpha_0, \varphi, n, H) \qquad (12.45)$$

由于各参数之间的关系较为复杂，尚不能用数学解析方法表达，一般通过模型试验或流动分析计算来确定，也可以直接在现场对原型机组进行实测确定。由测试或计算得出各参数之间的关系，常采用曲线图表方式来表示，这种表示流体机械特性参数之间关系的曲线称为特性曲线。

2. 特性曲线的分类

流体机械的特性曲线通常分为线性特性曲线和综合特性曲线。

如果把其他特性参数固定，单独考察某两个参数之间的关系，这种曲线称为线性特性曲线。线性特性曲线仅表示两个参数之间关系的特性，是一元函数关系，可用一条曲线表示。

当需要综合考察各种参数之间的相互关系时，把表示流体机械各种性能的曲线绘在同一张图上，这种曲线称为综合特性曲线。其中模型水轮机的综合特性曲线以单位参数 Q_{11}、n_{11} 为横、纵坐标，称为模型综合特性曲线。原型水轮机的综合特性曲线以工作参数 P（或 Q）、H 为横、纵坐标，称为运转特性曲线。

12.6.2　水轮机特性曲线

1. 线性特性曲线

水轮机的线性特性曲线通常包括工作特性曲线、转速特性曲线和水头特性曲线。

（1）工作特性曲线。当水轮机的转速 n 和水头 H 不变时，表示效率 η、功率 P、流量 Q 和导叶开度 α_0 之间关系的曲线称为工作特性曲线，如图 12.38 所示。由于横坐标的不同，水轮机工作特性曲线可以分为功率特性、流量特性和开度特性曲线，三种工作特性曲线可以相互转换。

水轮机工作特性曲线反映了水轮机实际运行时的工作情况，常用它来比较不同水轮机的工作性能。从任何一种工作特性曲线上都可以看出水轮机的空载开度及对应的流量，也

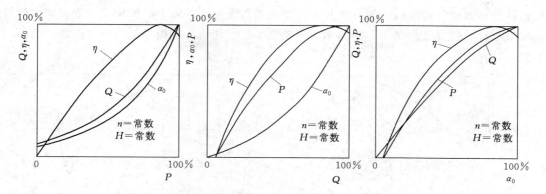

图 12.38 水轮机三种工作特性曲线

可以看出水轮机最优工况所对应的导叶开度、流量和功率。

（2）转速特性曲线。水轮机转速特性曲线表示导叶开度 α_0 和水头 H 为常数时，流量 Q、转速 n、功率 P 和效率 η 之间的关系。转速作为横坐标，其他参数作纵坐标，如图 12.39 所示。

由转速特性曲线可以获得水轮机在不同转速时的流量、功率和效率，还可以获得水轮机在某开度时的最高效率、最大功率及水轮机的飞逸转速。水轮机正常工作时通常都在固定的转速下运转，转速特性曲线可以反映机组开停机和飞逸等过程的参数变化情况。

（3）水头特性曲线。水头特性曲线表示水轮机转速 n、导叶开度 α_0 为常数时，其功率 P、效率 η、流量 Q 和水头 H 之间的关系。水头作为横坐标，其他参数作纵坐标，如图 12.40 所示。水头特性曲线可以研究水头变化对水轮机工作的影响。

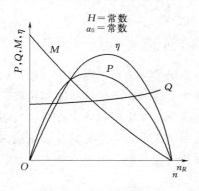

图 12.39 水轮机转速特性曲线

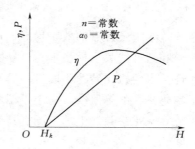

图 12.40 水轮机水头特性曲线

2. 综合特性曲线

（1）水轮机模型综合特性曲线。由相似理论可知，相似工况下单位流量 Q_{11} 和单位转速 n_{11} 分别相等，一定的 Q_{11} 和 n_{11} 值就决定了一个相似工况，因此可以用单位流量和单位转速为参变量表示水轮机不同工况下的效率、空化系数、导叶开度、叶片转角等的变化情况。模型综合特性曲线就是在以 Q_{11} 和 n_{11} 作为横、纵坐标的直角坐标系中同时绘出等效率线、等空化系数线、等导叶开度线以及等叶片转角线等。

1）混流式和轴流定桨式水轮机模型综合特性曲线。混流式和轴流定桨式水轮机模型综合特性曲线由等效率线、等开度线、等空化系数线与功率限制线等构成。混流式水轮机的模型综合特性曲线如图 12.41 所示。不同类型的水轮机，其模型综合特性曲线具有不同的特点。

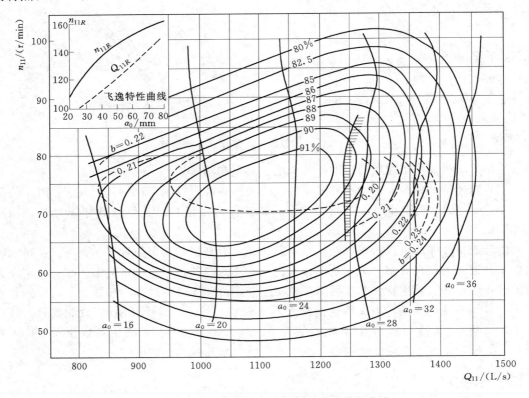

图 12.41　混流式水轮机模型机组综合特性曲线

同一条等效率线上各点的效率均等于常数，说明虽然运行工况不同，但可以具有相同的效率；等导叶开度线表示模型水轮机导叶开度为常数时，单位流量随单位转速改变而发生变化的特性。水轮机比转速不同时，等开度线的形状亦不同；等空化系数线表示水轮机不同工况下空化系数的等值线。由于模型水轮机的空化系数大多是通过能量法试验而获得的，因此尽管等空化系数线上的工况点具有相同的空化系数，但其空化发生的状态可能是不相似的。

混流式水轮机的模型综合特性曲线上通常标有 95% 功率限制线，将各单位转速下水轮机输出 95% 最大功率时的各工况点连成一线就是 95% 功率限制线。由于水轮机在最大功率下运行时，随着流量的增大效率将会下降更快导致功率降低，不能再按正常的规律实现功率的调节。而且，在超过 95% 最大功率运行时，随流量的增加功率改变也比较小。所以将水轮机的功率限制在最大功率的 95% 范围内运行。

2）转桨式水轮机模型综合特性曲线。转桨式水轮机模型综合特性曲线由等效率线、等导叶开度线、等叶片转角线、等空化系数线等构成。贯流转桨式水轮机的模型综合特性曲线如图 12.42 所示。

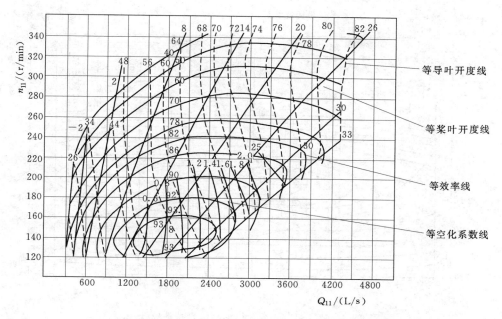

图 12.42 贯流转桨式水轮机模型机组综合特性曲线

转桨式水轮机的叶片角度可调，同一个水头发出相同的功率可以有不同的导叶开度 α_0 和叶片转角 φ 的组合，不同开度 α_0 和叶片转角 φ 的组合有不同的水力效率，总存在一个 α_0 和 φ 值使水力效率最高，这种在最高效率下运行的工况称为协联工况。当水轮机的运行工况发生变化时，可以同时调节 α_0 和 φ，从而保持水轮机各工况下都在对应的最高水力效率下运行，按这种方式运行称为协联运行。协联工况下 α_0 和 φ 的组合关系称协联关系。在电站实际运行中可以根据具体情况，绘制协联曲线，譬如考虑运行稳定性或者增加功率等，而不一定要使机组在最高效率下运行。

转桨式水轮机具有较宽的高效率区，在相当大的流量范围内也不会出现流量增大而功率减小的情况，在综合特性曲线上一般不绘出 95％功率限制线，但最大功率会受到发电机容量、最大导叶开度和空化条件的限制。

3）冲击式水轮机模型综合特性曲线。冲击式水轮机包括切击式、斜击式、双击式等几种类型，它们的模型综合特性曲线有共同的特点。切击式水轮机的模型综合特性曲线如图 12.43 所示。它由等效率线和等喷嘴开度线组成。

冲击式水轮机的过流量与水轮机的转速无关，仅与喷嘴的开度有关，因此等开度线与横坐标垂直。

冲击式水轮机对负荷变化的适应性较好，等效率曲线扁而宽。一般不绘出功率限制线。

虽然在大气压力下工作，也存在空蚀破坏现象，但冲击式水轮机空化方式与反击式水轮机不同，很难用空化系数的形式表示空化性能，因此也不绘出等空化系数线。

4）水泵水轮机模型综合特性曲线。水泵水轮机既可以作为水轮机运行，也可以作为水泵运行，运行工况有 8 种，分别是正水泵工况、反水泵工况、正水轮机工况、反水轮

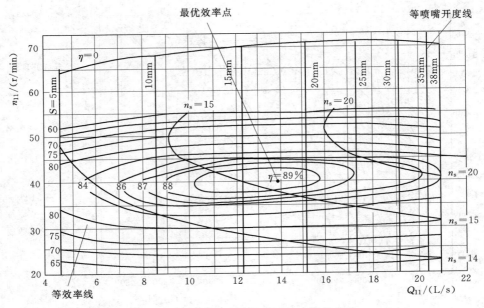

图 12.43　切击式水轮机模型综合特性曲线

工况、两种水轮机制动工况、两种水泵制动工况。模型综合特性曲线包括水轮机工况特性曲线和水泵工况特性曲线两部分。两部分曲线可以分别绘制在两张图上，也可以绘制在一张图上，用实线和虚线区别。高水头混流式水泵水轮机全特性曲线如图 12.44 所示，由于上下库是确定的，运行区一般有 5 个，分别为正水泵区、正水轮机区、反水泵区、两个制动区。详细内容请读者查找相关资料分析研究。

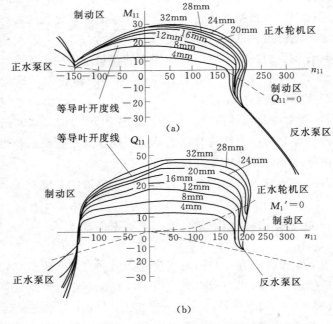

图 12.44　高水头混流可逆式水泵水轮机全特性曲线

（2）原型水轮机运转特性曲线。对于原型水轮机组，通常以功率 P（或流量 Q）为横坐标，以水头 H 为纵坐标表示运转特性曲线，也可以以功率 P（或流量 Q）为纵坐标，以水头 H 为横坐标表示。它是在原型水轮机公称直径 D 和转速 n 已知的条件下，根据模型综合特性曲线和相似定律换算绘制而成的。水口电站轴流式水轮机的运转特性的曲线如图 12.45 所示。纵坐标为功率，横坐标为水头，图中包括等效率线、等导叶开度线、等叶片转角线、等空化系数线和功率限制线。其中功率限制线一般由两段组成，一段是受发电机额定功率限制的水平线（功率为纵坐标）或垂直线（功率为横坐标）；另一段是斜线，定桨式水轮机受功率储备限制，转桨式水轮机受导叶最大开度即空化条件限制，冲击式水轮机受喷嘴最大开度限制。

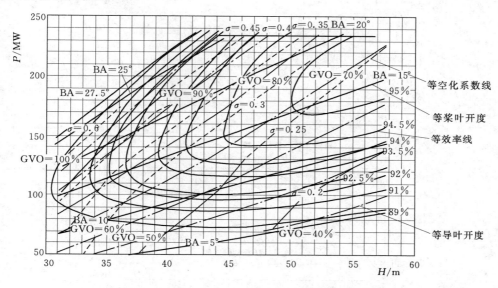

图 12.45　水口水电站轴流式转桨式水轮机原型机组运转特性曲线

12.6.3　水泵特性曲线

1. 离心式水泵特性曲线

（1）离心式水泵线性特性曲线。

1）扬程与流量（H-Q）特性曲线。离心式水泵扬程与流量特性曲线如图 12.46 所示，纵坐标为扬程 H，横坐标为流量 Q。曲线 Ⅰ 表示无限叶片数理论扬程与流量曲线，是一条倾斜向下的直线。曲线 Ⅱ 表示考虑了有限叶片数引起滑移的理论扬程与流量曲线，也是一条倾斜向下的直线。考虑了摩擦及扩散损失后得到曲线 Ⅲ。其中摩擦及扩散损失与流量的平方成正比。曲线 Ⅳ 考虑了冲击损失，且冲击损失在设计工况下为零。进一步还需要考虑容积损失的影响，得到曲线 Ⅴ。这样就得到了实际扬程与流量的特性曲线。

2）功率与流量（P-Q）特性曲线。纵坐标为功率 P，横坐标为流量 Q。曲线 ① 表示理论功率与流量曲线，加上机械损失功率 ΔN 后得到曲线 ②。再考虑容积损失，得到实际功率与流量曲线 ③。

3）效率与流量（η-Q）特性曲线。纵坐标是效率 η，横坐标是流量 Q，对水泵效率最高点即为设计工况点。

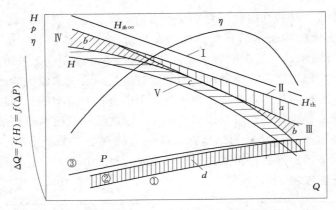

图 12.46　离心式水泵扬程与流量特性曲线

锅炉给水泵的线性特性曲线如图 12.47 所示。

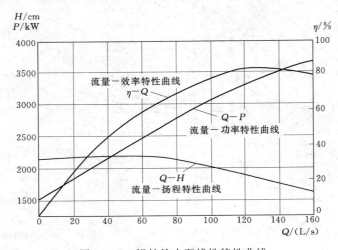

图 12.47　锅炉给水泵线性特性曲线

（2）离心式水泵综合特性曲线。离心式水泵综合特性曲线如图 12.48 所示，纵坐标是扬程 H，横坐标是流量 Q，特性曲线通常包括等转速线和等效率线。

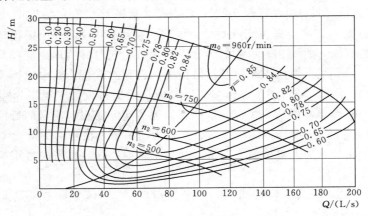

图 12.48　离心式水泵综合特性曲线

2. 轴流式水泵特性曲线

（1）轴流式水泵线性特性曲线。轴流定桨式水泵的线性特性曲线如图 12.49 所示，扬程随流量变化过程中会出现不稳定区，功率随着流量的增大而单调减小，在离开设计工况点运行时效率下降很快。

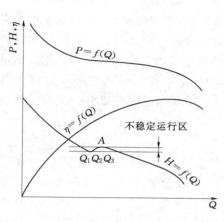 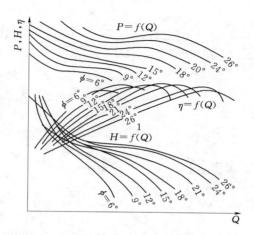

图 12.49 轴流定桨式水泵线性特性曲线　　　图 12.50 轴流转桨式水泵线性特性曲线

轴流转桨式水泵的线性特性曲线如图 12.50 所示，其工作参数随叶片转角而改变，调整叶片转角可使特性曲线的位置移动，高效率区比较宽。

（2）轴流式水泵综合特性曲线。南水北调工程某轴流转桨式水泵模型试验的综合特性曲线如图 12.51 所示。由于调节工况时改变叶片角度的方法比改变转速更方便，因此综合特性曲线中绘制了等叶片转角线而将转速固定，图中还绘制出了等效率线、等吸出高度线。

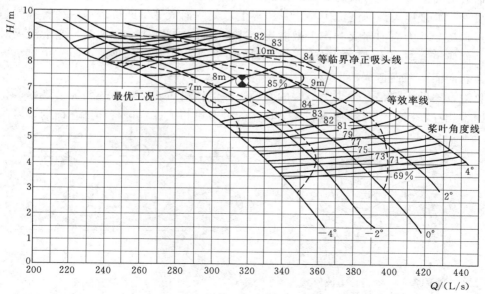

图 12.51　南水北调工程某轴流转桨式水泵模型试验综合特性曲线

12.6.4　流体机械的空化与空蚀

1. 空化与空蚀现象

空化与空蚀是以液体为工作介质的叶片式流体机械中可能出现的一种物理现象，它是一种只会在液体中发生的现象。

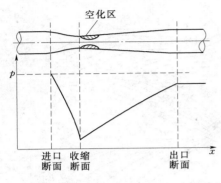

图 12.52　文丘里管压力分布示意图

当流道中水流局部压力下降至临界压力（一般接近汽化压力）时，水中气核成长为空泡，空泡的聚集、流动、分裂、溃灭的过程，以及由此产生的一系列物理现象和化学变化，称为空化（也可以称作汽化、汽蚀）。发生汽化的临界压力称为汽化压力。如图 12.52 所示的文丘里管，在收缩断面处将形成空化区。

2. 空化机理

当压力小于汽化压力时，液体中会有气泡产生，这是空化现象发生的外部条件，并非内因。"空化核"理论认为，自然界的液体中含有不可溶解的气体，通常呈直径在微米量级的气泡状，被称为空化核或气核。气核改变了液体的结构，降低了液体的抗拉强度。当压力降低至汽化压力附近时，液体的连续性被破坏，气核逐渐膨胀，称为可见的空泡，这才是空化发生的本质原因。空泡随液体流动，如果压力继续降低，空泡体积变大。当到达高压区时，空泡逐渐缩小，直至溃灭。

3. 空蚀机理

空蚀机理十分复杂，至今仍没有定论。空泡溃灭的机械作用是目前比较一致的看法。其中有两种解释较为合理。一种解释称为冲击压力波模式，认为空蚀破坏是从小空泡溃灭中心辐射出来的冲击压力波造成的。如图 12.53 所示，固体壁面附近有一个鼓励的溃灭空泡，溃灭时冲击压力波从空泡中心传到边界上，使壁面成球形凹坑。另一种解释就是微射流模式，认为较大空泡溃灭时产生微射流，造成空蚀。如图 12.54 所示，空泡溃灭时发生变形，促成了流速很大的微型射流，射流瞬间穿过空泡内部，如果溃灭距离边界很近，射流就会射向固体壁面造成冲击破坏。

总之，空蚀机理是一个十分复杂的问题。在流体机械实际运行还与泥沙磨损、化学腐蚀等因素相互作用，使材料加速破坏。具体的可通过相关课程进行详细全面的学习。

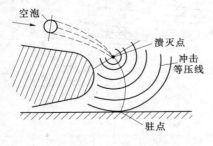

图 12.53　冲击压力波模式

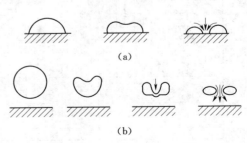

图 12.54　微射流模式
（a）附着在壁面上的空泡；（b）壁面附近的空泡

12.6.5 流体机械的空化参数

水力机械流道内的最低压力区是最易发生空化和空蚀的区域，而水力机械的低压侧即是低压区，故研究影响水力机械叶轮低压侧空化特性的参数及其表示与计算，对保证水力机械的优良性能和稳定运行是非常重要的。

1. 转轮叶片上的最低压力

流体机械的转轮叶片通常是一组翼型叶栅。液体流经转轮时，叶栅的翼型剖面上的压力是变化的，在速度较高处压力往往较低，在叶片翼型表面总有一个位置压力最低，记最低压力点为 K。一般，对于水轮机叶片，K 点在叶片背面出口边附近；而对于泵叶片，K 点位于进口边附近，如图 12.55 所示。若 K 点压力等于或低于该温度下的汽化压力时，将在叶片表面产生空化。

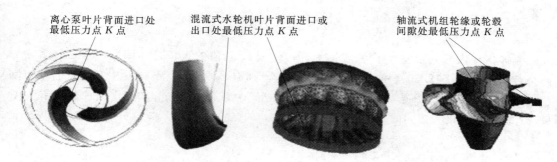

离心泵叶片背面进口处最低压力点 K 点　　混流式水轮机叶片背面进口或出口处最低压力点 K 点　　轴流式机组轮缘或轮毂间隙处最低压力点 K 点

图 12.55 泵和水轮机运行最低压力点示意图

如图 12.56 所示。K 为最低压力点，L 为经过 K 点的流线在叶片进口边（泵）或出口边（水轮机）上的一个点。S 为机器进（出）口断面上一点，对于泵 S 在吸水室进口处；对于水轮机，尾水管出口处。S 点所在的断面，称为低压测量断面。机器的空化特性，基本上取决于低压测量断面的参数。在 L 和 K 点间列相对伯努利方程，然后在 L 和 S 点列伯努利方程，可以将最低压力点 K 的压力表示为

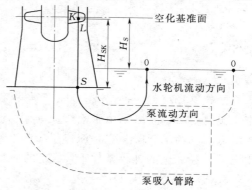

图 12.56 叶片表面最低压力点与吸出高度

$$\frac{p_K}{\rho g} = E_s - H_{SK} - \frac{v_L^2}{2g} \pm \Delta h_{L-s} + \frac{\omega_L^2 - \omega_K^2}{2g}$$
$$+ \frac{u_K^2 - u_L^2}{2g} \pm \Delta h_{K-L} \qquad (12.46)$$

考虑到 Δh_{L-s} 与出口速度 v_L^2 成正比，Δh_{K-L} 与相对速度 ω_L^2 成正比，并认为 L 和 K 点圆周速度近似相等，引入系数 λ_1、λ_2，可将上式化简为

$$\frac{p_K}{\rho g} = E_s - H_{SK} - \left(\lambda_1 \frac{v_L^2}{2g} + \lambda_2 \frac{\omega_L^1}{2g}\right) \qquad (12.47)$$

其中，$E_s = \frac{p_s}{\rho g} + Z_s + \frac{v_s^2}{2g}$ 为机器低压侧的能量；λ_1、λ_2 对几何相似的机器在相似工况

下认为是常数。在上式中，最低压力点的位置 H_{SK} 在实践中很难确定，因此，将上式的 H_{SK} 用 H_S 代替，H_S 为机器基准面到下游水面的高度，被定义为吸出高度，由此引起的差别在实际应用中进行修正。

2. 空化余量

定义必需空化余量为

$$\Delta h_r = \lambda_1 \frac{v_L^2}{2g} + \lambda_2 \frac{\omega_L^2}{2g} \tag{12.48}$$

定义装置有效空化余量为

$$\Delta h_a = E_S - H_S - \frac{p_{u}}{\rho g} \tag{12.49}$$

由式（12.49）可得

$$\frac{p_K - p_{u}}{\rho g} = \Delta h_a - \Delta h_r \tag{12.50}$$

流体机械内部是否发生了空化取决于 $(p_K - p_u)$ 值的正负，亦即取决于 Δh_a 和 Δh_r 两个参数。由式（12.50）可知，若 $\Delta h_a > \Delta h_r$，则有 $p_K > p_u$，不会发生空化；若 $\Delta h_a = \Delta h_r$，则有 $p_K = p_u$，开始发生空化；若 $\Delta h_a < \Delta h_r$，则有 $p_K < p_u$，空化进一步发展。图 12.57 表示了空化参数间的关系。

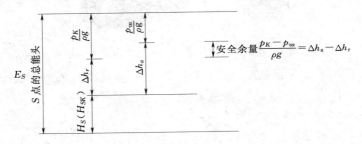

图 12.57　空化参数之间的关系

由式（12.48）可知，Δh_r 是一个只与机器内部流动有关的参数，对于既定机器的既定工况是常数。它表示由于液体流动而引起的叶片上最低压力点处相对于机器低压侧压力的降低，称为动压降。它是流体机械内部空化性能的量度，而与机器的安装位置和液体性质无关。在一定的外界条件下，Δh_r 的值越小，p_K 的值越高，则发生空化的可能性越小。

3. 空化系数

将式（12.50）两端同时除以水头 H 后可得

$$\frac{p_K - p_{u}}{\rho g H} = \frac{\Delta h_a}{H} - \frac{\Delta h_r}{H} \tag{12.51}$$

上式右边第一项的意义同 Δh_a，表示装置的空化条件，以 σ_p 表示，对于水轮机，称为电站空化系数，对于泵，则称为装置空化系数，即

$$\sigma_p = \frac{\Delta h_a}{H} = \frac{NPSH_a}{H} \tag{12.52}$$

式（12.51）中右边第二项反映流体机械空化性能，对于水轮机，称为水轮机的空化系数，用 σ 表示；对于泵，则称为泵的空化系数，用 σ_{sp} 表示：

$$\sigma = \sigma_{sp} = \frac{\Delta h_r}{H} = \frac{NPSH_r}{H} \tag{12.53}$$

另外，定义空化安全系数为

$$K_\sigma = \frac{\sigma_p}{\sigma} \tag{12.54}$$

这样可以得到流体机械不发生空化的条件为

$$K_\sigma > 1 \tag{12.55}$$

通过改变 σ_p 的模型空化试验，可以给出效率-空化系数的曲线 $\eta = f(\sigma_p)$，如图 12.58 所示，可以得出临界空化系数 σ_c。根据相似原理，它们的比值对几何相似、工作在相似工况的机器是常数，故空化系数 σ 是流体机械空化现象的相似准则，对几何相似、工作相似工况下的机器是常数。

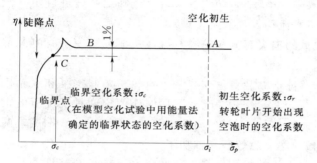

图 12.58　典型的空化特性曲线

习　　题

12.1　水轮机和水泵的基本工作参数有哪些？各是如何定义的？

12.2　什么是流面、轴面？什么是轴面流线？

12.3　某河床式电站在设计水头下：上游水位 $Z_上 = 63\text{m}$，下游水位 $Z_下 = 44.4\text{m}$，通过某台水轮机的流量 $Q = 825\text{m}^2/\text{s}$，发电机效率 $\eta_g = 0.968$，水轮机效率 $\eta_t = 0.86$，如忽略引水建筑物中的水力损失，试求水流出力、水轮机出力和机组出力。

12.4　水轮机效率实验时在某一导叶开度下测得下列数据：蜗壳进口处压力表读数 $p = 22.6 \times 10^4 \text{Pa}$，压力表中心高程 $H_m = 88.5\text{m}$，电站下游水位为 85m，流量 $q_v = 33\text{m}^3/\text{s}$，发电机功率 $Pg = 7410\text{kW}$，发电机效率 $\eta g = 0.966$，试求机组效率和水轮机效率。

12.5　离心泵自井中取水，输送到压水池中，流量为 $100\text{m}^3/\text{h}$，吸水管与压水管直径为 150mm，输水地形高度为 32m，若泵所需轴功率为 14kW，管路系统总阻力系数为 10.5，试求离心泵装置的总效率。

12.6　在分析叶片式流体机械内的流动时引入了哪些基本假设？试推导出叶片式流体机械的基本方程。

12.7　何为水力机械的最有利工作条件？正确绘制出叶轮进口、出口处的速度三角形。当其流量或水头（扬程）发生变化时，水力机械的性能将有何变化？

12.8 画出混流式水轮机在非最优工况下（水头不变、流量减小；流量不变、水头减小）叶片进出口速度三角形，并标明各量？

12.9 已知混流式水轮机的下列数据：$D_1=2$m，$b_0=0.2$m，$q_V=15\text{m}^3/\text{s}$，$n=500\text{r/min}$，导叶出口角 $\alpha_0=14°$。试求进出口速度三角形。（注：转轮进口边视为与导叶出口边平行，$b_1=b_0$）

12.10 已知轴流式水轮机的下列数据：

$D_1=0.7$m，$d_h=0.28$m，$b_0=0.28$m，$Q=2\text{m/s}$，$n=500\text{r/min}$，$\alpha_0'=55°$。试求 $D=0.53$m 的圆柱层上（其中 $\beta_{b2}=25°$）转轮进、出口速度三角形中的 V_1、W_1、β_1 和 V_2、W_2、α_2（不考虑叶片排挤，转轮进口无撞击）。

12.11 已知混流式水轮机机参数如下：$H=26$m，$Q=16\text{m}^3/\text{s}$，$D_1=2$m，$n=150\text{rad/min}$，水力效率 $\eta_s=0.90$，$b_1=0.1D_1$，试确定叶片进口角（假定无撞击进口和法向出口，且进、出口水流均匀，忽略排挤）。

12.12 流体机械的损失有哪些内容？流体机械的效率 η 有哪几部分组成，并说明各部分的意义。

12.13 某抽水蓄能电站装备可逆式水泵水轮机，假定泵和水轮机两种工况的参数相同，均为水头 $H=265$m，$q_V=30.2\text{m}^3/\text{s}$。同时还假定两种工况下的损失均为：水力损失 $\Delta H=10$m，容积损失 $\Delta q_V=0.6\text{m}^3/\text{s}$，机械损失 $\Delta P=730$kW。试求两种工况下的水力效率、容积效率、机械效率、总效率和轴功率。

12.14 什么是水轮机的模型综合特性曲线和运转综合特性曲线？它们各有什么重要意义？

12.15 混流式水轮机的模型综合特性曲线是如何绘制的？

12.16 什么叫水轮机的特性曲线？它有哪些类型？

12.17 水轮机运转综合特性曲线上的出力限制线有何意义？

12.18 什么是汽蚀？汽蚀的危害有哪些？

12.19 什么是水泵汽蚀余量和水泵装置汽蚀余量？它们有什么关系？

12.20 已知水轮机的临界汽蚀系数 σ 为 0.28，电站水温为 15℃，电站下游水面的海拔高度为 1524m，水轮机的吸出高度为 3m。问：根据汽蚀条件，允许的最大水头为多少？

第13章 容积式流体机械

容积式流体机械是通过运动部件和静止部件之间，或者两个运动部件之间的容积的周期性变化来和流体进行能量交换的机械，机械和流体之间的相互作用力主要是静压力，可分为往复式和回转式两大类，主要用在高压小流量的场合。

13.1 往复式流体机械

往复式流体机械通常由两部分组成。一部分是直接和流体进行能量交换的工作端，另一部分是和其他机械进行动力传递的传动端。工作端主要包括缸体、活塞（或柱塞）、吸入阀和排出阀。

1. 工作介质为液体

以液体的理想工作过程的示功图为例来说明往复式流体机械的工作原理，如图 13.1 所示。所谓理想工作过程是指液体在缸体内没有流动损失，没有泄漏并完全充满缸体。示功图的横轴为缸体的容积，纵轴为缸体内液体的压力。

当用作工作机（液体输送机械）时，缸体内的压力沿点划线按逆时针方向变化。在活塞向右方移动的瞬间，缸体内的压力降到 A 点（p_1），这时吸入阀开启，排出阀关闭，随着活塞向右移动，低压液体被吸入缸体，其间缸体内的液体压力保持不变，吸入过程至活塞移动到缸体容积最大的后死点 B 为止。随后排出过程开始。在活塞向左移动的瞬间，缸体内的压力从 B 点上升到 C 点（p_2），吸入阀关闭，排出阀开启，活塞继续向左移动并排出高压液体，至活塞到达缸体容积最小的前死点 D 为止。活塞往复一次完成一个工作循环。当用作原动机（液体动力机械）时，循环过程正好相反，缸体内的压力按顺时针方向变化。

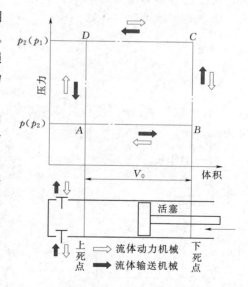

图 13.1 工作介质为液体的往复式机械的工作原理

缸体最大容积和最小容积的差称为活塞行程容积，用 V_0 表示。一般情况下，由于吸入口和排出口之间液体的动能差和位能差很小，可以忽略，因而闭曲线 $ABCD$ 所围的示功面积（$p_2 - p_1$）V_0 相当于一个工作循环做的功。若单位时间内的工作循环次数为 N，理想流量 $q_{v,0}$ 和功率 P_0 由下式计算：

$$q_{V,0} = V_0 N$$
$$P_0 = |p_2 - p_1| q_{V,0} \tag{13.1}$$

在实际工作过程中，由于气泡的混入，局部液体空化或者排出阀延迟关闭等原因，吸入流量 $q_{V,i}$ 略小于 $q_{V,0}$，两者之比在工作机中称为吸入效率 η_{suc}：

$$\eta_{suc} = q_{V,i}/q_{V,0} \tag{13.2}$$

上式只表示缸体最大容积的利用率，与能量损失无关。

另外，由于活塞环，阀门及密封处的泄漏，实际流量 q_V 小于 $q_{V,i}$，两者之比称为泄漏效率 η_t：

$$\eta_t = q_V/q_{V,i} \tag{13.3}$$

容积效率 η_v 定义为

$$\eta_V = q_V/q_{V,0} \tag{13.4}$$

严格说来，吸入效率并不意味着损失，所以不应该将它包含在容积效率中，有的文献称之为充满系数，而把泄漏效率定义为容积效率。但是，由于吸入效率接近于 1，且吸入流量很难准确估算，因此这里采用了上面的定义。

由于液体进出缸体及通过阀门时会产生流动损失，使吸入过程中缸体内的压力小于 p_1，排出过程中的压力高于户 p_2，用 $\overline{p}_1$ 和 $\overline{p}_2$ 分别表示吸入和排出过程中缸体内的平均压力，则流动效率可如下计算：

对于工作机

$$\eta_h = \frac{p_2 - p_1}{\overline{p}_2 - \overline{p}_1} \tag{13.5}$$

对于原动机

$$\eta_h = \frac{\overline{p}_1 - \overline{p}_2}{p_1 - p_2} \tag{13.6}$$

以 P_{sh} 表示轴功率，P_m 表示零部件间相对运动时的机械摩擦损失功率，则机械效率 η_m 定义为

对于工作机

$$\eta_m = \frac{P_{sh} - P_m}{P_{sh}} \tag{13.7}$$

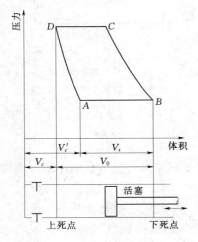

图 13.2　工作介质为气体的
往复式机械工作原理

对于原动机

$$\eta_m = \frac{P_{sh}}{P_{sh} + P_m} \tag{13.8}$$

总效率可由下式计算：

对于工作机

$$\eta = \frac{(p_2 - p_1)q_V}{P_{sh}} \tag{13.9}$$

对于原动机

$$\eta_m = \frac{P_{sh}}{(p_1 - p_2)q_{V,i}} \tag{13.10}$$

几种效率之间的关系：

$$\eta = \eta_h \eta_m \eta_t \tag{13.11}$$

另外，由于缸体内的压力测定不太方便，很难分离 η_h 和 η_m，所以在工程上往往直接使用 $\eta_T = \eta_h \eta_m$ 并将其称为转矩效率。

2. 工作介质为气体

当工作介质是气体时，如图 13.2 所示，其容积因压

缩和膨胀而发生变化。因此，即使是在理想工作状态下，吸入效率也不可能为 1。假设理想的往复式机械的压缩或膨胀是多变过程，其质量流量 $q_{m,0}$ 及功率 P_{th} 由下式给出：

$$q_{m,0} = \eta_{suc,th}\rho_1 V_0 N$$

对于工作机
$$P_{th} = q_{m,0}\frac{p_1}{\rho_1}\frac{n}{n-1}\left[\left(\frac{p_2}{p_1}\right)^{\frac{n-1}{n}} - 1\right] \tag{13.12}$$

对于原动机
$$P_{th} = q_{m,0}\frac{p_1}{\rho_1}\frac{n}{n-1}\left[1 - \left(\frac{p_2}{p_1}\right)^{\frac{n-1}{n}}\right] \tag{13.13}$$

式中：ρ_1 为吸入口气体密度；n 为多变指数；$\eta_{suc,th}$ 为理想吸入效率，由 DA 间气体的状态变化和最小容积 V_0 决定。例如，在工作机中，吸入容积 V_s 与图 13.2 中的 AB 区间相对应。假定在活塞从 D 运动到 A 的期间，最小容积 V_0 中的残留气体按多变过程膨胀到体积 V_c，则

$$\eta_{suc,th} = \frac{V_s}{V_0} = 1 - \frac{V_c}{V_0}\left[\left(\frac{p_2}{p_1}\right)^{\frac{1}{n_1}} - 1\right] \tag{13.14}$$

在绝热过程中，$n_1 = \kappa$，κ 为绝热指数。实际计算吸入效率 $\eta_{suc,th}$ 时，可将阀门损失、气体混合而引起的温度上升等因素的影响也合并在 n_1 中加以考虑，这时 $n_1 < \kappa$。实际的轴功率由下式计算：

对于工作机
$$P_{th} = \frac{M}{\eta_p \eta_m \eta_t}\frac{n}{n-1}\frac{p_1}{\rho_1}\left[\left(\frac{p_2}{p_1}\right)^{\frac{n-1}{n}} - 1\right] \tag{13.15}$$

对于原动机
$$P_{th} = \eta_p \eta_m \eta_t M \frac{n}{n-1}\frac{p_1}{\rho_1}\left[1 - \left(\frac{p_2}{p_1}\right)^{\frac{n-1}{n}}\right] \tag{13.16}$$

式中：η_p 为多变效率，对绝热过程，$n = \kappa$ 并用绝热效率 η_{ad} 代替多变效率 η_p。

往复式机械由于结构和工作特点必然产生流量和压力的脉动，振动和噪声都较大。为了减小脉动，可以采用如图 13.3 所示的空气室，也可以改进结构，采用如图 13.4 所示的单缸往复式，或者采用能改变往复运动位相的多缸式（图 13.5）。根据缸体的布置，多缸式又分为组合活塞式、轴向式和径向式，如图 13.5～图 13.7 所示。

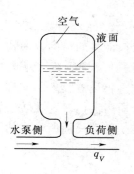

图 13.3 空气室

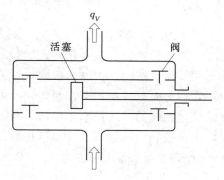

图 13.4 单缸往复式

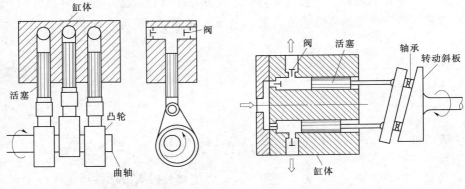

图 13.5　多缸往复式　　　　　　　　图 13.6　轴向多缸往复式

对小型往复式机械，还可以采用如图 13.8 所示的柱塞式，当输送易燃、易爆、贵重及危险的流体时，可以用隔膜式（图 13.9）和风箱式（图 13.10）。

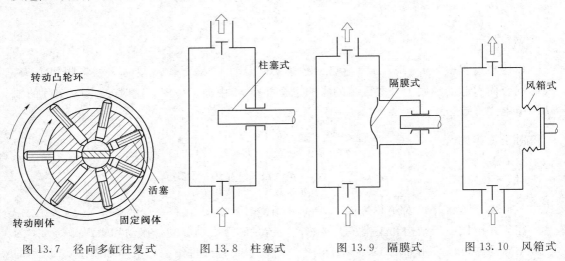

图 13.7　径向多缸往复式　　　图 13.8　柱塞式　　　图 13.9　隔膜式　　　图 13.10　风箱式

13.2　回转式流体机械

在回转式流体机械中，转子和壳体之间（或两个转子之间）形成封闭流体的工作腔，当转子转动时，工作腔的容积发生变化而达到和流体交换能量的目的。回转式流体机械的工作原理和往复式流体机械的工作原理相同，所谓的行程容积 V_0 在这里指的是工作腔的最大容积和最小容积之差。在结构上，回转式流体机械不再设置吸入阀和排出阀，取而代之的是和叶片式机械相似的吸入口和排出口。当工作介质为液体时，在转子转动使容积开始变化的位置，工作腔和吸入口或者排出口相通。若转子转动一周所形成的工作腔的数目为 z，转速为 n，则理想行程流量 $q_{V,0}$ 为

$$q_{V,0} = V_0 z n \tag{13.17}$$

根据转子结构的不同，常用的回转式流体机械有以下几类。

1. 啮合式

啮合式包括齿轮式和多叶式。

（1）齿轮式。齿轮式转子由一对互相啮合的齿轮组成，分为外啮合式和内啮合式。如图 13.11（a）、（b）所示，外啮合式由齿槽和壳体围成工作腔，内啮合式由内齿和外齿的齿槽与月牙形隔板围成工作腔。由于在转动中工作腔的容积不变，故齿轮式回转机械适用于以液体特别是润滑性较好的油作为工作介质的泵和液压马达。齿形曲线通常采用渐开线，也有的使用正弦曲线、圆弧、摆线或次摆线等。此外，还有用特殊齿轮，使外齿和内齿之间形成的工作腔经常处于封闭状态的内啮合式，如图 13.11（c）所示。

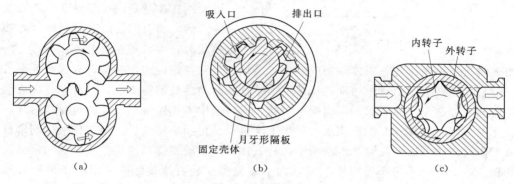

图 13.11 齿轮式

（a）外啮合式；（b）内啮合式；（c）内啮合式

（2）多叶式。如图 13.12（a）所示为一台双叶回转式机械。两个转子由一对同步齿轮驱动作反向旋转，在转动过程中，转子表面和壳体内壁围成的工作腔容积周期性地变化。转子之间保持很小的间隙以免互相接触，因而不需要润滑，寿命长。由于间隙对泄漏效率有影响，所以该种机械不宜用于高压流体，多用来输送气体，又名鲁茨式。转子型线有外摆线和内摆线组合而成的组合摆线，基圆半径等于转子节圆半径的 $1/\sqrt{2}$ 的渐开线，以及包络线等。转子转动一周的脉动周期为 4。此外，还有如图 13.12（b）所示的单叶回转式、如图 13.12（c）所示的三叶回转式以及更多叶的回转式。

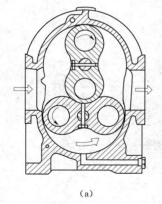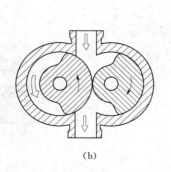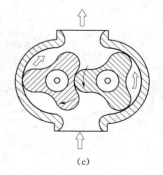

图 13.12 多叶式

（a）双叶式；（b）单叶式；（c）三叶式

2. 螺杆式

螺杆式包括单螺杆式、双螺杆式和三螺杆式。

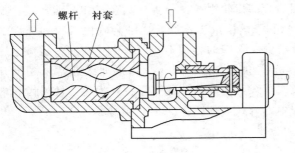

图 13.13　单螺杆式

（1）单螺杆。如图 13.13 所示，单螺杆式机械的转子是外表面为单头外螺纹的螺杆，衬套内表面是双头内螺纹，导程为螺距的 2 倍。当螺杆转动时，其表面和衬套表面之间形成的工作腔沿轴线从入口向出口方向移动。从理论上讲，螺杆在衬套内作绕衬套中心线的行星运动，因而需要用万向联轴器才能传递动力。该机械的使用转速不是太高，常用来输送高黏度或含有固体杂物的液体，因螺杆运动与蛇的动作相似，故又名蛇泵。

（2）双螺杆式。由与驱动轴连接的主动螺杆和从动螺杆的螺旋面，以及壳体内表面围成工作腔，如图 13.14 所示。根据螺纹形状，在转动中工作腔容积不变的可用于液体，容积变化的适用于气体。双螺杆式既可用于工作机，又可用于原动机。当工作液体润滑性较好或工作气体中可以喷油时，可由主动螺杆直接带动从动螺杆，结构简单。而当液体的润滑性较差或工作气体中不可以混油时，为了避免螺纹面直接接触，可用同步齿轮分别传动。一般说来，主动螺纹的形状和从动螺纹不相同。用于液体时，齿形有摆线、次摆线和矩形等。双螺杆式流体机械的优点是回转半径不大，因而流体摩擦小，可采用较高的转速以缩小体积。流量和压力脉动，以及振动和噪声都很小，但对制造精度的要求很高。

（3）三螺杆式。如图 13.15 所示为三螺杆式机械，是瑞典 IMO 公司发明的。转子由一根主动螺杆和两根从动螺杆组成，主要用作泵和液压马达。从理论上讲，采用以摆线和次摆线的组合型线作为齿形的双头螺纹后，主、从动螺杆间的啮合线能将螺旋槽严密地切断，从而形成完全密闭的工作腔。为了保持运行平稳，在设计从动螺杆的齿形时，还应使作用在螺旋表面上的液体压力对从动螺杆形成一很小的力矩，用以克服摩擦，保证从动螺杆自行转动，避免和主动螺杆之间有动力传递。三螺杆式机械摩擦损失小，使用转速高。

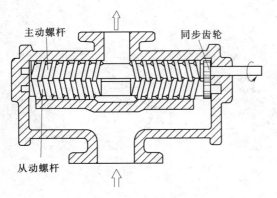

图 13.14　双螺杆式

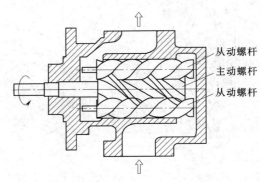

图 13.15　三螺杆式

3. 偏心式

偏心式包括滑片式、回转滑阀式和摇动滑阀式。

（1）滑片式。滑片式在圆筒状的转子上开
有沟槽，槽内装有可以自由滑动的叶片，转子
中心偏离壳体中心。如图 13.16 所示，当转子
转动时，滑片在离心力的作用下向外滑出紧压
在壳体内壁上，同时滑片和壳体围成的工作腔
容积沿周向变化。调节转子的偏心量可以改变
流量。既可作为工作机，也可作为原动机。用
于液体时，滑片数较多，吸入口和排出口较
大。用于气体时，为了提高滑片和壳体之间的
密封效果并加强润滑，有时可以采取喷油的措

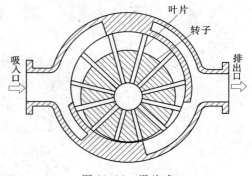

图 13.16 滑片式

施。喷油对压缩机可以起到冷却气体，减小功率的作用。

（2）回转滑阀式。结构如图 13.17 所示。转子偏心安置，其圆筒状表面和壳体内壁接
触。壳体上开有沟槽，槽内装有可以滑动的阀杆，用弹簧将阀杆紧压在转子表面上以便把
吸入口和排出口隔开。转子转动时，转子表面、壳体内壁和阀杆围成的工作腔容积发生变
化并由吸入口向排出口方向移动。由于容积变化大，故适用于高压缩比的气体。这时在高
压侧需要设置阀门，主要用于压缩机和真空泵。

（3）摇动滑阀式。结构和回转滑阀式机械相似。如图 13.18 所示，套在偏心转子外的
阀环和阀杆连在一起构成滑阀，随着转子转动，滑阀一边滑动一边摇动，使工作腔从吸入
口向排出口移动。常用于真空泵。

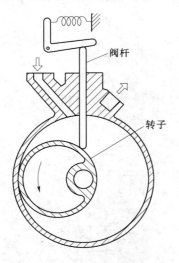

图 13.17 回转滑阀式

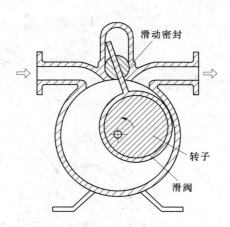

图 13.18 摇动滑阀式

此外，偏心式转子中还有挠曲式、水环式、螺旋式等。

第14章 其他流体机械

14.1 摩 擦 式

如图 14.1 所示，当薄圆板叠合成的叶轮转动时，流体由于黏性而随之旋转并在离心力的作用下向外流出。这就是摩擦式流体输送机械（工作机）的工作原理，它是靠层流黏性应力来传递能量的。理论分析指出，圆板之间的间隔为 $\delta=\pi\sqrt{\omega/\nu}$（$\omega$ 为转动角速度；ν 为运动黏度）时，叶轮的效率最高，但由于摩擦损失，最高也只能达到 50%，如果再加上蜗壳内的损失，整机的效率就更低。不过，这种机械的

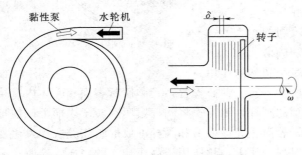

图 14.1 摩擦式

优点是在小流量下不会失速，噪声低；输送液体时，在叶轮内不存在低于吸入压力的局部低压，所以也不容易产生汽蚀。

如果流体从叶轮外缘向内流入叶轮，这时就成为动力机械（原动机），但效率很低，约 30%～40%，实际中很少采用。

14.2 涡 流 式

如图 14.2 所示，为旋涡式的流体输送机械。叶轮外缘开有放射状的沟槽，流体在叶轮外缘处流入混合室，又从外缘流出。叶轮转动时，叶轮内流体所受的离心力大于混合室

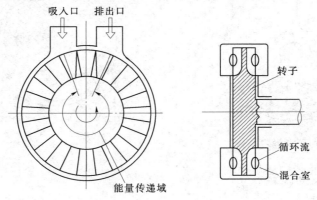

图 14.2 旋涡式

内流体所受的离心力，从而形成如图14.2中所示的垂直于轴面并指向混合室纵向方向的循环流，称为纵向旋涡。在混合室内，从叶轮来的流体与室内流体以湍流混合的方式交换能量，加上在从吸入到排出的整个过程中，流体可以多次流入叶轮获得能量，随后再将能量传递给混合室内的流体。因而旋涡式机械的扬程比一般叶片式机械高，且结构简单，故广泛用于高压小流量的场合。

14.3 射 流 式

射流式机械通常用于流体输送，即所谓的射流泵。它主要由喷嘴、吸入室、混合室和扩散管等几部分组成，如图14.3所示。高压流体（工作流体）通过喷嘴加速喷出时，由于湍流黏性应力的作用，将喷嘴附近的空气带走，使那里形成真空，吸入管内的流体被吸入，在混合室内与射流混合并进行能量交换，能量趋于一致的混合流体进入扩散管后将大部分动能转换为压力能。射流泵的工作方式大致有：①用液体射流来输送液体；②用液体射流来输送气体；③用蒸汽射流来输送液体。

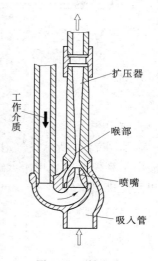

图14.3 射流式

由于是通过两种速度不同的流体混合来传递能量，故射流泵的损失较大，最高效率约为30%～40%。不过，因为它结构简单，工作可靠，使用方便，所以广泛用于高温、高压等特殊工作条件下以及石油、化工等部门。

14.4 水 锤 泵

图14.4为圆管内的流动。对断面1、2和圆管内壁所围成的控制体，根据动量定理：

$$p_2 - p_1 = -\rho l \frac{\mathrm{d}v}{\mathrm{d}t} - 2C_f \left(\frac{l}{D}\right)\rho v^2 \tag{14.1}$$

式中：p为压力；ρ为流体密度；l为管长；D为管径；C_f为壁面摩擦系数，$C_f = 2\tau/(\rho v^2)$，τ为壁面摩擦应力。

当阀门快速关闭时，$\mathrm{d}v/\mathrm{d}t$的数值很大，管内的压力急剧升高，这种现象称为水锤。图14.5是根据这个原理设计的水锤泵，由出口阀、水泵室、止回阀、空气室和出水管组成。在正常情况下，出口阀处于开启状态，水通过出口阀流出。由于水流过出口阀与水泵室之间的狭窄流道时压力降低，使得阀的前后面上产生压差，于是出口阀加速关闭，水锤发生，泵室内压力升高，止回阀开启，水通过出水管排出，同时泵室内的压力下降，止回阀关闭，出口阀回复到开启状态。空气室的作用是减小出水管内的压力脉动。

水锤泵的优点是不需要动力，运行费用少，扬程高，缺点是流量小，噪声大。

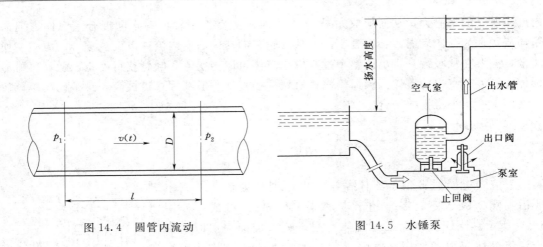

图 14.4　圆管内流动　　　　　图 14.5　水锤泵

14.5　气　泡　泵

　　如图 14.6 所示，气泡泵主要由空气管和出水管组成。从空气管的下端通入压缩空气，使出水管内形成平均比重较小的气液两相流。在出水管外比重较大的水的压力下，气液两相流被排出泵外。

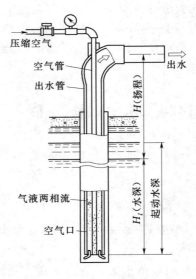

图 14.6　气泡泵

　　气泡泵的效率较低，一般为 25%～65%，但由于没有运动部分，故工作可靠，常用于井下提水和油井采油，以及煤炭、海底矿产等固气液三相流的输送。

14.6　电　磁　泵

　　电磁泵，即处在磁场中的通电流体在电磁力作用下向一定方向流动的泵。电磁泵利用电磁力来输送导电率较高的液态金属，分为导电型和感应电流型。如图 14.7 所示为导电型电磁泵的原理图。磁感应强度 S 与管轴线垂直，在导电流体中，电流 i 垂直于磁场方向和管轴线，则单位体积的流体在管轴方向受到的劳伦兹力为 iB。因此，在长度为 l 的区间内产生的压力上升为

$$\Delta p = iBl \tag{14.2}$$

感应电流型电磁泵是在管路的上方和下方设置线圈，在线圈中通入多相交流电，使所产生的垂直于管轴方向的磁场沿轴向运动，由于磁通量 ϕ 中发生变化，因而在导电流体中产生的感应电动势为 $E = \mathrm{d}\phi/\mathrm{d}t$，感应电流与磁场相互作用也会产生劳伦兹力。

与此相反，如图 14.8 所示，当导电流体以速度 v 在与磁感强度 B 垂直的方向流过时，间隔为 b 的两个电极间产生的电压为 Bvb，直流式磁流体发电机就是根据这个原理来工作的。

电磁式机械在流体机械能和电能之间直接进行转换，结构简单，容易密封。但目前技术上尚不是很成熟，由于焦耳热的产生，效率较低，不到 45%。

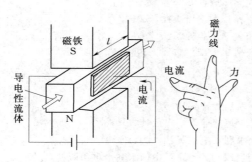

图 14.7 导电型电磁泵原理图

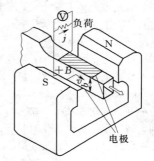

图 14.8 磁流体发电原理示意图

参 考 文 献

［1］ 罗惕乾. 流体力学 ［M］. 3 版. 北京：机械工业出版社，2011.

［2］ 潘文全. 工程流体力学 ［M］. 北京：清华大学出版社，1988.

［3］ 吴望一. 流体力学 ［M］. 北京：北京大学出版社，1982.

［4］ 孔珑. 流体力学 ［M］. 2 版. 北京：高等教育出版社，2011.

［5］ 周光炯，等. 流体力学 ［M］. 2 版. 北京：高等教育出版社，2000.

［6］ 张凤羽. 流体力学 ［M］. 北京：中国水利水电出版社，2013.

［7］ 刘天宝，程兆雪. 流体力学与叶栅理论 ［M］. 北京：机械工业出版社，1990.

［8］ 闻德苏，等. 工程流体力学（水力学）［M］. 北京：高等教育出版社，1990.

［9］ 严敬. 工程流体力学 ［M］. 重庆：重庆大学出版社，2007.

［10］ 莫乃榕. 工程流体力学 ［M］. 武汉：华中科技大学出版社，2000.

［11］ 高学平. 高等流体力学 ［M］. 天津：天津大学出版社，2007.

［12］ 章梓雄，等. 粘性流体力学 ［M］. 北京：清华大学出版社，1998.

［13］ 张克危. 流体机械原理 ［M］. 北京：机械工业出版社，2001

［14］ Frank M W. Fluid Mechanics ［M］. 北京：清华大学出版社，2004.

［15］ 关醒凡. 现代泵技术手册 ［M］. 北京：宇航出版社，1995.

［16］ 刘大恺. 水力机械流体力学 ［M］. 上海：上海交通大学出版社，1988.

［17］ 郑源，陈德新. 水轮机 ［M］. 北京：中国水利水电出版社，2011.

［18］ 张人会，程效锐，等. 特殊泵的理论及设计 ［M］. 北京：中国水利水电出版社，2013.

［19］ 陈次昌，宋文武，等. 流体机械基础 ［M］. 北京：机械工业出版社，2002.

［20］ 王迪生，杨乐之. 活塞式压缩机结构 ［M］. 北京：机械工业出版社，1990.

［21］ 林梅，孙嗣莹. 活塞式压缩机原理 ［M］. 北京：机械工业出版社，1987.

［22］ 舒士甄，朱力，等. 叶轮机械原理 ［M］. 北京：清华大学出版社，1991.

［23］ 从庄远，等. 活塞泵及其它类型泵 ［M］. 北京：中国工业出版社，1962.

［24］ 袁寿其，施卫东，等. 泵理论与技术 ［M］. 北京：机械工业出版社，2014.

［25］ 郭楚文，等. 叶栅理论 ［M］. 徐州：中国矿业大学出版社，2006.

［26］ 潘锦珊，单鹏，等. 气体动力学基础 ［M］. 北京：国防工业出版社，2012.